"十二五"普通高等教育本科国家级规划教材

工程材料与成形技术基础

Gongcheng Cailiao yu Chengxing Jishu Jichu

第3版

主 编 鞠鲁粤

高等教育出版社·北京

内容提要

本书为"十二五"普通高等教育本科国家级规划教材,是根据教育部颁布的《工程材料及机械制造基础课程教学基本要求》和《工程材料及机械制造基础系列课程改革指南》,在第二版的基础上修订而成。本次修订在内容和体系上做了较大的调整和改进。

本书共分7章,分别介绍了工程材料、铸造成形、锻压成形、焊接成形、非金属材料及成形、快速成形和零件的毛坯选择。本书阐述了各种材料技术和成形过程的工艺原理、工艺方法、自身规律、相互联系、技术经济性和发展趋势,归纳了选材和选择成形工艺的方法,为理论与实践相联系做了一些尝试。本书还较详细地介绍了现代成形方法的新发展、新成果,便于读者了解材料技术以及成形工艺和方法的发展趋势。书中每章都附有习题和思考题,便于读者进行复习和总结,巩固已学知识。

本书可作为机械类、近机类专业工程材料与成形技术基础课程的教材,也可供相关工程技术人员和工厂管理人员参考。

图书在版编目(CIP)数据

工程材料与成形技术基础/鞠鲁粤主编. --3版.
--北京:高等教育出版社,2015.3(2023.5重印)
ISBN 978-7-04-041907-8

Ⅰ.①工… Ⅱ.①鞠… Ⅲ.①工程材料-成型-高等学校-教材 Ⅳ.①TB3

中国版本图书馆 CIP 数据核字(2015)第 026581 号

策划编辑　庚　欣	责任编辑　沈志强	封面设计　张　志	版式设计　童　丹
插图绘制　杜晓丹	责任校对　陈　杨	责任印制　耿　轩

出版发行　高等教育出版社	网　　址　http://www.hep.edu.cn
社　　址　北京市西城区德外大街4号	http://www.hep.com.cn
邮政编码　100120	网上订购　http://www.landraco.com
印　　刷　三河市宏图印务有限公司	http://www.landraco.com.cn
开　　本　787mm×1092mm　1/16	
印　　张　20	版　　次　2007年8月第1版
字　　数　490千字	2015年3月第3版
购书热线　010-58581118	印　　次　2023年5月第11次印刷
咨询电话　400-810-0598	定　　价　34.90元

本书如有缺页、倒页、脱页等质量问题,请到所购图书销售部门联系调换

版权所有　侵权必究

物 料 号　41907-00

前　言

　　工程材料与成形技术基础是高等工科院校机械类专业和相关专业的一门重要的技术基础课程,目的在于使读者了解工程材料和成形技术的基本原理和工艺知识,开拓工程眼界,了解工程材料与成形技术的发展趋势。

　　随着现代自然科学的不断发展,新工艺不断涌现,传统工艺不断变革,作为现代社会的重要支柱之一的材料科学及成形技术正迅猛发展。为适应这样的发展,使读者在材料成形领域掌握现代加工的基本原理,为解决现代工程材料的成形和新型材料的开发打下基础,特编写了本书。本书既可作为机械类专业本科生的技术基础课教材,又可作为相关工科学生选修课教材,还可作为从事此领域的工程技术人员的参考书。本书附带的光盘包含了部分课程内容,以方便读者使用。

　　根据现代科学技术的发展,本次修订按机械工程和相关工程专业方向的教学要求,对原教学内容进行了更新和充实。第3版较系统地介绍了材料科学与工程、材料成形科学与工程的基础理论,紧密结合材料加工和材料成形学科的现状和发展动向,介绍了行业前沿的科研成果,以便为读者进一步学习打下必要的基础。编者力求适应机械工程学科的教学改革要求,按照宽口径、厚基础的原则,加强对学科基础理论的阐述,增加学科知识信息量,增加对各种材料处理方法和成形方法的比较与分析,力求使读者能够提高分析问题和解决问题的能力。

　　本次修订,在绪论、铸造成形、锻压成形、焊接成形、快速成形等章节中,增加了近年来材料成形工艺和技术发展的新数据或新的例题。第3版与上一版相比,具有知识量大、内容新、数据详实、阐述深刻、结构合理、联系生产实践紧密等特点。书后附有教学光盘,光盘中以学生喜闻乐见的多媒体形式对教学内容进行了重新整理和编写,便于学生课后自学和教师课堂授课。

　　编者长期从事本课程的教学工作,主编是本课程领域的上海市教学名师(2006年),所授的本门课程荣获上海市精品课程称号。本书是编者长期教学工作经验的总结,对机械类和其他专业的学生掌握机械制造科学会有一定的帮助。

　　本书由上海大学鞠鲁粤主编,上海交通大学陈关龙审阅。参加本书编写的人员有(按章节顺序):鞠鲁粤(前言、绪论、第2章、第4章),苏州大学潘钰娴、谢志余(第1章),上海理工大学朱莉(第3章),北京工业大学许东来(第5章),上海大学张萍(第6章),鞠鲁粤、张萍(第7章)。上海大学陆建刚、林成辉、刘霞,浙江工业大学陈珋,上海通用汽车公司朱冒冒、冯祖军也参与了编写工作。

　　编写过程中上海通用汽车公司姜锡鲁、斯派莎克工程(中国)有限公司王志清给予了表7-12～

表 7-15 的数据,使教材贴近生产实际。同时,参阅并引用了有关教材、手册及相关文献,在此对有关作者表示感谢。

本书涉及的专业面较广,由于编者的水平有限,书中难免有错误和不足之处,恳请广大读者批评指正。

编　者

2014 年 12 月

目 录

0 绪 论

材料是科学与工业技术发展的基础,先进的材料已成为当代文明的主要支柱之一。人类文明的发展史,是一部学习利用材料、制造材料、创新材料的历史。如果查看一下诺贝尔物理、化学奖的获得者,不难发现,物理学家和化学家曾对材料科学做过一系列的贡献。Laue(1914)发现 X射线晶体衍射,Guillaume(1920)发现合金中的反常性质,Bridgeman(1946)发现高压对材料的作用,Schockley、Bardeen、Brattain(1956)三人发明了半导体晶体管,Landau(1962)的物质凝聚态理论,Townes(1964)发现导致固体激光出现,Neel(1970)发现材料的反铁磁现象,Anderson、Mott、van Vleck(1977)研究了非晶态中的电子性状,Wilson(1982)对相变的研究,Bednorz、Müller(1987)发现了 30 K 的超导氧化物,Smaller、Kroto(1996)发现 C-60,Kilby(2000)发明第一块芯片,Fert(2007)发现巨磁电阻效应,上述物理领域的诺贝尔获奖者的不少工作是直接针对材料的。至于化学家,Giauque(1949)研究低温下的物性,Staudinger(1953)研究高分子聚合物,Pauling(1954)研究化学键,Natta、Ziegler(1963)合成高分子塑料,Barton、Hassel(1969)研究有机化合物的三维构象,Heegler、Mcdermild、白川英树(2000)三人发现导电高分子材料,Chauvin(2005)研究烯烃复分解反应,等等。

近年来,材料科学的发展极为迅速。以钢铁工业为例,2006 年,我国钢产量 4.2 亿 t,是世界钢产量 12.39 亿 t 的 33.8%。从 1890 年张之洞创办汉阳铁厂,直到 1949 年的半个多世纪里,中国产钢总量只有 760 万 t,不足现在一个大型钢铁厂的年产量。1949 年,全国钢产量 15.8 万 t,占世界钢产量的 0.1%,只相当于现在全国半天的产量。1996 年至今,我国钢产量年年超过 1 亿 t,成为世界第一产钢大国。从 6 000 万 t 增长到 1 亿 t 钢,美国经过 13 年,日本经过 6 年,中国为 7年,这对于我国立足于工业化、现代化的世界意义重大。2013 年,我国粗钢产量 7.79 亿 t,是全球钢产量 16.07 亿 t 的 48.5%。我国钢厂结构不合理,10% 以上的钢是由规模不到 50 万 t 的小型钢铁企业生产的,70% 以上的生产能力是由 150 万 t 以下的中小钢铁企业生产的。因此,我国钢铁企业的能耗大,产品品质不高,许多高附加值的优质钢材仍需进口,2013 年就进口了1 407.76 万 t 的优质钢材。所以,新一代钢铁材料的主要探索目标是提高钢材强度和使用寿命。研究证明,纯铁的理论强度应能高于 8 000 MPa,而目前碳素钢为 200 MPa 级,低合金钢(如16Mn)约为 400 MPa 级,合金结构钢也只有 800 MPa 级。日本拟于 2030 年将钢的强度和寿命各提高 4 倍(即 1 t 钢可相当于现在的 4 t),这个计划展示了材料挖潜的前景。

类比钢铁,其他材料也有很大潜力可挖。现代材料逐步向高比强度(强度/密度)、比模量(模量/密度)方向发展。20 世纪上半叶,材料科学家利用合金化和时效强化两个手段,把铝合金的强度提高到 700 MPa,铝的比强度达到 $2.6 \times 10^5 \ m^2/s^2$,是钢的比强度($0.6 \times 10^5 \ m^2/s^2$)的 4 倍有余。要达到同样的强度,铝合金的用量只有钢的 1/4,这就是铝合金作为结构材料的极大优势。美国 1980 年的汽车平均质量为 1 500 kg,1990 年则为 1 020 kg。每台车的铸铁用量由

225 kg 降至 112 kg,铸铁的比例由 15% 减至 11%;而铝合金由 4% 增至 9%;高分子材料由 6% 增至 9%。汽车重量减轻 10% 可使燃烧效率提高 7%,并减少 10% 的污染。为了达到这个目标,要求整车重量要减轻 40% ~ 50%,其中车体和车架的重量要求减轻 50%,动力及传动系统必须减轻 10%。美国福特公司新车型中使用的主要材料如图 0-1 所示。从图中可见,钢铁金属用量将大幅减少,而铝、镁合金用量将大幅增加。

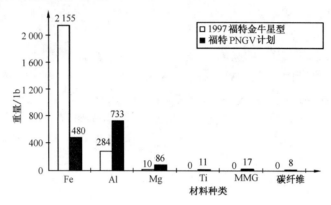

图 0-1 福特新一代汽车主要材料用量

在航空航天工业上,材料减重获得的效益更大,卫星减重 1 kg 可减少发射推力 50 N。一枚小型洲际导弹,减轻结构质量 1 kg,在有效载荷不变的条件下可增加射程 15 km 左右,可减轻导弹起飞质量约 50 kg。图 0-2 所示为航空器飞行速度与效益的关系,图 0-3 为导弹壳体材料与导弹射程的关系。

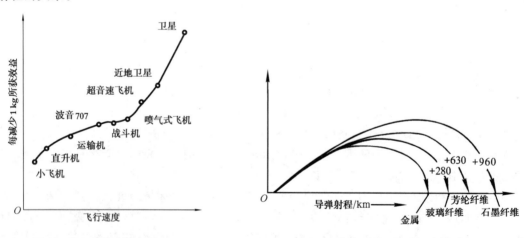

图 0-2 飞行器速度与效益   图 0-3 导弹壳体材料与导弹射程的关系

在过去的 30 年中,燃气轮机叶片的工作温度平均每年提高 6.67 ℃。而工作温度每提高 83 ℃,就可使推力提高 20%。图 0-4 所示为叶片材料的发展历程:1960 年以前主要用锻造镍基高温合金;20 世纪 60 年代初,美国采用在真空下的精密铸造,并铸出多道冷却孔,提高工作温度 50 ℃;20 世纪 70 年代中期采用单晶合金(PWA1442),工作温度又提高 50 ~ 100 ℃;目前采用第二代单晶(PWA1484),进一步改进冷却技术,再加上热障涂层,涡轮进口温度达到 1 650 ℃。推重比达 15～20 的叶片材料要能承受 1 930～2 220 ℃的高温,所以涡轮叶片实际上是材料技术与制造工艺的结合,不仅要有高性能的材质,而且要有高度精确的成形技术。

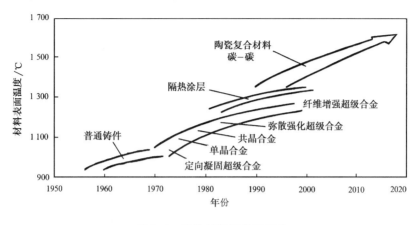

图 0-4　叶片材料的发展历史

　　材料成形技术一般包括铸造成形、锻压成形、焊接成形和非金属材料成形等工艺技术。材料成形技术是一门研究如何用热或常温成形的方法将材料加工成机器部件和结构,并研究如何保证、评估、提高这些部件和结构的安全可靠度和寿命的技术科学,属于机械制造学科。材料成形过程与金属切削过程不同,在大部分成形过程中材料不仅发生几何尺寸的变化,而且会发生成分、组织结构及性能的变化。因此,材料成形学科的任务不仅是要研究如何使机器部件获得必要的几何尺寸,而更重要的是要研究如何通过过程控制获得一定的化学成分、组织结构和性能,从而保证机器部件的安全可靠度和寿命。

　　我国已是世界第一制造大国。20 世纪末 21 世纪初,我国的材料成形技术有了突飞猛进的发展,如三峡水利建设中,440 t 不锈钢转轮、750 t 蜗壳和 300 t 的闸门都是世界上最重的钢铁结构。又如 30 万 t 超级大型油轮(长 333 m,宽 58 m)、1 000 t 级的大型热壁加氢反应器(壁厚 280 mm)、空间环境模拟装置(直径 18 m、高 22 m 的大型不锈钢真空容器)等都是材料及材料成形工艺的重大成就。

　　材料成形加工是制造业的重要组成部分。据统计,全世界 75% 的钢材经塑性加工,45% 的金属结构用焊接得以成形。我国铸件年产量超过 1 400 万 t,成为世界铸件生产第一大国。汽车工业是材料成形技术应用最广的领域。以汽车生产为例,1953—1992 年的 40 年间,我国共生产汽车 100 万辆,而 2013 年一年全国就生产汽车 2 211.68 万辆,已成为世界汽车生产第一大国。据统计,2000 年全球汽车用材总质量的 65% 由钢材(约 45%)、铝合金(约 13%)及铸铁(约 7%)通过锻压、焊接和铸造成形,并通过热处理及表面改性获得最终所需的实用性能。

　　对国防工业而言,由于现代武器装备性能提高很快,相应的结构、材料和成形制造工艺就成为关键。以航空航天工业为例,中国航空业 40 余年来共生产交付了各种类飞机 14 000 余架,各种类发动机 50 000 余台,海防和空–空战术导弹 14 000 余枚,目前已能成批生产第二代军用飞机,正在研制相当于国际水平的第三代军用飞机,从“九五”计划开始开展了第四代军用飞机的预研。现代飞机要求超音速巡航、非常规机动性、低环境污染、低油耗、全寿命成本等性能,这在很大程度上是依靠发动机性能的改进和提高来实现的。发动机性能提高的目标是提高推重比、功率重量比、增压比和涡轮前温度,国外现役机推重比为 7 ~ 8,在研机为 9 ~ 10,预研机为 15 ~ 20,我国相应为 5.5、6.5 ~ 7.5、8 ~ 10。要实现上述指标,就要不断发展先进涡轮盘材料和这些材料的精密成形和加工技术。图 0-5 所示为航空发动机进口温度与高温合金叶片制造技术的发展。因此,材料精密成形和加工技术成为关系国防的一种关键技术。

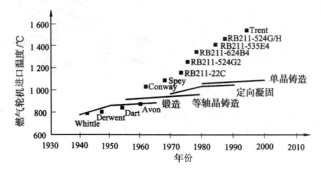

图 0-5 航空发动机进口温度与高温合金叶片制造技术的发展

材料成形技术在 21 世纪的发展过程中,将逐步形成"精密"、"优质"、"快速"、"复合"、"绿色"和"信息化"的特色。

1. 精密的材料成形特征

随着材料资源和能源的日益紧缺,材料的少、无切削加工已作为制造技术发展的重要方向。材料成形加工的精密化,从尺度上看,已进入亚微米和纳米技术领域。表现为零件成形的尺寸精度正在从近净成形(near net shape forming)向净终成形(net shape forming),即近无余量成形方向发展,毛坯与零件的界线越来越小。采用的主要方法是多种形式的精铸(如熔模铸造、陶瓷型铸造、消失模铸造、挤压铸造、充氧压铸、流变铸造、触变铸造等)、精密压力加工(如精锻、零件精轧、精冲、粉末冶金温压成形、冷温挤压、超塑成形、反压力液压成形、铸锻工艺、同步成形工艺、变压力压胀形技术等)、精密焊接与切割(如等离子弧焊、电子束焊、激光焊、脉冲焊、窄间隙焊、激光和电弧复合加热焊、等离子弧切割、激光切割、水射流切割等)等。

2. 优质的成形技术特征

反映成形加工的优质特征是产品近无缺陷、零缺陷。此缺陷是指不致引起早期失效的临界缺陷的概念。采取的主要措施有:采用先进工艺、净化熔融金属、增大合金组织的致密度,为得到健全的铸件、锻件奠定基础;采用模拟技术、优化工艺技术,实现一次成形及试模成功,保证质量;加强工艺过程控制及无损检测,及时发现超标零件;通过零件安全可靠性研究及评估,确定临界缺陷量值等。美国 GM 公司采用 CAE 技术,每年节省试制费用数百万美元。

3. 快速的成形技术特征

表现在各种新型高效成形工艺不断涌现,新型铸造、锻压、焊接方法从不同角度提高生产率。采取的主要措施有:将逆向设计(RE)、快速成形(RP)、快速制模(RT)技术相结合,建立起快速制造平台;将数值模拟技术应用于铸、锻、焊和热处理等工艺设计中,并与物理模拟和专家系统结合来确定工艺参数、优化工艺方案,预测加工过程中可能产生的缺陷及防止措施,控制和保证成形工件的质量。波音公司采用的现代产品开发系统,将新产品研制周期从 8 年缩短到 5 年,工程返工量减少了 50%。日本丰田公司在研制 2002 年佳美新车型时缩短了研发周期 10 个月,减少了试验样车数量 65%。德国 RIVAGE 公司以一辆旧保时捷跑车做基础,以逆向工程和快速制造为手段,7 个月造出一辆概念新车。

4. 复合的材料成形特征

激光、电子束、离子束、等离子束等多种新能源和能源载体的引入,形成多种新型成形方法与改性技术,其中以各种形式的激光成形技术发展最迅速。一批新型复合工艺的诞生,如超塑成形/扩散连接技术、爆炸焊/热轧复合成形技术等,造就了一些特殊材料如超硬材料、复合材料、陶瓷等的应用。此外,复合的特征还表现在冷热加工之间、加工过程、检测过程、物流过程、装配过程之间的界限趋向淡化、消失,而复合、集成于统一的制造系统之中。

5. 绿色的材料成形特征

成形加工向清洁生产方向发展,其主要的技术意义在于:① 高效利用原材料,保持环境清洁;② 以最小的环境代价和能源消耗来获取最大的经济效益;③ 符合持续发展和生态平衡的要求。

美国在展望 2020 年的制造业时,把材料净成形工艺发展为"无废弃物成形加工技术(waste-free process),即加工过程中不产生废弃物,或产生的废弃物能被整个制造过程中作为原料而利用,并在下一个流程中不再产生废弃物。由于无废物加工减少了废料、污染和能量的消耗,成为今后推广的重要绿色制造技术。

6. 信息化特征

成形工艺逐步向柔性、集成系统发展,大量应用了各种信息和控制技术,如柔性压铸系统,轧、锻柔性生产线,搅拌摩擦焊机器人柔性生产线,弧焊/压焊焊接机器人生产线等,使用远程控制和无人化成形工厂,质量控制向控制过程智能化方向发展等,都使材料成形技术注入了自动化、信息化特征。

综上所述,现代科学的发展使材料成形技术的内容远远超出了传统的热加工范围。现代材料成形技术可拓展为一切用物理、化学、冶金原理制造机器部件和结构,或改进机器部件化学成分、微观组织及性能,并尽可能采用复合制造、绿色制造、信息化制造获得优质毛坯或零件的现代制造方法。

所有的零件加工工艺在成形学上按对材料的操作方式可归结为三类,即受迫成形、去除成形和堆积成形。

1)受迫成形

利用材料的流动性和塑性在特定外力或边界的约束下成形的方法。铸造、锻压以及注塑成形工艺都属于受迫成形。在这种成形方式中,能量的使用体现在使零件发生形态变化或塑性形状变化上;零件的制造信息(几何信息、工艺信息和控制信息等)经预处理后以形状信息的形式物化于工具之中,如模具、型腔。这种信息处理过程与物理制造过程的结合形式,具有较好的刚性,即制造零件时重复性好,但其柔性较差。零件信息的任何改变都将导致工具的重新制造,因而较适用于定型产品的大批量生产方式或毛坯制造。

2)去除成形

运用材料的可分离性,把一部分材料(裕量材料)有序地从基体分离出去而成形的方法。传统的车、铣、刨、磨等机加工工艺和激光、电火花加工工艺均属于去除成形。在这种成形方式中,零件制造信息体现在去除材料的顺序和每一步材料的去除量上,即信息通过控制刀具(激光、电火花等也可看做去除刀具)与待加工工件的相对运动,实现材料的有序去除。与受迫成形相比,这种信息过程与物理过程的结合方式具有较大的柔性,实际上可以把刀具与工件的相对运动看作是一种易于修改、易于编程和易于控制的"动态模具"。但这种零件加工方式由于受到刀具与工件相对运动的条件限制,难以加工形状极为复杂的零件。

3)堆积成形

利用材料的可连接性,将材料有序地合并堆积起来而成形的方法。快速成形是堆积成形的典型方法,一些焊接和喷镀也可视为堆积成形。快速成形的特点是从无到有、从小到大有序进行,零件的制造信息体现在材料结合的顺序以及每一次材料转变量与深度的控制上,即信息通过控制每个单元的制造和各个单元的结合而实现对整个成形过程的控制。在堆积成形过程中,信息过程与物理过程的结合达到比较高级的阶段,没有"模具"、"夹具"和"切削加工"的概念,成形零件不受复杂程度的限制,它提供了一种直接地并完全自动地把三维 CAD 模型转换为三维物理模型或零件的制造方法。目前风靡全球的 3D 打印技术就是快速成形的一种,由于材料科学的发展,3D 打印已在医学、航空、航天等领域有了突破性的发展。打印血管、脂肪、肝组织、骨骼已不是梦想,甚至可以在太空打印航天飞行器零件用于即时太空维修。

材料成形技术基础是机械工程专业和相关工程专业学生的一门重要的技术基础课程,主要研究机器零件的常用材料和材料成形方法,即从选择材料到毛坯或零件的成形。通过本课程的学习,可获得常用工程材料及材料成形工艺的基本知识,培养学生的工艺分析能力,了解现代材料成形的先进工艺、技术和发展趋势,是后续课程学习和工作实践的必要基础。

本课程的目的及要求是:

(1)了解和掌握材料的各种性能、特点以及改变材料性能的途径;

(2)能经济地选用材料并能根据材料的使用要求,了解和掌握在加工过程中如何保证并改进材料化学成分、内部组织、表面性能和加工性能;

(3)了解材料成形工艺、零件结构工艺性、加工装备及生产过程自动化和生产流水线;

(4)对材料成形方法进行经济分析和比较;

(5)掌握各种材料成形工艺的相互关联性和互补性。

本课程的教学安排建议如下:

(1)在金工实习后实施课程教学;

(2)教材适宜的学时数为 50~80 学时;

(3)应用多种教学手段结合电视教学片和多媒体 CAI 组织教学。

本书作为工程材料与成形技术基础课程的配套教材,对材料成形的方式、成形产品的结构、成形工艺、技术经济性、成形方法的选择和发展趋势等问题进行了介绍、探讨和比较。

本教材的体系与结构如下:

(1)工程材料,主要介绍工程材料及其性能控制和应用;

(2)铸造成形,主要介绍铸件成形理论、成形方法、特种铸造及现代铸造技术的发展趋势;

(3)锻压成形,主要介绍金属的塑性变形理论,锻压成形方法及锻压新技术;

(4)焊接成形,主要介绍焊接成形理论,各种焊接成形方法及其新技术、新工艺;

(5)非金属材料的成形,主要介绍工程塑料、工业橡胶、工业陶瓷、复合材料和纳米材料及其应用、成形方法和新技术；

　　（6）快速成形，主要介绍快速成形方法、逆向工程及其发展趋势；

　　（7）零件的毛坯选择，主要介绍各种成形方法的工艺比较、选择以及成形技术的应用和经济性分析。

第1章

工 程 材 料

1.1 概述

材料是现代文明的支柱之一，也是发展国民经济和机械工业的重要物质基础。材料作为生产活动的基本投入之一，对生产力的发展有深远的影响。历史上曾把当时使用的材料当成历史发展的里程碑，如"石器时代"、"青铜器时代"、"铁器时代"等。我国是世界上最早发现和使用金属的国家之一。周朝是青铜器的极盛时期，到春秋战国已普遍应用铁器。直到19世纪中叶大规模炼钢工业兴起，钢铁才成为最主要的工程材料。

科学技术的进步推动了材料工业的发展，使新材料不断涌现。石油化学工业的发展促进了合成材料的兴起和应用；20世纪80年代特种陶瓷材料又有很大进展，工程材料随之扩展为包括金属材料、有机高分子材料（聚合物）和无机非金属材料三大系列的全材料范围。

1.1.1 金属材料的发展

人类早在6 000年以前就发明了金属冶炼，约公元前4 000年，古埃及人便掌握了炼铜技术。我国青铜冶炼约始于公元前2000年（夏代早期）。古埃及在5 000年以前，就用含镍7.5%的陨石铁做成铁球。我国春秋战国时期已经大量使用铁器。铸铁的发展经历了5 000年的漫长岁月，只是到了瓦特发明蒸汽机以后，由于在铁轨、铸铁管制造中的大量应用，才走上工业生产的道路。15世纪到19世纪，从高炉炼铁到电弧炉炼钢，逐步奠定了近代钢铁工业的基础。

19世纪后半叶，欧洲社会生产力和科学技术的进步，推动了钢铁工业的大步发展，扩大了钢铁生产规模，提高了产品质量。从20世纪50年代到2013年，全世界的钢产量由2.1亿t增加到16.07亿t。而我国2013年钢产量达到7.79亿t，超过20世纪50年代全球钢产量，跃居全球首位。

在钢铁材料发展的同时，非铁金属也得到发展。人类自1866年发明电解铝生产工艺以来，铝已成为用量仅次于钢铁的金属。1910年纯钛的制取，满足了航空工业发展的需求。

1.1.2 非金属材料及复合材料的发展

非金属材料如陶瓷、橡胶等的发展历史也十分悠久，进入20世纪后更是取得了重大的进展。

人工合成高分子材料从 20 世纪 20 年代至今发展最快,其产量之大、应用之广可与钢铁材料相比。20 世纪 60 年代到 70 年代,有机合成材料每年以 14% 的速度增长,而金属材料年增长率仅为 4% 。1970 年世界高分子材料年产量为 4 000 万 t,其中 3 000 万 t 为塑料,橡胶为 500 万 t(已超过天然橡胶的产量),合成纤维为 400 万 t。20 世纪 90 年代,塑料产量已逾亿 t,按体积计,已超过钢铁产量。2013 年我国塑料产量 6 188 万 t,工业总产值近 1.8 万亿元。

陶瓷材料近几十年的发展也十分引人注目。陶瓷材料在冶金、建筑、化工和尖端技术领域已成为耐高温、耐腐蚀和各种功能材料的主要用材。

航空、航天、电子、通信、机械、化工、能源等工业的发展对材料的性能提出了越来越高的要求。传统的单一材料已不能满足使用要求,复合材料的研究和应用引起了人们的重视。玻璃纤维树脂复合材料、碳纤维树脂复合材料等已在航空航天工业和交通运输、石油化工等工业中广泛应用。

1.1.3 新材料的发展趋势

随着社会的发展和科学技术的进步,新材料的研究、制备和加工应用层出不穷。每一种重要的新材料的发现和应用,都把人类改造自然的能力提高到一个新的水平。工程材料目前正朝着高比强度(单位密度的强度)、高比模量(单位密度的模量)、耐高温、耐腐蚀的方向发展。图 1-1 为材料比强度随时间的进展,从图中可以看出,今日先进材料的强度比早期材料增长了 50 倍。

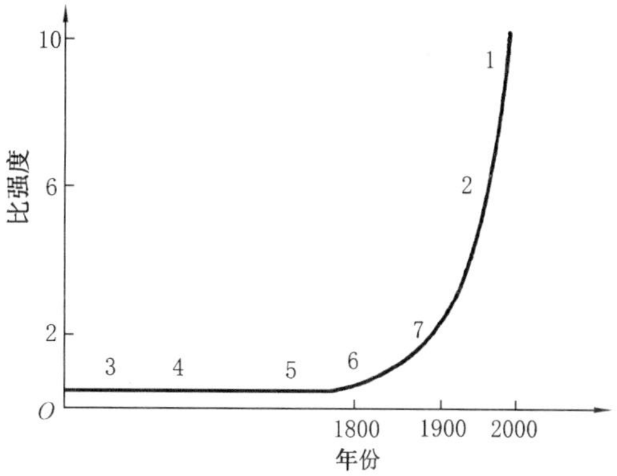

新材料主要在以下几方面获得发展:

1. 先进复合材料

由基体材料(高分子材料、金属或陶瓷)和增强材料(纤维、晶须、颗粒)复合而成的具有优异性能的新型材料。

2. 光电子信息材料

光电信息处理材料包括量子材料、生物光电子材料、非线性光电子材料等。

图 1-1　材料比强度随时间的进展

1—芳纶纤维、碳纤维；2—复合材料；3—木材、石；4—青铜；5—铸铁；6—钢；7—铝

3. 低维材料

指超微粒子(零维)、纤维(一维)、和薄膜(二维)材料,这是近年来发展最快的材料领域。

4. 新型金属材料

如镍基高温合金、非晶态合金、微晶合金、Al-Li 合金金属间化合物等。

1.2　固体材料的性能

固体材料的主要性能包括力学性能、物理性能、化学性能、工艺性能等。力学性能是工程材料最主要的性能,又称机械性能,指材料在外力作用下表现出来的性能,包括弹性、强度、塑性、硬度、韧性、疲劳强度、蠕变和磨损等。外力即载荷,常见的各种外载荷如图 1-2 所示。

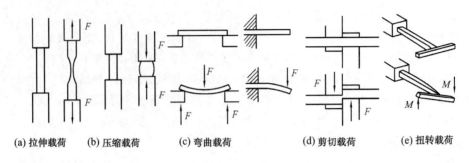

(a) 拉伸载荷　　(b) 压缩载荷　　(c) 弯曲载荷　　　　(d) 剪切载荷　　(e) 扭转载荷

图 1-2　载荷的形式

1. 强度和塑性

材料强度指材料在达到允许的变形程度或断裂前所能承受的最大应力,如弹性极限、屈服点、抗拉强度、疲劳极限、蠕变极限等。按外力作用的方式不同,强度可分为抗拉强度、抗压强度、抗弯强度、抗剪强度等。工程上最常用的强度指标有屈服强度和抗拉强度。

材料的强度、塑性指标可以通过实验测定。图 1-3a 为低碳钢拉伸实验测得的应力-应变图。实验时,将材料做成如图 1-3b 所示的标准试样,试样在外力 F 作用下,其内部产生一种内力,其数值大小与外力相等,方向相反。材料单位面积上的内力称为应力,以 R(单位:Pa)表示。计算公式为

$$R = \frac{F}{S_0} \qquad\qquad (1-1)$$

式中:S_0——试样原始横截面面积,mm^2。

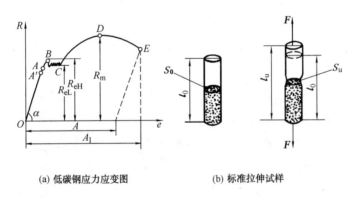

(a) 低碳钢应力应变图　　　　　　　(b) 标准拉伸试样

图 1-3　拉伸试样及低碳钢的应力-应变图

1)弹性和弹性模量

在图 1-3(a)中,应力超过 B 点后,材料将发生塑性变形,试样加载后应力不超过 B 点,若卸载,试样能恢复原状,这种材料不产生永久变形的性能,称为弹性。R_e 为材料不产生永久变形时所能承受的最大应力,称为弹性极限。

图中 OA' 为直线,表示应力(R)与应变(e)成正比。A' 点是保持这种正比关系的最高点。

OA'的斜率 $E\left(E = \dfrac{R}{e}\right)$ 称为材料的弹性模量,即引起单位弹性变形所需要的应力。工程上把弹性模量 E 称为材料的刚度,表示材料抵抗弹性变形的能力。

弹性模量 E 主要取决于材料的化学成分,合金化、热处理、冷热加工对它的影响很小。室温时钢的弹性模量 E 在 190 000 ~ 220 000 MPa 之间。弹性模量随温度的升高而逐渐降低。

2)塑性

载荷超过弹性极限后,若卸载,试样的变形不能全部消失,将保留一部分残余变形。这种不能恢复的残余变形,称为塑性变形,产生塑性变形而不断裂的性能称为塑性。塑性的大小用断后伸长率 A 和断面收缩率 Z 表示。

$$A = \frac{l_u - l_0}{l_0} \times 100\% \tag{1-2}$$

式中:l_u——试样拉断后对接的标距长度,mm;

l_0——试样原标距长度,mm。

$$Z = \frac{S_0 - S_u}{S_0} \times 100\% \tag{1-3}$$

式中:S_0——试样原始横截面面积,mm^2;

S_u——试样拉断后缩颈处最小横截面面积,mm^2。

A、Z 愈大,表示材料的塑性愈好。断后伸长率 A 的值随试样原始长度增加而减小。所以,同一材料的短试样($l_0 = 5d_0$,d_0 为试样原标距直径)比长试样($l_0 = 10d_0$)的伸长率大 20% 左右。用短试样和长试样测得的断后伸长率分别用 A_5 和 A_{10} 表示。

金属材料因具有一定的塑性才能进行各种变形加工,并使零件在使用中偶然过载时产生一定的塑性变形,而不致突然断裂,提高零件使用的可靠性。

3)强度

在外力作用下,材料抵抗变形和断裂的能力称为强度。按外力作用方式不同,可分为抗拉强度、抗压强度、抗扭强度等,以抗拉强度最为常用。当材料承受拉力时,强度主要是指屈服强度 R_e 和抗拉强度 R_m。

(1)屈服强度 R_e

如图 1-3 所示,在 B 点(称屈服点)出现横向震荡曲线或水平线段,这表示拉力不再增加,但变形仍在进行,此时若卸载,试样的变形不能全部消失,产生微量的塑性变形。在实验期间发生塑性变形而力不增加时的应力称为屈服强度,用 R_e 表示。屈服强度分为上屈服强度(R_{eH},即试样发生屈服而力首次下降前的最大应力)和下屈服强度(R_{eL},即在屈服期间,不计初始瞬时效应时的最小应力)。屈服强度反映材料抵抗永久变形的能力,是最重要的零件设计指标之一。

需要指出,大多数金属材料在拉伸时没有明显的屈服现象,因此工程上常取规定非比例伸长与原标距长度比为 0.2% 时的应力作为屈服强度指标,称为条件屈服强度,可用 $R_{p0.2}$ 表示:

$$R_{p0.2} = \frac{F_{0.2}}{S_0} \tag{1-4}$$

式中:$F_{0.2}$——试样产生 0.2% 塑性变形时的外力。

零件在工作时一般不允许产生塑性变形。所以,屈服强度是零件设计时的主要参数。

(2)抗拉强度

抗拉强度为图 1-3 所示 D 点所对应的应力,是试样保持最大均匀塑性变形的极限应力,即材料被拉断前的最大承载能力。当载荷达到 F_D 时,试样的局部截面缩小,产生所谓的"缩颈"现象。由于试样局部截面逐渐缩小,故载荷也逐渐减小,当达到拉伸曲线上 E 点时,试样发生断裂。D 点的应力与材料断裂前所承受的最大力 F_m 相对应,称为抗拉强度,用 R_m 表示。抗拉强度反映材料抵抗断裂破坏的能力,也是零件设计和材料评介的重要指标。

R_e 与 R_m 的比值称为屈强比,其值一般在 0.65～0.75 之间。屈强比愈小,工程构件的可靠性愈高,万一超载也不会马上断裂;屈强比愈大,材料的强度利用率愈高,但可靠性降低。

抗拉强度是零件设计时的重要参数。合金化、热处理、冷热加工对材料的 R_e 与 R_m 均有很大的影响。

2. 硬度

硬度是指金属材料表面抵抗其他硬物体压入的能力,它是衡量金属材料软硬程度的指标。硬度值和抗拉强度等其他力学性能指标之间存在一定关系,故在零件图上对力学性能的技术要求往往是标注硬度值。生产中也常以硬度作为检验材料性能是否合格的基本依据之一,并以材料硬度作为制定零件加工工艺的主要参考。测定硬度最常用的方法是压入法,工程上常用的硬度指标是布氏硬度、洛氏硬度和维氏硬度。硬度测定的方法和适用范围见表 1-1。

表 1-1 常用硬度指标的测试方法和适用范围

硬度分类	测试原理	计算公式及适用范围	测试原理简图
布氏硬度 GB/T 231.4—2009	用一定直径的硬质合金球体以相应的试验力压入试样表面,经规定保持时间后卸载,用测量的表面压痕计算硬度	硬度/HBW $= 0.102 \times \dfrac{2F}{\pi D(D - \sqrt{D^2 - d^2})}$	
洛氏硬度 GB/T 230.1—2009	在初始试验力及总试验力先后作用下,将压头(金刚石圆锥或淬火钢球)压入试样表面,经规定保持时间后卸载,用测量残余压痕深度增量计算硬度	硬度/HRC $= 100 - \dfrac{[0.2 - (h_1 - h_0)]}{0.002}$ HRA 测定硬质合金、表面淬火层、渗碳钢;HRB 测非铁金属、退火钢、正火钢;HRC 测淬火钢、调质钢	
维氏硬度 GB/T 4340.1—2009	用锥面夹角136°的金刚石四棱锥体压头,在载荷 F 作用下,在试样表面压出一个四方锥形压痕,通过测量压痕投影两对角线平均长度 d 测量硬度	可采用统一的硬度指标,测量从极软到极硬材料的硬度,硬度范围为 8～1 000 HV。因压痕浅,特别适用于测定极薄试样的表面,但测量麻烦 维氏硬度 $=$ 常数 $\times \dfrac{\text{试验力}}{\text{压痕表面积}} = 0.102 \times \dfrac{2F\sin(136°/2)}{d^2} \approx 0.189\,1\dfrac{F}{d^2}$	

由于各种硬度试验的条件不同,因此相互间没有换算公式。但根据试验结果,可获得大致的换算关系如下:HBW ≈ 10HRC;HBW ≈ HV。

3. 冲击韧性

评定材料抵抗大能量冲击载荷能力的指标称为冲击韧性 a_K。常用一次摆锤冲击弯曲试验来测定金属材料的冲击韧性。其测定方法是按 GB/T 229—2007 制成带 U 形或 V 形缺口的标准试样,将具有质量 G(单位:kg)的摆锤举至高度 H(单位:m),使之自由落下(图 1-4),将试样冲断后摆锤升至高度 h(单位:m)。摆锤冲断试样前后的势能差称为冲击吸收能量(单位:J),用 K 表示(V 形和 U 形缺口试样的冲击吸收能量分别用 kV 和 kU 表示)。冲击吸收能量即为冲击韧性的度量。冲击试验所用试样为标准夏比缺口试样。

材料的冲击韧性值主要取决于其塑性,并与温度有关。第二次世界大战中,美国建造了约 5 000 艘全焊接"自由轮"。其中,1942—1946 年发生破断的船舶达 1 000 艘,1946—1956 年有 200 艘发生严重折断事故。1943 年 1 月美国的一艘 T-2y 油船停泊在装货码头时断裂成两半。当时计算的甲板应力水平仅为 70 MPa,远远低于船板钢的强度极限。1945—1948 年,美国国家标准局认真分析和研究了第二次世界大战焊接船舶的破断事故,通过在不同温度下对材料进行的一系列冲击实验,得知材料的冲击韧性值随温度的降低而减小(图 1-5),当温度降低到某一温度范围时,冲击韧性急剧下降,材料由韧性状态转变为脆性状态。这种现象称为"冷脆",该温度范围称为"冷脆转变温度范围"。其数值愈低,表示材料的低温冲击性能愈好。这对于在低温下工作的零件具有重要的意义。

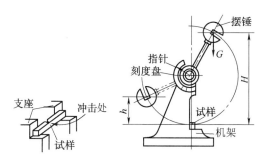

图 1-4 摆锤冲击实验

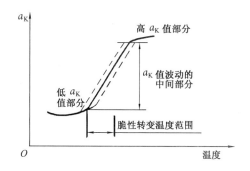

图 1-5 材料的冲击韧性-温度值关系曲线

4. 疲劳强度

许多机器零件的弹簧、轴、齿轮等,在工作时承受交变载荷,当交变载荷的值远远低于其屈服强度时发生断裂,这种现象称为疲劳断裂。疲劳断裂与在静载作用下材料的断裂不同,不管是脆性材料还是韧性材料,疲劳断裂都是突然发生的,事先无明显的塑性变形,属于低应力脆断。

金属材料所受的最大交变应力 σ_{max} 愈大,则断裂前所经受的循环次数 N(疲劳寿命)愈少,最大交变应力 σ_{max} 与循环次数 N 构成的曲线,称为疲劳曲线,如图1-6所示。当最大交变应力 σ_{max} 低于某一值时,曲线与横坐标平行,表示循环次数 N 可以达到无穷大,而试样仍不发生疲劳断裂,该交变应力值称为疲劳强度或疲

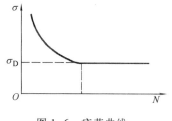

图 1-6 疲劳曲线

劳极限,用 σ_D 表示。一般规定钢材的循环次数 N 为 10^7,非铁金属为 10^8。

零件的疲劳失效过程分为三个阶段:疲劳裂纹产生、疲劳裂纹扩展、瞬时断裂。产生疲劳断裂的原因是由于材料内部的缺陷、加工过程中形成的刀痕、尺寸突变导致的应力集中等。

材料的强度愈高,疲劳强度也愈高。当工件表面留存残余压应力时,材料表面疲劳极限提高。

材料的疲劳强度与其抗拉强度之间存在一定的经验关系,如碳钢 $\sigma_D \approx 0.43 R_m$,合金钢 $\sigma_D \approx 0.35 R_m + 12$ MPa。因此,在其他条件相同的情况下,材料的疲劳强度随抗拉强度的提高而增加。

5. 断裂韧性

一些工程结构件和机器零件在低于许用应力的条件下工作,产生无明显塑性变形的断裂,这种断裂称为低应力脆断。低应力脆断是由于材料内部已存在的宏观裂纹失稳扩展引起的。

如图 1-7 所示,材料中存在一条长度为 $2a$ 的裂纹,在与裂纹方向垂直的外加拉应力 σ 作用下,裂纹尖端附近的应力分布不再均匀,存在严重的应力集中现象,形成裂纹尖端应力集中场,其大小可用应力强度因子 K_I(单位:MPa·m$^{1/2}$)来描述:

$$K_I = \sigma \sqrt{\pi a} \qquad (1-5)$$

随 σ 或 a 的增大,K_I 亦增大。当 K_I 增大到某一临界值时,使裂纹尖端的应力场大到足以使裂纹失稳扩展,从而导致材料发生断裂。这个应力强度因子 K_I 的临界值,称为材料的断裂韧性,用 K_{IC} 表示。它反映材料有裂纹存在时,抵抗脆性断裂的能力。它是材料本身的特性,与材料的成分、热处理及加工工艺等有关。

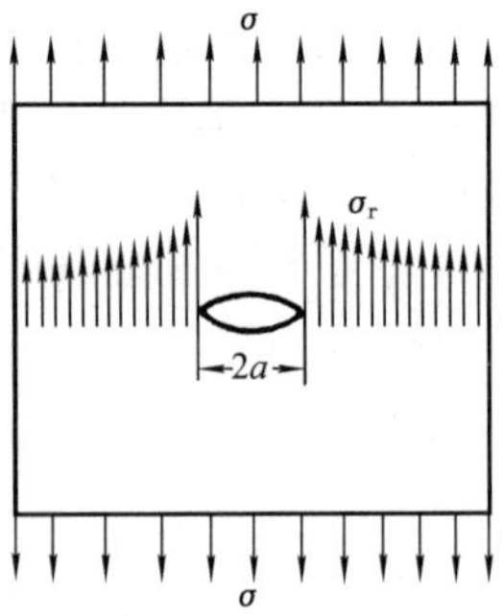

图 1-7 张开型裂纹及其尖端应力场示意图

6. 金属的高温力学性能

许多机械零件在高温下工作,在室温下测定的性能指标就不能代表其在高温下的性能。一般来说,随温度的升高,弹性模量 E、屈服强度 R_e、硬度等值都将降低,而塑性将会增加,除此之外还会发生蠕变现象。

蠕变是指金属在高温长时间应力作用下,即使所加应力小于该温度下的屈服强度,也会逐级产生明显的塑性变形直至断裂。

有机高分子材料,即使在室温下也会发生蠕变现象。

1.3 金属的结构

固态物质按原子的聚集状态分为晶体和非晶体。固态金属基本上都是晶体,非金属物质大部分也是晶体,如金刚石、硅酸盐、氧化镁等,而常见的玻璃、松香等则为非晶体。

1.3.1 金属的晶体结构

1. 晶体和金属的特性

原子在空间呈规则排列的固体物质称为“晶体”,如图 1-8a 所示。晶体具有固定的熔点。金属晶体中,金属原子失去最外层电子变成正离子,每一个正离子按一定规则排列并在固定位置上作热振动,自由电子在各正离子间自由运动,并为整个金属所共有,形成带负电的电子云。正离子与自由电子的相互吸引,将所有的金属原子结合起来,使金属处于稳定的晶体状态。金属原子的这种结合方式称为"金属键"。

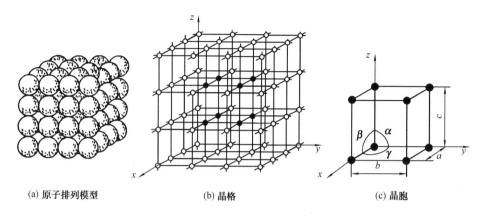

(a) 原子排列模型　　　　(b) 晶格　　　　(c) 晶胞

图 1-8　晶体中原子排列示意图

金属键的特点是没有饱和性和方向性。自由电子的定向移动形成了电流,使金属表现出良好的导电性;正电荷的热振动阻碍了自由电子的定向移动,使金属具有电阻;温度升高,正电荷热振动振幅增加,电阻增大,电阻温度系数增大,使金属具有正的温度系数;自由电子能吸收可见光的能量,使金属具有不透明性;当自由电子从高能级回到低能级时,将吸收的可见光的能量以电磁波的形式辐射出来,使金属具有光泽;晶体中原子发生相对移动时,正电荷与自由电子仍能保持金属键结合,使金属具有良好的塑性。

非晶体的原子则是无规律、无次序地堆积在一起的。

2. 晶格、晶胞和晶格常数

为了便于分析晶体中原子排列规律及几何形状,将每一个原子假设成一个几何点,忽略其尺寸和质量,再用假想线把这些点连接起来,得到一个表示金属内部原子排列规律的抽象的空间格子,称为"晶格",如图 1-8b 所示。

晶格中各种方位的原子面称为"晶面",构成晶格的最基本几何单元称为"晶胞",如图 1-8c 所示。晶胞的大小以其各边尺寸 a、b、c 表示,称为"晶格常数",以 Å(埃)为单位(1 Å = 1×10^{-10} m)。晶胞各边之间的夹角以 α、β、γ 表示,如图 1-8c 所示。

3. 晶向与晶面

1)立方晶系的晶向指数

在晶体中,任意两个原子之间的连线称为原子列,其所指方向称为晶向。通常,采用晶向指数来确定晶向在晶体中的位向(图 1-9)。

确定立方晶系的晶向指数方法如下:

(1)选定晶胞的某一点阵为原点,以晶胞的 3 条棱边为坐标轴,以棱边的长度为单位长度;

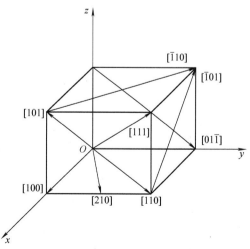

图 1-9　立方晶系的一些晶向指数

（2）过原点作一有向线平行于待定晶向，所有相互平行的晶向有相同的晶向指数[*uvw*]，如果方向相反，则它们的晶向指数的数值相同，但符号相反；

（3）取有向线段上任一点的坐标值化为最简整数，加方括号，[*uvw*]即为晶向指数。例如，当坐标值 $x=1$、$y=2$、$z=1/3$ 时，其晶向指数为[361]。

2）立方晶系的晶面指数

晶体中各种方位的原子面称为晶面。立方晶系的晶面指数通常采用密勒指数法确定，即晶面指数根据晶面与 3 个坐标轴的截距来决定。晶面指数的一般表示形式为（*hkl*），其确定步骤如下：

（1）建立坐标：选晶胞中不在所求晶面上的某一晶胞阵点为坐标原点（以免出现零截距），以晶胞 3 条棱边为坐标轴，以晶格常数为单位；

（2）取晶面的三坐标截距值的倒数，并化为最简整数，依次计入圆括号（ ）内，即为该晶面的晶面指数。

与晶向指数相似，所有相互平行的晶面都有相同的晶面指数。指数值相同而符号相反的两个晶面，如（100）与（$\overline{1}$00），则平行地分布在原点两边。图 1-10 所示为立方晶系中一些主要晶面的晶面指数。

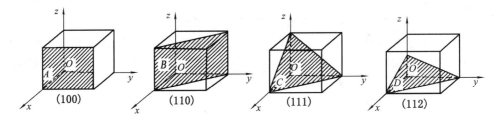

图 1-10　立方晶系中一些主要晶面的晶面指数

4. 常见的晶格类型

由于金属键结合力较强，使金属原子具有趋于紧密排列的倾向，故大多数金属属于以下三种晶格类型。

1）体心立方晶格

体心立方晶格的晶胞如图 1-11a 所示，由 8 个原子构成 1 个立方体，在立方体的中心还有 1 个

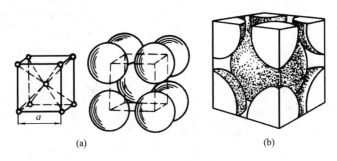

图 1-11　体心立方晶胞

原子,其晶格常数 $a=b=c$,棱边夹角 $\alpha=\beta=\gamma=90°$。晶胞角上的原子为相邻的 8 个晶胞所共有,每个晶胞实际上只占有 1/8 个原子,中心的原子为该晶胞独有(图 1-11b),故晶胞中实际原子数为 $8\times\frac{1}{8}+1=2$ 个。属于这类晶格的金属有 α-Fe、铬(Cr)、钼(Mo)、钒(V)、钨(W)等。

2) 面心立方晶格

面心立方晶格的晶胞如图 1-12a 所示,由 8 个原子构成 1 个立方体,在立方体 6 个面的中心各有 1 个原子,晶胞角上的原子为相邻的 8 个晶胞所共有,每个晶胞实际上只占有 1/8 个原子,中心面上的原子为两个晶胞共有,如图 1-12b 所示,故晶胞中实际原子数为 $8\times\frac{1}{8}+6\times\frac{1}{2}=4$ 个。属于这类晶格的金属有 γ-Fe、铝(Al)、铜(Cu)、银(Ag)、镍(Ni)、金(Au)等。

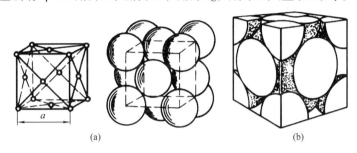

图 1-12 面心立方晶胞

3) 密排六方晶格

密排六方晶格的晶胞如图 1-13a 所示,是一个六方柱体。柱体的上、下底面 6 个角及中心各有 1 个原子,柱体中心还有 3 个原子。柱体角上的原子为相邻 6 个晶胞共有,上、下底面的原子为两个晶胞共有,柱体中心的 3 个原子为该晶胞独有,如图1-13b所示,故晶胞中实际原子数为 $12\times\frac{1}{6}+2\times\frac{1}{2}+3=6$ 个。属于这类晶格的金属有镁(Mg)、锌(Zn)、铍(Be)、镉(Cd)等。

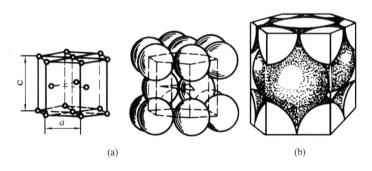

图 1-13 密排六方晶胞

5. 晶体结构的致密度

由于把金属原子看成是刚性小球,所以即使是一个紧挨一个地排列,原子间仍会有空隙存在。晶体结构的致密度是指晶胞中原子所占体积与该晶胞体积之比,用来对原子排列的紧密程度进行定量比较。

体心立方晶胞中含有 2 个原子,这 2 个原子的体积为 $2\times(4/3)\pi r^3$,式中 r 为原子半径,如

图1-14所示,原子半径与晶格常数 a 的关系为 $r=(\sqrt{3}/4)a$,晶胞体积为 a^3,故体心立方晶格的致密度为

$$\frac{2 \text{ 个原子体积}}{\text{晶胞体积}} = \frac{2 \times \frac{4}{3}}{a^3}\pi r^3 = \frac{2 \times \frac{4}{3}}{a^3}\pi \times \left(\frac{\sqrt{3}}{4}a\right)^3 = \frac{\sqrt{3}}{8}\pi = 0.68$$

这表明,在体心立方晶格中有68%的体积被原子所占有,其余为空隙。同理,亦可求出面心立方及密排六方晶格的致密度均为0.74。显然,致密度数值愈大,原子排列就愈紧密。所以,当纯铁由面心立方晶格转变为体心立方晶格时,由于致密度减小而使体积膨胀。

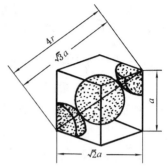

图1-14 体心立方晶胞原子半径计算

1.3.2 实际金属的晶体结构

1. 多晶体与亚结构

结晶方位完全一致的晶体称为"单晶体",如图1-15所示。单晶体在不同晶面和晶向的力学性能不同,这种现象称为"各向异性"。实际金属晶体内部包含了许多颗粒状的小晶体,每个小晶体内部晶格位向一致,而各小晶体之间晶格位向不同,如图1-16所示。小晶体称为"晶粒",晶粒与晶粒之间的界面称为"晶界"。由于晶界是相邻两晶粒不同晶格方位的过渡区,所以在晶界上原子排列是不规则的。这种由多晶粒构成的晶体结构称为"多晶体",多晶体呈现各向同性。

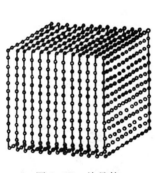

图1-15 单晶体

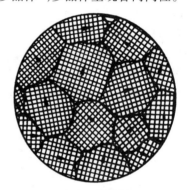

图1-16 实际金属晶体

钢铁材料的晶粒的尺寸一般为 $10^{-1} \sim 10^{-3}$ mm,所以必须在显微镜下才能观察到。在显微镜下观察到的各种晶粒的形态、大小和分布情况,称为"显微组织"。同一颗晶粒内还存在许多尺寸更小、位向差也很小($1° \sim 2°$)的小晶块,称为"亚晶粒",亚晶粒的边界称为"亚晶界"。

2. 晶格缺陷

在实际金属晶体中,由于结晶条件或加工等方面的影响,使原子的排列规则受到破坏,因而晶体内部存在大量的晶格缺陷。根据晶格缺陷的几何形状特点,可分为三类。

1)点缺陷

点缺陷是指长、宽、高三个方向上尺寸都很小的缺陷,如"间隙原子"、"置换原子"和"空位"。间隙原子是在晶格的间隙中存在多余原子(图1-17a);置换原子是指结点上的原子被异类原子所置换(图1-17b);晶格空位是在正常的晶格结点上出现空位(图1-17c)。

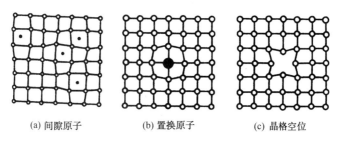

(a) 间隙原子   (b) 置换原子   (c) 晶格空位

图 1-17　点缺陷示意图

由于晶格点缺陷的存在,使点缺陷周围的晶格发生靠拢或撑开的现象,从而造成晶格畸变。空位和间隙原子总是处在不停地运动和变化之中,这是金属中原子扩散的主要方式之一,这对热处理和化学热处理过程都是极为重要的。

2）线缺陷

线缺陷是指在一个方向上尺寸较大,而在另外两个方向上尺寸很小的缺陷,呈线状分布,其

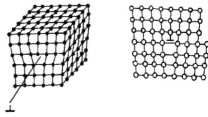

具体形式是各种类型的位错。较简单的一种是"刃型位错"(图 1-18),好像沿着某个晶面插入一列原子但又未插到底,如同刀刃切入一样。多出的一列原子位于晶体的上部称为"正刃型位错",用符号"⊥"表示;多出的一列原子位于晶体的下部称为"负刃型位错",用符号"⊤"表示。

3）面缺陷

面缺陷是指在两个方向上尺寸较大,而在另一个方向上尺寸很小的缺陷,如晶界和亚晶界。多晶体中存在晶界

图 1-18　刃型位错示意图

和亚晶界,晶界和亚晶界处原子不规则排列,导致晶格畸变,晶界处能量高出晶粒内部,使晶界表现出与晶粒内部不同的性能。如晶界易被腐蚀,晶界的熔点较低,晶界处原子扩散速度较快,晶界的强度、硬度较晶粒内部高。

1.4　金属的结晶

原子从一种聚集状态转变成另一种规则排列的过程,称为"结晶",结晶可以是液态金属转变成固态金属;或固态金属转变成固态金属,即固态金属的相变。金属的结晶一般在过冷的条件下进行;结晶的过程由形成晶核和晶核长大两个阶段组成。

1.4.1　纯金属的冷却曲线和过冷现象

1. 纯金属的冷却曲线

纯金属都有一个固定的熔点或结晶温度。金属的结晶温度可以用热分析法测定。将液态金属放在坩埚中缓慢冷却,在冷却过程中记录温度随时间变化的数据,并将其绘成如图 1-19 所示的纯金属冷却曲线。

图中,温度 T_m 以上为液态金属,随热量向外界散失,温度不断下降。当温度下降到 T_m 时,液

态金属开始结晶，由于结晶放出的潜热补偿了冷却散失的热量，所以冷却曲线上出现了一个台阶，也就是说纯金属的结晶是在恒温下进行的。结晶结束，没有结晶潜热补偿冷却散失的热量，温度又重新下降，直至室温，如图1-19曲线 a 所示。

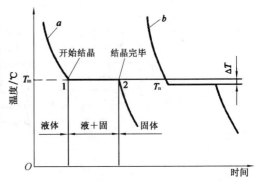

图1-19　金属结晶的冷却曲线示意图

a—理论结晶温度曲线；b—实际结晶温度曲线

　　温度 T_m 为纯金属的晶体与液体平衡共存的温度，称为理论结晶温度。显然在温度 T_m，纯金属的结晶速度与熔化速度相等。所以，只有进一步冷却使金属的实际结晶温度 T_n 低于理论结晶温度 T_m 时，结晶才能进行，如图1-19曲线 b 所示。实际结晶温度 T_n 低于理论结晶温度 T_m 的现象，称为过冷，其差值称为过冷度 ΔT，即 $\Delta T = T_m - T_n$。过冷度不是恒定值，其大小取决于液态金属的冷却速度、金属的性质和纯度。同一液态金属，冷却速度愈大，过冷度也愈大。

2. 纯金属的结晶过程

　　图1-20表示纯金属的结晶过程。液态金属中存在有序排列的原子小集团，随液态金属原子的热运动，这些原子小集团时聚时散，当温度低于理论结晶温度时，这些原子小集团成为有规则排列的小晶体，称为"晶核"。

图1-20　纯金属结晶过程示意图

　　晶核通过吸附周围的原子，沿各个方向以不同的速度长大，同时又有新的晶核形成，在晶核的棱角处长大速度最快，生成晶体的主干，又称一次晶轴，如图1-21中的Ⅰ。在晶体主干长大的过程中，又不断生出了分枝，如图1-21中的Ⅱ、Ⅲ，其形态如同树枝，故称为"枝晶"，如图1-21所示。

　　如果在结晶的过程中有足够的液体金属填满各枝晶间的空隙，则凝固后枝晶就不会显露出来。因此，往往是在金属的表面上才可以显示出它的外形，如图1-22所示。

3. 金属结晶后晶粒的大小

　　金属结晶后是由许多晶粒组成的多晶体，其晶粒的大小与晶核数目和长大速度有关。单位时间、单位体积内形成的晶核数称为"形核率"，用符号 N 表示；单位时间内晶核长大的平均线速度称为"长大速度"，用符号 G 表示。形核率 N 愈高，晶核长大速度 G 愈小，晶粒愈细小，材料的力学性能愈好。

　　铸造生产中，常用以下方法细化液态金属结晶的晶粒。

图1-21　枝晶示意图

图 1-22　锑锭表面的树枝状晶体

1）增加过冷度

图 1-23 是实际测得的液态金属结晶时过冷度 ΔT 与形核率 N、长大速度 G 的关系。由图可见，随过冷度的增加，形核率和长大速度均增加。当过冷度较大时，形核率比长大速度增长得快，并当达到一定的过冷度 ΔT 时，各自达到一个最大值。

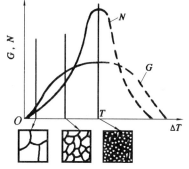

图 1-23　过冷度 ΔT 与形核率 N、长大速度 G 的关系

在连续冷却过程中，冷却速度愈大，则过冷度愈大，形核率愈高，而长大速度相对较小，液态金属凝固后得到细小晶粒；当缓慢冷却时，过冷度小，晶粒粗大。

虽然增大冷却速度能细化晶粒，但对于大型铸件，不容易获得较大的过冷度，且易产生较大的应力集中而造成裂纹的产生，所以在实际生产中常采用变质处理来细化晶粒。

2）变质处理

浇注时，向液态金属中加入一些高熔点、难溶解的金属或合金，当其晶体结构与液态金属的晶体结构相似时，使形核率大大提高，获得均匀细小的晶粒。这种方法称为"变质处理"，加入的物质称为"变质剂"。

3）附加振动

金属结晶时，对液态金属附加机械振动、超声波振动、电磁振动等措施，使液态金属在铸模中运动，造成大原子团破碎成小原子团；枝晶断裂，使已生长的晶粒因破碎而细化，而且破碎的枝晶尖端又形成新的晶核。这两种结果都增加了形核率，故附加振动也能细化晶粒。

对于固态金属，可以用热处理或压力加工的方法细化晶粒。

1.4.2　金属的同素异构性

液态金属结晶后获得具有一定晶格结构的晶体。高温状态下的晶体，在冷却过程中晶格结构发生改变的现象，称为"同素异构转变"，又称为"重结晶"。一种金属具有两种或两种以上的晶体结构,称为"同素异构性"。如 Fe、Co、Sn、Mn 等元素都具有同素异构性。

铁在结晶后继续冷却至室温的过程中,将发生两次晶格转变,如图 1-24 所示。其转变过程如下:

$$\delta\text{-Fe} \longleftrightarrow \gamma\text{-Fe} \longleftarrow \alpha\text{-Fe}$$
$$\text{体心立方} \quad \text{面心立方} \quad \text{体心立方}$$

金属的同素异构转变同样遵循晶核形成和晶核长大的结晶基本规律。固态下原子扩散比液态下困难得多,致使同素异构转变具有较大的过冷度。同时,晶格结构的改变、致密度的改变和晶体体积的改变,使金属材料内部产生内应力,这种内应力称为"相变应力"。

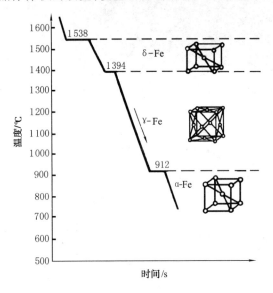

图 1-24　纯铁的冷却曲线

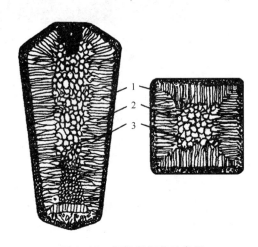

图 1-25　钢锭组织的示意图
1—细晶粒层;2—柱状晶粒层;3—等轴晶粒层

1.4.3　金属铸锭的组织

液态金属结晶后形成的晶体称为"铸态晶"。在实际生产中,液态金属是在铸锭模中结晶的,铸锭的结晶属于大体积结晶,其特点是过冷度小,整个截面存在明显的温度梯度,结晶从表面至中心逐步进行,不是整个截面同时均匀结晶,所以结晶后的组织粗细不均匀,形状也不同。将铸锭剖开可以看到三个不同的晶区,如图 1-25 所示。

1.5　二元合金

由两种或两种以上的金属或金属与非金属组成的具有金属性质的物质称为合金。组成合金的最基本、最独立的物质称为组元。一般来说,组元就是组成合金的化学元素,或是稳定的化合物。由两种组元组成的合金称为二元合金。

液态合金结晶时,合金组元间相互作用,形成具有一定晶体结构和一定成分的相。相是指合金中成分相同、结构相同,并与其他部分以界面分开的均匀组成部分。

一种或多种相按一定方式相互结合所构成的整体称为组织。相的相对数量、形状、尺寸和分布的不同,形成了不同的组织,不同的组织使合金具有不同的力学性能。

固态合金中的相,按其晶格结构的基本属性,可分为固溶体和金属化合物两类。

1.5.1　二元合金的相结构

1. 固溶体

合金在固态下,组元间互相溶解而形成的均匀相称为固溶体。晶格与固溶体相同的组元称为固溶体的溶剂,其他组元称为固溶体的溶质。溶质以原子状态分布在溶剂的晶格中。根据溶质原子在溶剂晶格中所占的位置,固溶体可分为间隙固溶体和置换固溶体。

1）间隙固溶体

溶质原子溶入溶剂晶格各结点间的间隙中形成的固溶体,称为间隙固溶体,如图1-26a所示。间隙固溶体是由一些原子半径小于1 Å的非金属元素,如H、O、C、B、N,溶入过渡族金属而形成的,而且只有当溶质原子直径与溶剂原子直径的比值小于0.59时,才能形成间隙固溶体。溶剂晶格的间隙是有限的,因此间隙固溶体只能是有限固溶体。

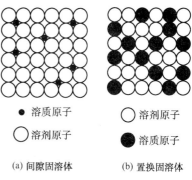

溶质原子溶入固溶体中的量,称为固溶体的浓度。在一定条件下,溶质原子在固溶体中的极限浓度,称为溶质原子在固溶体的溶解度。间隙固溶体的溶解度与溶质原子半径及溶剂的晶格类型有关。溶质原子半径愈小,溶解度愈大。溶剂晶格类型不同,具有的间隙大小不同,溶解度也不同。

● 溶质原子　　○ 溶剂原子
○ 溶剂原子　　● 溶质原子
(a) 间隙固溶体　　(b) 置换固溶体

图1-26　固溶体结构示意图

2）置换固溶体

溶质原子溶入溶剂晶格,并占据溶剂原子的某些晶格结点位置而形成的固溶体,称为置换固溶体,如图1-26b所示。置换固溶体中,溶质原子在溶剂晶格中的分布是任意的、无规律的。如果溶质原子在溶剂晶格中的溶解度有一定限度,则称为有限互溶,形成有限置换固溶体;如果合金组元可以以任何比例相互溶解,如Cu-Ni合金,就称为无限互溶,形成无限置换固溶体。形成无限置换固溶体必须满足:溶质与溶剂晶格类型相同;溶质原子与溶剂原子直径相近;溶质原子与溶剂原子电负性相接近。此外,溶质原子在溶剂晶格中的溶解度还与温度有关,温度愈高,溶解度愈大。

3）固溶体的性能

当溶质原子溶入溶剂晶格,使溶剂晶格发生畸变,导致固溶体强度、硬度提高,塑性和韧性略有下降的现象,称为固溶强化。如果溶质浓度适当,固溶体亦具有良好的塑性和韧性,所以成分得当的固溶体合金具有很好的综合力学性能。溶剂晶格畸变亦使其电阻增大,所以高电阻合金都是固溶体合金。单相固溶体在电解质中不会像多相固溶体那样构成微电池,故单相固溶体合金的耐蚀性较高。

2. 金属化合物

合金中,当溶质含量超过固溶体的溶解度时,将析出新相。若新相的晶格结构与合金的另一组元相同,则新相为以另一组元为溶剂的固溶体。若新相的晶格类型和性能完全不同于任一组元,并具有一定的金属特性,则新相是合金组元相互作用形成的一种新物质——金属化合物。

Fe_3C 是铁碳合金中最重要的具有复杂结构的间隙化合物,碳原子直径与铁原子直径之比为 0.61。Fe_3C 又称渗碳体,具有复杂斜方晶格。Fe_3C 中 Fe 原子可以部分地被其他金属原子置换,形成以渗碳体为基的固溶体,如(Fe、Mn)$_3$C、(Fe、Cr)$_3$C 等,称为合金渗碳体。

金属化合物一般具有复杂晶体结构。它熔点高,硬度高,脆性大,塑性几乎为零。如间隙相 TiC 的熔点为 3 410 ℃,硬度为 2 850 HV;WC 的熔点为 2 876 ℃,硬度为 1 730 HV;Fe_3C 的熔点为 1 227 ℃,硬度为 860 HV。

金属化合物呈细小颗粒均匀分布在固溶体基体上时,使合金的强度、硬度、耐热性和耐磨性明显提高,这一现象称为弥散强化。因此,金属化合物在合金中常作为强化相,它是合金的重要组成相。

1.5.2　二元合金相图

合金存在的状态由合金的成分、温度和压力三个因素确定。由于合金的熔炼、加工处理通常在常压下进行,所以合金存在的状态可由合金的成分和温度两个因素确定。合金的成分或温度改变,合金中所存在的相及相的相对量也发生改变,合金的组织和性能也发生改变。

合金相图是表示在平衡状态下,合金系中的合金状态与温度、成分之间关系的图解。所谓平衡,是指在一定的条件下合金系中参与相变过程的各相成分和相对质量不再变化所达到的一种状态。此时合金系的状态稳定,不随时间而改变。利用相图可以知道各种成分的合金在不同温度下存在哪些相、各个相的成分及其相对含量。分析合金在结晶过程中的变化规律,可以知道相的形状、大小和分布状况,即组织状态,预测合金的性能。

由两组元组成的合金系构成的相图,称为二元合金相图,又称为二元合金平衡相图或二元合金状态图。

1. 二元合金相图的确定

到目前为止,几乎所有的合金相图都是通过实验方法测定的。建立相图最常采用的是热分析法。现以 Cu-Ni 合金为例,说明二元合金相图用热分析法进行测定和建立的过程。测定的步骤如下:

(1) 配制几组成分不同的 Cu-Ni 合金,如图 1-27a 所示。

(2) 用热分析法测出所配制的各合金的冷却曲线,如图 1-27a 所示。

(3) 找出图中各冷却曲线上的相变点,即冷却曲线上的转折点,a 点和 b 点。

(4) 将 a 点和 b 点标在以温度为纵坐标、以成分为横坐标的图中,将所有 a 点和 b 点分别连接起来,即得到 Cu-Ni 合金相图,如图 1-27b 所示。

由图 1-27a 可见,纯铜和纯镍的冷却曲线上都有一水平线段,表明纯金属的结晶过程是在恒温下进行的。其他四种合金结晶开始后,由于放出结晶潜热,使温度下降变慢,冷却曲线变得平缓;结晶终了后,不再放出结晶潜热,温度下降变快,冷却曲线变得陡直。所以,在冷却曲线上有两个转折点,即有两个相变点,表明四种合金都是在一定温度范围内结晶的。温度较高的相变点(a 点)表示开始结晶温度,称为上相变点;温度较低的相变点(b 点)表示结晶终了温度,称为下相变点。

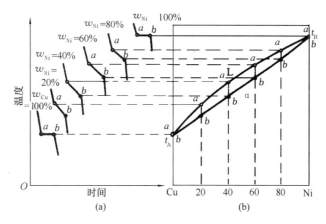

图 1-27 热分析法测定 Cu-Ni 合金相图

2. 相律

1）平衡

当外界条件不变时,体系的状态不随时间而改变,即体系内各相的成分、结构和相对量等均不发生变化,称为平衡状态。平衡具有动态的性质,达到平衡时体系中正向和逆向的过程以相等的速度进行。

2）自由度

自由度是平衡体系的独立可变因素的数目(如温度、压力、相的成分等),即这些因素可在一定范围内独立变化而不改变其平衡状态,则自由度为 3。如改变这三者中的两个仍能维持此两平衡相,则自由度为 2。如只能改变三者之一而不影响平衡相,自由度数为 1。如果三个因素都不能独立改变,否则会引起平衡相的改变,那么自由度为零。

3）相律的表达式

相律用来表示在平衡条件下,独立组元数、相数和自由度数三者之间的关系。相律对相图有指导作用。通常在只考虑温度影响时,相律可用下式表示:

$$F = C - P + 1 \tag{1-6}$$

式中：F——体系的自由度数；

　　　C——体系中的独立组元数；

　　　P——相数。

单元系凝固时,液、固相共存,故 $F=0$,说明相变时温度不能变化,为恒温过程。二元系凝固时,如有三相共存,F 也为零,也是恒温过程;如是二相共存,$F=1$,说明凝固时其温度或平衡相成分两者中有一个是可以独立变化的。

应用相律可知体系中最多能共存的平衡相数。单元系 $C=1$,$F=1-P+1=2-P$,故最多是两个平衡相共存。二元系最多是三个平衡相共存。

3. 二元匀晶相图

二组元在液态和固态均能无限互溶所构成的相图,称为二元匀晶相图。如 Cu-Ni、Cu-Au、Au-Ag、Fe-Cr、W-Mo、Bi-Sb 等二元合金系,均为匀晶相图。

1）相图分析

图 1-27b 为 Cu-Ni 二元匀晶相图。a 点连线是合金开始结晶点的连线,称为液相线;b 点连线是合金结晶终了点的连线,称为固相线。液相线和固相线将相图分为三个相区,液相线以上为单相液态,用"L"表示;固相线以下为单相固态,用"α"表示;液相线和固相线之间为固、液共存的二相区,用"L+α"表示。

t_A 点是纯铜的熔点,为 1 083 ℃;t_B 点是纯镍的熔点,为 1 455 ℃。

2)杠杆定律

在结晶过程中,液、固二相的成分分别沿液相线和固相线变化。设有合金 K,若想知道它在 t_x℃时液、固二相的成分,可作一条代表 t_x℃的水平线,令其与液相线和固相线分别交于 x 及 x',那么 x 及 x' 的横坐标就代表 t_x℃时液、固两平衡相的成分。即液相中含 Ni 量为 x,固相中含 Ni 量为 x',合金中含 Ni 量为 K,如图 1-28a 所示。

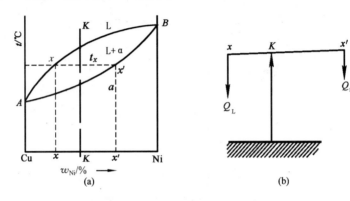

图 1-28 杠杆定律的力学比喻

设合金的相对总质量为 1,液相的相对质量为 Q_L,固相的相对质量为 Q_S,则

$$Q_L + Q_S = 1 \tag{1-7}$$

$$Q_L x + Q_S x' = K \tag{1-8}$$

解方程(1-7)与方程(1-8)得

$$Q_L = \frac{x' - K}{x' - x}, \qquad Q_S = \frac{K - x}{x' - x}$$

由图 1-28a 所示的线段关系,上式可改写成

$$Q_L = \frac{\overline{Kx'}}{\overline{xx'}}, \qquad Q_S = \frac{\overline{xK}}{\overline{xx'}}$$

又

$$\frac{Q_L}{Q_S} = \frac{\overline{Kx'}}{\overline{xK}} \tag{1-9}$$

由图 1-28b 可见,液、固二相的相对量关系如同力学中的杠杆定律。因此,在相平衡的计算中称式(1-9)为杠杆定律。必须注意:杠杆定律只适用于两相平衡区中两平衡相的相对含量计算。

3)非平衡结晶过程分析

固溶体合金在结晶过程中,只有在极其缓慢冷却条件下,原子才能进行充分的扩散,结晶完毕时形成成分均匀的 α 固溶相。但在实际铸造条件下,冷却较快,不能保持平衡状态,原子扩散来不及充分进行,使 α 相成分不均匀。先结晶的固溶体富含高熔点组元 Ni,后结晶的固溶体富含低熔点组元 Cu。因而,在结晶每一温度瞬间,α 的平均浓度总是高于 α/L 界面处的平衡浓度,相图中固相 α 的平均成分线与平衡成分线不一致,如图 1-29 所示。当 α 相平均浓度达到合金成分(30% Ni)时结晶完成,最后得到的 α 固熔体成分不均匀。因固熔体结晶按树枝状方式进行,因而成分不均匀沿树枝晶分布,结晶的主干含高熔点组元 Ni 多,枝晶外围含低熔点组元 Cu 多,形成所谓"枝晶偏析"、"晶内偏析"或"树枝状偏析",如图 1-30 所示。

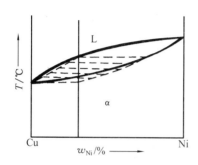

图 1-29 固溶体的非平衡结晶

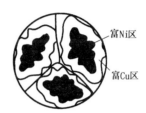

图 1-30 Cu-Ni 合金枝晶
偏析示意图

枝晶偏析的程度取决于以下因素:

(1) 冷却速度愈大,扩散进行愈不充分,偏析程度愈大。

(2) 相图的结晶范围愈大,偏析成分的范围愈大。

枝晶偏析使合金的力学性能、工艺性能降低,因此在生产上要设法消除或改善枝晶偏析。其办法是:将铸件加热到低于固相线 100 ~ 200 ℃ 的温度,进行较长时间的保温,使偏析元素进行充分的扩散,以使成分均匀,这种处理称为扩散退火。

4. 二元共晶相图

两组元在液态时无限互溶,固态时有限溶解,结晶时发生共晶转变,形成两相机械混合物的相图称为共晶相图。Pb-Sn、Pb-Sb、Ag-Cu、Al-Si 等合金的相图,都属于共晶相图。

1) 相图分析

现以 Pb-Sn 合金为例,对共晶相图进行分析。Pb-Sn 合金共晶相图如图 1-31 所示。aeb 为液相线,$acedb$ 为固相线。a 点(327 ℃)为 Pb 的熔点,b 点(232 ℃)为 Sn 的熔点。cf 为 Sn 溶于 Pb 的溶解度曲线,dg 为 Pb 溶于 Sn 的溶解度曲线,溶解度曲线又称固溶线。合金系有三个相:液相 L、固相 α 和 β,α 相是 Sn 溶于 Pb 的固溶体,β 相是 Pb 溶于 Sn 的固溶体。

相图中有三个单相区,L、α 和 β;三个两相区,L + α、L + β 及 α + β;一个三相区,L+α+β,即水平线 ced。

c 点以左的合金结晶完毕时,都是 α 固溶体;d 点以右的合金结晶完毕时,都是 β 固溶体;成分在 c 点和 d 点之间的合金,当温度下降到 ced 线(183 ℃)时,成分为 e 点的液态合金在结晶时,将同时结晶出成分为 c 点的 α 固溶体($α_c$)和成分为 d 点的 β 固溶体($β_d$)。即

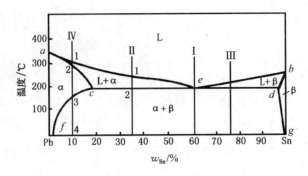

图 1-31 Pb-Sn 相图

$$L_e \longrightarrow \alpha_c + \beta_d$$

这种一定成分的液相,在一定温度下同时结晶出成分不同的两种固相的转变,称为共晶转变。e 点称为共晶点,ced 线称为共晶线。成分对应于共晶点的合金称为共晶合金,成分位于 c、e 之间的合金称为亚共晶合金,成分位于 e、d 之间的合金称为过共晶合金。

为了研究组织的方便,常常将组织组成物标注在合金的相图上,如图 1-32 所示。常温状态下,Pb-Sn 合金的组织分为五个区:$\alpha+\beta_{II}$、$\alpha+(\alpha+\beta)+\beta_{II}$、$(\alpha+\beta)$、$\beta+(\alpha+\beta)+\alpha_{II}$、$\beta+\alpha_{II}$,组织组成物为 α、α_{II}、β、β_{II}、$(\alpha+\beta)$。β_{II} 为从 α 相中析出的 Pb 溶于 Sn 的固溶体;α_{II} 为从 β 相中析出的 Sn 溶于 Pb 的固溶体。α_{II} 和 β_{II} 称为次生相或二次相。它们与从液相中析出的初生相 α 和 β 成分和结构相同,但它们的形态、数量、分布均不相同。因此,α 与 α_{II}(或 β 与 β_{II})同是一种相,但却是两种不同的组织。α 和 β 相形成温度较高,晶粒较粗大,呈树枝状或颗粒状;α_{II} 和 β_{II} 形成温度较低,呈细小颗粒状分布在固溶体 α(或 β)晶粒内或呈网状分布在固溶体 α(或 β)晶界上。

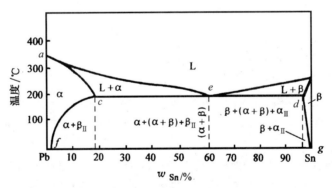

图 1-32 标注组织组成物的 Pb-Sn 相图

亚共晶合金的最终组织为 $\alpha+(\alpha+\beta)+\beta_{II}$,其显微组织如图 1-33 所示。图中暗黑色树枝状为初晶 α 固溶体,黑白相间分布的为 $(\alpha+\beta)$ 共晶体,α 枝晶内的白色颗粒为 β_{II}。

过共晶合金的最终组织为 $\beta+(\alpha+\beta)+\alpha_{II}$,其显微组织如图 1-34 所示。图中亮白色卵形为初晶 β 固溶体,黑白相间分布的为 $(\alpha+\beta)$ 共晶体,β 初晶内的黑色小颗粒为 α_{II}。

2)重力偏析

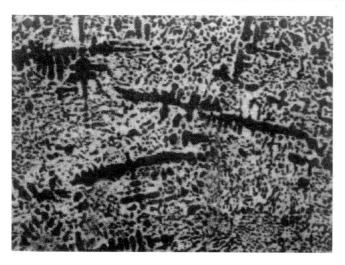

图 1-33　Pb-Sn 亚共晶合金显微组织（100×）

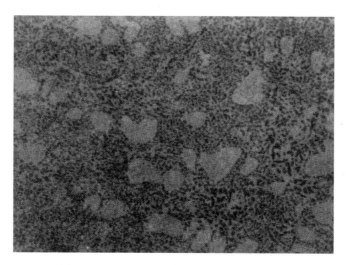

图 1-34　Pb-Sn 过共晶合金显微组织（100×）

　　合金在结晶时，如果结晶出来的晶体的密度与液相的密度相差较大，则这些晶体便会上浮或下沉，从而导致铸件上、下部分的化学成分不一样。这种因密度不同而造成的化学成分不均匀的现象，称为重力偏析。图 1-35 所示为亚共晶 Pb-Sn 合金组织中，因密度较小的 α 晶上浮而形成的重力偏析。

　　重力偏析使铸件各部分的成分、组织、性能不同，影响铸件的使用。重力偏析不能通过热处理消除，只能采取控制合金的成分、浇注时进行搅拌、增加冷却速度来消除。

5. 二元共析相图

　　从一个固相中同时析出成分和晶体结构完全不同的两种新的固相的转变过程，称为共析转变。图 1-36 为具有共析转变的二元合金相图。图中 A、B 为两组元，合金结晶后得到 γ 固溶体，$γ_c$ 固溶体在恒温下进行共析转变：

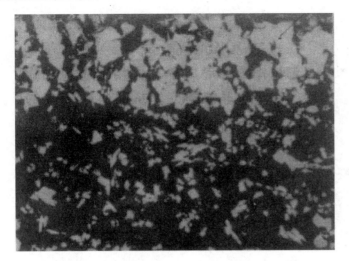

图 1-35　Pb-Sn 合金中的重力偏析(100×)

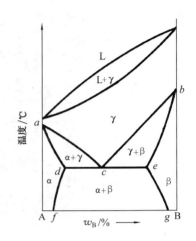

图 1-36　具有共析转变的二元合金相图

$$\gamma_c \longrightarrow \alpha_d + \beta_e$$

$(\alpha_d + \beta_e)$ 称为共析体,c 点为共析点,dce 为共析线,对应的温度称为共析转变温度。

因为共析转变是在固态下进行的,转变温度较低,原子扩散困难,因而过冷度较大。与共晶体相比,共析体的组织较细小且均匀。

1.5.3　相图与性能的关系

合金的力学性能与物理性能决定于合金的成分及组织,合金的某些工艺性能如铸造性能还与合金的结晶特点有关。而相图表明了合金的成分、组织及合金的结晶特点,因此利用相图可大致判断合金的性能,并作为选用材料和制定工艺的参考。

1. 合金形成单相固溶体

当合金形成单相固溶体时,合金的性能与组元的性质及溶质原子的溶入量有关。对于一定的溶剂和溶质来说,溶质溶入溶剂量愈多,则合金的强度(σ_b)、硬度(HB)愈高,电阻率愈大,电阻温度系数(α)愈小,如图 1-37 所示。总的来说,形成单相固溶体的合金具有较好的综合力学性能。但是,固溶强化使合金所能提高的强度、硬度有限。

2. 合金形成两相混合物

共晶和共析转变都会形成两相混合物,如图 1-38 所示。在单相 α 固溶体和单相 β 固溶体区间,力学性能、物理性能与成分呈曲线关系,在两相区内合金性能介于两组成相之间,与成分呈直线关系,是两相的平均值。但应指出,只是当合金两相的晶粒较粗且分布均匀时,性能与成分的关系才符合直线关系。当形成细小的共晶体和共析体时,合金的力学性能将偏离直线关系而出现如虚线所示的高峰。

相图与工艺性能的关系如图 1-39 所示。由图可见,合金的铸造性能取决于合金结晶区间的大小。共晶成分的合金在恒温下结晶,固、液两相区间为零,结晶温度最低,故流动性最好。在结晶时易形成集中缩孔,铸件的致密性好,故铸造合金应选用共晶成分附近的合金。

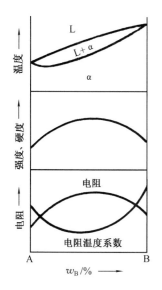

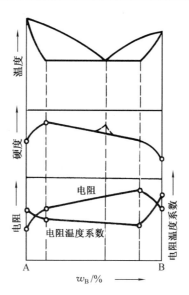

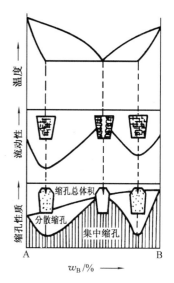

图 1-37 固溶体合金的力学性能、物理性质与合金成分的关系

图 1-38 两相混合物合金的硬度、电阻与相图的关系

图 1-39 两相混合物合金的铸造性能与相图的关系

1.6 铁碳合金

铁碳合金是以铁和碳为组元的二元合金,是机械制造中应用最广泛的金属材料。

1.6.1 铁碳合金的基本相和基本组织

铁是具有同素异构的金属。铁碳合金的基本组元是 Fe 与 Fe_3C,属于二元合金。其基本相有铁素体、奥氏体和渗碳体三种。由基本相组成的铁碳合金的基本组织有铁素体、奥氏体、渗碳体、珠光体、莱氏体和低温莱氏体六种。其特性归纳列于表 1-2 中。

表 1-2 铁碳合金基本组织

组织名称	符号	组织特点	碳的最大溶解度	力学性能
铁素体	F	碳溶解于体心立方晶格 α-Fe 中所形成的固溶体	0.021 8%	塑性和韧性较好,$A = 30\% \sim 50\%$,$R_m = 180 \sim 280$ MPa
奥氏体	A	碳溶解于面心立方晶格 γ-Fe 中所形成的固溶体	2.11%	质软、塑性好,$A = 40\% \sim 50\%$,硬度 $170 \sim 220$ HBW
渗碳体	Fe_3C	具有复杂斜方结构的铁与碳的间隙化合物	6.69%	塑性、韧性几乎为零,脆、硬
珠光体	P	$w_C = 0.77\%$ 的奥氏体同时析出 F 与 Fe_3C 的机械混合物(共析反应)		$R_m = 600 \sim 800$ MPa,$A = 20\% \sim 25\%$,硬度 $170 \sim 230$ HBW
莱氏体	Ld Ld′	$w_C = 4.3\%$ 的金属液体同时结晶出 A 和 Fe_3C 的机械混合物(共晶转变)		硬度很高,塑性很差

1.6.2　铁碳合金相图

1. 相图分析

在铁碳合金中,Fe 与 C 两元素会形成固溶体和化合物。铁碳合金(Fe-Fe₃C)相图是研究铁碳合金的成分、温度、组织三者之间关系的图形,是研究钢和铸铁的组织及性能的基础,是选择钢铁材料的依据,对制定材料成形及热处理加工工艺有重要的指导意义。

图 1-40 为 Fe-Fe₃C 相图(图中不加括号部分为相组成物,加括号部分为组织组成物)。由于当碳的质量分数为 6.69% 时,铁与碳全部形成硬而脆的渗碳体,所以实际使用的铁碳合金碳的质量分数一般不超过 5%。因此 Fe-Fe₃C 相图只研究 Fe-Fe₃C 部分。

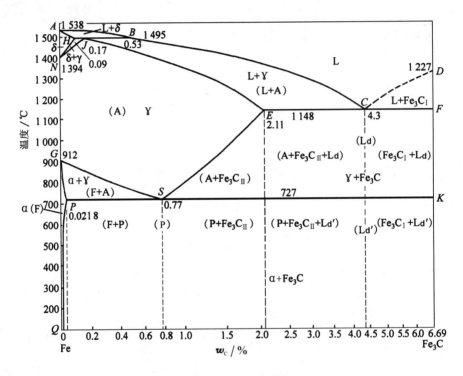

图 1-40　Fe-Fe₃C 相图

Fe-Fe₃C 相图表示了铁碳合金系中不同碳含量的合金在冷却过程中所发生的相变,各温度时合金的相组成物和组织组成物,可以由合金的室温组织了解它们的力学性能,确定其应用范围,对零件的选材、加工工艺的制定有直接的指导意义。

1) Fe-Fe₃C 相图中的特性点和特性线

见表 1-3。

表 1-3　铁碳合金状态图中的特性点和特性线

特性点	温度/℃	$w_C/100\%$	含义	特性线	含义
A	1 538	0	纯铁的熔点	AB	δ 相液相线,液相开始结晶出 δ 固溶体
B	1 495	0.53	包晶转变时液态合金成分	BC	γ 相液相线,液相开始结晶出 γ 固溶体
C	1 148	4.3	共晶点	CD	液相脱溶线,液相开始脱溶出 Fe_3C_I
D	~1 227	6.69	渗碳体的熔点	AH	δ 相的固相线
E	1 148	2.11	碳在奥氏体中的最大溶解度	HN	碳在 δ 相中的溶解度线
F	1 148	6.69	渗碳体的成分	JE	γ 相的固相线
G	912	0	α-Fe⇔γ-Fe 转变点	JN	(δ+γ) 相区与 γ 相区的分界线
H	1 495	0.09	碳在 δ-Fe 中的最大溶解度	GS	奥氏体转变为铁素体开始线,即 A_3 线
J	1 495	0.17	包晶点	GP	奥氏体转变为铁素体终了线
K	727	6.69	渗碳体的成分	ES	脱溶线,奥氏体脱溶出 Fe_3C_{II},即 A_{cm} 线
N	1 394	0	γ-Fe⇔δ-Fe 转变点	PQ	脱溶线,铁素体开始脱溶出 Fe_3C_{III}
P	727	0.021 8	碳在铁素体中最大溶解度	PSK	共析转变线,$γ_S⇔α_P+Fe_3C$,即 A_1 线
S	727	0.77	共析点	HJB	包晶转变线,$L_B+δ_H⇔δ_J$
Q	600	0.005 7	碳在铁素体中的溶解度	ECF	共晶转变线,$L_C⇔γ_E+Fe_3C$

注:本表是指冷却过程中相变的含义。

　2) Fe-Fe$_3$C 相图中的相区

　相图中有 5 个基本相,相应地有 5 个单相区,即液相区 L、δ 固溶体相区(亦称高温铁素体 δ)、奥氏体相区 A、铁素体相区 F、渗碳体相区 Fe$_3$C。

　相图中有 7 个二相区,即 L+δ、δ+A、L+A、L+Fe$_3$C、A+F、A+Fe$_3$C、F+Fe$_3$C。

　包晶线、共晶线与共析线可看作是三相共存的三相区:L+δ+A、L+A+Fe$_3$C、A+F+Fe$_3$C。

　根据相接触法则,相图中两相区的两个组成相由其相邻的两个单相区决定。因此,可以由单相区填写出二相区的相组成物。

　3) Fe-Fe$_3$C 相图中铁碳合金的分类

　根据成分不同,铁碳合金可分为三大类,见表 1-4。

表 1-4　铁碳合金的分类

合金种类	工业纯铁	碳钢			白口铸铁(又称生铁)		
		亚共析钢	共析钢	过共析钢	亚共晶铸铁	共晶铸铁	过共晶铸铁
碳的质量分数/%	<0.021 8	0.021 8~0.77	0.77	0.77~2.11	2.11~4.3	4.3	4.3~6.69
室温组织	F	F+P	P	P+FeC$_{II}$	P+FeC$_{II}$+Ld'	Ld'	FeC$_I$+Ld'
力学性能	软	塑性、韧性好	综合力学性能好	硬度大	硬而脆		

2. 典型成分合金平衡结晶过程分析

　平衡结晶过程是指合金由液态缓慢冷却到室温所发生的组织转变的过程。通过对它的分析,可以了解某成分的合金在温度下降的每个阶段相的组成和相的相对量的变化,直至推出室温组织。

以下是 6 种典型铁碳合金的结晶过程分析。

1）共析钢、亚共析钢、过共析钢的结晶过程分析

碳的质量分数小于 2.11% 的共析钢、亚共析钢和过共析钢，从液态缓慢冷却到室温的过程中，均无共晶转变，室温组织均由奥氏体转变而来。奥氏体在平衡冷却过程中有可能发生的转变有以下三种：

共析转变 $\quad\quad\quad\quad A w_{C0.77\%} \xrightarrow{727\ ℃} P(F w_{C0.021\ 8\%} + Fe_3C)$

铁的同素异构转变 $\quad\quad A w_{C<0.77\%} \xrightarrow{GS 线} F + A w_{C\%} \uparrow$

碳的溶解度变化 $\quad\quad A w_{C>0.77\%} \xrightarrow{ES 线} A w_{C\%} \downarrow + Fe_3C_{II}$

图 1-41 为共析钢的结晶过程示意图。温度在 1~2 区间，按匀晶方式形成奥氏体，凝固完毕，到 2 点后，形成单相奥氏体。奥氏体冷却到 727 ℃（3 点）时发生共析转变，形成珠光体。温度继续降低时，铁素体的溶碳量沿 PQ 线变化，析出 Fe_3C_{III}，并与共析渗碳体混在一起，不易分辨。因此，共析钢室温组织仍为珠光体，它是呈片状的铁素体与呈片状的渗碳体形成的机械混合物，其显微组织中亮白色基底为铁素体，黑色线条为渗碳体。

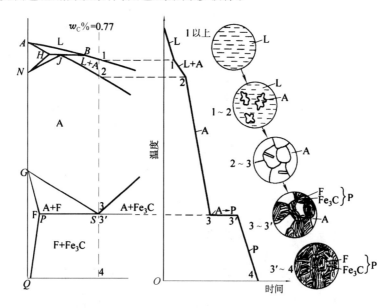

图 1-41 共析钢的结晶过程

图 1-42 为 0.17% $<w_C<$ 0.53% 的亚共析钢的结晶过程示意图。温度降至 1 点后开始从液相中析出 δ 相；至 2 点后液相与 δ 相一起发生包晶转变，生成奥氏体，反应结束后，尚有多余的液相；至 3 点，液相全部变为奥氏体，合金全部凝固，形成单相奥氏体。继续冷至 4 点起，奥氏体中析出铁素体，铁素体在奥氏体晶界处优先生核并长大，而奥氏体和铁素体的成分分别沿 GS 和 GP 线变化；到 5 点时，奥氏体碳的质量分数变为 0.77%，这时便发生共析转变，形成珠光体，原先析出的铁素体保持不变，所以亚共析钢转变结束后，合金的组织为铁素体和珠光体，继续冷却时，铁素体中会析出三次渗碳体，因其量极少，可忽略不计。亚共析钢在室温时，其组织由呈颗粒状的

铁素体和呈层片状的珠光体组成。

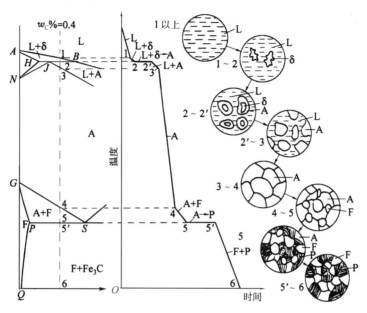

图 1-42 亚共析钢的结晶过程

所有的亚共析钢,室温时的组织都是由铁素体和珠光体组成的,其差别仅是铁素体和珠光体的相对量不同,碳含量愈高,珠光体愈多,铁素体愈少。

图 1-43 为过共析钢结晶过程示意图。合金冷却到 1 点,开始从液相中结晶出奥氏体,直至 2 点凝固完毕,形成单相奥氏体。当冷却到 3 点时,开始从奥氏体中析出二次渗碳体(Fe_3C_{II})。

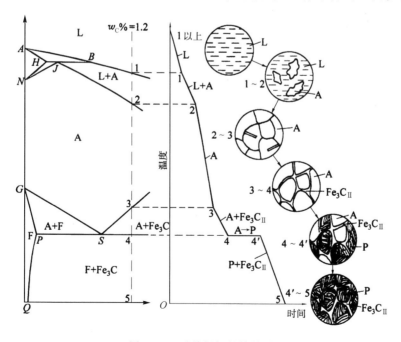

图 1-43 过共析钢的结晶过程

二次渗碳体沿奥氏体晶界析出,呈网状分布。至4点(727 ℃)时,奥氏体成分变为碳的质量分数0.77%,发生共析转变,形成珠光体。最终组织为珠光体与二次网状渗碳体。

2) 共晶白口铸铁、亚共晶白口铸铁、过共晶白口铸铁的结晶过程分析

碳的质量分数大于2.11%的三种白口铸铁均发生共晶转变。共晶产物莱氏体冷却至共析线后转变为低温莱氏体,反应式为

$$Ld(A_E + Fe_3C_{共晶}) \longrightarrow Ld'(P + Fe_3C_{II} + Fe_3C_{共晶})$$

其实质是共晶奥氏体析出二次渗碳体,并在727 ℃时转变为珠光体。组织中的铁素体、渗碳体、珠光体和低温莱氏体一旦形成,在随后的冷却过程中就不再发生相变。

图1-44中Ⅱ为共晶白口铸铁结晶示意图。合金在1点(1 148 ℃)发生共晶转变,形成由共晶渗碳体和共晶奥氏体组成的机械混合物——高温莱氏体Ld。继续冷却时,共晶奥氏体中析出二次渗碳体,二次渗碳体与共晶渗碳体混在一起,无法分辨。温度降到2点(727 ℃)时,共晶奥氏体的碳的质量分数降到0.77%,发生共析转变,形成珠光体。因此,室温时共晶白口铸铁由共晶渗碳体、珠光体和二次渗碳体组成,这种组织称为低温莱氏体Ld′。

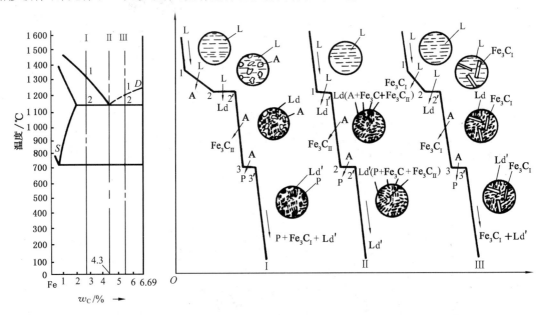

图1-44 白口铸铁部分典型合金结晶过程分析示意图

图1-44中Ⅰ为亚共晶白口铸铁结晶示意图。合金冷却到1点,从液相中结晶出初晶奥氏体,随温度下降,初晶奥氏体不断增多,液相不断减少。冷却到2点(1 148 ℃)时,奥氏体碳的质量分数为2.11%,液相的碳的质量分数为4.3%,液相发生共晶转变,形成高温莱氏体,合金组织为初晶奥氏体和高温莱氏体Ld。在2~3点之间继续冷却时,初晶奥氏体和共晶奥氏体都要析出二次渗碳体,随二次渗碳体的析出,至3点(727 ℃)时,奥氏体的碳的质量分数下降到0.77%,发生共析转变,初晶奥氏体和共晶奥氏体都转变为珠光体。亚共晶白口铸铁在室温下的组织是珠光体、二次渗碳体和低温莱氏体Ld′。其显微组织示意图中黑色块状或树枝状部分为初晶奥氏体转变成的珠光体,基体为低温莱氏体,从初晶奥氏体和共晶奥氏体中析出的二次渗碳体与共晶

渗碳体混合在一起,在显微镜下无法分辨。

图 1-44 中 Ⅲ 为过共晶白口铸铁的结晶过程示意图。当合金冷却到 1 点时,开始从液相中结晶出初晶渗碳体,也称为一次渗碳体(Fe_3C_I),一次渗碳体呈粗大片状,在合金继续冷却的过程中不再发生变化。当温度继续下降到 2 点(1 148 ℃)时剩余液相碳的质量分数达到 4.3%,发生共晶转变,形成高温莱氏体。过共晶白口铸铁的室温组织为一次渗碳体与低温莱氏体。

3. 铁碳合金的成分与性能的关系

1)铁碳合金的相组成物、组织组成物的相对量

钢和白口铸铁中的相组成物和两组织区域内的组织组成物的相对量,可根据 $Fe-Fe_3C$ 相图运用杠杆定律进行计算。

2)碳含量对铁碳合金力学性能的影响

当碳含量增多时,不仅渗碳体的数量增加,而且渗碳体存在的形式也发生变化,由分散在铁素体基体内(如珠光体)变成分布在珠光体的晶界上,最后当形成莱氏体时,渗碳体又作为基体出现。

渗碳体是强化相。如果渗碳体分布在固溶体晶粒内,渗碳体的量愈多,愈细小,分布愈均匀,材料的强度就愈高;当渗碳体分布在晶界上,特别是作为基体时,材料的塑性和韧性将大大下降。碳含量对钢的平衡组织力学性能的影响如图 1-45 所示。

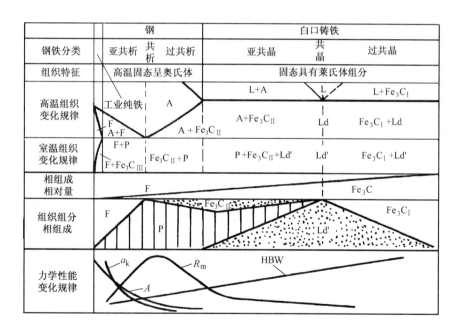

图 1-45　碳含量对钢的平衡组织力学性能的影响

对亚共析钢来说,随碳含量的增加,组织中珠光体的数量相应地增加,钢的硬度、强度呈直线上升,而塑性则相应降低。

对过共析钢来说,缓冷后由珠光体与二次渗碳体所组成,随碳含量的增加,二次渗碳体发展成连续网状。当碳含量超过 1.2% 时,钢变得硬、脆,强度下降。

对白口铸铁来说，由于出现了以渗碳体为基体的莱氏体，性能硬脆，难以切削加工，很少应用。

1.7 碳钢

目前工业上使用的钢铁材料中，碳钢占有很重要的地位。由于碳钢冶炼方便，加工容易，价格低且在许多场合碳钢的性能可以满足要求，故在工业中应用非常广泛。

碳钢是指碳的质量分数小于 2.11% 的铁碳合金。实际生产中使用的碳钢含有少量的锰、硅、硫、磷等元素，这些元素是从矿石、燃料和冶炼等渠道进入钢中的。杂质对钢的力学性能有重要的影响。杂质元素对钢的影响见表 1-5。

表 1-5 杂质元素对钢的影响

杂质名称	杂质含量	在钢中的影响
锰（Mn）	$w_{Mn}<1.2\%$	脱氧，降低钢的脆性；合成 MnS，消除 S 的有害作用
硅（Si）	$w_{Si}<0.4\%$	脱氧，强化铁素体，提高钢的强度、硬度，但塑性、韧性下降
硫（S）	$w_S<0.055\%\sim0.040\%$	生成低熔点共晶体，形成热脆
磷（P）	$w_P<0.055\%\sim0.040\%$	全部溶于铁素体，提高铁素体的强度、硬度，但形成冷脆

1.7.1 碳钢的分类

碳钢的分类见表 1-6。

表 1-6 碳钢的分类

分类方法	钢种	质量分数或脱氧情况	特点
按碳的质量分数分类	低碳钢	$w_C\leq0.25\%$	强度低，塑性和焊接性较好
	中碳钢	$w_C=0.25\%\sim0.6\%$	强度较高，但塑性和焊接性较差
	高碳钢	$w_C>0.6\%$	塑性和焊接性很差，强度和硬度高
按钢的质量分	普通钢	$w_S\leq0.055\%$，$w_P\leq0.045\%$	含 S、P 量较高，质量一般
	优质钢	$w_S\leq0.040\%$，$w_P\leq0.040\%$	含 S、P 量较少，质量较好
	高级优质钢	$w_S\leq0.030\%$，$w_P\leq0.035\%$	含 S、P 量很少，质量好
按用途分	结构钢	$w_C=0.08\%\sim0.65\%$	制造各种工程构件和机器零件
	工具钢	$w_C>0.65\%$	制造各种刀具、量具和模具
按脱氧程度分	沸腾钢（F）	仅用弱脱氧剂脱氧，FeO 较多	钢锭内分布有许多小气泡，偏析严重
	镇静钢（Z）	浇注时完全脱氧，凝固时不沸腾	气泡、疏松少，质量较高
	半镇静钢（b）	介于沸腾钢和镇静钢之间	质量介于沸腾钢和镇静钢之间

1.7.2 碳钢的牌号

常用的碳钢牌号如表 1-7 所示。

表 1-7 常用的碳钢牌号

分类	编号方法		常用牌号	用途
	举例	说明		
碳素结构钢	Q235-A F	屈服点为 235 MPa、质量为 A 级的沸腾钢	Q195、Q215A、Q235B、Q255A、Q255B、Q275 等	一般以型材供应的工程结构件,制造不太重要的机械零件及焊接件(参见 GB/T 700—2006)
优质碳素结构钢	45	表示平均 $w_C = 0.45\%$ 的优质碳素结构钢	08F、10、20、35、40、50、60、65	用于制造曲轴、传动轴、齿轮、连杆等重要零件(参见 GB/T 699—2008)
碳素工具钢	T8 T8A	表示平均 $w_C = 0.8\%$ 的碳素工具钢,A 表示高级优质	T7、T8Mn、T9、T10、T11、T12、T13	制造需较高硬度、耐磨性,又能承受一定冲击的工具,如手锤、冲头等(参见 GB/T 1298—2008)
一般工程铸造碳钢	ZG200-400	表示屈服强度为 200 MPa、抗拉强度为 400 MPa 的碳素铸钢	ZG230-450、ZG270-500、ZG310-570、ZG340-640	形状复杂的需要采用铸造成形的钢质零件(参见 GB/T 11352—2009)

1.8 铸铁

铸铁是应用广泛的一种铁碳合金材料,其 $w_C > 2.11\%$。铸铁材料基本上以铸件形式应用,但近年来连续铸铁板材、棒材的应用也日渐增多。铸铁中的碳除极少量固溶于铁素体中外,还因化学成分、熔炼处理工艺和结晶条件的不同,或以游离状态(即石墨)、或以化合形态(即渗碳体或其他碳化物)存在,也可以二者并存。

1.8.1 铸铁的分类及特性

铸铁可分为一般工程应用铸铁和特殊性能铸铁。一般工程应用铸铁,碳主要以石墨形态存在。按照石墨形貌的不同,这一类铸铁又分为灰铸铁(片状石墨)、可锻铸铁(团絮状石墨)、球墨铸铁(球状石墨)和蠕墨铸铁(蠕虫状石墨)等四种。特殊性能铸铁既有含石墨的,也有不含石墨的(白口铸铁)。这一类铸铁的合金元素含量较高($w_{Me} > 3\%$),可应用于高温、腐蚀或磨料磨损的工况条件。

铸铁成本低,铸造性能良好,体积收缩不明显,其力学性能、可加工性、耐磨性、耐蚀性、热导率和减振性之间有良好的配合,由于先进生产技术和检测手段的应用,铸铁件的可靠性有明显的提高。球墨铸铁在铸铁中力学性能最好,兼有灰铸铁的工艺优点,因而其应用领域正在扩大。铸铁用于基座和箱体之类零件,可充分发挥其减振性和抗压强度高的特点,在批量生产中,与钢材焊接相比,可以明显降低制造成本。

1.8.2 铸铁的石墨化过程

1. 石墨化过程

在铁碳合金中,碳有两种存在形式,即化合态渗碳体和游离态石墨。如果对渗碳体形式存在的铁碳合金加热和保温,其中的渗碳体将分解为铁和石墨。可见,渗碳体只是一种亚稳定的相,石墨才是一种稳定的相。因此,描述铁碳合金的结晶过程应有两个相图——Fe-Fe_3C 相图和 Fe-G(石墨)相图。两者叠合在一起,如图 1-46 所示,即为 Fe-Fe_3C 与 Fe-G(石墨)双重相图。图中实线表示 Fe-Fe_3C 相图,部分实线再加上虚线表示 Fe-G 相图。

石墨化过程是指铸铁中析出碳原子形成石墨的过程,亦即按 Fe-G 相图结晶的过程。

合金石墨化过程可以分为高温、中温、低温三个阶段。高温石墨化阶段是指在共晶温度以上结晶出一次石墨 G_I 和共晶反应结晶出共晶石墨 $G_{晶}$ 的阶段;中温石墨化阶段是指在共晶温度至共析温度范围内,从奥氏体中析出二次石墨 G_{II} 的阶段;低温石墨化阶段是指在共析温度析出共析石墨 $G_{析}$ 的阶段。

在高温、中温阶段,碳原子的扩散能力强,石墨化过程比较容易进行;在低温阶段,碳原子的扩散能力较弱,石墨化过程进行困难。

在高温、中温和低温阶段,石墨化过程都没有实现,碳以 Fe_3C 形式存在的铸铁称为白口铸铁;在高温、中温阶段,石墨化过程得以实现,碳主要以 G 形式存在的铸铁,称为灰铸铁;在高温阶段,石墨化过程

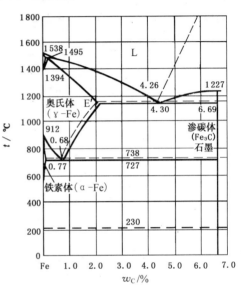

图 1-46 Fe-Fe_3C 与 Fe-G 双重相图

得以实现,而中温、低温阶段石墨化过程没有实现,碳以 G 和 Fe_3C 两种形式存在的铸铁,称为麻口铸铁。

2. 灰铸铁的基体

低温石墨化过程得以充分进行,获得的铸铁具有铁素体基体,称为铁素体灰铸铁。

低温石墨化过程没有进行,获得的铸铁具有珠光体基体,称为珠光体灰铸铁。

低温石墨化过程没有充分进行,获得的铸铁具有铁素体和珠光体的基体,称为铁素体-珠光体灰铸铁。

3. 影响石墨化的因素

影响石墨化的因素主要是化学成分和冷却速度。

化学成分是影响石墨化过程的本质因素。碳和硅是有效促进石墨化的元素,为了使铸件在浇注后能获得灰铸铁,而同时又不希望含有过多和粗大的片状石墨,通常把成分控制在 $w_C = 2.5\% \sim 4.0\%$,$w_{Si} = 1.0\% \sim 2.0\%$。除了 C 和 Si 外,Al、Cu、Ni 等元素也会促进石墨化;而 S、Mn、Cr 等元素则阻止石墨化。尤其是 S,它不仅强烈地阻止石墨化,而且会降低铸铁的铸造性能和力学性能,故一般限制 S 在 0.15% 以下。Mn 能与 S 形成 MnS,减弱 S 的有害作用,允许含 Mn 在

0.5%~1.4%之间。P增加铸铁的硬度和脆性,若要求有较高的耐磨性,允许P含量增加到0.5%。

铸铁冷却愈慢,对石墨化愈有利;冷却愈快,则抑制了石墨化过程。在铸造时,造型材料、铸造工艺都会影响铸件的冷却速度。除此之外,铸件的壁厚,也是影响铸件冷却速度的重要因素。在一般的砂型铸造条件下,铸铁的成分与铸件的壁厚对铸件组织的综合影响如图1-47所示。

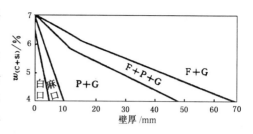

图1-47 成分和壁厚对石墨化的影响

1.8.3 铸铁的牌号与性能

1. 灰铸铁

灰铸铁的石墨形态为片层状。按GB/T 9439—2010规定,灰铸铁有6个牌号:HT100(铁素体灰铸铁)、HT150(铁素体珠光体灰铸铁)、HT200和HT250(珠光体灰铸铁)、HT300和HT350(孕育铸铁)。HT为"灰铁"汉语拼音的字首,后续数字表示直径为30 mm铸件试样的最低抗拉强度(单位:MPa)值。

2. 可锻铸铁

将白口铸铁件在高温下经长时间的石墨化退火或氧化脱碳处理,可以获得团絮状形态石墨的高韧性铸铁件,称为可锻铸铁,常用于制造承受冲击振动的薄小零件,如汽车、拖拉机的后桥壳、管接头、低压阀门等。根据GB/T 9440—2010,可锻铸铁分为珠光体可锻铸铁(如KTZ550-04)、黑心可锻铸铁(如KTH330-08)和白心可锻铸铁(如KTB380-12)等。

3. 球墨铸铁

球墨铸铁的组织特征是在室温下在钢的基体上分布着球状形态的石墨。它是向铁水中加入一定量的球化剂(如镁、稀土元素等)进行球化处理而获得,其成本低廉,但强度较好,是以铁代钢的重要材料,近年来迅速发展,获得广泛应用。根据GB/T 1348—2009,按照热处理方法不同,球墨铸铁可分为铁素体球墨铸铁(QT400-18、QT400-15、QT450-10)和珠光体球墨铸铁(QT500-7、QT600-3、QT700-2、QT800-2)。

4. 蠕墨铸铁

铸铁基体中的石墨主要以蠕虫状形态存在,称为蠕墨铸铁,是1960年底开始发展并逐步受到重视的材料。其石墨形状和性能介于灰铸铁和球墨铸铁之间,力学性能优于灰铸铁,铸造性能优于球墨铸铁,并具有优良的热疲劳性。根据GB/T 26655—2011,其牌号为RuT420、RuT380、RuT340、RuT300、RuT260等。其力学性能一般以单铸Y形试块的抗拉强度作为验收依据。

5. 合金铸铁

通过合金化来达到某些特殊性能要求(如耐磨、耐热、耐蚀等)的铸铁称为合金铸铁。

1)耐磨铸铁

(1)冷硬铸铁

用于制造高硬度、高抗压强度及耐磨的工作表面,同时需要有一定的强度和韧性的零件,如轧辊、车轮等。

(2)抗磨铸铁

抗磨铸铁分为抗磨白口铸铁和中锰球墨铸铁。抗磨白口铸铁硬度高,具有很高的抗磨性能,但由于脆性较大,应用受到一定的限制,不能用于承受大的动载荷或冲击载荷的零件。根据GB/T 8263—2010,其牌号有 KmTBMn5W3 等。中锰球墨铸铁具有一定的强度和韧性,耐磨料磨损。根据 GB 3180—1982,其牌号有 MQTMn6 等。抗磨铸铁可制造承受干摩擦及为磨料磨损条件下工作的零件,在矿山、冶金、电力、建材和机械制造等行业有广泛的应用。

2)耐热铸铁

指在高温下具有较好的抗氧化和抗生长能力。所谓"生长"是指由于氧化性气体沿石墨片的边界和裂纹渗入铸铁内部造成的氧化以及由于 Fe_3C 分解而发生的石墨化引起的铸铁体积膨胀。为了提高铸铁的耐热性,可在铸铁中加入 Si、Al、Cr 等元素,使铸铁在高温下表面形成一层致密的氧化膜,保护内层不被继续氧化。根据 GB/T 9437—2009,其牌号表示为RTCr、RQTSi$_4$Mo、RQTAl22 等。

3)耐蚀铸铁

耐蚀铸铁广泛应用于化工部门。提高铸铁耐蚀性主要靠加入大量的 Si、Al、Cr、Ni、Cu 等合金元素。合金元素的作用是提高铸铁基体组织的电位,使铸铁表面形成一层致密的保护膜,最好具有单相基体加孤立分布的球状石墨,并尽量使石墨量减少。根据 GB/T 8491—2009,其牌号表示为 STSi11Cu2CrR 等。

1.9 钢的热处理

钢的热处理是将固态钢采用适当的方式进行加热、保温和冷却,以获得所需组织结构与性能的一种工艺。

热处理的特点是改变零件或者毛坯的内部组织,而不改变其形状和尺寸。其目的是消除毛坯(如铸件、锻件等)中的某些缺陷,改善毛坯的切削性能,改善零件的力学性能,延长其使用寿命,并为减小零件尺寸、减轻零件重量、提高产品质量、降低成本提供了可能性。因此,几乎90%以上的零件都要经过不同的热处理后才能使用。

热处理分为普通热处理(退火、正火、淬火和回火)、表面热处理(表面淬火、渗碳、渗氮、碳氮共渗等)及特殊热处理(形变热处理等)。

但不是所有的材料都能进行热处理强化,能进行热处理强化的材料必须满足:① 有固态相变;② 经冷加工使组织结构处于热力学不稳定状态;③ 表面能被活性介质的原子渗入从而改变表面化学成分。

因此,要了解各种热处理工艺方法,必须首先研究钢在加热(包括保温)和冷却过程中组织变化的规律。

1.9.1 钢在加热时的组织转变

钢能进行热处理强化,是由于钢在固态下具有相变,在固态下不发生相变的纯金属或合金则不能用热处理方法强化。

在 Fe-Fe_3C 相图中,A_1、A_3 和 A_{cm} 是碳钢在极缓慢地加热或冷却时的相变温度线,是平衡临界点。在实际生产中,加热和冷却不可能极缓慢,因此不可能在平衡临界点进行组织转变。如图

1-48 所示,实际加热时各临界点的位置分别为图中的 Ac_1、Ac_3、Ac_{cm} 线,而实际冷却时各临界点的位置分别为 Ar_1、Ar_3 和 Ar_{cm}。

碳钢加热到 A_1 以上时,便发生珠光体向奥氏体的转变,这种转变称为奥氏体化。加热时所形成奥氏体的化学成分、均匀性、晶粒大小以及加热后未溶入奥氏体中的碳化物等过剩相的数量、分布状况等都对钢的冷却转变过程及转变产物的组织和性能产生重要的影响。奥氏体化后的钢,以不同的方式冷却,便可得到不同的组织,从而使钢获得不同的性能。因此,奥氏体化是钢组织转变的基本条件。

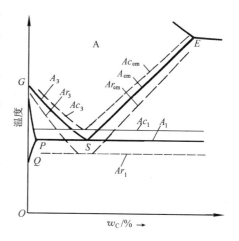

图 1-48　加热和冷却时碳钢的相变点在 Fe-Fe₃C 相图上的位置

1. 奥氏体的形成

共析钢在 A_1 以下全部为珠光体组织,当加热到 Ac_1 以上时,珠光体(P)转变成具有面心立方晶格的奥氏体(A)。因此,珠光体向奥氏体的转变过程中必须进行晶格转变和铁、碳原子的扩散。奥氏体的形成遵循形核和长大的基本规律,并通过下列三个阶段来完成,如图 1-49 所示。

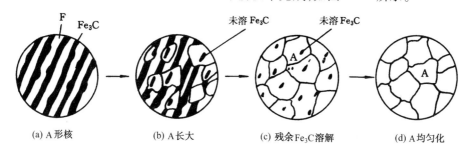

图 1-49　共析碳钢的奥氏体化示意图

1)奥氏体晶核的形成和长大

奥氏体晶核首先在铁素体与渗碳体的相界面上形成。这是因为,相界面上碳浓度分布不均匀,位错和空位密度较高,原子排列不规则,处于能量较高状态,此外因奥氏体的碳含量介于铁素体和渗碳体之间,故在两相的相界面上为奥氏体的形核提供了良好的条件。

奥氏体晶核形成后逐渐长大。它的长大是依靠铁、碳原子的扩散,使相邻的铁素体晶格转变为面心立方晶格的奥氏体,同时渗碳体不断溶入奥氏体而进行的。由于渗碳体的晶体结构和碳含量与奥氏体差别很大,在平衡条件下,一份渗碳体溶解将促使几份铁素体转变,因此铁素体向奥氏体转变的速度远比渗碳体溶解速度快得多,珠光体中铁素体首先消失,当铁素体全部转变为奥氏体时,奥氏体的长大结束。此时,未溶解的渗碳体残留在奥氏体中,使奥氏体的平均碳浓度低于共析成分。

2)残余渗碳体的溶解

铁素体全部消失后,随保温时间的延长或继续升温,残留在奥氏体中的渗碳体通过碳原子的扩散,不断溶入奥氏体中,直至全部消失为止。

3）奥氏体成分均匀化

当残余渗碳体完全溶解后，奥氏体中的碳浓度是不均匀的，原先是渗碳体的地方碳浓度较高，而原先是铁素体的地方碳浓度较低。只有继续延长保温时间，通过碳原子的扩散才能获得较均匀的奥氏体。

亚共析钢和过共析钢奥氏体化过程与共析钢基本相同，但加热温度超过 Ac_1 时，原先组织中的珠光体转变为奥氏体，仍保留先共析铁素体或先共析二次渗碳体。只有当加热温度超过 Ac_3 或 Ac_{cm}，并保温足够的时间，先共析相向奥氏体转变或溶解，才能获得均匀的单相奥氏体。

2. 奥氏体的形成速度

共析钢加热到 Ac_1 以上某一温度，奥氏体并不是立即出现，而是需要保温一定时间才开始形成，这段时间称为孕育期。因为形成奥氏体晶核需要原子的扩散，扩散需要一定时间。随温度的升高，原子扩散速度加快，孕育期缩短。例如，在 740 ℃ 等温转变时经过 10 s 转变开始，而在 800 ℃ 等温时瞬间转变便开始。

奥氏体形成所需时间较短，残余渗碳体溶解所需时间较长，而奥氏体均匀化所需时间更长。例如 780 ℃ 等温时，形成奥氏体的时间不到 10 s，残余碳化物完全溶解却需要几百秒，而实现奥氏体均匀化则需要 10^4 s。

亚共析钢和过共析钢奥氏体形成基本上与共析钢相同。但对于亚共析钢或过共析钢，当珠光体全部转变成奥氏体后，还有过剩相铁素体或渗碳体的继续转变。

加热温度愈高，原始组织愈细小，奥氏体形成速度愈快。

3. 奥氏体晶粒大小及其影响因素

奥氏体形成后，继续加热或保温，在伴随残余渗碳体的溶解和奥氏体的均匀化的同时，奥氏体晶粒将开始长大。奥氏体晶粒的长大是大晶粒吞并小晶粒的过程，其结果是使晶界面积减小，从而降低了表面能，因此它是一个自发过程。

奥氏体的晶粒大小对钢的冷却转变及转变产物的组织和性能有重要影响，因此需要了解奥氏体晶粒度的概念及影响奥氏体晶粒度的因素。

1）奥氏体的晶粒度

奥氏体的晶粒大小用晶粒度表示。晶粒度分 8 级，各级晶粒度的晶粒大小如图 1–50 所示。晶粒度级别 n 与晶粒大小有如下关系：

$$n = 2^{N-1}$$

式中，n 表示放大 100 倍时，每平方英寸（6.45 cm^2）中的平均晶粒数。

由该式可知，晶粒度级别 n 越小，单位面积中的晶粒数目越少，则晶粒尺寸越大。通常 1～4 级为粗晶粒，5～8 级为细晶粒。

奥氏体晶粒度的概念有以下三种：

（1）起始晶粒度

奥氏体转变刚刚结束，其晶粒边界刚刚相互接触时的奥氏体晶粒大小，称为奥氏体的起始晶粒度。起始晶粒是十分细小均匀的，起始晶粒大小决定于形核率 N 和长大速度 G，可用下式表示：

$$n_0 = 1.01 \left(\frac{N}{G} \right)^{\frac{1}{2}}$$

式中，n_0 表示 1 mm^2 面积内的晶粒度。可见，N/G 值越大，则 n_0 越大，即晶粒越细小。

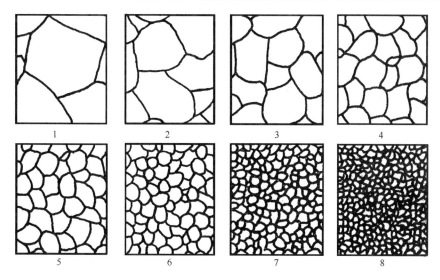

图 1-50 标准的晶粒度等级示意图

（2）实际晶粒度

钢在某一具体的热处理或热加工条件下实际获得的奥氏体晶粒度，称为奥氏体的实际晶粒度。实际晶粒比起始晶粒大，它的大小直接影响钢热处理后的组织和性能。

（3）本质晶粒度

将钢加热到（930±10）℃，保温 3~8 h，冷却后在放大 100 倍的显微镜下测定的晶粒大小，称为本质晶粒度。晶粒度为 1~4 级，称为本质粗晶粒钢；晶粒度为 5~8 级，称为本质细晶粒钢。

加热过程中晶粒长大是一种自发过程，本质晶粒度表示钢在一定条件下奥氏体晶粒长大的倾向性。随温度升高，钢中奥氏体晶粒长大的倾向存在两种情况，如图 1-51 所示。一种是随加热温度升高，奥氏体晶粒迅速长大，称为本质粗晶粒钢（图 1-51 曲线 2），另一种是在 930 ℃ 以下随温度升高，奥氏体晶粒长大速度很缓慢，称为本质细晶粒钢（图 1-51 曲线 1）。当超过某一温度（950~1 000 ℃）后，本质细晶粒钢也可能迅速长大，晶粒尺寸甚至超过本质粗晶粒钢。所以，本质细晶粒钢淬火加热温度范围较宽，生产上易于操作。这种钢在 920 ℃ 渗碳后可直接淬火，而不至于引起奥氏体晶粒粗化。但对于本质粗晶粒钢，则必须严格控制加热温度，以免引起奥氏体晶粒粗化。

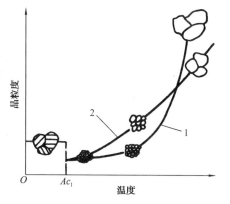

图 1-51 钢的本质晶粒度示意图

2）影响奥氏体晶粒度的因素

（1）加热温度和保温时间

奥氏体刚形成时晶粒是细小的，但随温度的升高，晶粒将逐渐长大。温度越高，晶粒长大越明显，如图 1-51 所示。随加热温度的继续升高，奥氏体晶粒将急剧长大。这是由于晶粒长大是通过原子扩散进行的，而扩散速度随温度升高呈指数关系增加。在影响奥氏体长大的诸因素中，温度的影响最显著。因此，为了获得细小奥氏体晶粒，热处理时必须规定合适的加热温度范围。一般都是将钢加热到相变点以上某一适当温度。

钢在加热时,随保温时间的延长,晶粒不断长大。但随着时间的延长,晶粒长大速度愈来愈慢,当奥氏体晶粒长大到一定尺寸后,继续延长保温时间,晶粒不再明显长大。

（2）加热速度

加热速度愈快,奥氏体转变时的过热度愈大,奥氏体的实际形成温度愈高,奥氏体的形核率大于长大速率,因此获得细小的起始晶粒。但保温时间不能太长,否则晶粒反而更粗大。所以,生产中常采用快速加热和短时间保温的方法来细化晶粒。

（3）碳含量

钢中碳含量对奥氏体晶粒长大的影响很大。随奥氏体碳含量的增加,铁、碳原子的扩散速度增大,奥氏体晶粒长大倾向性增加。但当超过奥氏体饱和碳浓度以后,由于出现残余渗碳体,产生机械阻碍作用,使晶粒长大倾向性减小。

（4）合金元素含量

钢中加入适量的强碳化物形成元素,如 Ti、Zr、V、Cr、Nb、Ta 等,这些元素与碳化合形成熔点高、稳定性强的碳化物,弥散分布在奥氏体晶粒内,阻碍奥氏体晶界的迁移,使奥氏体晶粒难以长大。其中,Ti、Zr、Nb、V 的作用显著;不形成碳化物的合金元素,如 Si、Ni、Cu 等对奥氏体晶粒长大的影响不明显;Mn、P、C、N 等元素溶入奥氏体后,削弱 γ-Fe 原子间的结合力,加速 Fe 原子的自扩散,从而促进奥氏体晶粒长大。

1.9.2 钢在非平衡冷却时的转变

冷却过程是钢热处理的关键的一步。由于在热处理生产中,冷却速度比较快,奥氏体冷却时发生转变的温度通常都低于临界点,即有一定的过冷度。因此奥氏体的组织转变不符合Fe-Fe$_3$C相图所反映的规律。经奥氏体化的钢快速冷却至 Ar_1 以下,这种在 Ar_1 以下暂时存在的、处于不稳定状态的奥氏体,称为过冷奥氏体。过冷奥氏体冷却到室温有两种方式:

1）连续冷却

把奥氏体化的钢置于某种冷却介质（如空气、水、油）中,连续冷却到室温。

2）等温冷却

把奥氏体化的钢快速冷却到 Ar_1 以下的某一温度,保持恒温,使过冷奥氏体发生等温组织转变,待转变结束后再连续冷却到室温。

冷却方式不同、冷却速度不同,钢中奥氏体转变的过程也不同,直接影响室温下钢获得的组织和性能。表1-8 为 45 钢在同样奥氏体化条件下,不同冷却速度对其力学性能的影响。所以冷却方式是热处理工艺中最重要的问题之一。

表1-8　45 钢在不同冷却速度时的力学性能

冷却方式	R_m/MPa	R_{eH}/MPa	A/%	硬度/HRC
随炉冷却	530	280	32.5	15 ~ 18
空气中冷却	670 ~ 720	340	15 ~ 18	18 ~ 24
油中冷却	900	620	18 ~ 20	40 ~ 50
水中冷却	1 100	720	7 ~ 8	52 ~ 60

1. 过冷奥氏体等温转变曲线

过冷奥氏体在不同温度下的等温转变,将使钢的组织与性能发生明显的变化。而过冷奥氏体等温转变曲线是研究过冷奥氏体等温转变的重要工具。

1) 过冷奥氏体等温转变曲线的建立

过冷奥氏体等温转变曲线是利用过冷奥氏体转变产物的组织形态和性能的变化来测定的。现以金相法测定共析碳钢过冷奥氏体等温转变曲线。

将奥氏体化的共析碳钢快冷到 A_1 以下不同温度(如 720 ℃,700 ℃,650 ℃,600 ℃,…)的等温盐浴槽中等温保温,然后测定各个不同温度下过冷奥氏体的转变量与时间的关系,便可绘出过冷奥氏体等温转变动力学曲线,如图 1-52a 所示。将图中各动力学曲线上的转变开始时间(图中的 as、bs、cs 点)和终止时间(图中的 af、bf、cf 点)标记到转变温度-时间的坐标图上,并把各转变开始点(as'、bs'、cs' 点)及终止点(af'、bf'、cf' 点)用光滑曲线连接起来,便可得到共析碳钢过冷奥氏体等温转变曲线,如图 1-52b 所示。共析碳钢过冷奥氏体等温转变曲线根据英文 time、temperature、transform 简称 TTT 曲线;由于曲线的形状与"C"字相似,故也称为 C 曲线。

2) 共析碳钢等温转变曲线的分析

图 1-52 中,A_1 线以上是奥氏体稳定区域,C 曲线中左边一条曲线为转变开始线——Ps 曲线,右边一条曲线为转变终止曲线——Pf 曲线,A_1 线以下和转变开始线以左为过冷奥氏体区。由纵坐标轴到转变开始线之间的水平距离表示过冷奥氏体等温转变前所经历的时间,称为孕育期。过冷奥氏体在不同温度下等温转变所需的孕育期是不同的。随转变温度降低,孕育期先逐渐缩短,然后又逐渐变长,在 550 ℃左右孕育期最短,过冷奥氏体最不稳定,它的转变速度最快,这里称为 C 曲线的"鼻尖"。A_1 以下,转变终止线以右的区域为转变产物区,在转变开始线(bs 线)和转变终止线(bf 线)之间为过冷奥氏体和转变产物共存区。

图 1-52 中,水平线 Ms(230 ℃)为马氏体转变开始温度,Mf(-50 ℃)为马氏体转变终止温度。

按温度的高低和组织形态,过冷奥氏体的转变可以分为三种:550 ℃以上为珠光体转变,Ms 线以下为马氏体转变,550 ℃到 Ms 点之间为贝氏体转变。

2. 冷奥氏体等温转变产物的组织与性能

1) 珠光体转变

由面心立方晶格的奥氏体转变为由体心立方晶格的铁素体和复杂六方晶格的渗碳体组成的珠光体,要发生晶格的转变和铁、碳原子的扩散。其转变过程是一个在固态下形核和长大的过程。

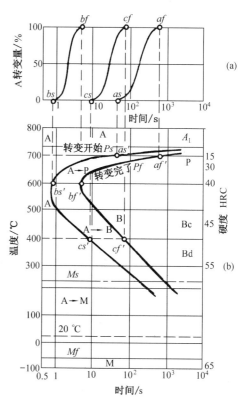

图 1-52　共析碳钢等温转变
动力学曲线及 TTT 曲线

珠光体中铁素体与渗碳体的层片间距离,随转变温度的降低(即过冷度的增大)而减小,即组织变得更细。根据片层间距的大小,将珠光体型组织分为珠光体、索氏体、托氏体,其形成温度范围、组织和性能见表1-9。

珠光体组织中层片间距离越小,相界面越多,则塑性变形的抗力愈大,强度和硬度愈高,同时由于渗碳体片变薄,易与铁素体一起变形而不脆断,使塑性和韧性逐渐提高。这就是冷拔钢丝要求具有索氏体组织才容易变形而不至因拉拔而断裂的原因。

表1-9 共析碳钢三种珠光体型组织

组织名称		符号	转变温度/℃	相组成	转变类型	特征	硬度/HRC	R_m/MPa
珠光体型	珠光体	P	$A_1 \sim 650$	F+Fe₃C	扩散型(铁原子和碳原子都扩散)	片层间距=0.6~0.8 μm,500×分清	10~20	1 000
	索氏体	S	650~600			片层间距=0.25~0.4 μm,1 000×分清,细珠光体	25~30	1 200
	托氏体	T	600~550			片层间距=0.1~0.2 μm,2 000×分清,极细珠光体	30~40	1 400

2)贝氏体转变

过冷奥氏体在550℃~Ms温度范围内等温保温时,将转变为贝氏体组织,用符号B表示。由于过冷度较大,贝氏体转变时只发生碳原子扩散,铁原子不扩散,因此贝氏体转变为半扩散型转变。贝氏体是由含饱和碳的铁素体与弥散分布的渗碳体组成的非层状两相组织。

根据组织形态及转变温度,贝氏体型组织分为上贝氏体和下贝氏体,其形成温度范围、组织和性能见表1-10。

表1-10 共析碳钢两种贝氏体型组织

组织名称		符号	转变温度/℃	相组成	转变类型	特征	硬度/HRC
贝氏体型	上贝氏体	B上	550~350	F过饱和+Fe₃C	半扩散型(铁原子不扩散,碳原子扩散)	羽毛状:平行密排的过饱和F板条间,不均匀分布短杆状,使条间容易脆性断裂,工业上不应用	40~45
	下贝氏体	B下	350~230	F过饱和+ε-Fe₂.₄C		针状:在过饱和F针内均匀分布(与针轴成55°~65°)排列小薄片ε碳化物。具有较高的强度、硬度、塑性和韧性	50~60

贝氏体形成过程与珠光体不同,它是先在过冷奥氏体晶界或晶内贫碳区形成过饱和碳的铁素体,随铁素体生长,碳原子扩散,铁素体中陆续析出极细的渗碳体或ε碳化物Fe₂.₄C。上贝氏体中,铁素体条成束平排地由奥氏体晶界伸向晶内,细条状渗碳体断续分布在碳过饱和

量不大的铁素体片和片间(图1-53a),下贝氏体ε碳化物Fe$_{2.4}$C弥散分布在过饱和铁素体针片内(图1-53b)。

在光学显微镜下,上贝氏体呈羽毛状,铁素体呈暗黑色,渗碳体呈亮白色。下贝氏体呈针叶状,含过饱和碳的铁素体呈针片状,在其上分布与轴成55°~65°的微细ε碳化物Fe$_{2.4}$C颗粒或薄片。下贝氏体具有优良的力学性能,因此生产中常采用等温淬火来获得下贝氏体组织。

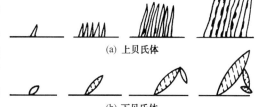

(a) 上贝氏体

(b) 下贝氏体

图1-53 贝氏体形成示意图

3) 马氏体转变

如果将奥氏体自A$_1$线以上快速冷却到Ms以下,使其冷却曲线不与C曲线相遇,则将发生马氏体转变。

由于马氏体转变温度极低,过冷度很大,形成速度极快,因此铁、碳原子都不能进行扩散,奥氏体只能发生非扩散性的晶格转变,由γ-Fe的面心立方晶格转变为α-Fe的体心立方晶格,α-Fe最大溶碳量为w$_C$=0.021 8%,这样奥氏体将直接转变成一种含碳过饱和的α固溶体,称为马氏体,用符号M表示。

马氏体的组织形态主要有板条状和片状两种。表1-11列出了马氏体的形成温度、范围、组织和性能。

表1-11 共析碳钢两种马氏体型组织

组织名称		符号	转变温度/℃	相组成	转变类型	特征	硬度/HRC
马氏体型	片状马氏体,w$_C$≥1.0%(高碳、孪晶)	M	240~-50	碳在α-Fe中过饱和固溶体(体心立方晶格)	非扩散型(铁原子和碳原子都不扩散)	① 马氏体变温形成,与保温时间无关 ② 马氏体形成速度极快,仅需10^{-7} s ③ 马氏体转变不完全性,碳含量≥0.5%钢中存在残余奥氏体 ④ 马氏体的硬度与碳含量有关	64~66
	板条状马氏体w$_C$≤0.20%(低碳、位错)						30~50

碳的质量分数<0.2%的低碳马氏体在光学显微镜下呈现为平行成束分布的板条状组织(图1-54a)。在每个板条内存在有高密度位错,因此板条状马氏体又称为位错马氏体。碳的质量分数>1.0%的高碳马氏体呈针片状(图1-54b),每个针片内有着大量孪晶,因此片状马氏体也称为孪晶马氏体。碳含量介于两者之间的马氏体,则为板条状马氏体与片状马氏体的混合组织。

马氏体的强度和硬度主要取决于马氏体中的碳含量,随马氏体碳含量的增加,晶格畸变增大,马氏体的强度、硬度也随之增高。当w$_C$≥0.6%时,强度和硬度的变化趋于平缓。

马氏体的塑性和韧性随碳含量增高而急剧降低,表1-12为淬火钢的塑性、韧性与碳含量间的关系。

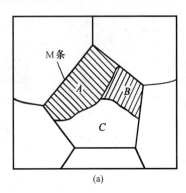 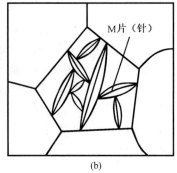

图 1-54 马氏体组织

表 1-12 淬火钢的塑性、韧性与碳含量间的关系

$w_C/\%$	$A/\%$	$Z/\%$	$a_K/(\text{kJ} \cdot \text{m}^{-2})$
0.15	>15	30 ~ 40	>640
0.25	5 ~ 8	10 ~ 20	160 ~ 320
0.35	2 ~ 4	7 ~ 12	120 ~ 240
0.45	1 ~ 2	2 ~ 4	40 ~ 120

高碳片状马氏体碳含量高,晶格畸变大,淬火内应力大,存在许多显微裂纹,同时微细孪晶破坏了滑移系,也使脆性增大,所以塑性和韧性都很差,性能特点表现为硬度高而脆性大。低碳板条马氏体碳的过饱和程度小,淬火内应力低,不存在显微裂纹,位错密度分布不均匀,存在低密度区,为位错提供了活动余地,因此板条状低碳马氏体具有较高的塑性和韧性,是一种韧性很好的组织。此外,低碳马氏体还具有较高的断裂韧度和较低的韧脆转变温度,因此在生产中已广泛采用低碳钢和低碳合金钢进行淬火的热处理工艺。

马氏体转变是在一个温度范围 $Ms \sim Mf$ 内形成的。如在 $Ms \sim Mf$ 某一温度等温,马氏体量并不明显增多,只有继续降温,才有新的马氏体形成。马氏体形成时一般不穿过奥氏体晶界,后形成的马氏体又不能穿过先形成的马氏体,因此马氏体量的增加不是靠已经形成的马氏体片的不断长大,而是靠新的马氏体片的不断形成,冷却到 Mf 点温度,转变停止,但此时仍有一部分过冷奥氏体未转变成马氏体,称为残余奥氏体。

由于 Ms 和 Mf 点随奥氏体碳含量的增加而降低(图 1-55a),因此残余奥氏体量也就随碳含量的增加而增加(图 1-55b)。

3. 影响 TTT 曲线的因素

1)碳含量

图 1-56 为亚共析碳钢、共析碳钢和过共析碳钢的 TTT 曲线比较。由图可见,它们都具有奥氏体转变开始线与转变终止线,但在亚共析碳钢和过共析碳钢的 C 曲线上多出一条先析线。

此外,碳是稳定奥氏体的元素,奥氏体中碳含量不同,C 曲线位置也不同。随奥氏体碳含量的增加,过冷奥氏体等温转变孕育期增长,C 曲线向右移动。但一般对过共析碳钢不进行全奥氏

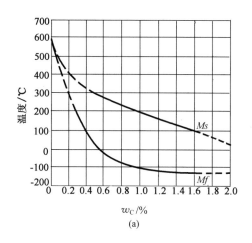 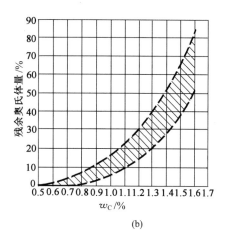

图 1-55 奥氏体的碳含量对马氏体转变温度及残余奥氏体量的影响

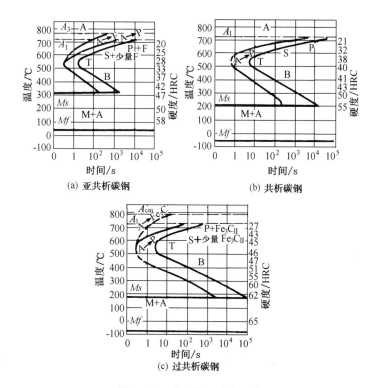

图 1-56 碳钢的 C 曲线比较

体化(正常加热温度是在 $Ac_1 \sim Ac_{cm}$ 之间),未溶二次渗碳体增加了过冷奥氏体的形核率,反而使孕育期缩短,C 曲线又向左移动。因此,共析碳钢的 C 曲线最靠右。可见,碳含量既影响 C 曲线的位置,又影响其形状,规律如下:

(1) 当 $w_C < 0.77\%$ 时,随碳含量的增加,C 曲线右移。

（2）当 $w_c > 0.77\%$ 时，随碳含量的增加，C 曲线左移。

（3）Ms 随奥氏体碳浓度升高而明显下降，Mf 也随之降低；

（4）二者 C 曲线的形状均比共析碳钢 C 曲线在鼻尖上部多出一条先析相转变开始线。随碳含量的增加，亚共析碳钢的先析相开始线向右下方移动，过共析碳钢的先析相开始线则向左上方移动。

2）合金元素

除 Co 外，所有溶入奥氏体当中的合金元素都增大过冷奥氏体的稳定性，使 C 曲线右移；强碳化物形成元素（如 Cr、W、Mo、V、Ti 等）还使 C 曲线的形状发生变化，即珠光体转变与贝氏体转变各自形成一个独立的 C 曲线，二者之间出现一个奥氏体相当稳定的区域。

3）加热温度和保温时间

加热温度愈高或保温时间愈长，奥氏体晶粒愈粗大，成分也愈均匀，碳化物溶解愈完全。这些都降低过冷奥氏体转变的形核率，增加其稳定性，使 C 曲线右移。

4. 过冷奥氏体连续冷却转变曲线

实际热处理生产中，过冷奥氏体的转变大多是在连续冷却过程中进行的。

图 1-57 是用膨胀法测得的共析碳钢连续冷却转变曲线，也称为连续冷却 C 曲线，根据英文字头，又称为 CCT 曲线。

由图可见，CCT 曲线有以下一些主要特点：

（1）CCT 曲线只有上半部分，而没有下半部分。这就是说，共析碳钢在连续冷却时，只发生珠光体转变和马氏体转变，而没有贝氏体转变。

（2）CCT 曲线珠光体转变区由三条曲线构成：Ps 线为 A→P 转变开始线；Pf 线为 A→P 转变终了线；K 线为 A→P 转变中止线，它表示当冷却曲线碰到 K 线时，过冷奥氏体就不再发生珠光体转变，而一直保留到 Ms 点以下转变为马氏体。

（3）与 CCT 曲线相切的冷却速度线，是保证过冷奥氏体在连续冷却过程中不发生分解而全部过冷到马氏体区的最小冷却速度，称为马氏体临界冷却速度，用 v_K 表示。马氏体临界冷却速度对热处理工艺具有十分重要的意义。

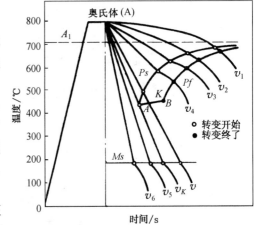

图 1-57 共析碳钢过冷奥氏体连续
冷却转变曲线建立示意图

应当提出，过共析碳钢的 CCT 曲线与共析碳钢相比，除了多出一条先共析渗碳体的析出线外，其他基本相似。但亚共析碳钢的 CCT 曲线与共析碳钢却大不相同，它除多出一条先共析铁素体的析出线外，还出现了贝氏体转变区，因此亚共析碳钢在连续冷却后可以出现由更多产物组成的混合组织。例如，45 钢经油冷淬火后得到铁素体，托氏体，上、下贝氏体，马氏体的混合组织。

5. 过冷奥氏体等温转变曲线在连续冷却中的应用

由于过冷奥氏体 CCT 曲线的测定比较困难，因此用 TTT 曲线来定性地、近似地分析连续冷却的转变过程。

图 1-58 就是应用共析碳钢等温转变曲线分析过冷奥氏体在连续冷却时的转变情况。图中冷却速度 v_1 相当于随炉冷却的速度，根据 v_1 与 C 曲线相交的位置，过冷奥氏体将转变为珠光体（P）；冷却速度 v_2 相当于空气中冷却的速度，根据 v_2 与 C 曲线相交的位置，过冷奥氏体将转变为索氏体（S）；冷却速度 v_3 相当于淬火时的冷却速度，有一部分过冷奥氏体只转变为托氏体（T），剩余的过冷奥氏体冷却到 Ms 开始转变成马氏体（M），最终获得托氏体+马氏体+残余奥氏体的混合组织；冷却速度 v_4 相当于在水中冷却时的冷却速度，它不与 C 曲线相交，一直过冷到 Ms 点以下开始转变为马氏体（M），得到马氏体和残余奥氏体的混合组织。冷却速度 v_K 与 C 曲线鼻尖相切，为该钢的临界冷却速度。

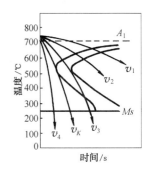

图 1-58　应用等温转变曲线分析奥氏体在连续冷却中的转变

1.9.3　钢的常用热处理工艺

1. 钢的退火和正火

退火和正火是生产中应用很广泛的预备热处理工艺，主要用于改善材料的切削加工性。对于一些受力不大、性能要求不高的机器零件，也可以作为最终热处理，表 1-13 列出了退火和正火的热处理工艺。

表 1-13　退火和正火的热处理工艺

热处理名称	热处理工艺	热处理后的组织	应用场合	目的
完全退火	将亚共析碳钢加热到 Ac_3 以上 30~50 ℃，保温，随炉缓冷到 600 ℃ 以下，出炉空冷	平衡组织铁素体+珠光体	用于亚共析碳钢与合金钢的铸、锻件	细化晶粒，消除内应力，降低硬度以便于随后的切削加工
等温退火	将奥氏体化后的钢快冷至珠光体形成温度等温保温，使过冷奥氏体转变为珠光体，空冷至室温	珠光体	用于奥氏体比较稳定的合金钢	与完全退火相同，但所需时间可缩短一半，且组织也较均匀
球化退火	将过共析碳钢加热到 Ac_1 以上 20~30 ℃，保温 2~4 h，使片状渗碳体发生不完全溶解断开成细小的链状或点状，弥散分布在奥氏体基体上，在随后的缓冷过程中，或以原有的细小的渗碳体质点为核心，或在奥氏体中富碳区域产生新的核心，形成均匀的颗粒状渗碳体	铁素体基体上均匀分布的粒状渗碳体组织——球状珠光体	用于共析钢、过共析钢和合金工具钢	使珠光体中的片状渗碳体和网状二次渗碳体球化，以降低硬度、改善切削加工性；获得均匀组织，改善热处理工艺性能，为以后的淬火做组织准备

续表

热处理名称	热处理工艺	热处理后的组织	应用场合	目的
均匀化退火	将工件加热到1 100 ℃左右,保温10～15 h,随炉缓冷到350 ℃,再出炉空冷。工件经均匀化退火后,奥氏体晶粒十分粗大,必须进行一次完全退火或正火来细化晶粒,消除过热缺陷	亚共析钢,粗大的铁素体和珠光体 共析钢,粗大的珠光体 过共析钢,粗大的珠光体和二次渗碳体	用于高质量要求的优质高合金钢的铸锭和成分偏析严重的合金钢铸件	高温长时间保温,使原子充分扩散,消除晶内偏析,使成分均匀化
去应力退火	将工件随炉缓慢加热到500～650 ℃,保温,随炉缓慢冷却至200 ℃出炉空冷	退火前原组织	用于铸件、锻件、焊接件、冷冲压件及机加工件	消除残余内应力,提高工件的尺寸稳定性,防止变形和开裂
正火	将亚共析碳钢加热到Ac_3以上30～50 ℃,过共析碳钢加热到Ac_{cm}以上30～50 ℃,保温,空气中冷却	亚共析钢,铁素体和索氏体 共析钢,索氏体 过共析钢,索氏体和二次渗碳体	适用于碳素钢及中、低合金钢,因为高合金钢的奥氏体非常稳定,即使在空气中冷却也会获得马氏体组织	对于低碳钢、低碳低合金钢,细化晶粒,提高硬度(140～190 HBW),改善切削加工性;对于过共析钢,消除二次网状渗碳体,有利于球化退火的进行

各种退火和正火的加热温度范围如图1-59所示。

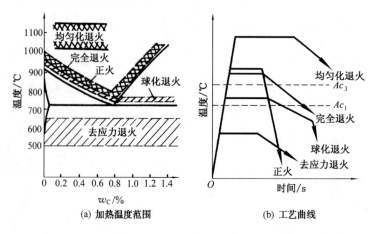

图1-59 各种退火和正火的工艺示意图

2. 钢的淬火

淬火时将钢加热到 Ac_3 或 Ac_1 以上,保温一定时间使其奥氏体化,再以大于临界冷却速度快速冷却,从而发生马氏体转变的热处理工艺。淬火钢得到的组织主要是马氏体(或下贝氏体),此外还有少量残余奥氏体及未溶的第二相。淬火的目的是提高钢的硬度和耐磨性。

1)淬火加热温度

碳钢的淬火加热温度可利用 Fe-Fe$_3$C 相图来选择,如图 1-60 所示。

对于亚共析碳钢,适宜的淬火温度为 $Ac_3 + (30 \sim 50)$℃,使碳钢完全奥氏体化,淬火后获得均匀细小的马氏体组织。如果加热温度过低($<Ac_3$),在淬火钢中将出现铁素体组织,造成淬火硬度不足;如果加热温度过高($\geqslant Ac_3$),引起奥氏体晶粒粗大,淬火后得到粗大的马氏体组织,使淬火钢韧性降低。

对于过共析碳钢,适宜的淬火温度为 $Ac_1 + (30 \sim 50)$℃。淬火前先进行球化退火,使之得到粒状珠光体组织,淬火加热时组织为细小奥氏体晶粒和未溶的细粒状渗碳体,淬火后得到隐晶马氏体和均匀分布在马氏体基体上的细小粒状渗碳体组织。这种组织不仅具有高强度、高硬度、高耐磨性,而且也具有较好的韧性。如果过共析碳钢加热到 Ac_{cm} 以上,完全奥氏体化淬火,结果反而会有害。这是因为:

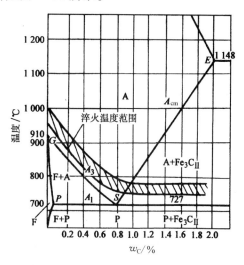

图 1-60 碳钢的淬火加热温度范围

(1)淬火加热时渗碳体完全融入奥氏体中,使奥氏体的碳含量增加,Ms 和 Mf 点降低,淬火后残余奥氏体量增加,使钢的硬度和耐磨性降低。

(2)奥氏体晶粒粗大,淬火后容易得到含有显微裂纹的粗片状马氏体,使钢的脆性增大。

(3)淬火应力大,工件表面氧化、脱碳严重,增加了工件淬火变形和开裂倾向。

(4)对于低合金钢,淬火加热温度也根据临界点 Ac_1 或 Ac_3 来确定,一般为 Ac_1 或 Ac_3 以上 50 ~ 100 ℃。高合金工具钢中含有较多的强碳化物形成元素,奥氏体晶粒粗化温度高,故淬火温度亦高。

2)淬火加热时间

为了使工件各部分完成组织转变,需要在淬火加热时保温一定的时间,通常将工件升温和保温所需的时间计算在一起,统称为加热时间。

影响淬火加热时间的因素较多,如钢的成分、原始组织、工件形状和尺寸、加热介质、炉温、装炉方式及装炉量等。

钢在淬火加热过程中,如果操作不当,会产生过热、过烧或表面氧化、脱碳等缺陷。

过热是指工件在淬火加热时,由于温度过高或时间过长,造成奥氏体晶粒粗大的现象。过热不仅使淬火后得到的马氏体组织粗大,使工件的强度和韧性降低,易于产生脆断,而且容易引起淬火裂纹。对于过热工件,进行一次细化晶粒的退火或正火,然后再按工艺规程进行淬火,便可以纠正过热组织。

过烧是指工件在淬火加热时,温度过高,使奥氏体晶界发生氧化或出现局部熔化的现象。过烧的工件无法补救,只得报废。

淬火加热时,工件和加热介质之间相互作用,往往会产生氧化和脱碳等缺陷。氧化使工件尺寸减小,表面粗糙度值升高,并影响淬火冷却速度;表面脱碳使工件表面碳的质量分数降低,导致工件表面硬度、耐磨性及疲劳强度降低。

3)淬火冷却介质

淬火冷却时,既要快速冷却以保证淬火工件获得马氏体组织,又要减少变形,防止裂纹产生。因此,冷却是关系到淬火质量高低的关键操作。

(1)理想淬火冷却速度

由共析钢过冷奥氏体等温转变曲线得知,要得到马氏体,淬火的冷却速度就必须大于临界冷却速度。但是淬火钢在整个冷却过程中并不需要都进行快速冷却。关键是在过冷奥氏体最不稳定的C曲线鼻尖附近,即在650~400 ℃的温度范围内要快速冷却,而从淬火温度到650 ℃之间以及400 ℃以下,特别是300~200 ℃以下并不希望快冷。因为淬火冷却中工件截面的内外温度差会引起热应力。另外,由于钢中各组成成分的比体积(即比容——单位质量物质的体积)不同,其中马氏体的比体积最大,奥氏体的比体积最小,因此马氏体的转变将使工件的体积胀大,如冷却速度较大,工件截面上的内外温度差将增大,使马氏体转变不能同时进行而造成相变应力。冷却速度越大,热应力和相变应力越大,钢在马氏体转变过程中便容易引起变形与裂纹。根据上述要求,冷却介质对钢的理想淬火冷却速度应如图1-61所示。

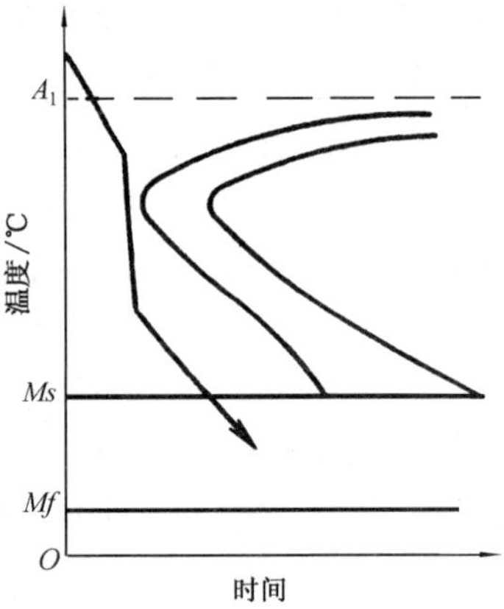

(2)常用淬火介质

工件淬火冷却时,要使其得到合理的淬火冷却速度,必须选择适当的淬火介质。目前生产中应用的冷却介质是水和油。当冷却介质为20 ℃的自来水、工件温度在200~300 ℃时,平均冷却速度为450 ℃/s;工件温度在340 ℃时,平均冷却速度为775 ℃/s;工件温度在500~650 ℃时,平均冷却速度为135 ℃/s。因此,水的冷却特性并不理想,在需要快冷的500~650 ℃温度范围内,它的冷却速度很小,而在200~300 ℃需要慢冷时,它的冷却速度反而很大。水中加入少量的盐,制成10% NaCl水溶液,在500~650 ℃平均冷却速度可达1 900 ℃/s;在200~300 ℃时平均冷却速度为1 000 ℃/s,其冷却能力提高到约为水的10倍,而且最大冷却速度所在温度正好处于500~650 ℃范围内,可获得高而均匀的硬度,防止软点产生。但在200~300 ℃温度范围内冷却速度过大,使淬火工件相变应力增大,且食盐水溶液对工件有一定的锈蚀作用,淬火后工件必须清洗干净。淬火用油几乎全部为矿物油(如机油、变压器油、柴油等)。20#机油在500~650 ℃时平均冷却速度为60 ℃/s,在200~300 ℃时平均冷却速度为65 ℃/s,比水的平均冷却速度小得多,只能用于过冷奥氏体稳定性较大的淬火合金钢,但能有效地防止变形与裂纹的产生。

图1-61 钢的理想淬火冷却曲线

4)淬火方法

生产中应根据钢的化学成分、工件的形状和尺寸以及技术要求等来选择淬火方法。选择合适的淬火方法可以在获得所要求的淬火组织和性能条件下,尽量减少淬火应力,从而减小工件变形和开裂的倾向。目前常用的淬火方法如表1-14所示,冷却曲线如图1-62所示。

表 1-14 常用淬火方法

淬火方法	冷却方式	特点和应用
单液淬火法	将奥氏体化后的工件放入一种淬火冷却介质中一直冷却到室温	操作简单,已实现机械化与自动化,适用于形状简单的工件
双液淬火法	将奥氏体化后的工件在水中冷却到接近 Ms 点时,立即取出放入油中冷却	防止低温马氏体转变时工件发生裂纹,常用于形状复杂的合金钢
分级淬火法	将奥氏体化后的工件放入温度稍高于 Ms 点的盐浴中,使工件各部分与盐浴的温度一致后,取出空冷完成马氏体转变	大大减小热应力、变形和开裂,但盐浴的冷却能力较小,故只适用于截面尺寸小于 10 mm^2 的工件,如刀具、量具等
等温淬火法	将奥氏体化的工件放入温度稍高于 Ms 点的盐浴中等温保温,使过冷奥氏体转变为下贝氏体组织后,取出空冷	常用来处理形状复杂、尺寸要求精确、强韧性高的工具、模具和弹簧等
局部淬火法	对工件局部要求硬化的部位进行加热淬火	
冷处理	将淬火冷却到室温的钢继续冷却到 $-70 \sim -80\ ℃$,使残余奥氏体转变为马氏体,然后低温回火,消除应力,稳定新生马氏体组织	提高硬度、耐磨性、稳定尺寸,适用于一些高精度的工件,如精密量具、精密丝杠、精密轴承等

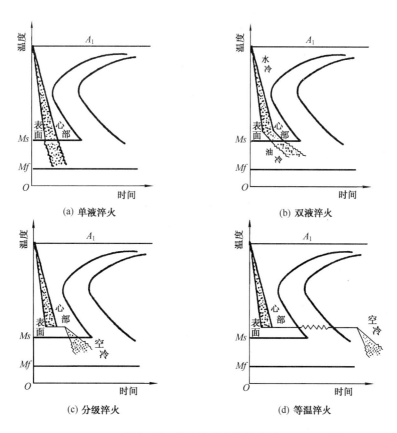

(a) 单液淬火

(b) 双液淬火

(c) 分级淬火

(d) 等温淬火

图 1-62 淬火冷却方法示意图

5）钢的淬透性

（1）淬透性的概念

淬透性是指钢淬火时获得马氏体的能力。它是钢的固有属性，其大小用钢在一定条件下淬火所获得的淬透层深度来表示。

淬透层的深度规定为由表面至半马氏体的深度。半马氏体区的组织由 50% 马氏体和 50% 分解产物组成。如果工件的中心在淬火后获得了 50% 以上的马氏体，则它可被认为已淬透。

同样形状和尺寸的工件，用不同的钢材制造，在相同条件下淬火，淬透层愈深，其淬透性愈好。

钢的淬透性主要决定于临界冷却速度。临界冷却速度愈小，过冷奥氏体愈稳定，钢的淬透性也就愈好。因此，除 Co 外，大多数合金元素都能显著提高钢的淬透性。

必须注意，钢的淬透性与淬硬性不是同一概念。淬硬性是指钢淬火后形成的马氏体组织所能达到的硬度，它主要取决于马氏体中的碳含量，马氏体中的碳含量愈高，马氏体的硬度也愈高。

（2）淬透性的测定

① 末端淬火法。目前测定结构钢淬透性最常用的方法是末端淬火法，简称端淬法。

将 $\phi25$ mm×100 mm 的标准试样加热至奥氏体化后取出置于实验装置上，对末端喷水冷却，如图 1-63a 所示。由于试样末段冷却最快，越往上冷却得越慢，因此沿试样长度方向便能测出各种冷却速度下的不同组织与硬度。若从喷水冷却的末端起，每隔 1.5 mm 测一硬度值，即可得到试样沿长度方向的硬度分布曲线，该曲线称为淬透性曲线，如图 1-63b 所示。由图可见，40Cr 钢的淬透性大于 45 钢。

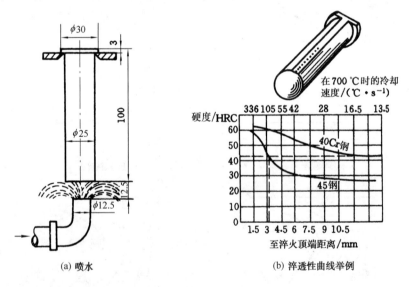

(a) 喷水　　　　　　　　(b) 淬透性曲线举例

图 1-63　末端淬火法

钢的淬透性用 $J(\text{HRC}/d)$ 表示。J 表示末端淬透性，d 表示至末端的距离，HRC 为该处测得的硬度值。例如 $J[35/(10\sim15)]$ 表示距末端 10~15 mm 处的硬度值为 35 HRC。

② 临界淬透直径。临界淬透直径是指淬火钢在冷却介质中冷却后，心部能淬透的最大直径，用 D_c 表示。显然，冷却介质的冷却能力越大，钢的临界淬透性直径就越大。但在同一冷却介

质中钢的临界淬透直径越大,则其淬透性越好。表1-15为部分常用钢材的临界淬透直径。

表1-15　部分常用钢材的临界淬透直径

牌号	临界淬透直径 D_c/mm		心部组织
	水淬	油淬	
45	13 ~ 16.5	5 ~ 9.5	50% M
60	11 ~ 17	6 ~ 12	50% M
40Cr	30 ~ 38	19 ~ 28	50% M
20CrMnTi	22 ~ 35	15 ~ 24	50% M
60Si2Mn	55 ~ 62	32 ~ 46	50% M
GCr15	—	30 ~ 35	95% M
9SiCr	—	40 ~ 50	95% M

③ 淬透性的应用。钢的淬透性对机械设计很重要。淬火时,同一工件表面和心部的冷却速度是不相同的,表面的冷却速度最大,愈到中心冷却速度愈小,如图1-64a所示。淬透性低的钢,其截面尺寸较大时,由于心部不能淬透,因此表层与心部组织不同(图1-64b),心部力学性能指标显著下降,特别是作为零件设计依据的屈服强度下降很多,冲击韧度也显著降低,而淬透性好的钢,表面与心部的力学性能一致。因此,在选材和制定热处理工艺时必须充分考虑淬透性的作用。

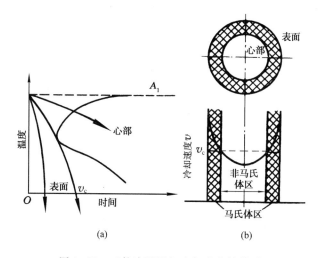

图1-64　工件淬硬层与冷却速度的关系

机械制造中,一般截面尺寸较大和形状复杂的重要零件,以及承受轴向拉伸或压缩应力或交变应力、冲击负荷的螺栓、拉杆、锻模等,应选用淬透性高的钢,并将整个工件淬透。对承受交变应力、扭转应力、冲击负荷和局部磨损的轴类零件,它们的表面受力很大,心部受力较小,不要求一定淬透,因而可选用低淬透性的钢,一般淬透到截面半径的1/2至1/4深,根据载荷大小,进行调整。

受交变应力和振动的弹簧,应选用淬透性高的钢材,以免由于心部没有淬透,中心出现游离铁素体,使 R_e/R_m 大大降低,工作时容易产生塑性变形而失效。

焊接件不宜选用淬透性高的钢材,否则容易在焊缝热影响区内出现淬火组织,造成焊件变形和裂纹。

3. 钢的回火

回火是将淬火钢重新加热到 A_1 以下某一温度,保温,然后冷却的热处理工艺。回火决定了钢在使用状态的组织和性能。回火的目的是为了稳定组织,消除淬火应力,提高钢的塑性和韧性,获得强度、硬度和塑性、韧性的适当配合,满足各种工件不同的性能要求。

根据回火温度可将钢的回火分为三类。

1) 低温回火(150~250 ℃)

低温回火后的组织为回火马氏体,它由过饱和的 α 相和与其共格的 ε-$Fe_{2.4}C$ 组成。其形态仍保留淬火马氏体的片状或板条状。

低温回火的主要目的是保持淬火马氏体的高硬度(58~62 HRC)和高耐磨性,降低淬火应力和脆性。它主要用于各种高碳钢的刃具、量具、冷冲模具、滚动轴承和渗碳工件。

2) 中温回火(350~500 ℃)

中温回火后的组织为回火托氏体,它由尚未发生再结晶的针状铁素体和弥散分布的极细小的片状或粒状渗碳体组成,其形态仍为淬火马氏体的片状或板条状。

中温回火的主要目的是为了获得高的屈强比、高的弹性极限、高的韧性,回火托氏体的硬度为 35~45 HRC。中温回火主要用于处理各种弹簧、锻模。

3) 高温回火(500~650 ℃)

高温回火后的组织为回火索氏体,它由已再结晶的铁素体和均匀分布的细粒状渗碳体组成。由于铁素体发生了再结晶,失去了原来淬火马氏体的片状或板条状形态,呈现为多边形颗粒状,同时渗碳体聚集长大。

高温回火的目的是为了获得综合力学性能,在保持较高强度的同时,具有较好的塑性和韧性,回火索氏体的硬度为 25~35 HRC。这种淬火后高温回火的热处理称为调质,它适用于处理传递运动和力的重要零件,如传动轴、齿轮、传递连杆等。

应当指出,钢经正火和调质处理后硬度值很相近,但重要的结构零件一般都进行调质处理。这是由于调质处理后的组织为回火索氏体,其渗碳体呈颗粒状,而正火得到的索氏体,其渗碳体呈片状。因此,钢经调质处理后不仅强度较高,而且塑性和冲击韧性显著提高。表 1-16 所示为 45 钢($\phi20~\phi40$ mm)经调质与正火处理后力学性能的比较。

表 1-16　45 钢($\phi20~\phi40$ mm)调质与正火处理后力学性能的比较

热处理状态	R_m/MPa	A/%	K/J	HBW	组织
正火	700~800	15~20	50~80	163~220	细珠光体+铁素体
调质	750~850	20~25	80~120	210~250	回火索氏体

回火温度是决定工件回火后硬度的主要因素,但随回火时间的增加,工件硬度也将下降。确定回火时间的基本原则是保证工件穿透加热以及组织转变充分。一般组织充分转变所需时间不大于 0.5 h,穿透加热时间为 1~3 h。生产某些精密工件(精密量具、精密轴承等),为了保持淬火后的高硬度及尺寸稳定性,常采用 100~150 ℃加热,保温 10~15 h,这种低温长时间保温的热处理工艺,称为稳定化处理。回火后的钢,一般在空气中缓慢冷却。

1.9.4 钢的形变热处理

　　形变热处理是把塑性变形(锻、轧等)和热处理工艺紧密结合起来的一种热处理方法。由于它可以使钢同时产生形变强化和相变强化,因此可以大大提高钢的综合力学性能,另外它还能大大简化钢件生产流程,节省能源,因而受到愈来愈广泛的重视。

　　根据形变温度的高低,可分为中温形变热处理(图1-65a)和高温形变热处理(图1-65b)两种。

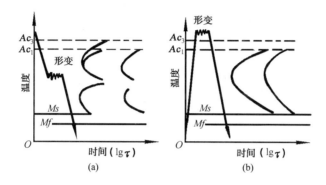

图1-65　形变热处理工艺示意图

　　中温形变热处理是把钢加热至奥氏体化,保温一段时间,迅速冷却到过冷奥氏体的亚稳区,进行大量的(60% ~90%)塑性变形,然后淬火得到马氏体组织的综合热处理工艺。中温形变热处理淬火后需要进行低温回火或中温回火。

　　中温形变热处理的目的是保持一定塑性,大幅度提高强度和耐磨性。它主要用于强度要求极高的中碳合金钢零件,如飞机的起落架、高速钢刀具、模具、冲头、板簧等。

　　高温形变热处理是把钢加热至奥氏体化,保温一段时间,在该温度下进行塑性变形,随后淬火处理,获得马氏体组织。根据性能要求,高温形变热处理在淬火后,还需要进行低温回火、中温回火或高温回火。

　　高温形变热处理可大大改善塑性、韧性,减少脆性,但其塑性变形是在奥氏体再结晶温度以上的范围内进行的,因而强化程度(一般在10% ~30%之间)不如低温形变热处理大,它主要应用于调质钢及机械加工量不大的锻件,如连杆、曲轴、弹簧、叶片、农机具等。

1.9.5 钢的表面淬火

　　表面淬火是对工件表层进行淬火的工艺。它是将工件表面进行快速加热,使其奥氏体化并快速冷却获得马氏体组织,而心部仍保持原来塑性、韧性较好的退火、正火或调质状态的组织。表面淬火后需进行低温回火,以减少淬火应力和降低脆性。

　　表面淬火可有效提高工件表面层的硬度和耐磨性,达到外硬内韧的效果,并可造成表面层压应力状态,提高疲劳强度,延长工件的使用寿命。

　　目前,生产中应用最广泛的是感应加热表面淬火,其次是火焰加热表面淬火。

1. 感应加热表面淬火

感应加热表面淬火法的原理如图 1-66a 所示。把工件放入由空心铜管绕成的感应线圈中,当感应线圈通以交流电时,便会在工件内部感应产生频率相同、方向相反的感应电流。感应电流在工件内自成回路,故称为"涡流"。涡流在工件截面上的分布是不均匀的,如图 1-66b 所示,表面电流密度最大,心部电流密度几乎为零,这种现象称为集肤效应。由于钢本身具有电阻,因而集中于工件表面的涡流,几秒钟可使工件表面温度升至 800 ~ 1 000 ℃,而心部温度仍接近室温,在随即喷水(合金钢浸油)快速冷却后,就达到了表面淬火的目的。

感应加热时,工件截面上感应电流密度的分布与通入感应线圈中的电流频率有关。电流频率愈高,感应电流集中的表面层愈薄,淬硬层深度愈小,因此可通过调节通入感应线圈中的电流频率来获得工件不同的淬硬层深度,一般零件淬硬层深度为半径的 1/10 左右。对于小直径(10 ~ 20 mm)的零件,适宜用较深的淬硬层深度,可达半径的 1/5;对于大截面零件可取较浅的淬硬层深度,即小于半径 1/10 以下。

表 1-17 列出了不同感应加热种类的工作电流频率及应用范围。

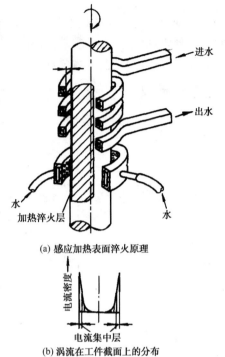

(a) 感应加热表面淬火原理

(b) 涡流在工件截面上的分布

图 1-66　感应加热表面淬火示意图

表 1-17　感应加热种类及应用范围

感应加热类型	工作电流频率	淬硬层深度/mm	应用范围
高频感应加热	100 ~ 200 kHz (常用 200 ~ 300 kHz)	0.52	中小模数齿轮($m<3$)、中小轴、机床导轨等
超音频感应加热	20 ~ 60 kHz (常用 30 ~ 40 kHz)	2.5 ~ 3.5	中小模数齿轮($m = 3 ~ 6$)、花键轴、曲轴、凸轮轴等
中频感应加热	500 ~ 10 000 Hz (常用 800 ~ 2 500 Hz)	2 ~ 10	大中模数齿轮($m = 8 ~ 12$)、大直径轴类、机床导轨等
工频感应加热	50 Hz	10 ~ 20	大型零件,如冷轧辊、火车车轮、柱塞等

感应加热表面淬火主要适用于中碳钢和中碳低合金钢,例如 45、40Cr、40MnB 等。若碳的质量分数过高,会增加淬硬层脆性,降低心部塑性和韧性,并增加淬火开裂倾向;若碳含量过低,会降低零件表面淬硬层的硬度和耐磨性。在某些条件下,感应加热表面淬火也应用于高碳工具钢、低合金工具钢、铸铁等工件。

与普通淬火相比,感应加热表面淬火有以下特点:

(1) 感应加热速度极快,一般只要几十秒的时间就可以使工件达到淬火温度,因此相变温度升高。

（2）感应加热速度快、时间短,使奥氏体晶粒细小而均匀,淬火后可在表层获得极细马氏体或隐针马氏体,使工件表层硬度较普通淬火高 2～3 HRC,且脆性较低。

（3）工件表面不易氧化和脱碳,耐磨性好,变形小;工件表层存在残余压应力,一般工件可提高疲劳强度 20%～30%。

（4）生产率高,适用于大批量生产,且易实现机械化和自动化操作。

但感应加热设备较贵,维修、调整比较困难,形状复杂的零件感应线圈不易制造,且不适于单件生产。

2. 火焰加热表面淬火

火焰加热表面淬火法是用乙炔-氧火焰（最高温度 3 200 ℃）或煤气-氧火焰（最高温度 2 000 ℃）,对工件表面进行快速加热,并随即喷水冷却。淬硬层深度一般为 2～6 mm。适用于单件小批量生产以及大型零件（如大型轴类、大模数齿轮等）的表面淬火。

火焰加热表面淬火的优点是设备简单,成本低,灵活性大。缺点是加热温度不易控制,工件表面易过热,淬火质量不够稳定。

3. 激光加热表面淬火

激光加热表面淬火是以高能量激光束扫描工件表面,使工件表面快速加热到钢的临界点以上,利用工件基体的热传导自冷淬火,实现表面相变硬化。

激光加热表面淬火加热速度极快（105～106 ℃/s）,因此过热度大,相变驱动力大,奥氏体形核数目剧增,扩散均匀化来不及进行,奥氏体内碳及合金浓度不均匀性增大,奥氏体中碳含量相似的微观区域变小,随后的快冷（104 ℃/s）中不同微观区域内马氏体形成温度有很大差异,产生细小马氏体组织。由于快速加热,珠光体组织通过无扩散转化为奥氏体组织;由于快速冷却,奥氏体组织通过无扩散转化为马氏体组织,同时残余奥氏体量增加,碳来不及扩散,使过冷奥氏体中碳含量增加,马氏体中碳含量增加,硬度提高。

激光加热表面淬火后,工件表层获得极细小的板条马氏体和孪晶马氏体的混合组织,且位错密度极高,表层硬度比淬火+低温回火提高约 20%,即使是低碳钢也能提高一定的硬度。

激光淬火硬化层深度一般为 0.3～1 mm,硬化层硬度值一致。随零件正常相对接触摩擦运动,表面虽然被磨去,但新的相对运动接触面的硬度值并未下降,耐磨性仍然很好,因而不会发生常规表面淬火层由于接触磨损,磨损随之加剧的现象,耐磨性提高约 50%,工件使用寿命提高了几倍甚至十几倍。

激光加热表面淬火最佳的原始组织是调质组织,淬火后零件变形极小,表面质量很高,特别适用于拐角、沟槽、盲孔底部及深孔内壁的热处理,而这些部位是其他表面淬火方法极难做到的。

1.9.6 钢的化学热处理

化学热处理是将工件置入含有活性原子的特定介质中加热和保温,使介质中一种或几种元素（如 C、N、Si、B、Al、Cr、W 等）渗入工件表面,以改变表层的化学成分和组织,达到工件使用性能要求的热处理工艺。其特点是既改变工件表面层的组织,又改变化学成分。它可比表面淬火获得更高的硬度、耐磨性和疲劳强度,并可提高工件表层的耐蚀性和高温抗氧化性。

各种化学热处理都是由以下三个基本过程组成的。

1）分解

由介质中分解出渗入元素的活性原子。

2）吸收

工件表面对活性原子进行吸收。吸收的方式有两种，即活性原子由钢的表面进入铁的晶格形成溶体，或与钢中的某种元素形成化合物。

3）扩散

已被工件表面吸收的原子，在一定温度下，由表面往里迁移，形成一定厚度的扩散层。

表1-18列出了常用化学热处理的渗入元素及作用。

渗碳件渗碳后，都要进行淬火、低温回火，回火温度一般为150～200 ℃。

经淬火和低温回火后，渗碳件表面为细小片状回火马氏体及少量渗碳体，硬度可达58～64 HRC，耐磨性很好。心部组织决定于钢的淬透性。普通低碳钢如15、20钢，心部组织为铁素体和珠光体，硬度为10～15 HRC。低碳合金钢如20CrMnTi心部组织为回火低碳马氏体、铁素体及托氏体，硬度为35～45 HRC，具有较高的强度、韧性及一定的塑性。

应用最广泛的氮化钢是38CrMoAl钢，氮化后工件表面硬度可达1 100～1 200 HV（相当于72 HRC），因此钢在氮化后不需要进行淬火处理。

表1-18　常用化学热处理渗入元素及作用

渗入元素	工艺方法	渗层组织	渗层厚度/mm	表面硬度	作用与特点	应用
C	渗碳	淬火后为碳化物、马氏体、残余奥氏体	0.3～1.6	57～63 HRC	提高表面硬度、耐磨性、疲劳强度，渗碳温度（930 ℃）较高，工件畸变较大	常用于低碳钢、低碳合金钢、热作模具钢制作的齿轮、轴、活塞、销、链条
N	渗氮	合金氮化物、含氮固溶体	0.1～0.6	560～1 100 HV	提高表面硬度、耐磨性、疲劳强度、抗蚀性、抗回火软化能力，渗氮温度（550～570 ℃）较低，工件畸变小，渗层脆性大	常用于含铝低合金钢、含铬中碳低合金钢、热作模具钢、不锈钢制作的齿轮、轴、镗杆、量具
C、N	碳氮共渗	淬火后为碳氮化合物、含氮马氏体、残余奥氏体	0.25～0.6	58～63 HRC	提高表面硬度、耐磨性、疲劳强度、抗蚀性、抗回火软化能力，工件畸变小，渗层脆性大	常用于低碳钢、低碳合金钢、热作模具钢制作的齿轮、轴、活塞、销、链条
N、C	氮碳共渗	氮碳化合物、含氮固溶体	0.007～0.020	500～1 100 HV	提高表面硬度、耐磨性、疲劳强度、抗蚀性、抗回火软化能力，工件畸变小，渗层脆性大	常用于低碳钢、低碳合金钢、热作模具钢制作的齿轮、轴、活塞、销、链条

1.10　钢中的合金元素

合金元素是为了改善和提高钢的力学性能和使钢获得某些特殊的物理、化学性能而专门加入的元素。在实际使用的钢中,除碳外尚存在少量的其他元素,如一般含量的硅、锰、磷、硫以及氧、氮、氢等,这些非特意加入的元素称为常存或残余元素。

常用的合金元素有硅、锰、铬、镍、钼、钨、钒、钛、铌、锆、铜、硼、稀土元素等。磷、硫、氮等在某些情况下也起合金元素的作用。

1.10.1　合金元素在钢中的分布

每一种合金元素在钢的不同组织中的溶解度或含量是不同的,即使在同一金相组织中,溶解度也随温度而变化。

在平衡状态中,合金元素在钢中存在形式和分布主要有以下五种:

(1) 与铁形成固溶体,不与碳形成任何碳化物,如硅、铜、铝、钴等。

(2) 部分固溶于铁素体,另一部分与碳形成碳化物。但每一种元素固溶于铁素体和形成碳化物的倾向并不相同,因而其在铁素体和碳化物中的含量也有所不同。这一类合金元素如锰、铬、钼、钨、钒、铌、锆、钛等。

(3) 不少元素与钢中的氧、氮、硫形成简单的或复合的非金属夹杂物,如 Al_2O_3、AlN、$FeO \cdot Al_2O_3$、$SiO_2 \cdot M_xO_y$、TiN、MnS 等。

(4) 一些元素彼此作用形成金属间化合物,如 $FeSi$、$FeCr(\sigma)$、Ni_3Ti、Fe_2W 等。

(5) 有的元素,如铜和铅,常以游离状态出现。

1.10.2　合金元素在钢中的作用

1. 合金元素对钢中基本相的影响

(1) 非碳化物形成元素:Ni、Co、Cu、Si、Al、N、B 等。这些元素与碳的亲和力很弱,在钢中不和碳化合,而是溶入铁素体内形成合金铁素体,对基体起固溶强化作用。合金元素的原子半径与铁原子的原子半径相差愈大,或两者晶格类型不同,则造成的晶格畸变愈大,固溶强化效果也愈显著。

图 1-67 和图 1-68 为退火状态各合金元素对碳钢性能的影响。由图可见,Si、Mn 的强化作用十分强烈,Ni 也有较好的强化作用。当 $w_{Si} \leqslant 0.6\%$、$w_{Mn} \leqslant 1.5\%$ 时,对铁素体强化的同时对其韧性影响不大,当超过这个限度时则韧性明显下降。而 Cr、Ni 比较特殊,当 $w_{Cr} \leqslant 2\%$、$w_{Ni} \leqslant 5\%$ 时

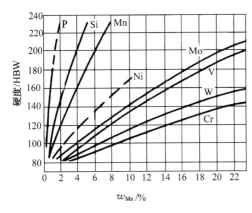

图 1-67　合金元素对铁素体
固溶强化的作用

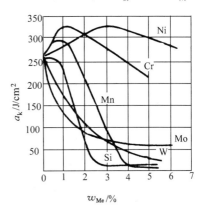

图 1-68　合金元素对铁素体
冲击韧性的影响

铁素体的强度和韧性都有所提高。因此,结构钢中各合金元素含量都有一定限度。

(2)中强碳化物形成元素:Mn、Cr、Mo、W 等。一般能够置换渗碳体中的铁原子而形成合金渗碳体,如(Fe,Mn)₃C、(Fe,Cr)₃C、(Fe,W)₃C 等,合金渗碳体仍具有渗碳体的复杂六方晶格。渗碳体是一种稳定性最低的碳化物,因为 Fe 与 C 的亲和力较弱。合金渗碳体较渗碳体稳定性略为提高,硬度也较高,是一般低合金钢中存在的主要碳化物。

(3)强碳化物形成元素:Ti、Zr、Nb、V。这些合金元素含量较高(w_{Me}>5%)时,才倾向于形成合金碳化物,它比合金渗碳体具有更高的熔点、硬度、耐磨性,且更稳定。具有简单晶格的间隙相,如 MoC、WC、W₂C、V₄C₃、TiC 比具有复杂晶格的合金渗碳体稳定性更高。

2. 合金元素对 Fe-Fe₃C 相图的影响

绝大多数合金元素均使 S 点和 E 点左移,如图 1-69 所示,使 w_C≤0.77% 的钢成为过共析钢;w_C≤2.11% 的钢中出现莱氏体,这类钢称为莱氏体钢。

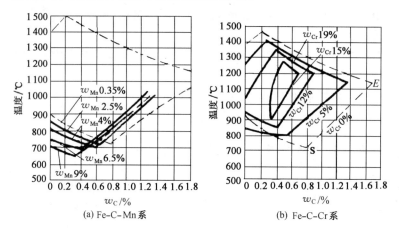

图 1-69　合金元素对 Fe-Fe₃C 相图中奥氏体区的影响

使 S 点、E 点左移的合金元素,如 Co、Ni、Mn 等均使奥氏体相区扩大,但 Cr、Mo、W、V、Ti、Si、Al 等元素使奥氏体相区缩小,为铁素体形成元素。当有些合金元素加入量达到一定值时,使室温下的组织成为单相奥氏体或单相铁素体,这类钢称为奥氏体钢或铁素体钢。

由此可见,合金元素使 Fe-Fe₃C 相图的相变点发生改变,使相变温度改变,因此合金钢热处理工艺应根据多元铁基合金系分析。

3. 合金元素对钢热处理的影响

1)合金元素对钢加热转变的影响

除了镍、钴以外,大多数合金元素特别是强碳化物形成元素,使碳的扩散速度降低,奥氏体的形成过程减缓,因此奥氏体化加热温度提高,保温时间延长。

除了锰、硼以外,大多数合金元素阻碍奥氏体晶粒长大,淬火后获得细小马氏体组织。

2)合金元素对钢冷却转变的影响

除了 Co 以外,大多数合金元素溶入奥氏体中,不同程度地阻碍了铁、碳原子的扩散,减缓了奥氏体的分解能力,使奥氏体稳定性提高,C 曲线右移,如图 1-70a 所示。强碳化物形成元素 Cr、Mo、W、V、Ti 等,溶入奥氏体后,由于它们对推迟珠光体转变和贝氏体转变的作用不同,使 C 曲线出现两个"鼻尖",形成珠光体和贝氏体两个转变区,如图1-70b所示。

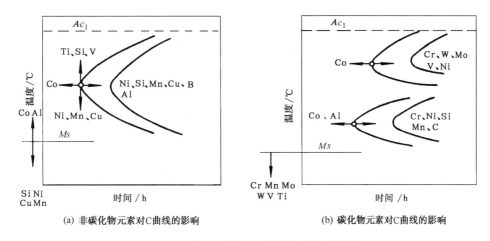

(a) 非碳化物元素对C曲线的影响   (b) 碳化物元素对C曲线的影响

图1-70 合金元素对C曲线的影响示意图

合金元素使C曲线右移,增加了马氏体临界冷却速度,使钢的淬透性提高。特别是多种元素同时加入,对钢淬透性的提高远比各元素单独加入时为大,故目前淬透性好的钢,多采用"多元少量"的合金化原则,如Cr-Ni、Cr-Mn、Cr-Si、Si-Mn等多组元合金钢。

合金钢淬透性好,在生产中具有非常重要的意义。合金钢淬火时,大多数可在油中冷却,减少了工件变形与开裂倾向;增加了大截面工件的淬硬深度,使工件获得沿截面均匀的、高的综合力学性能。

除Co、Al外,大多数合金元素使Ms点、Mf点下移(图1-71),使钢在淬火后残余奥氏体量增多,如图1-72所示。

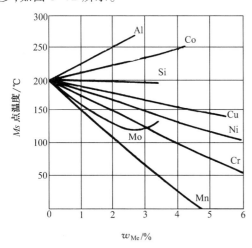

图1-71 合金元素对Ms的影响

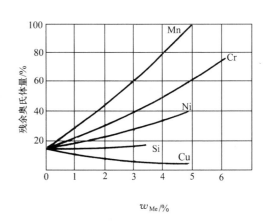

图1-72 合金元素对残余奥氏体量的影响

3)合金元素对回火转变的影响

淬火合金钢进行回火时,其组织转变与碳钢相似。但由于合金元素的加入,使其在回火转变时具有如下特点：

（1）提高淬火钢的回火稳定性

淬火钢在回火时，抵抗强度、硬度下降的能力称为回火稳定性。合金元素溶入淬火马氏体后，使原子扩散速度减慢，从而使淬火钢在回火过程中组织分解和转变速度减慢，淬火马氏体不易分解，残余奥氏体不易分解，铁素体再结晶温度提高，碳化物不易析出。析出的碳化物不易聚集长大，保持细小、分散分布的组织状态。因此与碳钢相比，在相同回火温度时，合金钢强度、硬度较高；在保持相同强度、硬度条件下，合金钢回火温度较高，回火时间较长，因此内应力消除彻底，塑性、韧性较高。

（2）产生二次硬化

淬火合金钢在 500～600 ℃ 温度范围回火时，硬度升高的现象称为二次硬化。造成淬火合金钢在回火时产生二次硬化的原因主要有两点：其一是合金元素含量较多的淬火合金钢，在 500～600 ℃ 回火时，从淬火马氏体中析出与其保持共格关系的高度弥散分布的特殊碳化物，如 Mo_2C、W_2C、VC 等，弥散分布在马氏体基体上，阻碍位错运动，使合金钢硬度提高的同时强度也提高。如图 1-73 所示，当 $w_{Mo} > 2\%$ 的钢均产生二次硬化。其二是在 500～600 ℃ 回火时，残余奥氏体中析出一些特殊碳化物，使残余奥氏体中碳含量和合金元素含量下降，使合金钢硬度提高。

（3）产生回火脆性

淬火合金钢在某一温度范围内回火时，出现冲击韧性剧烈下降的现象，称为回火脆性。

在 350 ℃ 附近回火时，碳钢和合金钢都会出现冲击韧性下降，产生脆化现象，这种回火脆性称为第Ⅰ类回火脆性。它与回火后的冷却方式无关，且无法消除，因此一般不在 250～400 ℃ 温度范围内回火。

淬火合金钢在 450～650 ℃ 回火时出现的回火脆性，称为第Ⅱ类回火脆性。它与杂质在奥氏体晶界上的偏析有关。消除第Ⅱ类回火脆性的方法：回火后快速冷却，使杂质来不及在晶界上偏析，如图 1-74 所示；对于大截面工件在钢中加入 $w_W = 1\%$ 或 $w_{Mo} = 0.5\%$，回火后缓冷也不发生第Ⅱ类回火脆性。

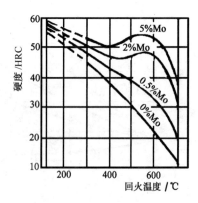

图 1-73　$w_C = 0.35\%$ 的钢加入不同
Mo 量对回火硬度的影响

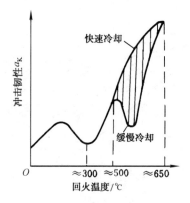

图 1-74　合金钢回火脆性示意图

1.11　合金钢

在 Fe-C 合金中加入一些其他的金属或非金属元素构成的钢,称为合金钢,其目的是为了改善碳钢的组织和性能,加入的元素称为合金元素。合金元素的加入使碳钢的淬透性、强度、硬度、耐热性、耐蚀性、耐磨性等都得到了很大程度的提高。

1.11.1　合金结构钢

合金结构钢是用于制造工程结构和机器零件的钢。用于工程结构的钢大多是普通质量的钢,承受静载荷的作用;用于机器零件的钢大多是优质钢,承受动载荷的作用,一般均需热处理,充分发挥钢材的潜力。

1. 低合金高强度结构钢

低合金高强度结构钢是在碳素结构钢的基础上加入少量(w_{Me}<3%)合金元素构成的,主要用于工程建筑、车辆、船舶、油罐、输油管道等。它的工作环境大多在露天,受气温及大气中腐蚀性气体的影响较大,因此对普通低合金结构钢要求具有良好的综合力学性能、良好的工艺性能、较好的抗蚀性能和较低的临界脆性转化温度。

为了达到上述性能要求,普通低合金结构钢的碳的质量分数较低,一般为 w_C = 0.1% ~ 0.2%,一般以少量的锰为主加元素(w_{Mn} = 0.8% ~ 1.7%),Si 的质量分数较碳素结构钢高(w_{Si} ≤ 0.55%)。为改善钢的性能,各牌号 A、B 级钢可加入 V、Ti、Nb 等元素,产生细化晶粒、弥散强化等效用,提高强度、硬度、冲击韧性。Cu、P 提高钢对大气的抗蚀能力,有时在钢中还加入少量稀土元素,以消除钢中有害杂质,改善杂质物形状的分布,减弱其脆性。供货状态为热轧正火状态,显微组织为铁素体、珠光体的混合组织。

常用的低合金高强度结构钢的牌号由字母"Q"+屈服点数值+质量等级符号(A、B、C、D、E)三个部分按顺序排列,如 Q295、Q345、Q390、Q420、Q460 等。

2. 合金结构钢

合金结构钢通常是在优质碳素结构钢的基础上加入一些合金元素而形成的钢种。合金元素通常为 w_{Me}<5%,故该钢种属于低、中合金钢。

合金结构钢的牌号表示方法由三部分组成,即"数字+元素符号+数字"。前面两位数字表示平均碳的质量分数的万倍;合金元素以化学符号表示,合金元素后面的数字表示合金元素的质量分数的百倍,当其平均质量分数<1.5%时,牌号中一般只标出元素符号,而不表明数字,当其平均质量分数≥1.5%、≥2.5%、≥3.5%、……时,则在元素符号后相应标出2、3、4、……。

我国合金结构钢中,主加元素一般为锰、硅、铬、硼等,它对提高淬透性和力学性能起主导作用。辅加元素主要有钨、钼、钒、钛、铌等。

合金结构钢都是优质钢、高级优质钢(牌号后加 A)或特级优质钢(牌号后加 E)。按其用途及工艺特点可分为渗碳用钢和调质用钢。

1)渗碳用钢

渗碳用钢是指进行渗碳处理的钢,常称渗碳钢。它一般为低碳的优质碳素结构钢和合金结构钢。一般渗碳钢的 w_C = 0.1% ~ 0.20%(个别也可达 0.3%)。渗碳钢广泛应用于汽车、拖拉机变速齿轮、凸轮、活塞销等，这类零件要求表面具有高硬度、高耐磨性；心部具有高韧性（$a_K = 60 \text{ kJ/m}^2$）、高强度（$R_m = 500 \sim 1\,200 \text{ MPa}$）。合金渗碳钢中常加入的主加元素为铬（$w_{Cr} < 3\%$）、镍（$w_{Ni} < 4.5\%$）、锰（$w_{Mn} < 2\%$）、硼（$w_B < 0.003\,5\%$），以提高淬透性，改善心部性能，提高渗碳层强度和韧性；辅加元素为 W、Mo、V、Ti 等，以阻止奥氏体晶粒长大，细化晶粒。

合金渗碳钢的最终热处理是淬火后低温回火。表层组织是高碳回火马氏体、合金渗碳体、少量残余奥氏体，表层硬度可达 58 ~ 64 HRC。心部若完全淬透，组织为低碳回火马氏体，硬度为 40 ~ 48 HRC；若未淬透时为托氏体、少量低碳回火马氏体、少量铁素体的混合组织，硬度为 25 ~ 40 HRC。

常用的渗碳钢的牌号有 15、20、20Cr、20CrV、20Mn2、20MnV、20CrMn、20CrMnTi、20Mn2TiB、18Cr2Ni4WA，其中 20CrMnTi 钢应用最广泛。

2）调质用钢

调质用钢是指经调质处理后使用的钢，常称调质钢。合金调质钢多为中碳低合金钢，$w_C = 0.3\% \sim 0.5\%$，$w_{Me} < 5\%$，用于承受弯曲、扭转、拉压、冲击等复杂应力的重要件，如传动轴、曲轴、连杆螺栓等。因此，要求合金调质钢具有良好的综合力学性能（$R_m = 450 \sim 1\,000 \text{ MPa}$，$A \geqslant 10\%$，$a_K \geqslant 500 \text{ kJ/m}^2$，硬度 207 ~ 229 HBW），良好的淬透性，避免高温回火脆性。

合金调质钢中的主加元素是锰（$w_{Mn} < 2\%$）、铬（$w_{Cr} < 2\%$）、镍（$w_{Ni} < 4.5\%$）、硼（$w_B < 0.003\,5\%$），以提高钢的淬透性，强化铁素体基体，改善韧性；辅加元素是 W、Mo、V、Ti 等碳化物形成元素，以细化晶粒，提高耐回火性，W 和 Mo 还可以防止第 Ⅱ 类回火脆性。常用调质钢的牌号有 40、40Cr、42SiMn、35CrMo、38CrMoAl、40CrMnMo、40CrNiMoA，其中 40Cr 钢应用最广泛。

此外，调质钢中还有专门用于氮化的钢，以进一步提高调质钢的表面硬度，表面硬度可达 1 200 HV。38CrMoAl 是典型的氮化钢，用于制造精密齿轮、镗杆等。对于有缺口的调质零件，在缺口处采用喷丸或滚压强化，以提高疲劳强度。

3. 弹簧钢

弹簧钢主要用来制造各种弹性零件，特别是机器仪表中的弹簧。它主要利用弹性变形来减振储能，因此要求具有高的弹性极限、屈强比和疲劳强度；足够的塑性、韧性，以免发生脆断；良好的表面质量、良好的淬透性及较低的脱碳敏感性。

为了达到上述性能要求，弹簧钢为中、高碳钢。碳素弹簧钢的 $w_C = 0.6\% \sim 0.9\%$，如 65、70、75 钢等，其淬透性差，只适于制造小截面尺寸的弹簧，直径一般为 12 ~ 15 mm。大截面弹簧一般选用合金弹簧钢，$w_C = 0.45\% \sim 0.7\%$，主加元素为 Si、Mn、Cr 等，主要目的是增加钢的淬透性、回火稳定性、屈强比，强化铁素体基体，辅加元素是少量的 W、V 等，其作用是减少脱碳和过热倾向，细化晶粒，进一步提高淬透性、弹性极限、屈强比、耐热性和冲击韧性。常用合金弹簧钢的牌号有 65Mn、60Si2Mn、60Si2CrVA、65Si2MnWA，其中 60Si2Mn 钢应用最广泛。

弹簧钢的热处理是淬火后中温回火。回火后组织为回火托氏体（$T_回$），硬度为 38 ~ 50 HRC，弹簧最后要喷丸处理，使工件表层留存残余压应力，提高抗疲劳强度。

4. 滚动轴承钢

滚动轴承钢是指制造各类滚动轴承套圈及滚动体的专用钢。滚动轴承内圈与轴紧密配合，并随轴一起转动，外圈固定在轴承座上。转动时，滚动体与内外圈在滚道面上均受交变动载荷作用，且套圈与滚动体之间呈点或线接触，接触应力很大，可达 3 000 ~ 5 000 MPa，易使轴承工作表面产生接触疲劳破坏与磨损。因此,要求轴承材料硬度高(62～64 HRC),耐磨性好,淬透性高,接触疲劳强度高,不易产生点蚀,高的弹性极限,一定的韧性和耐蚀性。

为了达到上述性能要求,滚动轴承钢一般为高碳低铬钢,$w_C = 0.95\% \sim 1.15\%$,$w_{Cr} < 1.65\%$,保证轴承钢具有高强度、高硬度、高淬透性,并形成足够的合金渗碳体$(Fe、Cr)_3C$,以提高接触疲劳强度和耐磨性。如果 Cr 的质量分数过高,淬火后残余奥氏体量增加,并使碳化物分布不均匀。制造大尺寸轴承时可加 Si、Mn,以进一步提高淬透性。

因为 S、P 形成非金属夹杂物,降低接触疲劳强度,所以轴承钢对 S、P 等杂质限制极严,$w_S < 0.020\%$,$w_P < 0.007\%$,故轴承钢是一种高级优质钢。

滚动轴承钢的预先热处理为球化退火。退火后组织为铁素体和均匀分布的细粒状碳化物,硬度为 180～210 HBW。其目的是降低锻造后钢的硬度以利于切削加工,并为淬火做好组织准备。如果钢的原始组织中有粗大的片状珠光体和网状碳化物时,则在球化退火前需要进行一次正火处理,以改善碳化物的形态与分布。

滚动轴承钢的最终热处理为淬火后低温回火,其组织为极细的回火马氏体、细小均匀分布的粒状碳化物及极少量的残余奥氏体,硬度为 61～65 HRC。

精密轴承为了保证使用中尺寸的稳定性,淬火后立即进行−60～−80 ℃的冷处理,以减少残余奥氏体量,然后再进行低温回火消除冷处理时的内应力。轴承钢精磨后要在 120～150 ℃进行 10～20 h 的低温时效处理,以进一步提高尺寸稳定性。

常用轴承钢的牌号有 GCr 9、GCr 9SiMn、GCr15、GCr15SiMn,其中 GCr15 钢应用最广泛。

1. 11. 2　合金工具钢

工具钢是制造刃具、量具、模具等各种工具用钢的总称。工具钢应具有高硬度、高耐磨性、高淬透性和足够的强度、韧性。合金工具钢中 w_S、w_P 均小于 0.03%,故合金工具钢都是高级优质钢。

合金工具钢牌号中 w_C 以千分之几表示,当 $w_C \geq 1.0\%$ 时,不标出数字。合金元素的含量表示方法与合金结构钢相同。如 W18Cr4V,$w_C = 0.70\% \sim 1.65\%$,$w_W = 17.5\% \sim 18.5\%$,$w_{Cr} = 3.8\% \sim 4.4\%$,$w_V = 1.00\% \sim 1.40\%$。

1. 合金刃具钢

1)性能要求

合金刃具钢用来制造各种切削刀具,如车刀、铣刀、铰刀等。由于刃具在切削过程中既承受切削力、切削热的作用,又受到强烈的摩擦,因此要求刃具钢具有如下性能:

(1)高的硬度和耐磨性。一般要求刃具钢硬度为 60～65 HRC,若将硬度由 60 HRC 提高到 63 HRC,则耐磨性可提高 25%～30%。

(2)足够的强度和一定的韧性。保证刃具不断裂或崩刃。

(3)高的红硬性。刀具刃部受热后,仍能保持高硬度的能力称为红硬性。红硬性的高低与钢的回火稳定性有关,回火稳定性愈高,红硬性愈高。

2)低合金刃具钢

(1)成分特点

低合金刃具钢 $w_C = 0.9\% \sim 1.5\%$,加入 Si、Cr、Mn 等元素可提高钢的淬透性和回火稳定性,使其在 230～260 ℃ 回火后硬度仍保持在 60 HRC 以上。加入强碳化物形成元素 W、V 等形成 WC、VC、V_4C_3 等特殊碳化物,提高钢的红硬性和耐磨性。

（2）热处理特点

低合金刃具钢的预先热处理为球化退火,以改善切削性能。最终热处理为淬火后低温回火,组织为细小回火马氏体、粒状合金碳化物、少量残余奥氏体,硬度一般为 60～65 HRC。

常用合金刃具钢的牌号有 9SiCr、9Mn2V、CrWMn。

3）高速钢

高速钢是高合金刃具钢中的重要钢种,与低合金刃具钢相比,它具有两个显著特点,即淬透性好、红硬性高。截面尺寸不大的刃具,淬火时在空气中冷却即能淬透,切削温度高达 600 ℃ 时,硬度仍无明显下降。

（1）成分特点

高速钢的 $w_C=0.7\%～1.65\%$,并含有大量的强碳化物形成元素 Cr、W、Mo、V 等。Cr 提高钢的淬透性,淬火加热时全部溶入奥氏体中,淬火后空冷获得均匀、细小的马氏体,其质量分数为 4%。Cr 含量过高,Ms 点下降,残余奥氏体量增加,钢的硬度下降,回火次数增加。W 提高钢的红硬性和回火稳定性,形成稳定的碳化物 Fe_4W_2C。淬火加热时,未溶 Fe_4W_2C 阻止奥氏体晶粒长大;溶入奥氏体的 Fe_4W_2C 淬火后形成合金马氏体。这种合金马氏体具有很高的回火稳定性,在 560 ℃ 左右回火时析出弥散的 W_2C,产生“二次硬化”,提高钢的红硬性、耐磨性,其质量分数为 6%～19%。Mo 的作用与 W 相似,当 $w_{Mo}=1\%$ 时大约可代替 $w_W=2\%$ 的作用,Mo 比 W 的碳化物细小,且退火时易于球化,因此可提高钢的韧性,其质量分数为 0%～6%。

V 与 C 形成稳定的 VC,具有极高的硬度（83～85 HRC）和耐磨性。淬火加热时,未溶的 VC 阻止奥氏体晶粒长大,当淬火温度超过 1 200 ℃ 时,VC 才开始明显溶入奥氏体中,在 560 ℃ 回火时,产生“二次硬化”,$w_{VC}=1\%～3\%$。V 含量过高,使钢的韧性下降。

（2）热处理特点

高速钢的铸态组织中出现了莱氏体组织,属于莱氏体钢,莱氏体中共晶合金碳化物呈粗大的鱼骨状,无法用热处理消除,只有采用反复锻击的办法将其击碎,并均匀分布在基体上。

高速钢锻压后采用球化退火,其工艺如图 1-75 所示。退火后组织为索氏体、细粒状碳化物,硬度为 207～255 HBS。球化退火的目的是消除锻造应力,降低硬度,改善切削加工性,并为淬火做组织准备。

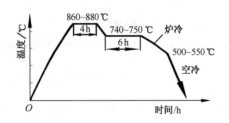

图 1-75　W18Cr4V 钢刀具等温球化退火曲线

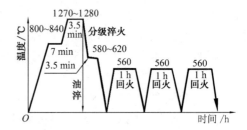

图 1-76　W18Cr4V 钢淬火与回火工艺曲线

高速钢最终热处理为淬火、560 ℃ 三次回火,W18Cr4V 的淬火、回火工艺曲线如图 1-76 所示。它的淬火温度很高,W18Cr4V 为 1 270～1 280 ℃,W6Mo5Cr4V2 为 1 210～1 230 ℃,使合金元素最大限度地溶入奥氏体中,淬火后,使马氏体中合金元素含量提高,红硬性提高。当温度大于 1 000 ℃时,W 和 Cr 的溶入量显著增加,但温度过高,导致奥氏体晶粒粗大,残余奥氏体增加,力学性能降低。

大量的合金元素使钢导热性变差,所以淬火加热时采用两至三次预热,防止刀具变形、开裂;淬火冷却时采用盐浴或油中分级淬火。淬火后组织为隐针马氏体、粒状碳化物、20% ~ 30% 残余奥氏体。

淬火高速钢在 550 ~ 570 ℃回火过程中,碳化物不发生转变;淬火马氏体中析出细小弥散的 W_2C、MoC、VC,产生弥散强化;残余奥氏体中析出合金碳化物,冷却时残余奥氏体转变成马氏体,使硬度、强度提高。

为了进一步提高高速钢的寿命,淬火、回火后还进行表面处理,如软氮化、蒸汽处理等。"蒸汽处理"是将钢加热至 340 ~ 370 ℃,通入蒸汽,防止切削粘着,从而提高刀具耐磨性,提高刀具寿命。

2. 模具钢

制造模具的钢称为模具钢。根据工作条件不同,分为热作模具钢和冷作模具钢两类。

1) 冷作模具钢

用于制造金属在冷态下变形的模具,如冷冲模、冷拔模、冷挤模、冷镦模等。冷模具的服役条件很恶劣,承受较大的冲击载荷,模具与坯料之间发生强烈摩擦,因此冷作模具钢需满足以下要求:

(1) 高的硬度和高的耐磨性,其硬度比刀具钢要求低些,一般大于 60 HRC。

(2) 高的强度、疲劳强度和一定的韧性。

(3) 淬透性好,保证回火后获得良好的综合力学性能。

(4) 热处理变形小,保证尺寸精确。

冷作模具钢的化学成分和热处理特点基本上与刀具钢相同。尺寸小的冷作模具钢牌号有 T10、T10A、9SiCr、CrWMn;尺寸大的冷作模具钢牌号有 Cr12、Cr12MoV,其中最常用的冷作模具钢为 Cr12MoV 钢。

Cr12MoV 钢(属于莱氏体钢)的 $w_C = 1.45\%$ ~ 1.70%,高 Cr 保证高硬度、高耐磨性、高淬透性,使截面厚度≤400 mm 的模具在油中可淬透,并形成 Cr_7C_3 合金碳化物,具有极高的硬度(约 1 820 HV)和耐磨性。这种钢变形量很小,故称为低变形钢。加入 V、Mo 进一步提高淬透性,同时改善碳化物偏析,细化晶粒,增加钢的强度和韧性。为进一步提高冷作模具钢的耐磨性和抗疲劳强度,可进行表面氰化、氮化或渗硼等。

2) 热作模具钢

热作模具钢包括锤锻模、热压模、压铸模等,在工作中承受复杂应力,受热金属的摩擦及冷热的反复作用。因此,热作模具钢需具有如下性能:

(1) 较好的强度、韧性,足够的耐磨性和硬度(40 ~ 50 HRC)。

(2) 良好的抗热疲劳性、导热性、回火稳定性及淬透性。

热作模具钢 $w_C \leq 0.5\%$,以保证良好的强度、韧性。加入 Cr、Ni、Mn、Si 等,提高钢的淬透性;加入 Mo、W、V 等,提高钢的回火稳定性,减少高温回火脆性;高 Cr、高 W,缩小奥氏体区域,提高钢的抗热疲劳性。

常用热作模具钢的牌号有 5CrMnMo、5CrNiMn、3Cr2W8V、4Cr5MoSiV、3CrMo。

3. 量具钢

量具钢是用来制造各种测量工具的钢种,如制作量规、块规、千分尺等。

由于量具在使用过程中易磨损和碰撞,另外量具本身必须尺寸精确,因此要求量具钢具有高的硬度、耐磨性、尺寸稳定性及一定的韧性。为了满足上述性能要求,量具钢多选用碳素工具钢(T10A,T12A 等)、低合金工具钢(9SiCr、CrMn、CrWMn)、轴承钢(GCr15)等制造。

量具经淬火、低温回火后,组织为回火马氏体、残余奥氏体,淬火后立即进行 −80 ℃的冷处理,消除残余奥氏体,再进行低温回火,经磨削加工后,进行去应力回火,充分消除残余奥氏体,提高尺寸稳定性。

1.11.3　特殊性能钢

特殊性能钢是指具有特殊物理、化学性能的钢及合金。机械工程比较重要的特殊性能钢有不锈钢、耐热钢、耐磨钢。

1. 不锈钢

不锈钢是指在空气、酸、碱、盐的水溶液等腐蚀介质中具有高度化学稳定性的钢。不锈钢牌号前的数字表示平均碳的质量分数的千倍,合金元素的表示方法与其他合金钢相同。当 $w_C \leqslant 0.03\%$ 或 0.08% 时,在牌号前面分别冠以"00"与"0"。

按正火组织的不同,不锈钢可分为铁素体不锈钢、马氏体不锈钢和奥氏体不锈钢。

1)铁素体不锈钢

Cr17 钢是典型的铁素体不锈钢,$w_C \leqslant 0.12\%$,$w_{Cr} = 16\% \sim 18\%$。高 Cr 可显著提高基体电极电位,提高钢的耐蚀性,同时缩小奥氏体区域。Cr17 钢在高温和室温时都是单相铁素体组织。塑性好,强度低,不能热处理强化。主要用于化工设备的容器、管道等。

2)马氏体不锈钢

Cr13 型钢是常用的马氏体不锈钢,$w_C = 0.1\% \sim 0.45\%$,$w_{Cr} = 13\%$,为提高强化效果,加入一定量的碳,形成一定量的碳化物,但随碳的质量分数的增多,耐蚀性降低。

Cr13 型钢淬火温度较高,一般加热到 1 050 ℃左右,才能使碳化物充分溶解,油冷,获得单相马氏体组织。

1Cr13、2Cr13 常采用 700 ℃左右高温回火,主要用于汽轮机叶片、螺母、结构架螺栓等结构件。

3Cr13、3Cr13Mo、4Cr13 常采用 250 ℃左右低温回火,主要用于硬度较高的耐蚀耐磨工具、医疗工具、量具、滚动轴承等。

3)奥氏体不锈钢

18-8 型钢是典型的奥氏体不锈钢,$w_{Cr} = 18\%$,增加钢的钝化能力,提高耐蚀性;$w_{Ni} = 9\%$,扩大奥氏体区,从而使钢在室温下呈单相奥氏体组织,具有很高的抗蚀性、塑性和韧性,但切削加工性能较差,不能热处理强化,其强化手段是加工硬化。

18-8 型不锈钢在 500 ~ 750 ℃ 时,C 和 Cr 原子扩散速度加快,在晶界析出富 Cr 的碳化物 $Cr_{23}C_6$ 或 $(Cr,Fe)_{23}C_6$,在晶界处形成贫 Cr 区,电极电位下降,造成晶界腐蚀。所以加入 Ti、Nb、Ta 等强碳化物元素,且 $w_C < 0.1\%$,以抑制其发生。

2. 耐热钢

在高温下工作的零件,要求材料具有耐热性。所谓耐热性,是指材料在高温下兼有抗氧化和高温强度的综合性能。具有良好耐热性的钢称为耐热钢。

耐热钢按正火状态下组织的不同,可分为铁素体型钢、珠光体型钢、马氏体型钢、奥氏体型钢等。其牌号表示方法与不锈钢相同。常用的耐热钢有 $2Cr25N$、$0Cr25Ni20$、$1Cr16Ni35$、$15CrMo$、$35CrMoV$、$1Cr13Mo$、$1Cr12WMoV$ 等。

3. 耐磨钢

耐磨钢是指在巨大压力和强烈冲击载荷下才能发生硬化的高锰钢,常用来制造坦克和拖拉机履带、碎石机颚板、铁路道岔、挖掘机铲斗、防弹钢板等。

耐磨钢的典型牌号是 $ZGMn13$ 型,其主要成分是铁、碳和锰。其中 $w_C = 1.0\% \sim 1.5\%$,$w_{Mn} = 11\% \sim 14\%$。碳的质量分数高可提高耐磨性;锰的质量分数很高,可保证热处理后得到单相奥氏体组织。由于高锰钢极易加工硬化,使切削加工困难,故大多数高锰钢采用铸造成形。同时,高锰钢是非磁性的,也可用来制造既耐磨又抗磁化的零件。

1.12　非铁金属材料

钢、铁以外的金属材料称为非铁金属材料或有色金属材料。非铁金属元素有 80 余种,一般分为:轻金属,密度不大于 $4.5\ g/cm^3$,常用轻金属有铝、镁、钛、钾、钠、钙、锂等;重金属,密度大于 $4.5\ g/cm^3$,常用重金属有铜、铅、锌、镍、钴、锑、锡、铋、汞、镉等;贵金属,包括金、银及铂族元素;高熔点金属,包括钨、钼、钽、铌、锆、铪、钒、铼等;稀土金属,包括钪、钇和镧系元素;放射性金属,包括钋、镭、锕、钍、铀等元素;半金属,其物理和化学性质介于金属与非金属之间的元素,如硅、硒、砷、硼等。

当前,钢铁产量约占全世界金属材料总产量的 95%,是金属材料的主体;非铁金属材料约占 5%,处于补充地位,但它的作用却是钢铁材料无法代替的。

首先,非铁金属是各种合金钢、合金铸铁的合金化元素,添加少量、甚至微量非铁金属于普通钢铁中,可获得各种特殊性能的钢铁材料,从而最大限度地发挥了钢铁材料的潜力。

许多非铁金属可以纯金属状态应用于工业和科学技术中。如 Au、Ag、Cu、Al 用作电导体,Ti 用作耐腐蚀构件,W、Mo、Ta 用作高温发热体,Al、Sn 箔材用于食品包装,Hg 用于仪表,硅更是电子工业赖以生存和发展的材料。

1.12.1　铝及铝合金

铝是一种面心立方晶格的银白色金属,塑性好($A = 50\%$,$Z = 80\%$),适用于形变加工。铝的熔点为 660 ℃,密度为 $2.7\ g/cm^3$,是一种轻金属材料。

铝在地壳中的藏量约为地壳总质量的 8.0%,超过铁(5.8%),是地球上储量最多的一种金属元素。由于铝的化学性质活泼,与氧的亲和力强,因而在自然矿物中不存在金属铝。铝作为一种元素是在 1825 年发现的,直到 1888 年,Hall-Heroult 熔盐电解法问世后,才使铝进入工业规模的生产。

在金属材料中,铝的产量仅次于钢铁,为非铁金属材料产量之首,就消耗量的增长率而言却大大超过了钢的增长率。2011 年,世界原铝产量达 4 340 万 t,其中 50% 用来制取加工材与深加工产品。我国原铝产量 1 778.6 万 t,而铝合金品种约占美国的一半,规格不足美国的 1/4。

铝之所以有如此广泛的用途是基于它有如下的特性:密度小,约为铁的密度的 1/3;可强化,通过添加普通元素和热处理而获得不同程度的强化,其最佳者的比强度可与优质合金钢媲美;易加工,可铸造、压力加工、机械加工成各种形状;导电、导热性能好,仅次于金、银和铜;室温下铝的导电能力约为铜的 62%,但按单位质量的导电能力计算,则为铜的 200%。铝的强度低(R_m = 80 ~ 100 MPa),经冷塑性变形之后明显提高(R_m = 150 ~ 200 MPa)。目前,已研究出通过合金化和时效硬化两个手段,可将铝的硬度提高到 700 MPa。此外,铝的特性还有:表面形成致密的 Al_2O_3 保护膜而耐腐蚀;无低温脆性;无磁性;对光和热的反射能力强和耐辐射;冲击不产生火花;美观。

工业纯铝很少用于制造机械零件,多用于制作电线、电缆及要求导热、抗蚀且经受轻载的用品或器皿。

1. 铝合金的分类

铝合金种类繁多,根据生产的方法不同,可以分成变形铝合金和铸造铝合金两大类。

二元铝合金一般具有共晶相图,如图 1-77 所示。E 点是共晶点,D 点代表合金元素在 α 相中脱溶的脱溶线起始点。D 点左边的合金 I,加热时能形成单相固溶体组织,适用于形变加工,称为变形铝合金;D 点右边的合金 IV,在常温下具有共晶组织,适于铸造成形,称作铸造铝合金。F 点左边的合金 II,冷却过程中不产生脱溶现象,不能采用热处理方法强化,称为不能热处理强化的变形铝合金;F 点右边的变形铝合金 III,冷却过程中产生脱溶现象,能采用热处理方法强化,称为能热处理强化的变形铝合金。

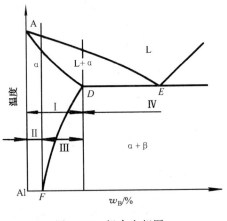

图 1-77 铝合金相图

2. 常用铝合金

常用铝合金为变形铝合金和铸造铝合金。变形铝合金塑性好,可通过压力加工方法生产出板、带、线、管、棒、型材或锻件。有几种变形铝合金热处理强化效果不明显,称之为热处理不强化变形铝合金,包括工业纯铝和防锈铝,它们主要通过固溶强化和加工硬化来提高强度;热处理可强化的变形铝合金主要通过淬火和时效或形变处理来使合金强化,包括硬铝、超硬铝、锻铝及特殊铝。

铸造铝合金合金元素含量高,有较多的共晶体,因而铸造性能好,但塑性低,适用于铸造零件。铸造铝合金亦可通过热处理强化调整力学性能。

常用铝合金的牌号、性能及用途见表 1-19。

表 1-19　常用铝合金的牌号、性能及用途

类别		牌号举例	力学性能			用途举例
			R_m/MPa	$A\times100$	HBW	
不能热处理强化的合金	防锈铝	5A05 （LF5）	280	20	70	焊接油管、油管、焊条、铆钉、中载零件及制品
		2A11 （LF11）	280	20	70	油箱、油管、焊条、铆钉、中载零件及制品
		3A21 （LF21）	130	20	30	焊接油管、油管、焊条、铆钉、轻载零件及制品
能热处理强化的合金	硬铝	2A01 （LY1）	300	24	70	工作温度<100 ℃的结构用中等强度铆钉
		2A11 （LY11）	420	15	100	中等强度的结构零件
	超硬铝	7A04 （LC4）	600	12	150	结构中主要受力零件，如飞机大梁、桁架等
	锻铝	2B60 （LD6）	390	10	100	形状复杂的锻件及模锻件，如压气机轮和叶轮
		2A70 （LD7）	440	12	120	内燃机活塞和在高温下工作的复杂锻件、板材
铸造铝合金	铝硅合金 ZAlSi12	ZL102	143	3	50	仪表、水泵机壳、工作温度在 200 ℃ 以下的低载零件
	铝铜合金 ZAlCu10	ZL202	163		100	高温下工作不受冲击的零件和要求硬度较高的零件
	铝镁合金 ZAlMg10	ZL301	280	9	60	在大气或海水中工作的零件，承受大振动载荷，工作温度不超过 150 ℃ 的零件，如氨用泵体，船配件等
	铝锌合金 ZAlZn11Si7	ZL401	241	2	80	结构形状复杂的汽车、飞机零件，工作温度<200 ℃

1.12.2　铜及铜合金

在金属材料中，铜及其合金的应用范围仅次于钢铁。在非铁金属材料中，铜的产量仅次于铝。

铜之所以用途广泛是由于它有如下优点：优良的导电性和导热性，优良的冷热加工性能和良好的耐腐蚀性能。其导电性仅次于银，导热性在银和金之间。铜为面心立方结构，强度和硬度较低，而冷、热加工性都十分优良，可以加工成极薄的箔和极细的丝（包括高纯高导电性能的丝）；易于连接。铜还可与很多金属元素形成许多性能独特的合金。

铜及其合金习惯上分为紫铜、黄铜、青铜和白铜（表 1-20），以铸件和压力加工产品（管、棒、线、型、板、带、箔）提供使用，广泛用于电气、电子、仪表、机械、交通、建筑、化工、海洋工程等几乎所有的工业和民用部门。

表 1-20 常用的铜合金的牌号、特性及用途

名称	牌号举例	特性	用途举例
紫铜	TU1	工业纯铜，约占铜用量的 2/3	加工线材、带材和电线，很少用于机械零件
黄铜	H68	为铜锌合金	加工性能好，耐腐蚀性好，可制造冷凝器、垫圈、弹簧和化学稳定性要求较高的零件
青铜	QSn4-3	原指铜锡合金，现除黄铜和白铜以外的铜合金都称为青铜	$w_{Sn}<8\%$ 的锡青铜具有良好的塑性和一定的强度，适合于压力加工
白铜	B19	$w_{Ni}<50\%$ 的铜镍合金称为简单白铜，再加入锰、铁、锌、铝等元素的白铜称为复杂（或特殊）白铜	镍能显著提高铜的力学性能、耐腐蚀性能、电阻和热电性。主要有耐蚀和电工仪表用白铜两类
铸造铜合金	ZCuZn40Pb2	$w_{Zn}=40\%$ 的铸造黄铜	铸造化学性能稳定的零件
	ZCuSn10Zn2	$w_{Sn}=10\%$、$w_{Zn}=2\%$ 的铸造锡青铜	阀、泵壳、齿轮、蜗轮等
	ZCuAl10Fe3	铸造铝青铜	常用于制造滑动轴承

1.12.3 镁合金

镁合金是实际应用中最轻的金属结构材料，它具有密度小，比强度和比模量高，阻尼性、导热性、切削加工性、铸造性能好，电磁屏蔽能力强，尺寸稳定，资源丰富，容易回收等一系列优点，因此，在汽车工业、通信电子业和航空航天业等领域正得到日益广泛的应用。近年来，镁合金产量在全球的年增长率高达 20%，显示出极大的应用前景。

与铝合金相比，镁合金的研究和应用还很不充分，目前镁合金的产量只有铝合金的 1%。镁合金作为结构件应用最多的是铸件，其中 90% 以上的是压铸件。限制镁合金广泛应用的主要问题是镁合金在熔炼加工过程中极易氧化燃烧，因此镁合金的生产难度很大；镁合金生产技术还不成熟和完善，特别是镁合金成形技术更有待进一步发展；镁合金的耐蚀性较差；现有工业镁合金的高温强度蠕变性能较低，限制了镁合金在高温（150~350 ℃）场合的应用。

镁在地壳中储量为 2.77%，仅次于铝和铁。我国具有丰富的镁资源，菱镁矿储量居世界首位，原镁产能和产量均居世界首位。2012 年，全球镁产量 75 万 t，我国达 32 万 t。但是，由于镁合金锭的质量问题，只能廉价出口。国内镁合金在汽车上已应用于上海大众桑塔纳轿车的手动变速箱壳体，一汽集团和东风集团在轿车上应用镁合金。镁合金在通信电子器材的应用中还处于起步阶段。因此，如何将镁的资源优势转变为技术、经济优势，促进国民经济发展，增强我国在镁行业的国际竞争力，是摆在我们面前的迫切任务。

镁合金可以分为变形镁合金和铸造镁合金两类。

1. 变形镁合金

按化学成分可分为三类：

1）镁–锰系合金

代表合金有 MB1。可进行各种压力加工而制成管、棒、板、型材和锻件,主要用作航空、航天器的结构材料。

2）镁–铝–锌系合金

代表合金有 MB2、MB3,均为高塑性锻造镁合金,MB3 为中等强度的板带材合金。

3）镁–锌–锆系合金

属高强镁合金,主要代表有 MB15 等。由于塑性较差,不易焊接,主要生产挤压制品和锻件。

2. 铸造镁合金

与变形镁合金相比,在应用方面占统治地位。主要分为无锆镁合金和含锆镁合金两类。

1.12.4 钛合金

钛合金是近来快速发展的材料。钛及钛合金密度小(4.5 g/cm^3),强度大大高于钢,比强度和比模量性能突出。波音 777 的起落架采用钛合金制造,大大减轻了重量,经济效益极为显著。钛的耐腐蚀性能优异,是目前耐海水腐蚀的最好的材料。钛的工作温度 500 ℃ 以下,是制造如火箭低温液氮燃料箱、导弹燃料罐、核潜艇船壳、化工厂反应釜等构件的重要材料。我国钛产量居世界第一,TiO_2 储量约 8 亿吨,特别是在攀枝花、海南岛,资源非常丰富。

钛合金高温强度差,不宜在高温中使用。尽管钛的熔点为 1 700 ℃ 以上,比镍等金属材料高好几百度,但其使用温度较低,最高的工作温度只有 600 ℃。如当前使用的飞机涡轮叶片材料是镍铝高温合金。若能采用耐高温钛合金,材料的比强度、耐蚀性和寿命将大大提高。为解决钛合金的高温强度,世界各国正积极研究采用中间化合物即金属和金属之间的化合物作为高温材料。中间化合物熔点较高、结合力强,特别是钛铝,密度又小,作为航空的高温材料有较大的优越性和发展前途。目前研制的有序化中间化合物使钛合金使用温度达到 600 ℃ 以上,Ti3Al 达到750 ℃,TiAl 达到 800 ℃ 左右,并有望提高到 900 ℃ 以上。

1.12.5 轴承合金

滑动轴承因承压面积大,承载能力强,工作平稳无噪声,且检修方便,在动力机械中广泛使用。为减少轴承对轴颈的磨损,确保机器的正常运转,轴承应具有良好的磨合性、抗振性,与轴之间的摩擦系数应尽可能小。

为了满足上述要求,轴承合金的组织应该是在软的基体上分布硬的质点,如图 1-78 所示。当机器运转时,软的基体很快磨凹下去,而硬的质点凸出于基体上,支撑着轴所施加的压力,减小轴与轴承的接触面,且基体的凹坑可以储存润滑油,从而减小轴与轴颈间的摩擦系

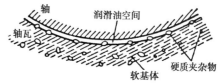

图 1-78 轴承合金结构示意图

数,同时能使外来硬物嵌入基体中,不至于擦伤轴。软的基体还能承受冲击与振动并使轴与轴承很好地磨合。

轴承合金也可以采取硬基体上分布软质点的组织,以达到上述目的。这种组织具有较大的承载能力,但磨合能力较差。

最常用的轴承合金是锡基或铅基"巴氏合金",其成分、性能及用途见表 1-21。此外,还有铜

基、铝基轴承合金。

表 1-21　几种轴承合金的牌号、特点及用途

类别	牌号	特点	用途
锡基	ZSnSb12Pb10Cu4	含 Sn 量最低的轴承合金。Pb、Sb 含量高,硬度较高,耐压,流动性较差,价格较低	适用于中等速度和压力的机器轴承,但不适用于高温
铅基	ZPbSb16Sn16Cu2	与锡基合金 ZChSnSb11-6 相比,摩擦系数较大,耐磨性和使用寿命不低,其他性能相近。但冲击韧度低,室温下较脆,不能承受冲击载荷。静载荷下工作良好,价格便宜	适用于低于 120 ℃ 条件下,无显著冲击载荷、重载、高速的轴承及轴衬
	ZPbSb15Sn5	与锡基 ZChSnSb11-6 相比耐压强度相当,塑性和导热性较差。在工作温度不超过 100 ℃、冲击载荷较低的条件下,其使用寿命相近。属性能较好的铅基低锡轴承合金	适用于低速、轻压力条件下的机械轴承,如矿山水泵轴承、汽轮机、中等功率电动机、空压机的轴承和轴衬

思考题与习题

1. 缩颈现象发生在拉伸图上哪一点? 如果没有出现缩颈现象,是否表示该试样没有发生塑性变形?

2. 图 1-79 为五种材料的应力-应变曲线:①45 钢,②铝青铜,③35 钢,④硬铝,⑤纯铜。试问:

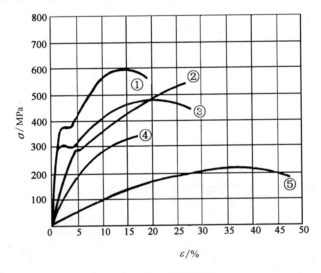

图 1-79　习题 2 图

(1) 当外加应力为 300MPa 时,各材料处于什么状态?

(2) 有一用 35 钢制作的杆,使用中发现弹性弯曲较大,如改用 45 钢制作该杆,能否减少弹性变形?

(3) 有一用 35 钢制作的杆,使用中发现塑性变形较大,如改用 45 钢制作该杆,能否减少塑性变形?

3. 将卷曲的钟表发条拉直是弹性变形还是塑性变形? 怎样判别它的变形性质?

4. 指出下列符号表示的力学性能指标的名称和含义:

R_m、R_e、A、Z、$R_{0.2}$、KV、KU、HRC、HBW

5. 什么是同素异构转变？试画出纯铁的冷却曲线,分析曲线中出现"平台"的原因。室温和 1 100 ℃时的纯铁晶格有什么不同？

6. 金属结晶的基本规律是什么？晶核的形核速率和长大速率受到哪些因素的影响？

7. 常用的金属晶体结构有哪几种？它们的原子排列和晶格常数各有什么特点？α-Fe、γ-Fe、Al、Cu、Ni、Pb、Cr、V、Mg、Zn 各属何种晶体结构？

8. 什么是固溶强化？造成固溶强化的原因是什么？

9. 将 20 kg 纯铜与 30 kg 纯镍熔化后缓慢冷却到如图 1-80 所示温度 T_1,求此时：

（1）两相的成分；

（2）各相的相对质量；

（3）两相的质量比；

（4）各相的质量。

10. 某合金如图 1-81 所示：

（1）标出（1）~（2）区域中存在的相；

（2）标出（3）、（4）、（5）区域中的组织；

（3）相图中包括哪几种转变？写出它们的反应式。

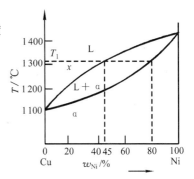

图 1-80　习题 9 图

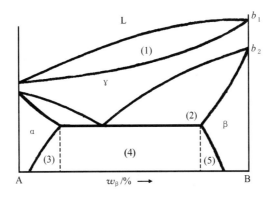

图 1-81　习题 10 图

11. 今有两个形状相同的铜镍合金铸件,一个 $w_{Ni}=90\%$,一个 $w_{Ni}=50\%$,铸后自然冷却,问凝固后哪个铸件的偏析较为严重？

12. 按下面所设条件,示意地绘出合金的相图,并填出各区域的相组分和组织组分,以及画出合金的力学性能与该相图的关系曲线。

设 C、D 两组元在液态时能互相溶解,D 组元熔点是 C 组元的 4/5,在固态时能形成共晶,共晶温度是 C 组元熔点的 2/5,共晶成分为 $w_D=30\%$；C 组元在 D 组元中有限固溶,形成 α 固溶体。溶解度在共晶温度时为 $w_C=25\%$,室温时 $w_C=10\%$,D 组元在 C 组元中不能溶解；C 组元的硬度比 D 组元高。计算 $w_D=40\%$ 的合金刚完成共晶转变时,组织组成物及其质量分数。

13. 分析在缓慢冷却条件下,45 钢和 T10 钢的结晶过程和室温的相组成和组织组成,并计算室温下组织的相对量。

14. 试比较索氏体和回火索氏体,托氏体和回火托氏体,马氏体和回火马氏体之间在形成条件、组织形态、性能上的主要区别。

15. 直径为 10 mm 的共析钢小试样加热到相变点 A_1 以上 30 ℃,用图 1-82 所示的冷却曲线进行冷却,分析其所得到的组织,说明各属于哪种热处理方法。

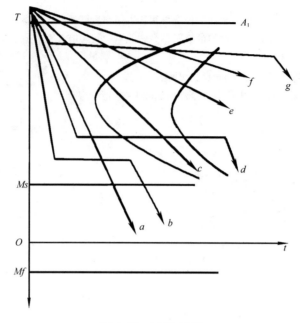

图 1-82 习题 15 图

16. 现有 45 钢材料。

(1)请根据铁碳合金相图,画出合金从液态冷却到室温的温度-时间曲线,并写出各个阶段的组织转变过程;

(2)请分别选择质量要求较高或质量要求一般的小轴零件两种合适的热处理方案;

(3)在 TTT 曲线上画出这两种热处理方案的工艺曲线,并分别标出其室温时的组织状态。

17. 确定下列钢件的退火方法,并指出退火的目的及退火的组织。

(1)经冷轧后的 15 钢钢板,要求降低硬度;

(2)ZG270-500 的铸造齿轮;

(3)改善 T12 钢的切削加工性能。

18. 说明直径为 10 mm 的 45 钢试样分别经下列温度加热:700 ℃、760 ℃、850 ℃、1 100 ℃,保温后在水中冷却得到的室温组织。

19. 指出下列工件的淬火及回火温度,并说明回火后获得的组织:

(1)45 钢小轴(要求综合力学性能好);

(2)60 钢弹簧;

(3)T12 钢锉刀。

20. 有两种高强度螺栓,一种直径为 10 mm,另一种直径为 30 mm,都要求有较高的综合力学性能:$R_m \geqslant 800$ MPa,$K \geqslant 120$ J。试问应选择什么材料及热处理工艺?

21. 为什么合金弹簧钢以硅为重要的合金元素? 为什么要进行中温回火?

22. 什么是钢的回火脆性? 如何避免?

23. 简述高速钢的成分,热处理和性能特点,并分析合金元素的作用。

24. 合金元素提高钢的回火稳定性的原因何在?

25. 试述石墨形态对铸铁性能的影响。

第2章

铸 造 成 形

2.1 概述

铸造是液态金属成形的方法,铸造过程是熔炼金属,制造铸型,并将熔融金属在重力、压力、离心力、电磁力等外力场的作用下充满铸型,凝固后获得一定形状与性能铸件的生产过程,是生产金属零件和毛坯的主要方式之一。

与其他零件成形工艺相比,铸造成形具有生产成本低,工艺灵活性大,几乎不受零件尺寸大小及形状结构复杂程度的限制等特点。铸件的质量可由几克到数百吨,壁厚可由 0.3 mm 到 1 m 以上。现代铸造技术在现代化大生产中占据了重要的位置。铸件在一般机器中占总质量的 40% ~ 80%,但其制造成本只占机器总成本的 25% ~ 30%。

铸件的质量(品质)直接影响到机械产品的质量(品质)。提高铸造生产工艺水平是机械产品更新换代、新产品开发的重要保证,是机械工业调整产品结构、提高生产质量(品质)和经济效益、改变行业面貌的关键之一。

在材料成形工艺发展过程中,铸造是历史上最悠久的一种工艺,在我国已有 6 000 多年的历史,2012 年我国铸件年产量已超过 4 250 万吨。由于历史原因,长期以来我国的铸造生产处于较落后状态。与当前世界工业化国家先进水平相比,我国铸造生产的差距不是表现在规模和产量上,而是集中在质量和效率上。国内外铸造生产技术水平的比较见表 2-1。

表 2-1 国内外铸造生产技术水平的比较

比较项目	国外	国内
尺寸精度	气缸体和气缸盖:一般为 CT8 ~ CT9	CT10,与国外差 2 ~ 4 级
表面粗糙度	气缸体和气缸盖:<25 μm	>50 μm
使用寿命	气缸套为 6 000 ~ 10 000 h	3 000 ~ 6 000 h
铸件废品率	美、英、法、日约为 2%	8% ~ 15%
耗能/吨铸件	360 ~ 370 kg 标准煤(合格铸件)	650 kg 标准煤
劳动生产率	140 t/(人·年)日本	20 t/(人·年)
熔炼技术	富氧送风,铁水温度>1 500 ℃	1 400 ℃

续表

比较项目	国外	国内
造型工艺	广泛采用流水线,采用高压造型、射压造型和气冲造型	汽车等行业采用半自动、自动化流水线
铸造工艺装备	造型机精度和精度保持能力很高。造型线精度可保持 1～2 年,设备综合开工率 >80%,装备全部标准化、系列化、商品化	精度低,精度保持能力差(<半年)。装备标准化、系列化、商品化程度尚低

注:CT 为铸件尺寸公差(casting tolerances)的代号,见 GB/T 6414—1999。

铸件的生产工艺方法按充型条件的不同,可分为重力铸造、压力铸造、离心铸造等。按照形成铸件的铸型分可分为砂型铸造、金属型铸造、熔模铸造、壳型铸造、陶瓷型铸造、消失模铸造、磁型铸造等。传统上,将有别于砂型铸造工艺的其他铸造方法统称为特种铸造。砂型铸造应用最为广泛,世界各国用砂型铸造生产的铸件占铸件总产量的 80% 以上。砂型铸造可分为手工造型和机器造型两种,其工艺流程如图 2-1 所示。

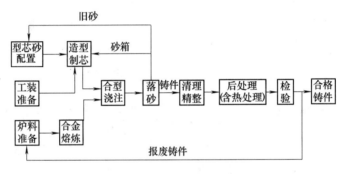

图 2-1　砂型铸造流程图

2.2　铸件形成理论基础

2.2.1　金属的充型

液态金属充满铸型,获得尺寸精确、轮廓清晰的铸件,取决于充型能力。在液态金属充型过程中,一般伴随结晶现象,若充型能力不足,在型腔被填满之前形成的晶粒将充型的通道堵塞,金属液被迫停止流动,于是铸件将产生浇不足或冷隔等缺陷。浇不足使铸件未能获得完整的形状;冷隔时,铸件虽可获得完整的外形,但因存有未完全熔合的垂直接缝,铸件的力学性能严重受损。

充型能力首先取决于金属液本身的流动能力,同时又受铸型性质、浇注条件及铸件结构等因素的影响。

影响充型能力的因素有合金的流动性、铸型的传热系数、铸型温度、铸型中的气体、浇注温度、充型压力、浇注系统的结构、铸件的折算厚度、铸件的复杂程度等,如表 2-2 所示。

表 2-2 影响充型能力的因素和原因

序号	影响因素	定义	影响原因
1	合金的流动性	液态金属本身的流动能力	流动性好,易于浇出轮廓清晰、薄而复杂的铸件;有利于非金属夹杂物和气体的上浮和排除;易于对铸件的收缩进行补缩
2	浇注温度	浇注时金属液的温度	浇注温度愈高,充型能力愈强
3	充型压力	金属液体在流动方向上所受的压力	压力愈大,充型能力愈强。但压力过大或充型速度过高会发生喷射、飞溅和冷隔现象
4	铸型中的气体	浇注时因铸型发气而形成在铸型内的气体	能在金属液与铸型间产生气膜,减小摩擦阻力,但发气太大,铸型的排气能力又小时,铸型中的气体压力增大,阻碍金属液的流动
5	铸型的传热系数	铸型从其中的金属吸取并向外传输热量的能力	传热系数愈大,铸型的激冷能力就愈强,金属液于其中保持液态的时间就愈短,充型能力下降
6	铸型温度	铸型在浇注时的温度	温度愈高,液态金属与铸型的温差就愈小,充型能力愈强
7	浇注系统的结构	各浇道的结构复杂情况	结构愈复杂,流动阻力愈大,充型能力愈差
8	铸件的折算厚度	铸件体积与表面积之比	折算厚度大,散热慢,充型能力好
9	铸件复杂程度	铸件结构复杂状况	结构复杂,流动阻力大,铸型充填困难

2.2.2 铸件的温度场

金属液在铸型中的凝固和冷却过程是一个不稳定的传热过程,铸件上各点的温度随时间下降,而铸型温度随时间上升;铸件的形状多样,其中大部分为三维传热问题;铸件在凝固过程中不断释放出结晶潜热,其断面上存在固态外壳、液固态并存的凝固区域和液态区,在金属型凝固时还可能出现中间层。因此,铸件与铸型的传热是通过若干个区域进行的。此外,铸型和铸件的热物理参数是随温度而变化的。由于这些因素的多样性和变化,采用数学分析法研究铸型温度场的变化必须要对问题进行合理的简化处理。

图 2-2a 所示为厚度 30 mm 的平板铸铁件在湿砂型中凝固时湿型断面上的温度曲线。可见,湿砂型被金属液急剧加热,随时间推移,铸型热量由型腔表面向内层砂型转移,高温表面层中的水分会向低温的里层迁移,含水铸型的温度场在任何时刻都可以划分为三个特征区,如图 2-2b 所示。Ⅰ 区为干砂区;Ⅱ 区是温度为 100 ℃、水分(质量分数)由 w_{m0}(湿型的原始水分)增至 w_{m1}(凝聚区水分)的高水区;Ⅲ 区的温度和水分分别由相邻 Ⅱ 区的 100 ℃ 及 w_{m1} 降至室温 t_0 和 w_{m0}。这三个区是逐渐地由型腔表面向铸型内部延伸扩展的。

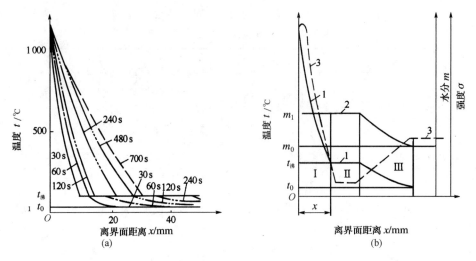

图 2-2   湿态砂-黏土铸型的温度场(30 mm 厚平板铸件)和
铸件凝固时铸型的温度曲线
1—温度曲线;2—湿度曲线;3—强度曲线

2.2.3   金属的凝固

液态合金的结晶与凝固,是铸件形成过程的关键问题,其在很大程度上决定了铸件的铸态组织及某些铸造缺陷的形成,冷却凝固对铸件质量,特别是铸件力学性能起决定性的作用。

一般将铸件的凝固方式分为三种类型:逐层凝固方式、体积凝固(或称糊状凝固)方式和中间凝固方式。铸件的"凝固方式"是依据凝固区的宽窄来划分的。

1)逐层凝固方式

图 2-3a 为恒温下结晶的纯金属或共晶成分合金某瞬间的凝固情况,t_C 是结晶温度,T_1 和 T_2
是铸件断面上两个不同时刻的温度曲线。从图中可以看到,恒温下结晶的金属,在凝固过程中其铸件断面上的凝固区域宽度等于零,断面上的固相和液相由一条界线(凝固前沿)清楚地分开。随温度的下降,固体层不断加厚,逐步达到铸件中心,这种情况称为"逐层凝固"。如果合金结晶温度范围很小或断面温度梯度很大,铸件断面的凝固区域很窄,也属于逐层凝固方式(图2-3b)。

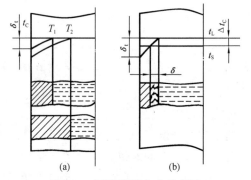

图 2-3   逐层凝固方式示意图

2)体积凝固方式

如果合金的结晶温度范围很宽(图 2-4a),或因铸件断面温度曲线较平坦(图2-4b),铸件凝固的某一段时间内,其凝固区域很宽,甚至贯穿整个铸件断面,而表面温度尚高于 t_S,这种情况称为"体积凝固方式",或称"糊状凝固方式"。

3)中间凝固方式

如果合金的结晶温度范围较窄(图 2-5a),或因铸件断面的温度梯度较大(图2-5b),铸件断面上的凝固区域宽度介于前二者之间时,则属于"中间凝固方式"。

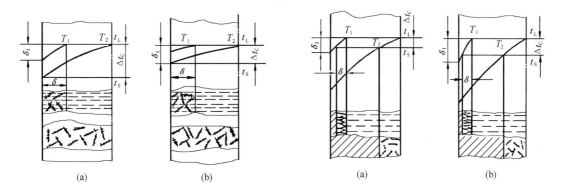

图 2-4 体积凝固方式示意图   图 2-5 中间凝固方式示意图

由上述可知,铸件断面凝固区域的宽度是由合金的结晶温度范围和温度梯度两个量决定的。铸件的温度梯度主要取决于:

(1)合金的性质

合金的凝固温度愈低、热导率愈高、结晶潜热愈大,铸件内部温度均匀化能力愈大,而铸型的激冷作用变小,故温度梯度小(如多数铝合金)。

(2)铸型的蓄热能力

铸型蓄热能力愈强,激冷能力愈强,铸件温度梯度愈大。

(3)浇注温度

浇注温度愈高,因带入铸型中热量增多,铸件的温度梯度减小。

2.2.4 合金的收缩、应力及变形

1. 合金的收缩及影响因素

1)收缩

铸件在凝固和冷却过程中,其体积和尺寸减小的现象称为收缩。

收缩是铸件中许多缺陷(如缩孔、缩松、裂纹、变形和残余应力等)产生的基本原因。为了获得形状和尺寸符合技术要求、组织致密的健全铸件,必须对收缩状况有充分了解并加以控制。

合金的收缩量通常用体收缩率或线收缩率来表示。

金属从浇注温度冷却到室温要经历三个互相联系的收缩阶段:

(1)液态收缩

金属在液体状态时的收缩,其原因是由于气体排出,空穴减少,原子间间距减小。

(2)凝固收缩

金属在凝固过程时的收缩,其原因是由于空穴减少,原子间间距减小。

液态收缩和凝固收缩在外部表现皆为体积减小,一般表现为液面降低,因此称为体积收缩,是缩孔或缩松形成的基本原因。

(3)固态收缩

金属在固态过程中的收缩,其原因在于空穴减少,原子间间距减小。

固态收缩还引起铸件外部尺寸的变化,故称尺寸收缩或线收缩。线收缩对铸件形状和尺寸精度影响很大,是铸造应力、变形和裂纹等缺陷产生的基本原因。

不同合金收缩率不同。在常用合金中,铸钢收缩率最大,灰铸铁收缩率最小。因为灰铸铁中大部分碳是以石墨状态存在的,由于石墨的比体积大,在结晶过程中,石墨析出所产生的体积膨胀抵消了合金的部分收缩(一般每析出1%的石墨,铸铁体积约增加2%)。

2)影响收缩的因素

(1)化学成分的影响

铸钢,随w_C增加,收缩率增大。灰铸铁,随w_C和w_{Si}的增加,石墨增加,收缩率下降。不同的合金,化学成分不同,收缩率也不一样。

(2)浇注温度的影响

浇注温度升高,合金液态收缩量增加,故合金总收缩量增大。

(3)铸件结构和铸型条件的影响

铸件在铸型中是受阻收缩而不是自由收缩。阻力来自于铸型和型芯;铸件的壁厚不同,各处的冷却速度不同,冷凝时铸件各部分相互制约也会产生阻力。因此,铸件的实际线收缩率比合金的自由线收缩率要小,如表2-3所示。所以,设计铸件时,应根据铸造合金的种类、铸件的复杂程度和大小选取适当的线收缩率。

表2-3 砂型铸造时几种合金的铸造收缩率的经验值

合金种类		铸造收缩率/%	
		自由收缩	受阻收缩
灰铸铁	中小型铸件	1.0	0.9
	中大型铸件	0.9	0.8
	特大型铸件	0.8	0.7
球墨铸铁		1.0	0.8
碳钢和低合金钢		1.6~2.0	1.3~1.7
锡青铜		1.4	1.2
无锡青铜		2.0~2.2	1.6~1.8
硅黄铜		1.7~1.8	1.6~1.7
铝硅合金		1.0~1.2	0.8~1.0

3)缩孔及缩松

铸件凝固结束后常常在某些部位出现孔洞,大而集中的孔洞称为缩孔,细小而分散的孔洞称为缩松。缩孔和缩松可使铸件力学性能、气密性和物理化学性能大大降低,以至成为废品,是极其有害的铸造缺陷之一。集中缩孔易于检查和修补,便于采取工艺措施防止。但缩松,特别是显微缩松,分布面广,既难以补缩,又难以发现。合金液态收缩和凝固收缩愈大(如铸钢、白口铸铁、铝青铜等),收缩的容积就愈大,愈易形成缩孔。合金浇注温度愈高,液态收缩也愈大(通常每提高100 ℃,体积收缩增加1.6%左右),愈易产生缩孔。结晶间隔大的合金,易产生缩松;纯金属或共晶成分的合金,易形成集中的缩孔。图2-6表示相图与缩孔、缩松和铸件致密性的关系。

2. 铸造应力及变形

铸件凝固后继续冷却,若收缩受阻,则在铸件内会产生铸造应力。它是铸件产生变形和裂纹

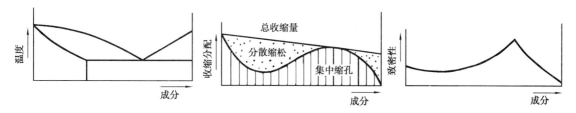

图 2-6 相图与缩孔、缩松和铸件致密性的关系

的基本原因。铸造应力分为热应力和收缩应力。

1）热应力

铸造热应力引起框架式铸件的变形过程如图 2-7 所示。图 2-7a 表示铸件处于高温固态,尚无应力产生。图 2-7b 表示铸件因冷却开始固态收缩,两旁细杆冷却快,收缩早,受到中间粗杆的限制,将上下梁拉弯。此时,中间粗杆处于压应力状态,两旁细杆处于拉应力状态。图 2-7c 表示中间粗杆温度还比较高,强度较低但塑性较好,产生压缩塑性变形使热应力消失。图 2-7d 表示两旁细杆冷至室温,收缩终止,而中间粗杆冷却慢,继续收缩又受到两旁细杆的限制。此时,中间粗杆处于拉应力状态,两旁细杆处于压应力状态并失稳产生弯曲。

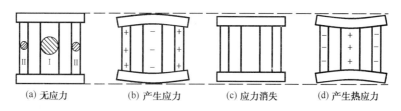

(a) 无应力　　　　(b) 产生应力　　　　(c) 应力消失　　　　(d) 产生热应力

图 2-7 铸造应力与变形

可见,热应力使铸件的厚壁或心部受拉伸,薄壁或表层受压缩。铸件的壁厚差别愈大,合金的线收缩率愈高,弹性模量愈大,热应力也就愈大。

2）收缩应力

铸件在固态收缩时,因受到铸型、型芯、浇冒口、箱挡等外力阻碍而产生的应力称为收缩应力,如图 2-8 所示。收缩应力使铸件产生拉应力或切应力,并且是暂时的。在落砂、打断浇冒口后,这种应力也随之消失。但是,如果在某一瞬间收缩应力和热应力同时作用超过了铸件的强度极限,铸件将产生裂纹。

3）铸件的变形

带有残余应力的铸件是不稳定的,会自发地变形使残余应力减少而趋于稳定。如对于厚薄不均匀、截面不对称及具有细长特点的杆类、板类和轮类等铸件,当残余铸造应力超过铸件材料的屈服点时,往往会发生翘曲变形。

图 2-9 为车床床身弯曲变形的情况。车床床身由于

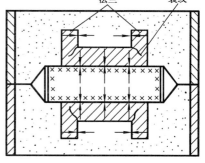

图 2-8 法兰收缩受机械阻碍

导轨面较厚,冷却缓慢而存在拉应力,侧壁较薄,冷却较快而产生压应力,于是使床身产生了向下凹的弯曲变形。在变形中,厚壁由于受拉往往有内凹的变形趋势,薄壁由于受压,往往有外凸的变形趋势。图 2-10 所示 T 形梁铸钢件变形示意图说明了这种变形趋势。

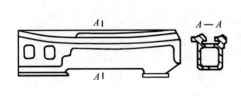

图 2-9 车床床身的弯曲变形

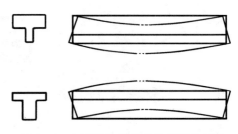

图 2-10 T形梁铸钢件弯曲变形示意图

3. 缩孔、缩松、应力和变形的防止方法

1）防止缩孔、缩松的方法

防止铸件中产生缩孔和缩松的基本原则是针对该合金的收缩和凝固特点制定正确的铸造工艺，使铸件在凝固过程中建立良好的补缩条件，尽可能使缩松转化为缩孔，并使缩孔出现在铸件最后凝固的地方。这样，在铸件最后凝固的地方安置一定尺寸的冒口，使缩孔集中于冒口中，或者把浇口开在最后凝固的地方直接补缩，就可以获得健全的铸件。

（1）使缩松转化为缩孔的方法

缩松转化为缩孔的途径可从两方面考虑：

① 尽量选择凝固区域较窄的合金，使合金倾向于逐层凝固，从根本上解决缩松的生成条件。

② 对一些凝固区域较宽的合金，可采用增大凝固温度梯度的办法，使合金尽可能地趋向于逐层凝固。

（2）防止缩孔的方法

要使铸件在凝固过程中建立良好的补缩条件，主要是通过控制铸件的凝固方向使之符合"定向凝固原则"。

铸件的定向凝固原则是：采用各种措施保证铸件结构上各部分，按照远离冒口的部分最先凝固，然后朝冒口方向凝固，最后才是冒口本身凝固的次序进行，亦即使铸件上远离冒口或浇口的部分到冒口或浇口之间建立一个递增的温度梯度，如图2-11所示。铸件按照定向凝固原则进行凝固，能保证缩孔集中在冒口中，获得致密的铸件。

定向凝固的优点是：冒口补缩作用好，可防止缩孔和缩松，铸件致密。因此，对于凝固收缩大、结晶温度范围较小的合金，常采用定向凝固原则以保证铸件质量。

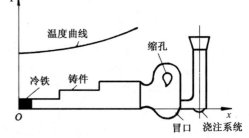

图 2-11 定向凝固方式示意图

定向凝固的缺点是：由于铸件各部分有温差，在凝固期间容易产生热裂，凝固后也容易使铸件产生应力和变形。定向凝固原则需加冒口和补贴（在靠近冒口的铸件壁上逐渐增加的厚度，也称衬补、增肉），工艺出品率低，且切割冒口费工。

2）防止应力和变形的方法

铸造热应力是由于铸件壁厚有大小，冷却有先后，致使铸件收缩不一致而形成的。防止热应力和变形的方法就是创造一个凝固条件,保证铸件结构的温度尽量均匀一致。

同时凝固原则是采取工艺措施保证铸件结构上各部分之间没有温差或温差尽量小,使各部分同时凝固,消除铸件的热应力,如图 2-12 所示。

同时凝固原则的优点是,凝固期间不容易产生热裂,凝固后也不易引起应力、变形;由于不用冒口或冒口很小而节省金属,简化工艺、减少工作量。缺点是铸件中心区域往往有缩松,铸件不致密。因此,这种原则一般用于以下情况:

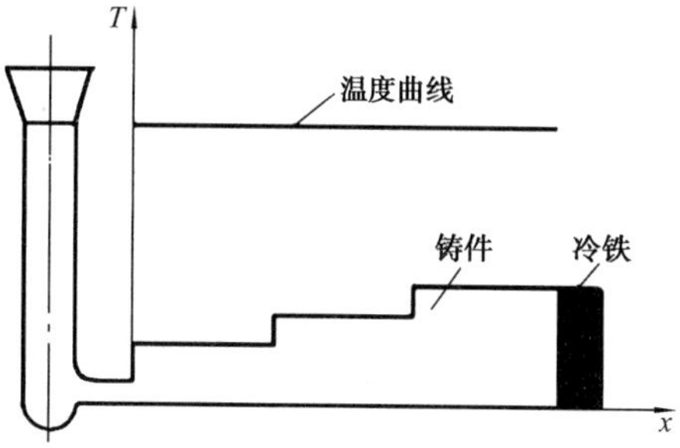

(1)碳硅含量高的灰铸铁,其体积收缩较小甚至不收缩,合金本身不易产生缩孔和缩松。

图 2-12 同时凝固原则

(2)结晶温度范围大,容易产生缩松的合金(如锡青铜),对气密性要求不高时可采用同时凝固原则,使工艺简化。事实上,这种合金即使加冒口也很难消除缩松。

(3)壁厚均匀的铸件,尤其是均匀薄壁铸件,趋向同时凝固,消除缩松有困难,应采用同时凝固原则。

(4)球墨铸铁件利用石墨化膨胀力实现自身补缩时,则必须采用同时凝固原则。

(5)由于合金性质宜采用定向凝固原则的铸件,当热裂、变形成为主要矛盾时,也可采用同时凝固原则。

3)两种凝固原则应采用的工艺措施

应该指出,两种凝固方式在凝固顺序上虽然是对立的,但在某个具体铸件上又可以将两者结合起来。铸件结构一般比较复杂,例如,从整体看某个铸件壁厚均匀,但个别部位有热节。所以,不能简单地采用定向凝固或同时凝固方式,往往是采用复合的凝固方式,即从整体上是同时凝固,为了个别部位的补缩,铸件局部是定向凝固,或者相反。

为使铸件实现定向凝固或同时凝固原则,可采取下列工艺措施:

(1)正确布置浇注系统的引入位置,确定合理的浇注工艺;

(2)采用冒口;

(3)采用补贴;

(4)采用具有不同蓄热系数的造型材料或冷铁。

2.3 砂型铸造工艺分析

在铸造生产中,一般根据产品的结构、技术要求、生产批量及生产条件进行工艺设计。大批量定型产品或特殊重要铸件的工艺设计应制订得细致些,单件、小批生产的一般性产品则可简化。

2.3.1 浇注位置和分型面的确定

浇注位置与分型面的选择密切相关。通常分型面取决于浇注位置的选定,既要保证质量,又要简化造型工艺。但对质量要求不很严格的支架类铸件,应以简化造型工艺为主,先选定分型面。

1. 浇注位置选定原则

浇注位置是指浇注时铸件在铸型中所处的位置。

（1）铸件的重要加工面或主要工作面应朝下或位于侧面，如图 2-13 所示。这是因为，金属液的密度大于砂、渣，浇注时砂眼气泡和熔渣往往上浮到铸件的上表面，所以上表面的缺陷通常比下部要多。同时，由于重力的关系，下部的铸件最终比上部要致密。因此，为了保证零件的质量，重要的加工面应尽量朝下，若难以做到朝下，应尽量位于侧面。对于体积收缩大的合金铸件，为放置冒口和毛坯整修方便，重要加工面或主要工作面可以朝上。

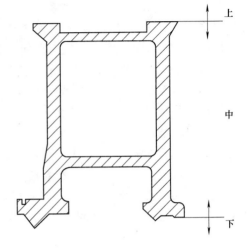

图 2-13 床身的浇注位置

（2）铸件的大平面尽可能朝下或采用倾斜浇注。铸型的上表面除了容易产生砂眼、气孔、夹渣外，大

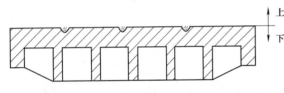

图 2-14 大平面朝上引起夹渣缺陷

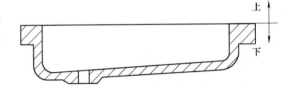

图 2-15 大平面薄壁铸件浇注位置

平面还常产生夹砂缺陷，如图 2-14 所示。这是由于在浇注过程中，高温的液态金属对型腔上表面有强烈的热辐射，型砂因急剧膨胀和强度下降而拱起或开裂，拱起处或裂口浸入金属液中形成夹砂缺陷。同时，铸件的大平面朝下也有利于排气、减小金属液对铸型的冲刷力。

（3）尽量将铸件大面积的薄壁部分放在铸型的下部或垂直、倾斜，这能增加薄壁处金属液的压强，提高金属液的流动性，防止薄壁部分产生浇不足或冷隔缺陷，如图 2-15 所示。

（4）热节处应位于分型面附近的上部或侧面。容易形成缩孔的铸件（如铸钢、球墨铸铁、可锻铸铁、黄铜）浇注时应把厚的部位放在分型面附近的上部或侧面如图 2-16 所示，以便安放冒口，实现定向凝固，进行补缩。

（5）便于型芯的固定和排气，能减少型芯的数量，如图 2-17 所示。

2. 分型面的选择原则

分型面是指两半铸型相互接触的表面。除了消

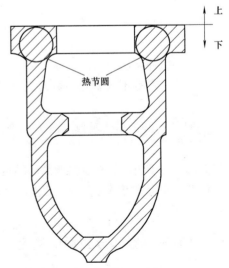

图 2-16 有热节的浇注位置

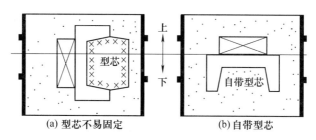

图 2-17 便于型芯固定和减少型芯的浇注位置

失模铸造外,都要选择分型面。

一般说来,分型面在确定浇注位置后再选择。但是,分析各种分型面的利、弊之后,可能再次调整浇注位置。在生产中浇注位置和分型面有时是同时确定的。分型面的选择在很大程度上影响铸件的质量(主要是尺寸精度)、成本和生产率。分型面的选择要在保证铸件质量的前提下,尽量简化工艺,节省人力物力,因此需考虑以下几个原则:

(1)保证模样能从型腔中顺利取出,因此分型面应设在铸件最大截面处。

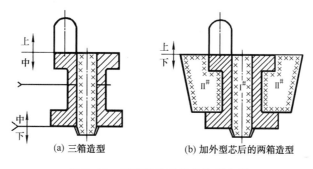

图 2-18 双联齿轮毛坯的造型方案

(2)应使铸件有最少的分型面,并尽量做到只有一个分型面。这是因为:① 多一个分型面多一份误差,使精度下降;② 分型面多,造型工时多,生产率下降;③ 机器造型只能两箱造型,故分型面多不能进行大批量生产。图 2-18 所示为一双联齿轮毛坯,若大批生产只能采用两箱造型,但其中间为侧凹的部分,两箱造型要影响其起模,当采用了环状外型芯后解决了起模问题,很容易进行机器造型。

(3)应使型芯和活块数量尽量减少。图 2-19 所示为一侧凹铸件,图中的分型方案 1 要考虑采用活块造型或加外型芯才能铸造;采用图中的方案 2 则省去了活块造型或加外型芯。

(4)应使铸件全部或大部分放在同一砂箱,否则错型时易造成尺寸偏差。图 2-20a 铸件不在同一砂箱,错型时,铸件产生位置误差;改成图 2-20b 分型方案,即使发生错型,也不会产生位置误差。

(5)应尽量使加工基准面与大部分加工面在同一砂箱内,以使铸件的加工精度得以保证。

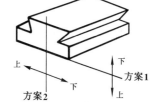

图 2-19 减少活块和型芯
的分型方案

方案 1—活块造型或加外型芯的分型方案;
方案 2—简化铸造工艺的分型方案

（6）应尽量使型腔及主要型芯位于下型，以便于造型、下芯、合型及检验如图2-21所示。但下箱型腔也不宜过深（否则不宜起模、安放型芯），并力求避免吊芯和大的吊砂。

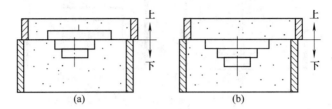

图2-20 应使铸件全部或大部分放在同一砂箱

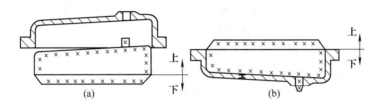

图2-21 应尽量使主要型芯位于下箱

（7）应尽量使用平直分型面，以简化模具制造及造型工艺，避免挖砂。

（8）应尽量使铸型总高度为最低，这样不仅节约型砂，而且还能减轻工作量，对机器造型有较大的经济意义。

2.3.2 主要工艺参数的确定

1. 铸件尺寸公差

铸件尺寸公差取决于铸件设计要求的精度、机械加工要求、铸件大小和其批量、采用的铸造合金种类、铸造设备及工装、铸造工艺方法等。铸件尺寸公差（CT）等级分为16级，各级公差数值见GB/T 6414—1999。

铸件公差等级由低向高递增方向为：

砂型手工造型→砂型机器造型及壳型铸造→金属型铸造→低压铸造→压力铸造→熔模铸造。

2. 铸件质量公差

铸件质量公差是以占铸件公称质量的百分比为单位的铸件质量变动的允许范围。它取决于铸件公称质量（包括机械加工余量和其他工艺余量）、生产批量、采用的铸造合金种类及铸造工艺方法等因素。铸件质量公差（MT）分为16级，各级公差数值见GB/T 11351—1989。公差等级由低向高方向同尺寸公差。

3. 铸件加工余量

铸件需要加工的表面都要留加工余量（MA）。加工余量数值根据选择的铸造方法、合金种类、生产批量和铸件基本尺寸大小来确定，其等级由精到粗分为A、B、C、D、E、F、G、H和J共9个等级，与铸件尺寸公差配套使用。铸件顶面需比底面、侧面的加工余量等级降级选用。铸件机械加工余量数值见GB/T 6414—1999。标注方法如下：

如尺寸公差为10级，底、侧面加工余量等级为G，顶面加工余量等级为H时，标注为"GB/T 6414—1999 CT10 MA H/G"。

4. 铸造收缩率

铸件由于凝固、冷却后的体积收缩,其各部分尺寸均小于模样尺寸。为保证铸件尺寸要求,需在模样(芯盒)上加一个收缩的尺寸。加大的这部分尺寸称为收缩量,一般根据铸造收缩率来定。铸造收缩率 K 定义如下:

$$K = \frac{L_模 - L_件}{L_件} \times 100\% \tag{2-1}$$

式中:$L_模$——模样尺寸;

$L_件$——铸件尺寸。

铸造收缩率主要取决于合金的种类,同时与铸件的结构、大小、壁厚及收缩时受阻碍情况有关。对于一些要求较高的铸件,如果收缩率选择不当,将影响铸件尺寸精度,使某些部位偏移,影响切削加工和装配。

5. 铸件模样起模斜度

为了起模方便又不损坏砂型,凡垂直于分型面的壁上留有起模斜度,见图 2-22。起模斜度值见 JB/T 5105—1991。

凡垂直于分型面的加工表面留有的斜度称为起模斜度;凡垂直于分型面的不加工表面留有的斜度称为结构斜度。

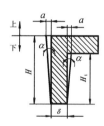

图 2-22 铸件模样
起模斜度

6. 最小铸出孔(不铸孔)和槽

铸件中较大的孔、槽应当铸出,以减少切削量和热节,提高铸件力学性能。较小的孔和槽不必铸出,留待以后加工更为经济。表 2-4 为铸件最小铸出孔尺寸。当孔深与孔径比 $\dfrac{L}{D} > 4$ 时,也为不铸孔。正方孔、矩形孔或气路孔的弯曲孔,当不能机械加工时原则上必须铸出。正方孔、矩形孔的最短加工边必须大于 30 mm 才能铸出。

表 2-4 铸件最小铸出孔尺寸

批量	单件小批	中等批量	大批生产
尺寸/mm	30 ~ 50	15 ~ 30	12 ~ 15

2.3.3 铸造工艺图的制定

1. 铸造工艺图

铸造工艺图是铸造过程最基本和最重要的工艺文件之一,它对模样的制造、工艺装备的准备、造型造芯、型砂烘干、合型浇注、落砂清理及技术检验等,都起指导和依据的作用。

铸造工艺图是用红、蓝两色铅笔,将各种简明的工艺符号,标注在产品零件图上的图样。可从以下几方面进行分析:

(1)分型面和分模面;

(2)浇注位置、浇冒口的位置、形状、尺寸和数量;

(3)工艺参数;

(4)型芯的形状、位置和数目,型芯头的定位方式和安装方式;

（5）冷铁的形状、位置、尺寸和数量；

（6）其他。

2. 铸造工艺设计实例

（1）铸件结构及铸造工艺性分析

图 2-23 是支承轮铸造工艺图。材料 HT200，轮廓尺寸 $\phi300$ mm×100 mm，铸件质量约 19 kg，生产批量为单件。

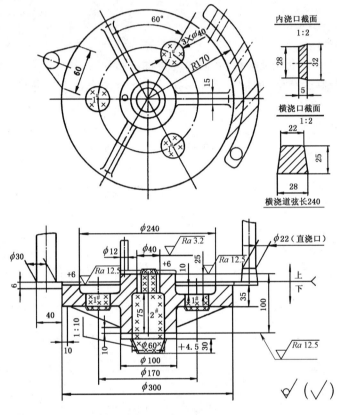

未注圆角为 R 10 材料：HT200

图 2-23 支承轮铸造工艺图

从图纸上可以看出，该铸件外形结构为旋转体，辐板下有三根加强肋并与 $\phi40$ 孔形成六等分均布，外形较为简单。主要壁厚为 35 mm。虽然轮缘略厚些，但主要热节处是轮毂。另外，轮毂部位 $\phi40$ 的孔加工精度高，轮毂孔需下一个型芯。该铸件应注意防止轮毂部位产生缩孔和气孔。

（2）造型方法

支承轮铸件采用两箱造型。辐板上三个通孔由 1# 型芯和上型吊砂形成，中间轮毂孔由 2# 型芯形成。

（3）铸型种类

由于支承轮外形尺寸不大，形状较为简单，铸件也无特殊要求，因此铸型采用湿型（面、背砂兼用），这样既可简化工艺过程，缩短制造周期，也能保障质量。

（4）分型面的确定

分型面位置如图 2-23 所示。整个铸型的大部分都处于下型,上型只是 φ240 mm×16 mm 的凸砂型和 100 mm×31 mm 的轮毂凹砂型。这样分型既便于下芯,又便于开设浇冒口。

(5)浇冒口位置的确定

根据铸件外形和结构特点,内浇口设置如按同时凝固原则,则工艺较为复杂,也没有这个必要;采用定向凝固顶注法,则工艺简便易行。采用顶注引入,如果把内浇道设置在轮毂部位,工艺虽可更为简单,但不妥。因为轮辐处于铸件的中心部位,散热慢,同时轮毂又是铸件在图样上的主要几何热节处,从此处引入内浇道,将造成热节叠加,使凝固时间延长,出现缩孔、气孔的倾向增加。因此,内浇道设置的位置应开设在下分型面上,沿轮毂外周边并分散引入。

为加强排气和防止缩孔,应在内浇道对面的轮缘边开设一个排气兼有限补缩的冒口。在轮毂上设置一个出气冒口(兼有冷肋冒口的作用,加速轮毂凝固)。浇冒口位置、形状和大小如图 2-23 所示。

3. 铸造工艺图分析比较

图 2-24 为销座零件图,由于上表面和内孔需要加工,有精度要求,而且内孔孔径大于 50 mm,必须铸出。根据浇注位置选择原则 1,应使内孔面位于侧面。单件生产时,为了不增加制作外型芯的工装,采用三箱分模造型。绘制铸造工艺图时,需注意分型面处起模斜度必须为最大尺寸。同时,为了保证中箱中的模样能从两面拔出,必须设置分模面,如图 2-25 所示。

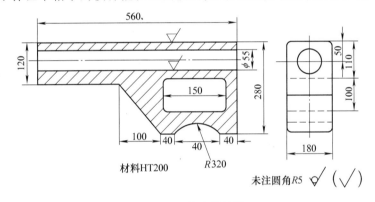

图 2-24 销座零件图

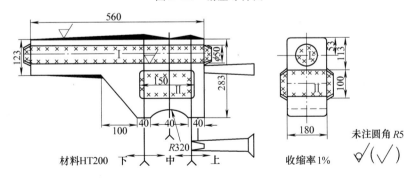

图 2-25 销座单件生产铸造工艺图

大批生产时,采用机器造型,不能使用三箱造型。所以可以采用设置外型芯的方法,变三箱造型为两箱造型。但是 100×500 矩形孔由于要放型芯,必须设置固定型芯的型芯头,为了保证起模,分型面须设置在矩形孔处的最大截面处,如图 2-26 所示。

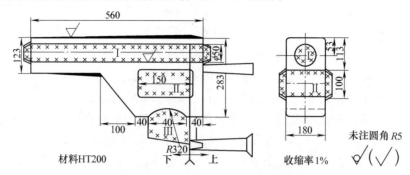

图 2-26　销座大批生产铸造工艺图

2.4　铸件的结构设计

铸件的结构设计合理与否,对铸件的质量、生产率以及成本有很大的影响。铸件的结构包括铸件外形、内腔、壁厚、壁与壁的连接及加强肋、凸台、法兰等。常见铸件结构的设计如表 2-5 所示。

表 2-5　常见铸件结构的设计

名称	不合理结构	合理结构	设计理由
铸件外形的设计			尽量避免曲面分型,以避免挖砂造型
			对凸台、肋条及法兰设计时,应便于起模,避免不必要的型芯和尽量少用活块
			尽量使铸件有最少的分型面
			应设计结构斜度
			应避免水平放置较大的平面

续表

名称	不合理结构	合理结构	设计理由
铸件外形的设计	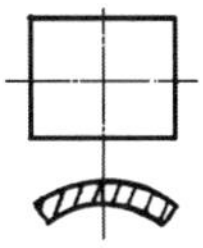	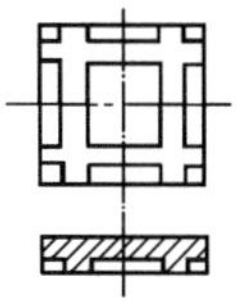	细长件或大而薄的平板件要防止弯曲
	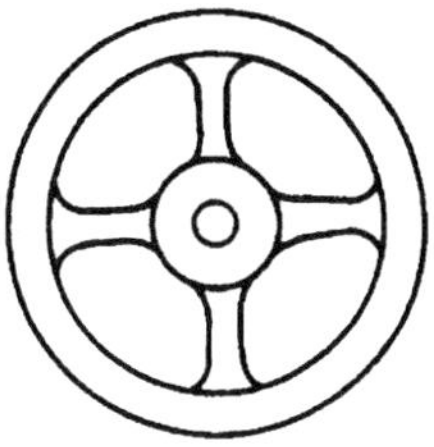		避免铸件收缩受阻
铸件内腔的设计	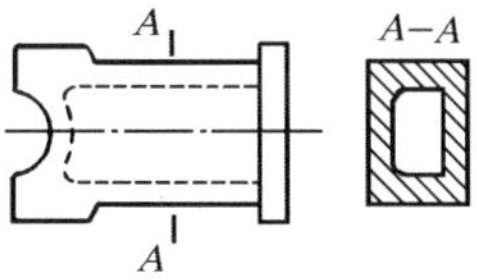 A—A	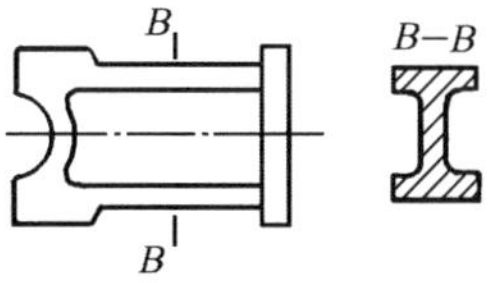 B—B	应尽量不用或少用型芯
	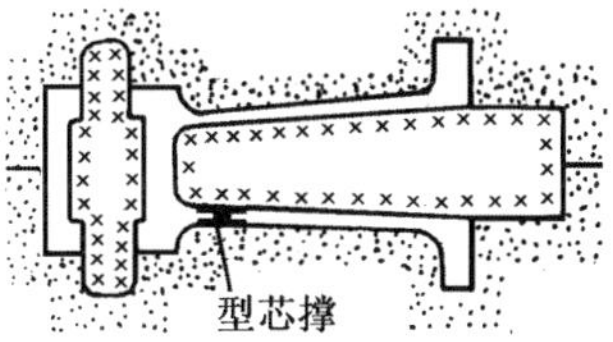 型芯撑	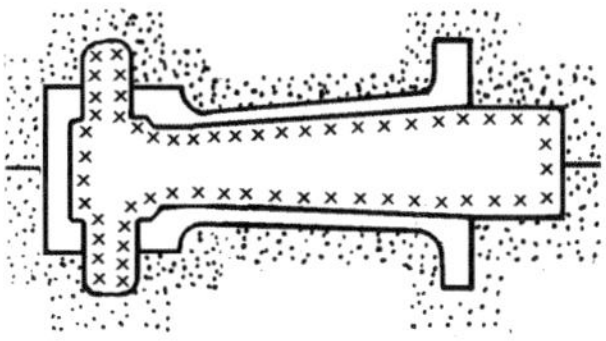	型芯必须安装方便、稳固可靠,排气通畅
	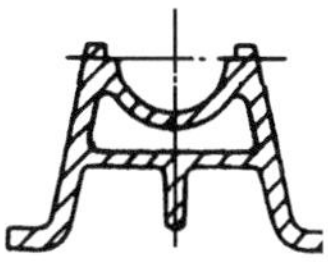	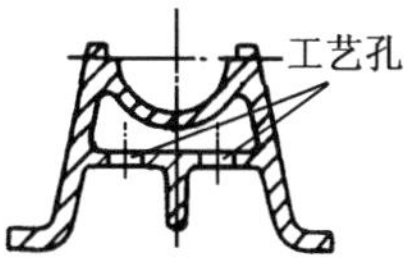 工艺孔	必须考虑清砂便利
铸件壁的设计	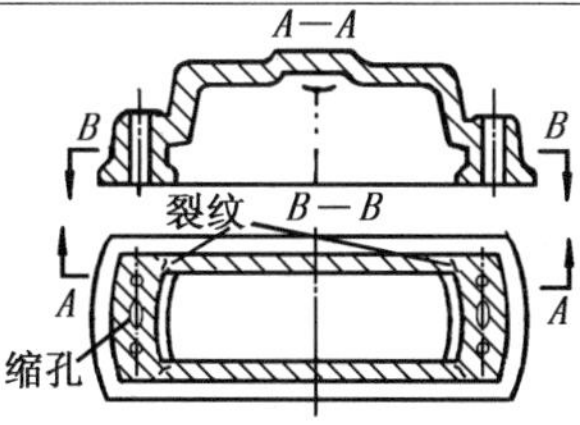 A—A 裂纹 B—B 缩孔	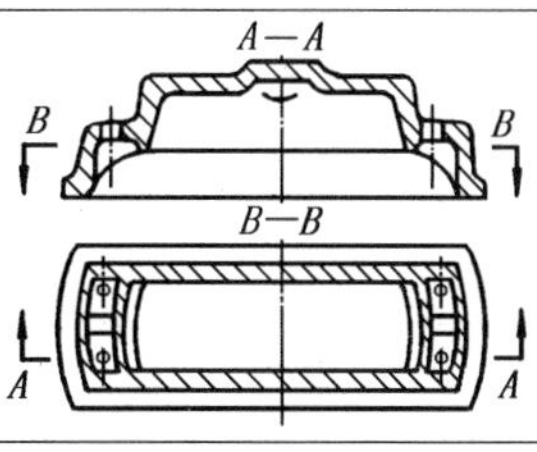 A—A B—B	铸件壁厚应尽可能均匀
	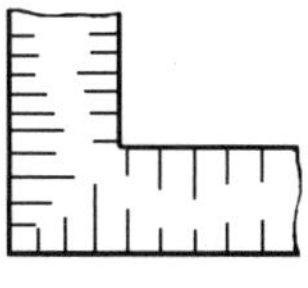	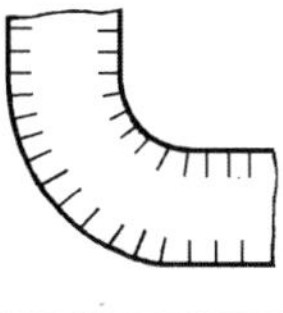	铸件壁应有圆角过渡
			避免交叉和锐角连接

设计铸件时,不仅要保证使用性能的要求,还要满足铸件在制造过程中工艺性的要求,即考虑铸造生产工艺和合金铸造性能对铸件结构的要求。应尽量使生产工艺中的制模、造型、制芯、装配、合型和清理等各个环节简化,节约工时,防止废品产生,符合合金铸造性能的要求,以避免出现如缩孔、缩松、变形、裂纹、浇不足、冷隔、气孔砂眼、夹砂和偏析等缺陷。使铸件的具体结构与这些要求相适应,以达到工艺简单、经济、快速地生产出合格铸件的目的。

2.5 砂型铸造方法

砂型铸造方法主要有手工造型和机器造型两大类。

手工造型是用手工或手动工具完成紧砂、起模、修型的工序。其特点是:① 操作灵活,可按铸件尺寸、形状、批量与现场生产条件灵活地选用具体的造型方法;② 工艺适应性强;③ 生产准备周期短;④ 生产效率低;⑤ 质量稳定性差,铸件尺寸精度、表面质量较差;⑥ 对工人技术要求高,劳动强度大。主要应用于单件、小批生产或难以用造型机械生产的形状复杂的大型铸件生产中。

机器造型的实质是用机器进行紧砂和起模,根据紧砂和起模的方式不同,有各种不同种类的造型机。随着现代化大生产的发展,机器造型已代替了大部分的手工造型,机器造型不但生产率高,而且质量稳定,劳动强度低,是成批大量生产铸件的主要方法。

2.5.1 气动微振压实造型

气动微振压实造型是采用振动(频率 150 ~ 500 Hz,振幅 25 ~ 80 mm)—压实—微振(频率 400 ~ 3 000 Hz,振幅 5 ~ 10 mm)紧实型砂的。气动微振压实造型机紧砂原理如图 2-27 所示。

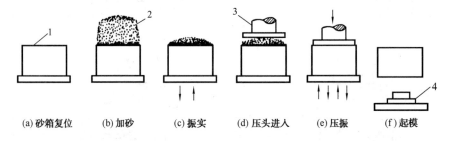

(a)砂箱复位   (b)加砂   (c)振实   (d)压头进入   (e)压振   (f)起模

图 2-27 气动微振压实造型机紧砂原理图
1—砂箱;2—型砂;3—压头;4—单面模板

气动微振压实造型的特点如下:

1)紧实效果好

可在压实同时进行微振,从而促进型砂流动,获得紧实度较高而且均匀的砂型(图 2-28)。采用气动微振相当于增加 30% ~ 50%,甚至 75% 的压实力。

2)工作适应性强

可根据铸件形状特点选择不同的紧实方式;型腔深窄、砂型紧实度要求高时采用预振加压振方式;型腔深窄、砂型紧实度要求不高时采用预振加压实方式;型腔平坦时采用压振方式以提高生产率;铸件不高、形状简单时只用单纯压实方式以便消除振击噪声。

3)生产率较高

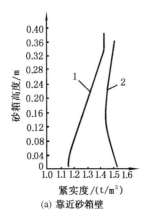 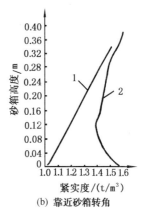

图 2-28 砂型紧实度分布

1—单纯压实；2—气动微振压

达到适宜的砂型紧实度所需的时间较短。

4）对机器地基要求较低

该法的缺点是振击噪声大，砂箱、模板的定位销和销套磨损较快。

气动微振压实造型通常是指比压为 0.15～0.4 MPa 的低压造型。但气动微振也可与高压、中压压实配合使用。目前，气动微振压实造型在中小铸件生产中已广泛使用，其对型砂和工艺装备的要求与一般机器造型相同。

2.5.2 高压造型

高压造型一般指压实比压超过 0.7 MPa 的机器造型，压实机构以液压为动力。按工艺装备可分为有箱、脱箱、无箱三种。加砂可采用重力填砂方式，但更多的是用射砂或真空填砂方式进行充填及预紧实。重力填砂时通常配备多触头或成形压头，而射砂或真空填砂时则常配备平板压头。

1. 多触头高压造型

多触头由许多可单独动作的触头组成，可分为主动伸缩的主动式触头和浮动式触头。使用较多的是弹簧复位浮动式多触头，如图 2-29 所示。当压实活塞 1 向上推动时，触头 4 将型砂从余砂框 3 压入砂箱 2 内，而自身在多触头箱体 5 的相互连通的油腔内浮动，以适应不同形状的模样，使整个型砂得到均匀的紧实度。

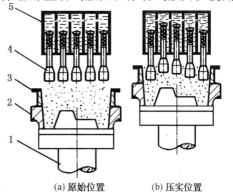

多触头高压造型通常也配备气动微振装置，以便增加工作适应能力。

多触头高压造型辅机多，砂箱数量大，造价高，适用于各种形状的中小铸件大批量生产。

2. 垂直分型无箱造型

在造型、下芯、合型及浇注过程中，铸型的分型面呈垂直状态（垂直于地面）的无箱造型法称为垂直分型

图 2-29 多触头高压造型工作原理

1—压实活塞；2—砂箱；3—余砂框；

4—触头；5—多触头箱体

无箱造型。其工艺过程如图 2-30 所示,由射砂压实、起模Ⅰ、合型、起模Ⅱ、关闭造型室等过程组成。它主要适用于大批大量的中小型铸件的生产。

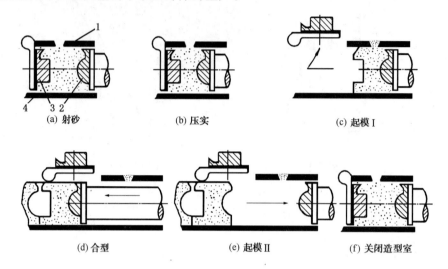

(a) 射砂   (b) 压实   (c) 起模Ⅰ

(d) 合型   (e) 起模Ⅱ   (f) 关闭造型室

图 2-30   DISA 垂直分型无箱造型机的工艺过程

1—射砂板;2—压实模板;3—反压模板;4—底板

垂直分型无箱造型工艺的优点是:

(1) 采用射砂填砂又经高压压实,砂型硬度高且均匀、铸件尺寸精确、表面粗糙度值低;

(2) 无需砂箱,节约了有关砂箱的一切费用;

(3) 一块砂型两面成形,既节约型砂,生产率又高;

(4) 可使造型、浇注、冷却、落砂等设备组成简单的直线系统,占地省。

其主要缺点是:

(1) 下芯不如水平分型时方便,下芯时间不允许超过 7~8 s,否则将严重降低造型机的生产率;

(2) 模板、芯盒及下芯框等工装费用高。

2.5.3   真空密封造型

真空密封造型又称真空薄膜造型、减压造型、负压造型或 V 法,适用于生产薄壁、面积大、形状不太复杂的扁平铸件。该法的优点是:

(1) 铸件尺寸精确,能浇出 2~3 mm 的薄壁部分;

(2) 铸件缺陷少,废品率可控制在 1.5% 以下;

(3) 砂型成本低,损耗少,回用率在 95% 以上;

(4) 工作环境比较好,噪声小、粉尘少,劳动强度低。

缺点是:对形状复杂、较高的铸件覆膜成形困难,工艺装备复杂,造型生产率比较低。

真空密封造型原理:真空密封造型是在特制砂箱内充填无水无粘结剂的型砂,用薄而富有弹性的塑料薄膜将砂箱密封后抽成真空,借助铸型内外的压力差(约 40 kPa)使型砂紧实和成形。造型过程(图 2-31)如下:

(1) 通过抽气箱抽气,将预先加热好的塑料薄膜吸贴到模样表面上;

（2）放置砂箱，充填型砂，微振紧实；

（3）刮平，覆背膜，抽真空，使砂型保持一定的真空度；

（4）在负压状态下起模、下芯、合型浇注。铸件凝固后恢复常压，型砂自行溃散，取出铸件。

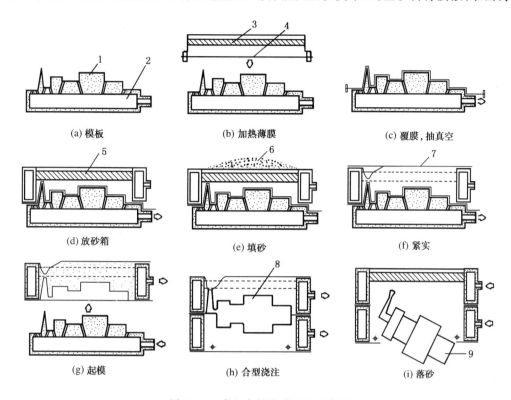

图 2-31　真空密封造型过程示意图

1—模板；2—抽气箱；3—发热元件；4—塑料薄膜；5—砂箱；6—型砂；7—背膜；8—型腔；9—铸件

2.5.4　气流冲击造型

气流冲击造型简称气冲造型，是一种新的造型方法。其原理是利用气流冲击，使预填在砂箱内的型砂在极短的时间内完成冲击紧实过程。

气冲造型分低压气冲造型和高压气冲造型两种，低压气冲造型应用较多。气冲造型的优点是砂型紧实度高且分布合理，透气性好，铸件精度高，表面粗糙度值低，工作安全、可靠、方便；缺点是砂型最上部约 30 mm 的型砂达不到紧实要求，因而不适用于高度小于 150 mm 的矮砂箱造型，工装要求严格，砂箱强度要求高。

1. 气冲紧实原理

气冲紧实过程可分成两个阶段，如图 2-32 所示。

1）型砂自上而下加速并初步紧实阶段

在顶部气压迅速提高的作用下，表面层型砂上下产生很大的气压差，使表面层型砂紧实度迅速提高，形成一初实层。在气压的推动下，初实层如同一块高速压板，以很大的速度向下移动，使下面的砂层加速并初步紧实。

2）运动的砂层自下而上冲击紧实阶段

初实层继续向下移动和扩展，型砂的紧实前锋很快到达模板，与模板发生冲击。在冲击处，砂层运动突然滞止，产生巨大的冲击力，使靠近模板的一层紧实度大大提高。随后，冲击向上发展，型砂由下而上逐层滞止，直到砂层顶部为止。

2. 气冲造型紧实度

1）紧实度分布规律

气冲造型紧实度如图2-33所示，靠近模底板处紧实度最高，随着与模底板的距离加大，紧实度逐步降低。这样的分布既保证砂型分型面处及型腔的高紧实度，又使型砂具有良好的透气性，有利于得到表面粗糙度值低、精度高的铸件。由图2-33所示得知，气冲造型砂型紧实度分布最为合理。

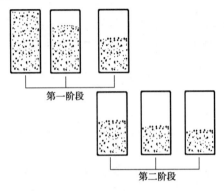

图2-32 气冲紧实过程

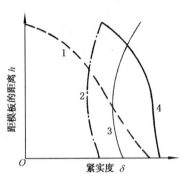

图2-33 气冲紧实与几种不同的
紧实方法的铸型紧实度分布
1—振击紧实；2—压实；3—高压紧实；4—气冲紧实

2）影响紧实效果的主要因素

压力梯度是影响紧实度的主要因素。所谓压力梯度是指作用在型砂上面先后的压力差 $\mathrm{d}p$ 与建压时间 $\mathrm{d}t$ 之比。$\mathrm{d}p/\mathrm{d}t$ 值愈大，铸型的紧实度愈高。

2.5.5 消失模造型

1. 铸造原理和工艺过程

消失模铸造（EPC）为美国1958年专利，1962年开始应用，又称实型铸造和气化模铸造，其原理是用泡沫聚苯乙烯塑料模样（包括浇冒口）代替普通模样，造好型后不取出模样就浇入金属液，在灼热液态金属的热作用下，泡沫塑料气化、燃烧而消失，金属液取代了原来泡沫塑料模所占的空间位置，冷却凝固后即可获得所需要的铸件。消失模铸造工艺过程如图2-34所示。

2. 铸造特点和应用范围

消失模铸造主要用于形状结构复杂、难以起模或活块和外型芯较多的铸件。与普通铸造相比，具有以下优点：工序简单、生产周期短、效率高，铸件尺寸精度高（造型后不起模、不分型，没有铸造斜度和活块），精度达CT8级，可采用无黏结剂型砂，增大了铸件设计的自由度，简化了铸造生产工序，降低了劳动强度。近年来，消失模铸造技术在欧美发展很快，表2-6为美国消失模铸造情况。

3. 消失模铸造的新发展

消失模铸造用的泡沫塑料模与不断涌现的其他新材料、新设备、新技术相结合，发展形成很

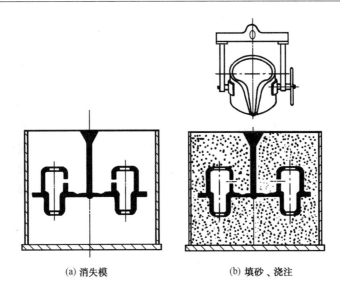

(a) 消失模　　　　　　　　　　　(b) 填砂、浇注

图 2-34　消失模铸造工艺过程示意图

表 2-6　美国消失模铸造情况(生产和增长速度)

应用	产量/(kt/年)(1997 年)	增长速度(1994—1997 年)/%	增长速度(1997—2000 年)/%
轿车	82.697	13	52
载货汽车	5.110	44	232
造船业	8.463	65	43
管件	11.057	163	200
机床	7.018	6	15
一般工业	7.105	19	45
其他	19.026	60	168
总计	140.676	27	83

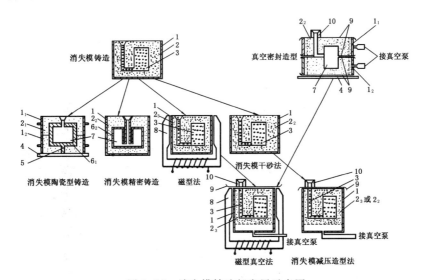

图 2-35　消失模铸造新发展示意图

1—砂箱；1_1—上砂箱；1_2—下砂箱；2—型砂；2_1—水玻璃砂；2_2—干砂；2_3—铁丸；3—泡沫塑料模；4—底板；
5—灌浆孔；6_1—陶瓷层；6_2—型壳；7—去除 3 之后的型腔；8—磁型机；9—密封薄膜；10—浇口杯

多新的造型和铸造方法,如消失模陶瓷型铸造、消失模精密铸造、消失模干砂法、磁型铸造、磁型真空法、消失模减压造型法等,如图2-35所示。这些方法扩大了消失模铸造的应用范围,提高了铸造生产水平。

2.5.6　冷冻造型

冷冻造型法又称为低温硬化造型法。其造型过程是采用普通石英砂作为骨架材料,加入少量的水,必要时还加入少量的黏土,按普通造型方法制好铸型后送入冷冻室中,用液态氮或二氧化碳作为制冷剂,使铸型冷冻,借助包覆在砂粒表面的冷冻水分而实现砂粒的结合,使铸型具有很高的强度及硬度。浇注时,铸型温度升高,水分蒸发,铸型逐步解冻,稍加振动立即溃散,可方便地取出铸件。与其他造型方法相比,冷冻造型法具有以下特点:

（1）型砂中除少量的水及黏土外,无其他辅助材料,铸件的清理落砂方便,旧砂回用方便,砂处理设备简单。

（2）铸造过程产生的粉尘及有害气体少,劳动保护条件好,环境污染小。

（3）铸型强度高、硬度大、透气性好,铸件表面粗糙度值低、缺陷少。采用这种造型方法生产球墨铸铁件可实现无冒口铸造,铸铁件不会产生白口组织。

冷冻造型法需要有低温储存设备,投资较大。需用液态氮作为制冷剂,价格较贵。英国BDC公司首先研制出这种方法,1977年世界上第一条冷冻造型自动线建成,英国采用这种方法生产小型铸铁件,效果良好。

2.6　特种铸造

随着科学技术的发展和生产水平的提高,对铸件质量、劳动生产率、劳动条件和生产成本有了进一步的要求,因而铸造方法有了长足的发展。所谓特种铸造,是指有别于砂型铸造方法的其他铸造工艺。目前,特种铸造方法已发展到几十种,常用的有熔模铸造、金属型铸造、离心铸造、压力铸造、低压铸造、陶瓷型铸造、磁型铸造、差压铸造、石墨型铸造、真空吸铸和半固态金属铸造等。

特种铸造能获得如此迅速的发展,主要由于这些方法一般都能提高铸件的尺寸精度和表面质量,或提高铸件的物理及力学性能。此外,大多能提高金属的利用率(工艺出品率),减少原砂消耗量;有些方法更适宜于高熔点、低流动性、易氧化合金铸件的铸造;有的能明显改善劳动条件,并便于实现机械化和自动化生产等。

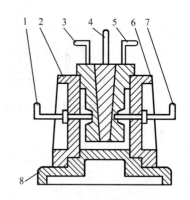

图2-36　整体式金属型

1、7—销孔金属型芯；2、6—左右半型；
3、4、5—分块金属型芯；8—底型

2.6.1　金属型铸造

用铸铁、碳钢或低合金钢等金属材料制成铸型,在重力作用下,金属液充填金属型型腔,冷却成形而获得铸件的工艺方法称为金属型铸造(图2-36),也称为硬模铸造、铁模铸造、永久型铸造、冷硬铸造、冷激模铸造等。金属型铸造既可采用金属芯,也可以用砂芯取代难以抽拔的金属芯。金属型的铸型可反复使用。铸件组织致密,力学性能好,精度和表面质量较好,精度可达 CT6 级,Ra 值可达 12.5 ~ 6.3 μm。金属型的种类及特点见表 2-7,金属型铸造特点见表 2-8。

金属型铸造液态金属耗用量少,劳动条件好,便于机械化和自动化生产,适用于大批生产非铁金属铸件。金属型铸造具有很多优点,适用于制造铝合金活塞、气缸体、油泵壳体、铜合金轴瓦轴套等,故广泛用于发动机、仪表、农机等工业,发展很快。

表 2-7　金属型种类及特点

种类	整体型	垂直分型	水平分型	综合分型
示意图				
特点	结构简单、制造方便,尺寸精确,操作便利	铸型排气条件好,便于设置浇冒口和采用金属型芯,易于实现机械化作业,但安放型芯较麻烦	安放型芯方便,但不便于设置浇冒口,铸型排气较困难,不宜实现机械化作业	金属型制造较困难
用途	起模斜度较大的简单件	铝镁合金铸件	平板状铸件,如盘、板、轮类铸件	较复杂的铸件

表 2-8　金属型铸造特点

金属型特点	铸件成形过程特点	对铸件的影响
无退让性	铸件在凝固过程中,受阻较大,难以自由收缩	铸件内应力大,易产生裂纹
无透气性	金属液在充填过程中,受型内气体阻碍,不易充满	在金属液汇合处、对流处或铸型凹入的死角,易产生浇不足缺陷
导热快	金属冷却速度快,在金属型传热系统中,中间层是控制冷却速度的关键	铸件晶粒细小,组织致密,表面光洁,力学性能好

2.6.2　离心铸造

离心铸造是将金属液浇入旋转的铸型中,在离心力作用下填充铸型而凝固成形的一种铸造方法。

1. 离心铸造的分类

根据铸型旋转轴线在空间的位置,常见的离心铸造可分为两种:

1)卧式离心铸造

铸型的旋转轴线处于水平状态或与水平线夹角很小(<4°)时的离心铸造。图 2-37 为三种卧式离心铸造示例。

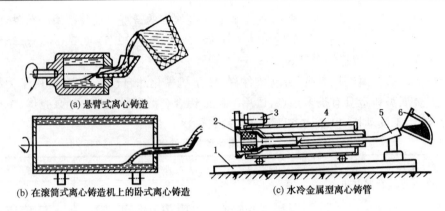

图 2-37   三种卧式离心铸造

1—导轨；2—型芯；3—电动机；4—机罩；5—浇注槽；6—扇形浇包

2）立式离心铸造

铸型的旋转轴线处于垂直状态时的离心铸造称为立式离心铸造。图 2-38 所示为两种立式离心铸造示例。铸型旋转轴与水平线和垂直线都有较大夹角的离心铸造称为倾斜轴离心铸造，但应用很少。

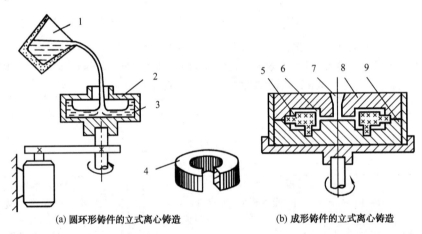

图 2-38   两种立式离心铸造

1—浇包；2—铸型；3—金属液；4—铸件；5—型芯；6—型腔；7—浇道；8—上型；9—下型

2. 离心铸造的特点

与砂型铸造相比，离心铸造的优缺点如下：

（1）铸件致密度高，气孔、夹渣等缺陷少，故力学性能较好；

（2）生产中空铸件时可不用型芯，故在生产长管形铸件时可大幅度地改善金属充型能力，降低铸件壁厚对其长度或直径的比值，简化套筒和管类铸件的生产过程；

（3）生产中几乎没有浇注系统和冒口系统的金属消耗，提高工艺出品率；

（4）便于制造筒、套类复合金属铸件，如钢背铜套、双金属轧辊等；

（5）铸造成形铸件时，可借离心力提高金属的充型能力，故可生产薄壁铸件，如叶轮、金属假牙等；

（6）对合金成分不能互溶或凝固初期析出物的密度与金属液基体相差较大时,易形成密度偏析;

（7）铸件内孔表面较粗糙,聚有熔渣,其尺寸不易正确控制;

（8）用于生产异形铸件时有一定的局限性。

3. 离心铸造应用范围

离心铸造应用较广,用离心铸造法生产产量很大的铸件有以下几种:

（1）铁管,世界上每年球墨铸铁管件总产量的近一半是用离心铸造法生产的;

（2）柴油发动机和汽油发动机的气缸套;

（3）各种类型的铜套;

（4）双金属钢背铜套、各种合金的轴瓦;

（5）造纸机滚筒。

用离心铸造法生产质量及经济效益显著的铸件有以下几种:

（1）双金属铸铁轧辊;

（2）加热炉底耐热钢辊道;

（3）特殊钢无缝钢管毛坯;

（4）刹车鼓、活塞环毛坯、铜合金蜗轮毛坯等;

（5）异形铸件如叶轮、金属假牙、小型阀门等。

几乎一切铸造合金都可以用于离心铸造生产,铸件的最小内径可为 8 mm,最大直径达 2 600 mm,最大长度为 8 m,铸件的质量可为数克至数十吨。

2.6.3 压力铸造

1. 铸造原理和工艺循环

压力铸造是在高压的作用下,以很高的速度把液态或半液态金属压入压铸模型腔,并在压力下快速凝固而获得铸件的铸造方法。压力铸造工艺循环如图 2-39 所示。

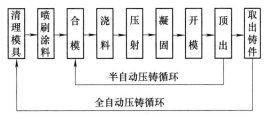

图 2-39 压力铸造工艺循环图

2. 压铸机分类与比较

压铸机按其工作原理结构形式分为冷压式压铸机（有卧式、立式、全立式三种）和热压式（有普通热室、卧式热室两种）压铸机。

冷室压铸机的压室和熔炉是分开的,压铸时要从保温炉中舀取金属液倒入压室内,再进行压铸。图 2-40 是卧式冷室压铸机工作原理示意图。

热室压铸机的压室与合金熔化炉连成一体,压室浸在保温坩埚的液体金属中,压射机构装在坩埚上面,用机械机构或压缩空气所产生的压力进行压铸。图 2-41 为热室压铸机工作原理示意图。

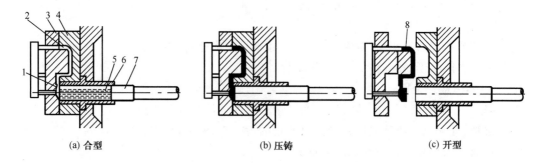

(a) 合型   (b) 压铸   (c) 开型

图 2-40   卧式冷室压铸机工作原理示意图

1—浇道；2—型腔；3—动型；4—静型；5—液态金属；6—压室；7—压射头；8—铸件

3. 铸造特点

压力铸造的基本特点是高压（压力从几兆帕到几十兆帕，甚至高达 500 MPa）、高速（10 ~ 120 m/s），以极短的时间（0.01 ~ 0.2 s）填充铸型。压力铸造的特点如下：

（1）生产率高，可实现机械化或自动化；经济效果好，大批生产时压铸成本低，铸件产量在 3 000 件以上时可考虑采用（图 2-42）。

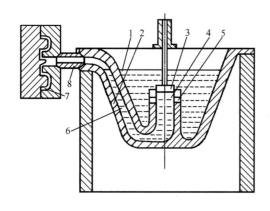

图 2-41   热室压铸机工作原理示意图

1—液态合金；2—坩埚；3—压射头；4—压室；
5—合金进口；6—通道；7—压铸型；8—喷嘴

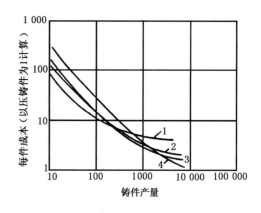

图 2-42   不同铸造方法生产的铸件费用比较

1—熔模铸造；2—壳型铸造；
3—金属型铸造；4—压力铸造

（2）生产适用性好，能生产出从简单到相当复杂的铸件，并可生产中间镶嵌其他金属的铸件，能直接铸出齿形和螺纹，压铸件的质量可从几克到数十千克。

（3）产品质量好，具有较高的尺寸精度（最高达 CT4）和表面质量（最高 Ra 值可达 3.2 μm），力学性能好，尺寸稳定性好，互换性好，轮廓清晰，适用于大量生产非铁金属的小型、薄壁、复杂铸件。

（4）普通压铸法生产的铸件易产生气孔，不能进行热处理，压铸某些内凹件、高熔点合金铸件还比较困难。

（5）压力铸造设备投资大，压铸模制造复杂，周期长，费用大，一般不宜于小批生产。

压力铸造是所有铸造方法中生产速度最快的一种方法，应用很广，发展很快，广泛用于汽车、仪表、航空、航天、电器及日用品铸件，以铝、锌、镁材料为主。

4. 压铸模

压铸模是进行压铸生产的主要工艺装备,压铸生产过程能否顺利进行,铸件质量有无保证,在很大程度上取决于模具结构的合理性和技术上的先进性。

压铸模主要由动模和定模两大部分组成,其总体结构如图 2-43 所示。定模 4 固定在压铸机的定模板上。动模 5 固定在压铸机的开模机构上,可在开模机构的驱动下实现压铸模的开合。动模和定模上开有型腔 8,用于形成铸件外部轮廓。合模后,浇道将压铸机的压室与型腔连通,金属液从压室内被压入金属型腔并保持一定的压力,凝固形成符合要求的铸件。然后,动模在开合模机构的驱动下打开,铸件由动模从定模中带出,并附在动模上,最后由顶杆 7 将铸件从动模上顶出并被取走。排气槽 9 用于金属液充型过程中的排气。冷却水管 3 用于对压型进行冷却。

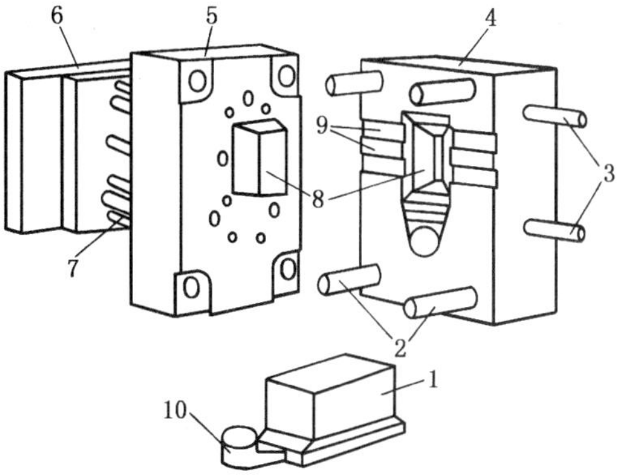

图 2-43 压铸模总体结构示意图

1—铸件;2—导柱;3—冷却水管;4—定模;

5—动模;6—顶杆板;7—顶杆;8—型腔;

9—排气槽;10—浇注系统

5. 压力铸造的发展

由于压力铸造是在极短的时间内完成充型过程的,很容易造成气体的卷入而影响压铸件的质量,为此发展了加氧压铸机和真空压铸机。中压压铸机也获得了较快的发展,有些压铸机的合型机构采用倾斜形式。压铸过程自动化和压铸计算机控制及压铸柔性加工单元(FMC)也在逐步发展。

(1)加氧压力铸造是在铝金属液充填型腔之前,用氧气充填压室和型腔,以取代其中的空气和其他气体。其特点是:充型时滞留在金属液中的氧气会与金属液产生氧化物,从而消除或减少了气孔,提高铸件的质量;结构简单,操作方便,投资少。图 2-44 为加氧压铸装置示意图。

(2)真空压力铸造是先将压铸型腔内的空气抽出,然后再压入液体金属。其优点是:可消除或减少压铸件内部的气孔,提高铸件的力学性能和表面质量;压铸时大大减少了型腔的反压力,可使用较低的比压和铸造性能较差的合金。其缺点是:密封结构复杂,制造和安装较困难。图 2-45 为真空压铸真空系统示意图。

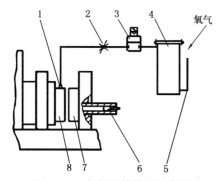

图 2-44 加氧压铸装置示意图

1—管接头;2—节流阀;3—电磁阀;4—干燥器;

5—通氧软管;6—压射冲头;7—静型;8—动型

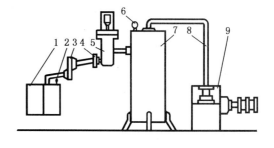

图 2-45 真空压铸真空系统示意图

1、2—压铸型;3—过滤器;4—接头;5—真空阀;

6—电真空表;7—真空罐;8—真空管道;9—真空泵

（3）压力铸造计算机控制和柔性制造单元。

压铸生产中对压铸过程的压射速度、压射力、增压时间及对自动化装置（喷涂、浇注、取件装置等）采用计算机控制，以满足多品种小批量生产的要求，提高生产率和稳定铸件质量。在此基础上又发展了压铸柔性加工单元（FMC），即在规定的范围内，按照预先确定的工艺方案生产各种零件的控制过程，其核心技术是快速更换模具和与之相关的其他零部件。图 2-46 为压铸柔性加工单元示意图。

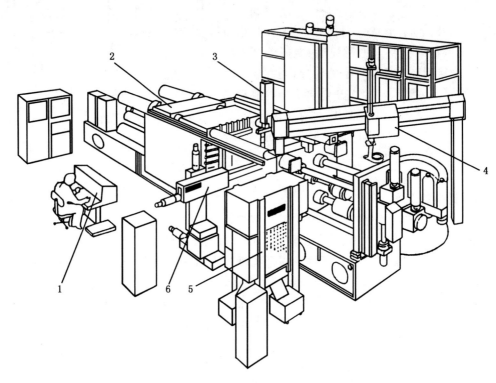

图 2-46　压铸柔性加工单元示意图

1—控制台；2—压铸机；3—自动喷涂装置；4—自动浇注装置；5—切边压力机；6—自动取件装置

2.6.4　低压铸造

低压铸造是介于一般重力铸造和压力铸造之间的一种铸造方法。

1. 铸造原理和工艺过程

低压铸造是浇注时金属液在低压（20~60 kPa）作用下由下而上地填充铸型型腔，并在压力下凝固而形成铸件的一种工艺方法。低压铸造的工艺过程如图 2-47 所示。

2. 铸造工艺过程

低压铸造浇注过程包括升液、充型、增压、保压和卸压五个阶段。

1）浇注过程参数的变化

浇注过程各阶段参数的变化见表 2-9。

2）升液压力和速度

升液压力 p_1（单位：MPa）是指当金属液面上升到浇口、高度为 H_1 时所要求的压力。

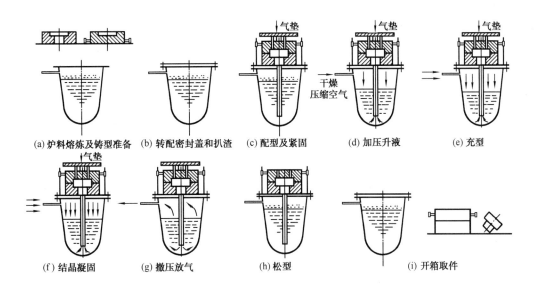

图 2-47 低压铸造工艺过程

表 2-9 浇注过程各阶段参数的变化

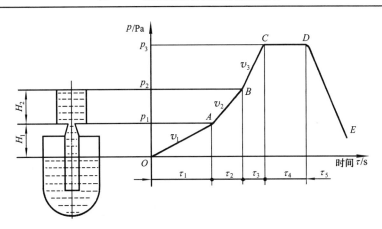

参数	加压过程的各个阶段				
	$O—A$ 升液阶段	$A—B$ 充型阶段	$B—C$ 增压阶段	$C—D$ 保压阶段	$D—E$ 卸压阶段
时间 τ/s	τ_1	τ_2	τ_3	τ_4	τ_5
压力 p/MPa	$p_1 = H_1\rho\mu$	$p_2 = H_2\rho\mu$	p_3（根据工艺）	p_4（根据工艺）	0
增压速度 $v/(\mathrm{MPa/s})$	$v_1 = \dfrac{p_1}{\tau_1}$	$v_2 = \dfrac{p_2-p_1}{\tau_2}$	$v_3 = \dfrac{p_3-p_2}{\tau_3}$	—	—

$$p_1 = H_1\rho\mu \tag{2-2}$$

式中：ρ——合金液密度；

μ——系数。

根据经验,升液速度一般控制在 150 mm/s 以下。

3）充型压力和速度

充型压力 p_2（单位:MPa）是使金属液充型上升到铸型顶部所需的压力, $p_2 = H_2\rho\mu$。在充型阶段,金属液面上的压力从 p_1 升到 p_2,其升压速度 v_2（单位:MPa/s）为

$$v_2 = \frac{p_2 - p_1}{\tau_2} \tag{2-3}$$

4）增压和增压速度

金属液充满型腔后,再继续增压,使铸件的结晶凝固在一定压力 p_3 下进行。此压力称为结晶压力。一般 $p_3 = 1.3 \sim 2.0 p_2$。增压速度 v_3（单位:MPa/s）为

$$v_3 = \frac{p_3 - p_2}{\tau_3} \tag{2-4}$$

5）保压时间

保压时间与铸件质量有关,保压时间与铸件质量成正比。一般保压时间在 1.5～8 min 内,时间太长,将影响生产率。

3. 铸造特点和应用范围

（1）金属液充型平稳,充型速度可根据需要调节;在压力下充型,流动性增加,有利于获得轮廓清晰的铸件。

（2）由下而上充型,金属液洁净,夹杂和气孔少,铸件缺陷少。

（3）在压力下凝固,可得到充分的补缩,故铸件致密,精度可达 CT6,力学性能好。

（4）浇注系统简单,可减少或省去冒口,故工艺出品率高。

（5）对合金的牌号适应范围广,不仅适用非铁金属,也可用于铸铁、铸钢。

（6）易实现机械化和自动化,与压铸相比,工艺简单,制造方便,投资少,占地少。

低压铸造应用范围见表 2-10。

表 2-10 低压铸造应用范围举例

应用的合金	铝合金、铜合金、铸铁、球铁、铸钢
应用的铸型	砂型、金属型、壳型、石膏型、石墨型
应用的产品	汽车、拖拉机、船舶、摩托车、汽油机、机车车辆、医疗机械、仪表等
应用的零件举例	铝合金铸件:消毒缸、曲轴箱壳、气缸盖、活塞、飞轮、轮毂、座架、气缸体、叶轮等 铜合金铸件:螺旋桨、轴瓦、铜套、铜泵体等 铸铁件:柴油机缸套、球铁曲轴等 铸钢件:曲拐

2.6.5 熔模铸造

熔模铸造又称失蜡铸造、熔模精密铸造、包模精密铸造,是精密铸造法的一种。根据铸型的特点可分为型壳熔模铸造、填箱熔模铸造（型壳制好后,装入砂箱中,在型壳周围注入耐火浆料或干砂增强）、石膏型熔模铸造（用石膏型代替型壳）。以前者的应用最广。

型壳熔模铸造工艺如图 2-48 所示,用易熔材料（蜡或塑料等）制成高尺寸精度的可熔性模

型,并进行蜡模组合,涂以若干层耐火涂料,经干燥、硬化成整体型壳,加热型壳熔失模型,经高温焙烧而成耐火型壳,在型壳中浇注铸件。

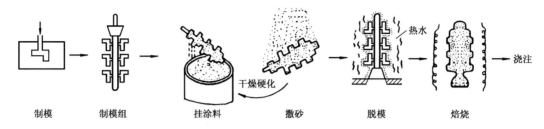

制模　　　　制模组　　　　挂涂料　　　　撒砂　　　　脱模　　　　焙烧

干燥硬化　　　热水　　　浇注

图 2-48　型壳熔模铸造过程示意图

熔模铸造有以下特点:

(1) 尺寸精度高。熔模铸造铸件精度可达 CT4 级,表面粗糙度低(Ra 值为 12.5～1.6 μm)。

(2) 适用于各种铸造合金、各种生产批量,尤其在难加工金属材料如铸造刀具、涡轮叶片等生产中应用较广。

(3) 可以铸造形状复杂的铸件。熔模铸件的外形和内腔形状几乎不受限制,可以制造出用砂型铸造、锻压、切削加工等方法难以制造的形状复杂的零件,而且可以使一些焊接件、组合件在稍进行结构改进后直接铸造出整体零件。

(4) 可以铸造出各种薄壁铸件及质量很小的铸件,其最小壁厚可达 0.5 mm,最小孔径可以小到 ϕ0.5 mm,质量可以小到几克。

(5) 生产工序繁多,生产周期长,铸件不能太大,是近净成形、净终成形的重要方法之一。

2.6.6　壳型铸造

铸造生产中,砂型(芯)直接承受液体金属作用的只是表面一层厚度仅为数毫米的砂壳,其余的砂只起支撑这一层砂壳的作用。若只用一层薄壳来制造铸件,将减少砂处理工部的大量工作,并能减少环境污染。

1940 年,Johannes Croning 发明用热法制造壳型,称为"C 法"或"壳法"(shell process),或称壳型造型(shell molding)。目前,该法不仅可用于造型,更主要的是用于制壳芯。该法用酚醛树脂做黏结剂,配制的型(芯)砂称为覆膜砂,像干砂一样松散。其制壳的方法有两种:翻斗法和吹砂法。

翻斗法常用于制造壳型,吹砂法用于制造壳芯。图 2-49 为翻斗法制造壳型示意图。模型预热到 250～300 ℃,喷涂分型剂,结壳时间 15～50 s,烘烤时间 30～90 s,顶出后即得 5～15 mm 厚的壳型。

吹砂法分顶吹法和底吹法两种(图 2-50)。吹砂压力一般顶吹为 0.1～0.35 MPa,吹砂时间为 2～6 s;底吹法为 0.4～0.5 MPa,15～35 s。顶吹法可以制造较大型复杂的砂芯;底吹法常用于小砂芯的制造,硬化时间为 90 s～2 min,芯盒加热温度一般为 250 ℃。

壳法造型、芯的优点是混制好的覆模砂可以长期储存(三个月以上),无需捣砂,能获得尺寸精确的型、芯;型、芯强度高,易搬运;透气性好,可用细的原砂得到光洁的铸件表面;无需砂箱;覆模砂消耗量小。但酚醛树脂覆模砂价格较贵,造型、造芯耗能较高。

壳型通常多用于生产液压件、凸轮轴、曲轴以及耐蚀泵件、履带板等钢铁铸件上;壳芯多用于

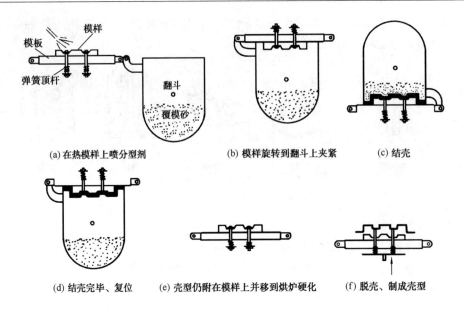

(a) 在热模样上喷分型剂 (b) 模样旋转到翻斗上夹紧 (c) 结壳

(d) 结壳完毕、复位 (e) 壳型仍附在模样上并移到烘炉硬化 (f) 脱壳、制成壳型

图 2-49 壳型造型法示意图

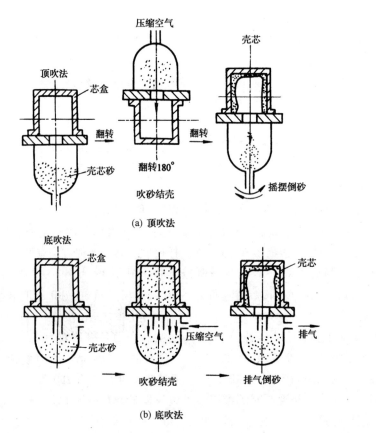

(a) 顶吹法

(b) 底吹法

图 2-50 壳型造芯法示意图

汽车、拖拉机、液压阀体等部分铸件上。

2.6.7 陶瓷型铸造

陶瓷型铸造是 20 世纪 50 年代英国首先研制成功的。其基本原理是:以耐火度高、热膨胀系数小的耐火材料为骨料,用经过水解的硅酸乙酯作为黏结剂而配制成的陶瓷型浆料,在碱性催化剂的作用下用灌浆法成形,经过胶结、喷燃和烧结等工序,制成光洁、精确的陶瓷型。陶瓷型兼有砂型铸造和熔模铸造的优点,即操作及设备简单,型腔的尺寸精度高、表面粗糙度值低,精度达 CT6 级。在单件小批生产的条件下,铸造精密铸件,铸件质量从几千克到几吨。生产率较高,成本低,节省机加工工时。

陶瓷型按不同的成形方法分为两大类:全部为陶瓷铸型的整体型和带底套的复合陶瓷型,底套的材料有硅砂和金属两种。整体陶瓷型铸造的工艺流程如下:

制砂套 → 灌浆 → 起模 → 喷烧 → 焙烧 → 合型 → 浇注

制备陶瓷浆   金属液熔炼

砂套复合陶瓷型铸造过程如图 2-51 所示。

陶瓷型铸造可用来制造热拉模、热锻模、橡胶件生产用钢模、玻璃成形模具、金属型和热芯盒等,模具工作面上可铸出复杂、光滑的花纹,尺寸精确,模具的耐蚀性和工作寿命较高。也可用陶瓷型铸造法生产一般机械零件,如螺旋压缩机转子、内燃机喷嘴、水泵叶轮、齿轮箱、阀体、钻机凿刀、船用螺旋桨、工具、刀具等。

2.6.8 磁型铸造

磁型铸造是德国在研究消失模铸造的基础上发明的铸造方法,其实质是采用铁丸代替型砂及型芯砂,用磁场作用力代替铸造黏结剂,用泡沫塑料消失模代替普通模样的一种新的铸造方法。与砂型铸造相比,它提高了铸件质量,因与消失模铸造原理相似,其质量状况与消失模铸造相同,同时比消失模铸造更减少了铸造材料的消耗。经常用于自动化生产线上,可铸材料和铸件大小范围广,常用于汽车零件等精度要求高的中小型铸件生产。

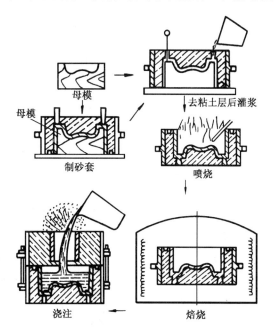

图 2-51 砂套复合陶瓷型铸造过程示意图

2.6.9 石墨型铸造

石墨型铸造是用高纯度的人造石墨块经机械加工成形或以石墨砂做骨架材料添加其他附加物制成铸型,浇注凝固后获得铸件的一种工艺方法。它与砂型、金属型铸造相比,铸型的激冷能力强,使铸件晶粒细化,力学性能提高;由于石墨的热化学稳定性好,熔融金属与铸型接触时一般不发生化学作用,铸件表面质量好;石墨型受热尺寸变化小,不易发生弯曲、变形,故铸件尺寸精度高;石墨型的寿命达 2 ~ 5 万次,劳动生产率比砂型提高 2 ~ 10 倍。

石墨型铸造多用于锌合金、铜合金、铝合金等铸件。石墨型不仅可用于重力铸造,还可用于低压、差压、连续铸造和离心浇注。

2.6.10　真空吸铸

真空吸铸是使型腔内造成负压使金属液充型凝固的铸造方法。

1. 工艺过程

真空吸铸基本工艺过程如图 2-52 所示。

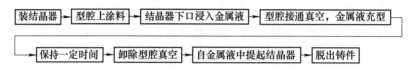

图 2-52　真空吸铸工艺过程

2. 铸造原理

如图 2-53 所示,将结晶器的下端浸入金属液中,抽气使结晶器型腔内造成一定的真空,金属液被吸入型腔一定的高度,受循环水冷却的结晶器产生激冷,金属液由外向内迅速凝固,形成实心或空心的铸件。

3. 铸造特点

(1)铸件不易产生气孔、缩孔、夹杂等缺陷;

(2)铸件晶粒细小,组织致密,力学性能好;

(3)无浇注系统的金属液损失,但有结晶器口黏附金属的损失,工艺出品率高;

(4)生产过程机械化,生产率高;

(5)铸件外形尺寸精确,内孔尺寸靠凝固时间控制,尺寸精度低,表面粗糙不平。

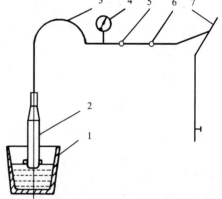

图 2-53　真空吸铸示意图
1—坩埚;2—结晶器;3—橡胶管;4—真空表;
5—真空调节阀;6—阀门;7—负压喷嘴

4. 应用范围

真空吸铸通常生产直径 120 mm 以下的圆筒、圆棒类铸件等。它们可以加工成各种螺母、螺杆、轴套和轴类零件。真空吸铸广泛用于生产各种铜合金铸件,铝合金、锌合金等铸件的真空吸铸正在发展中。

2.6.11　差压铸造

差压铸造又称反差铸造,1961 年在保加利亚获得专利,用于汽车发动机轮毂等质量要求高的铸件。其实质是使液态金属在压差的作用下,浇注到预先有一定压力的型腔内,凝固后获得铸件的一种工艺方法。

差压铸造装置如图 2-54 所示,其工作原理是:浇注前密封室内有一定的压力(或真空度),然后借往密封室 A 中加压或由密封室 B 减压,使 A、B 室之间形成压力差,进行升液、充型和结晶。

差压铸造的特点为充型速度可以控制;铸件充型性好,表面质量高,精度可达 CT6 级;铸件晶粒细,组织致密,力学性能好;可以实现可控气氛浇注,提高了金属的利用率;劳动条件好。

2.6.12 半固态金属铸造

半固态金属加工技术属于 21 世纪前沿性金属加工技术。20 世纪麻省理工学院(MIT)弗莱明斯教授发现,金属在凝固过程中,进行强烈搅拌或通过控制凝固条件,抑制树枝晶的生成或破碎所生成的树枝晶,可形成具有等轴、均匀、细小的初生相均匀分布于液相中的悬浮半固态浆料。这种浆料在外力作用下即使固相率达到 60% 仍具有较好的流动性。可利用压铸、挤压、模锻等常规工艺进行加工,这种工艺方法称为半固态金属加工技术(简称 SSM)。

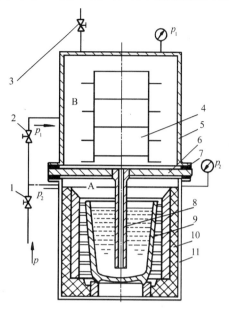

图 2-54 差压铸造装置示意图

1、2、3—气阀;4—铸型;5—密封室 B;
6—密封盖;7—密封圈;8—升液管;
9—坩埚;10—电炉;11—密封室 A

SSM 铸造成形的主要工艺路线有两条:一条是将获得的半固态浆料在其半固态温度的条件下直接成形,通常称为流变铸造或流变加工(rheocasting);另一条是将半固态浆料制备成坯料,根据产品尺寸下料,再重新加热到半固态温度后加工成形,通常称为触变铸造(thixoforming)或触变加工,如图 2-55 所示。对触变铸造,由于半固态坯料便于输送,易于实现自动化,因而在工业中较早得到推广。对于流变铸造,由于将搅拌后的半固态浆料直接成形,具有高效、节能、短流程的特点,近年来发展很快。

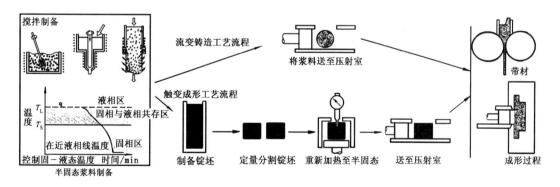

图 2-55 半固态金属加工的两种工艺流程

半固态金属铸造具有以下优点:

(1)充型平稳,加工温度较低,模具寿命大幅提高;凝固时间短,生产率高。

(2)铸件表面平整光滑,内部组织致密,气孔和偏析少;晶粒细小,力学性能接近锻件。

（3）凝固收缩小，尺寸精度高，可实现近净成形、净终成形加工。

（4）流动应力小，成形速度高，可成形十分复杂的零件。

（5）适宜于铸造铝、镁、锌、镍、铜合金和铁碳合金，尤其适宜于铝、镁合金。

SSM 铸造成形技术在全世界应用日益广泛，目前美国、意大利、瑞士、法国、英国、德国、日本等国家处于领先地位。由于 SSM 铸造成形件具有组织细小、内部缺陷少、尺寸精度高、表面质量好、力学性能接近锻件等特点，因此 SSM 铸造成形在汽车工业中得到广泛重视。表 2−11 列出用 SSM 铸造成形的铝合金汽车零件代替铸铁零件的减重效果。当前，用 SSM 铸造成形技术生产的汽车零件包括刹车制动筒、转向系统零件、摇臂、发动机活塞、轮毂、传动系统零件、燃油系统零件和汽车空调零件等。这些零件已应用于 FORD、CHRYSLER、VOLVO、BMW、FIAT 和 AUDI 等轿车上。

表 2−11　用于汽车前悬挂系统的 SSM 成形零件与铸铁零件质量比较

零件名称	铸铁零件质量/kg	SSM 零件质量/kg	质量减少/kg	质量减少/%
上控制臂:前端	0.737 10	0.255 15	0.481 95	65
上控制臂:后端	0.793 80	0.311 85	0.481 95	61
悬臂	1.842 75	0.707 85	1.134 00	62
驾驶控制杆	2.097 90	1.105 65	0.992 25	47
支撑	0.198 45	0.113 40	0.085 05	43
悬挂支架	0.311 85	0.141 75	0.170 10	55
减振器支架梁	0.198 45	0.141 75	0.056 70	29
驾驶控制杆支撑架	0.368 55	0.283 50	0.085 05	23
万向节	6.955 75	3.883 95	3.061 80	44

2.6.13　现代整体精铸及快速凝固成形技术

1. 现代整体精铸成形技术

铝、钛和钢的大型、复杂、薄壁件现代精铸技术是 20 世纪 70 年代根据航空工业发展需要而发展起来的新技术。该技术的发展大大推动了飞机和发动机整体结构的发展。其应用正日益增加，已成为航空工业中不可缺少的关键技术之一。美国 GE 公司的 GET700 发动机前驱动涡轮发动机上的整体导向器，原设计由多个铸件组装而成，密封性差，现改为由 72 个叶片与薄壁喷管连在一起的整体精铸件，不但解决了密封问题，而且大大减少了加工和装配工作量，降低了成本，减轻了质量。美国用此整体精铸技术一年就生产了几千个涡轮增压器整体涡轮。20 世纪 70 年代末，美国和联邦德国开始采用整体铸造技术生产 RB199 发动机的钛合金中间机匣。目前，精铸的最大钛合金机匣直径已达 1 320 mm，用于美国的 CF680C2 发动机。国外已能生产最大尺寸达 1 500 mm，最小壁厚 0.5～1.0 mm 的铝合金大型薄壁精铸件。这些精铸技术在提高飞机发动机可靠性、简化生产程序、降低结构质量和制造成本方面都取得了明显的技术经济效益。

国外在研究单晶空心无余量叶片精铸技术方面投入了很大力量，目前国外气冷叶片的冷却效果已达 300～400 ℃，使材料的承温能力提高了 30～60 ℃，其综合效果使涡轮前入口温度提高到 1 600 K 以上，目前已进入大批生产阶段。

目前,国外又在加速研制更高冷却效果的对开定向和单晶铸、钎焊或扩散连接的空心涡轮叶片和快速凝固涡轮叶片,可使F16战斗机携带武器总质量增加两倍,寿命提高一倍。其原理是使液态金属的热量沿一定的方向排出,或通过对液态金属施行某方向的快速凝固,从而使晶粒的生长(凝固)向一定的方向进行,最终获得具有单方向晶粒组织铸件。由于冷却及控制技术的不断进步,使热量排出的强度及方向性不断提高,从而使固液界面前沿液相中的温度梯度增大,这不仅使晶粒生长的方向性提高,而且组织更细长、挺直,并延长了定向区。由于沿定向生长的组织力学性能优异,使叶片工作温度大幅提高,从而使发动机工作性能提高。利用定向凝固技术制取的单晶体铸件,如单晶涡轮叶片,比一般定向凝固柱状晶叶片具有更高的工作温度、抗热疲劳强度、抗蠕变强度和耐腐蚀性能。

2. 快速凝固成形技术

快速凝固技术是在比常规工艺条件下的冷却速度($10^{-4} \sim 10$ K/s)快得多的冷却条件($10^3 \sim 10^9$ K/s)下,使液态合金转变为固态的工艺方法。它使合金材料具有优异的组织和性能,如很细的晶粒(通常$<0.1 \sim 0.01$ μm,甚至纳米级的晶粒),合金无偏析缺陷和高分散度的超细析出相,材料的高强度、高韧性等。快速凝固技术可使液态金属脱开常规的结晶过程(形核和生长),直接形成非晶结构的固体材料,即所谓的金属玻璃。此类非晶态合金为远程无序结构,具有特殊的电学性能、磁学性能、电化学性能和力学性能,已得到广泛的应用。如用做控制变压器铁芯材料、计算机磁头及外围设备中零件的材料、钎焊材料等。快速凝固正日益受到多方的重视。

2.6.14 铸造成形过程数值模拟

铸件成形过程数值模拟是在虚拟的计算机环境下模拟仿真研究对象的特定过程,分析有关影响因素,预测该过程可能的趋势和结果。数值模拟就是在虚拟的环境下,通过交互方式,不需要现场试生产就能制定合理的铸造工艺,大大缩短新产品的开发周期。

铸件成形过程数值模拟涉及铸造理论与实践、计算机图形学、多媒体技术、可视化技术、三维造型、传热学、流体力学、弹塑性力学等多种学科,是典型的多学科交叉的前沿领域。其主要研究内容有:

(1)温度场模拟。利用传热学原理,分析铸件的传热过程,模拟铸件的冷却凝固进程,预测缩孔、缩松等缺陷。

(2)流动场模拟。利用流体力学原理,分析铸件的充型过程,可以优化浇注系统,预测卷气、夹渣、冲砂等缺陷。

(3)流动与传热耦合计算。利用流体力学与传热学原理,在模拟充型的同时计算传热,可以预测浇不足、冷隔等缺陷,并同时可以得到充型结束时的温度分布,为后续的凝固模拟提供准确的初始条件。

(4)应力场模拟。利用力学原理,分析铸件的应力分布,预测热裂、冷裂、变形等缺陷。

(5)组织模拟。分宏观、中观及微观组织模拟,利用一些数学模型来计算形核数、枝晶生长速度、组织转变,预测铸件性能。

(6)其他过程模拟。如冲天炉冶炼过程模拟、型砂紧实过程模拟等。

上述模拟技术已从最初的普通重力砂型铸造扩展到压铸、低压铸造、熔模铸造、磁性铸造、连续铸造、电渣熔铸等诸多铸造方法。

目前,铸造数值模拟技术尤其是三维温度场模拟、流动场模拟、流动与传热耦合计算以及弹塑性状态应力场模拟已逐步进入实用阶段,国内外一些商品化软件先后推向市场,对实际铸件生产起着越来越重要的作用。

2.6.15　铸造工程中的并行工程

20 世纪 80 年代,并行工程(concurrent engineering,CE)提出并引起制造业的重视。R. I. Winner 在美国国防分析研究所(IDA)R-338 研究报告中定义:"并行工程是对产品及其相关过程(包括制造过程和支持过程)进行并行一体化设计的一种系统化的工作模式。这种模式力图使开发者们从一开始就考虑到产品的全部生命周期(从概念形成到产品报废)中的所有因素,包括质量、成本、进度与用户需求。"

采用铸造方法生产毛坯要实现并行设计,必然要使产品设计与铸造工艺设计同步进行,相互反馈信息,使铸造工艺人员也进入到产品设计的初期阶段(系统流程见图 2-56)。在产品设计部分,设计人员利用结构分析软件对产品原始设计强度性能、抗疲劳性能、结构稳定性等进行分析,优化结构;在工艺设计部分,铸造人员利用模拟软件模拟铸件的充型、凝固过程,进行缺陷分析,改进工艺设计并在必要时与设计部门联系修改产品结构。例如清华大学与美国 FORD MOTOR 公司合作,利用 IDEAS 三维造型软件,通过 Internet 将铸件图样传送到清华大学,在 CAE 研究室用 FT/STAR 凝固模拟软件系统完成铸造工艺分析,预测质量及性能,并最终优化铸造工艺。

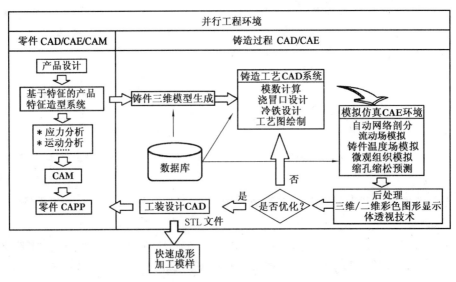

图 2-56　并行工程环境下铸造 CAD/CAE 系统流程

2.6.16　常用铸造方法的比较

常用铸造方法与砂型铸造方法的比较见表 2-12。由表 2-12 可见,各种铸造方法都有其特点及应用范围,尚不能完全取代砂型铸造。在决定采用何种铸造方法时,必须综合考虑铸件的合金性质、铸件的结构和生产批量等因素,才能达到优质高产低成本的目的。

表 2-12　常用铸造方法的比较

比较项目＼铸造种类	砂型铸造	熔模铸造	陶瓷型铸造	金属型铸造	低压铸造	压力铸造	离心铸造
适用合金的范围	不限制	以碳钢和合金钢为主	以高熔点合金为主	以非铁金属为主	以有色合金为主	用于非铁金属	多用于钢铁金属，铜合金
适用铸件的大小及重量范围	不限制	一般 <25 kg	大中型件，最大达数吨	中小件，铸钢可达数吨	中小件，最重可达数百千克	一般中小型铸件	中小件
适用铸件的最小壁厚范围	灰铸铁件为 3 mm 铸钢件为 5 mm 非铁金属件为 3 mm	通常 0.7 mm 孔 $\phi1.5 \sim 2.0$ mm	通常 >1 mm 孔 $>\phi2$ mm	铝合金 2 ~3 mm 铸铁 >4 mm 铸钢 >5 mm	通常壁厚 2~5 mm 最小壁厚 0.7 mm	铜合金 <2 mm 其他 0.5 ~1 mm 孔 $\phi0.7$ mm	最小内孔为 $\phi7$ mm
表面粗糙度 $Ra/\mu m$	粗糙	6.3 ~1.6	6.3 ~1.6	12.5 ~6.3	12.5 ~1.6	3.2 ~0.8	
尺寸公差/mm	CT11 ~13	CT4	CT6	CT6	CT6	CT4	
金属利用率/%	70	90	90	70	80	95	70 ~90
铸件内部质量	结晶粗	结晶粗	结晶粗	结晶细	结晶细	结晶细	结晶细
生产率（在适当机械化、自动化后）	可达 240 箱/h	中等	低	中等	中等	高	高
应用举例	各类铸件	刀具、机械叶片、测量仪表、电风设备等	各类模具	发动机、汽车、飞机、拖拉机、电器零件等	发动机、电器零件、叶轮、壳体、箱体等	汽车、电器仪表、照相器材、国防工业零件等	各种套、环、筒、辊、叶轮等

2.7　铸造技术的发展趋势

随着科学技术的进步和国民经济的发展,对铸造提出优质、低耗、高效、少污染的要求。铸造技术向以下几方面发展:

1) 机械化、自动化技术的发展

随着汽车工业等大批大量制造的要求,各种新的造型方法(如高压造型、射压造型、气冲造型、消失模造型等)和制芯方法进一步开发和推广。铸造工程 CNC 设备、FMC 和 FMS 正在逐步得到应用。

2) 特种铸造工艺的发展

随着现代工业对铸件的比强度、比模量的要求增加,以及近净成形、净终成形的发展,特种铸造工艺向大型铸件方向发展。铸造柔性加工系统逐步推广,逐步适应多品种少批量的产品升级换代需求。复合铸造技术(如挤压铸造和熔模真空吸铸)和一些全新的工艺方法(如快速凝固成形技术、半固态铸造、悬浮铸造、定向凝固技术、压力下结晶技术、超级合金等离子滴铸工艺等)逐步进入应用。

3) 特殊性能合金进入应用

球墨铸铁、合金钢、铝合金、钛合金等高比强度、比模量的材料逐步进入应用。新型铸造功能材料如铸造复合材料、阻尼材料和具有特殊磁学、电学、热学性能和耐辐射材料进入铸造成形领域。

4) 铸造技术智能化进入应用

铸造生产的各个环节已开始应用铸造技术智能化。如铸造工艺及模具的 CAD 及 CAM,凝固过程数值模拟,铸造过程自动检测、监测与控制,铸造工程 MIS,各种数据库及专家系统,机器人的应用等。

5) 新的造型材料的开发和应用。

思考题与习题

1. 形状复杂的零件为什么用铸造毛坯? 受力复杂的零件为什么不采用铸造毛坯?

2. 灰铸铁流动性好的主要原因是什么? 提高金属流动性的主要工艺措施是什么?

3. 请画出你在实习中了解的砂型铸造工艺流程。

4. 定向凝固和同时凝固方法分别解决哪种铸造缺陷? 请举例各分析几种应用情况。

5. 今有直径为 $\phi 50$,高 50 的圆柱形铸件,已知清理后未发生变形,假定立即进行切削加工,当:(1) 中心钻一 $\phi 30$ 的通孔;(2) 车去厚度为 15 mm 的外圆;(3) 铣去 20 mm 一边。请问,当只考虑轴向变形时,该铸件会发生什么变形趋势?

6. 为什么空心球难以铸造出来,采用什么措施才能铸造?

7. 现浇注直径为 20 mm、40 mm、60 mm 的三根灰铁试棒,拉断力分别为 317 kN、188.5 kN、565 kN,问它们的 R_m 各为多少? 牌号是否相同?

8. 某定型生产的薄壁铸铁件,投产以来质量基本稳定,但最近一时期浇不足和冷隔缺陷突然增多,试分析其原因。

9. 铸件、模样、零件三者在尺寸上有何区别? 为什么?

10. 下列铸件在大批生产时采用什么铸造方法?

铝活塞,缝纫机头,汽轮机叶片,大污水铸铁管,气缸套,摩托车气缸体,大模数齿轮滚刀,车床床身,带轮及飞轮。

11. 车床手轮在单件和批量生产时各应采用什么方法铸造?

12. 如图 2-57a、b 所示铸件,分别指出单件和大批生产造型方法并绘出铸造工艺图。

13. 如图 2-58 所示轴承座铸件,材料为 HT250,请分别作出(1)大批大量生产;(2)单件生产铸造工艺图。

14. 如图 2-59 所示支撑台零件,材料 HT200,请分别画出单件生产和大批生产的铸造工艺图。

15. 图 2-60 为支座零件图,材料为 HT200,请分别画出大批和单件生产的铸造工艺图。

16. 图 2-61 所示为家用煤气燃烧器,材料为 HT300,年产量 100 万件,请:

(1) 选择造型方法;

(2) 绘制铸造工艺图。

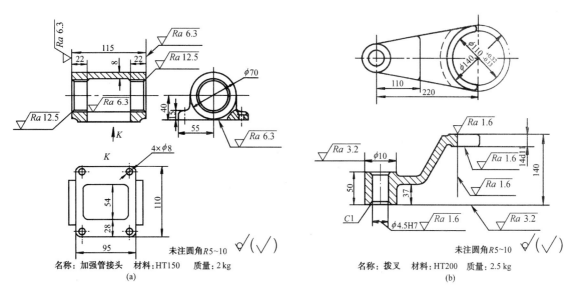

图 2-57 习题 12 图

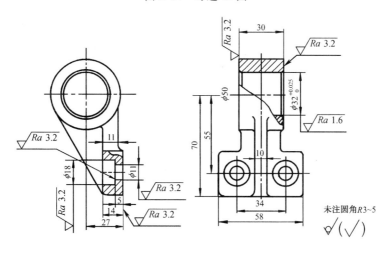

图 2-58 轴承座

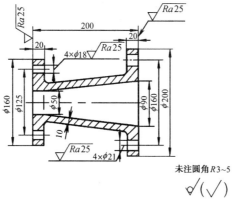

图 2-59 支撑台

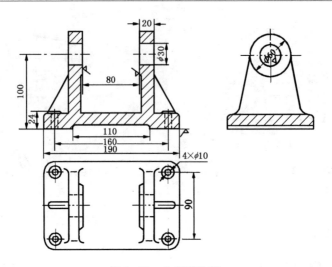

图 2-60   支座零件图

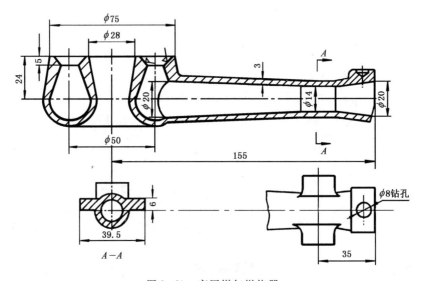

图 2-61   家用煤气燃烧器

17. 何为特种铸造？请分别说出它们的生产特点和适用场合。

18. 为什么压铸生产率高，表面质量好，但不宜使用在致密度要求高的场合？

19. 现代铸造方法和传统的铸造方法有何不同？它们的发展趋势如何？

20. 请结合 21 世纪对生产的要求，如清洁生产、近净成形、净终成形、节能省耗等特点，谈谈铸造成形的发展趋势。

3

第 3 章

锻 压 成 形

3.1 概述

锻压是对坯料施加外力,利用金属的塑性变形,改变坯料的尺寸和形状,并改善其内部组织和力学性能,获得所需毛坯或零件的成形加工方法,它是锻造和冲压成形的总称。与其他加工方法相比,锻压成形有以下特点:① 工件组织致密,力学性能高;② 除自由锻以外,其余锻压加工生产率较高;③ 节约金属材料。

锻压成形技术是国民经济可持续发展的主体技术之一。据统计,全世界 75% 的钢材需经塑性成形,在汽车生产中,70% 以上的零部件是利用金属塑性加工而成的。

纵观 20 世纪,塑性成形技术取得了长足的进展。主要体现在:

(1)塑性成形的理论基础已基本形成,包括位错理论、Tresca、Mises 屈服准则、滑移线理论、主应力法、上限元法以及大变形弹塑性和刚塑性有限元理论等。

(2)以有限元为核心的塑性成形数值仿真技术日趋成熟,为人们认识金属塑性成形过程的本质提供了新途径,为实现塑性成形领域的虚拟制造提供了强有力的支持。

(3)计算机辅助技术(CAD/CAE/CAM)和逆向工程在塑性成形领域的应用不断深入,使制件尤其是模具的质量提高,制造成本和周期大幅下降。

(4)新的成形方法不断形成并得到成功应用,如超塑成形、爆炸成形等。

(5)精确成形工艺广泛应用在汽车等工业中。如用精确锻造成形技术生产凸轮轴等零件,铝合金薄板复杂工件的连续加工工艺 AVT(aluminum vehicle technology)、反压力液压成形、铸锻工艺(压铸和锻造工艺相结合)、同步成形工艺、动态液压技术、变压力液压胀形技术、回归热处理工艺(RHT)、半固态塑性成形、多向模锻等。

展望 21 世纪,塑性成形技术与科学发展的总趋势是交叉-综合化、数字-智能化、清洁-高效化和柔性-集成化。一方面,它将在材料科学、信息科学、生命科学等学科的交叉中得到发展;另一方面,它将在解决塑性成形实际的关键问题中不断得到完善。遵循"信息化带动工业化"的战略目标,数字化将是塑性成形技术的核心。从制造业的角度看,就是要实现产品设计数字化、制造数字化、管理数字化、服务咨询数字化等。

3.1.1 金属的塑性变形

1. 金属的塑性变形

金属材料通常情况下都是由无数小晶粒构成的多晶体。多晶体的变形与各个晶粒的变形行为有很大的关系。实验表明,晶体只有在切应力的作用下才会发生塑性变形。室温下,单晶体的塑性变形主要是通过滑移和孪生进行的。滑移是指在切应力作用下,晶体的一部分相对于晶体的另一部分沿滑移面做整体滑动,图 3-1 为单晶体在切应力作用下的滑移变形过程。金属晶体在未受外力时,晶格处于正常排列状态(图 3-1a)。当切应力较小,未超过金属的屈服强度时,晶格产生歪扭,金属发生弹性变形(图 3-1b)。但当切应力进一步增大至超过金属的屈服强度时,晶体的一部分相对于另一部分沿受剪晶面产生滑移(图 3-1c)。外力去除后晶格弹性歪扭消失,但金属原子的滑移保留下来,金属产生塑性变形(图 3-1d)。

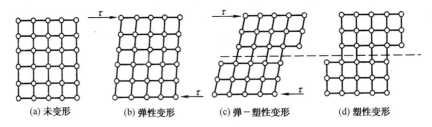

(a) 未变形 (b) 弹性变形 (c) 弹-塑性变形 (d) 塑性变形

图 3-1 晶体在切应力作用下的变形过程

孪生是指在切应力作用下,晶体的一部分原子相对于另一部分原子沿某个晶面转动,使未转动部分与转动部分的原子排列呈镜面对称。单晶体在切应力 τ 作用下的孪生变形过程如图 3-2 所示。孪生变形只有在滑移变形受到限制而无法进行的情况下才会发生。如镁、锌、镉等具有密排六方晶格的金属滑移变形比较困难,容易产生孪生变形;而面心立方晶格的金属一般不易发生孪生变形;体心立方晶格的金属也只有在低温或室温冲击载荷作用下,才可能发生孪生变形。

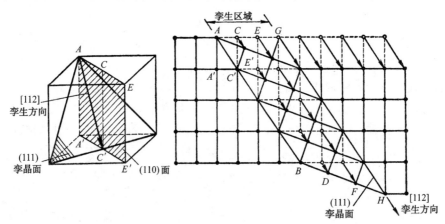

图 3-2 单晶体在切应力 τ 作用下的孪生变形过程

多晶体的塑性变形与单晶体基本相似,每个晶粒内的塑性变形仍以滑移和孪生两种方式进行。但多晶体由于存在晶界与许多不同位向的晶粒,其塑性变形抗力比单晶体高得多,变形被分配在各个晶粒内部进行,使各个晶粒的变形均匀而不致产生过分的应力集中,故金属晶粒越细,晶界越多,其强度就越高,塑性和韧性也越好。

2. 冷塑性变形对金属组织与性能的影响

1)冷塑性变形对金属性能的影响

金属材料经冷塑性变形后,随变形度的增加,其强度、硬度提高,塑性和韧性下降,这种现象称为加工硬化。加工硬化现象在工业生产中具有重要的意义。生产上常用加工硬化来强化金属,提高金属的强度、硬度及耐磨性。尤其是纯金属、某些铜合金及镍铬不锈钢等难以用热处理强化的材料,加工硬化更是唯一有效的强化方法(如冷轧、冷拔、冷挤压等)。

加工硬化也有其不利的一面。在冷轧薄钢板、冷拔细钢丝及深拉工件时,由于产生加工硬化,金属的塑性降低,进一步冷塑性变形困难,故必须采用中间热处理来消除加工硬化现象。

2)冷塑性变形对金属组织的影响

金属在外力作用下进行塑性变形时,金属内部的晶粒也由原来的等轴晶粒(图3-3a)变为沿加工方向拉长的晶粒,当变形度增加时,晶粒被显著拉长成纤维状,这种组织称为冷加工纤维组织(图3-3b)。

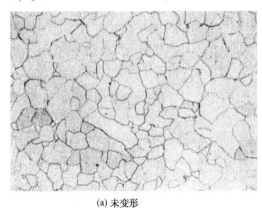 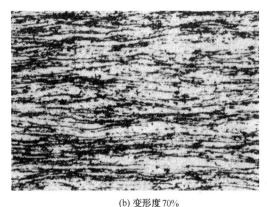

(a) 未变形 　　　　　　　　　　　　　(b) 变形度70%

图3-3　工业纯铁冷变形前后的显微组织(100×)

3)产生残余应力

金属材料在塑性变形过程中,由于其内部变形不均匀导致在变形后仍残存在金属材料内的应力,称为残余应力。生产中常通过滚压或喷丸处理使金属表面产生残余压应力,从而使其疲劳极限显著提高。但残余应力的存在也是导致金属产生应力腐蚀以及变形开裂的重要原因。

3. 冷变形金属的回复与再结晶

经过冷变形以后的金属,其组织结构及性能均发生了变化,并且产生了残余应力。生产中,若要求其组织结构及性能恢复到原始状态,并消除残余应力,必须进行相应的热处理。冷变形金属随热处理温度的提高,将经历回复、再结晶及晶粒长大三个阶段。

1)回复

当加热温度较低时,冷变形金属的纤维组织没有明显变化,其力学性能也变化不大,但残余应力显著降低,这一阶段称为回复,其回复温度为 $T_回(T_回 = 0.25 \sim 0.3 T_熔)$。实际生产中将这种回复处理称为低温退火(或去应力退火)。它能降低或消除冷变形金属的残余应力,同时又保持了加工硬化性能。

2)再结晶

经冷加工变形后的金属重新加热到再结晶温度（$T_{再} = 0.4\ T_{熔}$）以上，其显微组织将发生明显变化，被拉长而呈纤维状的晶粒又变为等轴状晶粒，同时加工硬化与残余应力完全消除，这一过程称为再结晶。实际生产中将这种再结晶处理称为再结晶退火。它常作为冷变形加工过程中的中间退火，恢复金属材料的塑性以便于继续加工。

4. 金属材料的热塑性变形

金属材料在高温下强度下降，塑性提高，易于进行变形加工，故生产中有冷、热加工之分。金属在再结晶温度以下进行的塑性变形称为冷变形加工，冷变形加工时将产生加工硬化。金属在再结晶温度以上进行的塑性变形称为热变形加工。热变形加工时产生的加工硬化将随时被再结晶所消除。

热变形加工可使金属中的气孔和疏松焊合，并可改善夹杂物、碳化物的形态、大小和分布，提高钢的强度、塑性及冲击韧度。

热变形时铸锭中的非金属夹杂物沿变形方向被拉长成纤维组织（热加工流线），再结晶时，被拉长的晶粒恢复为等轴细晶粒，而夹杂物仍沿被拉长的方向保留下来，形成了永久性的点条状或链状的锻造流线（纤维组织），这种锻造流线的化学稳定性很高，用热处理或其他方法都不能消除，只能通过重新锻压才能改变其流线方向和分布状况。纤维组织使金属材料的力学性能呈现各向异性，其纵向（沿纤维方向）的力学性能明显高于横向（垂直纤维方向）。因此，在设计时应尽量使工件受到的最大拉应力方向与纤维方向相一致，与剪应力或冲击力方向相垂直，并力求流线沿工件外形轮廓连续分布，以保证零件的使用性能。图 3-4 为热变形加工工件流线分布形式。

(a)螺钉头　(b)曲轴　(c)吊钩

图 3-4　合理的流线分布形式

3.1.2　金属及合金的锻造性

金属及合金的锻造性是指材料在锻压加工时的难易程度。若金属及合金材料在锻压加工时塑性好，变形抗力小，则锻造性好；反之，则锻造性差。因此，金属及合金的锻造性常用其塑性及变形抗力来衡量。

金属及合金的锻造性主要取决于材料的本质及其变形条件。

1. 材料的本质

1）化学成分

不同化学成分的合金材料具有不同的锻造性。纯金属比合金的塑性好，变形抗力小，因此纯金属比合金的锻造性好；合金元素的含量越高，锻造性越差，因此低碳钢比高碳钢的锻造性好；相同碳含量的碳钢比合金钢的锻造性好，低合金钢比高合金钢的锻造性好。

2）组织结构

金属的晶粒越细，塑性越好，但变形抗力越大。金属的组织越均匀，塑性也越好。相同成分的合金，单相固溶体比多相固溶体塑性好，变形抗力小，锻造性好。

2. 变形条件

1）变形温度

随变形温度的提高，金属原子的动能增大，削弱了原子间的引力，滑移所需的应力下降，金属及合金的塑性增加，变形抗力降低，锻造性好。但变形温度过高，晶粒将迅速长大，从而降低了金属及合金材料的力学性能，这种现象称为"过热"。若变形温度进一步提高，接近金属材料的熔点时,金属的晶界发生氧化,锻造时金属及合金易沿晶界产生裂纹,这种现象称为"过烧"。过热可通过重新加热锻造和再结晶使金属或合金恢复原来的力学性能,但过热使锻造火次增加,而过烧则使金属或合金报废。因此,金属及合金的锻造温度必须控制在一定的温度范围内,其中碳钢的锻造温度范围可根据铁-碳平衡相图确定,如图3-5所示。常用金属材料的锻造温度范围见表3-1。

2)变形速度

变形速度是指单位时间内金属的变形量。金属在再结晶以上温度进行变形时,加工硬化与回复、再结晶同时发生。采用普通锻压方法(低速)时,回复、再结晶不足以消除由塑性变形所产生的加工硬化,随变形速度的增加,金属的塑性下降,变形抗力增加,锻造性降低,因此塑性较差的材料(如铜和高合金钢)宜采用较低的变形速度(即用液压机而不用锻锤)成形。当变形速度高于临界速度时,产生大量的变形热,加快了再结晶速度,金属的塑性增加,变形抗力下降,锻造性提高,因此生产上常用高速锤锻造高强度、低塑性等难以锻造的合金。图3-6为变形速度对金属及合金锻造性的影响。

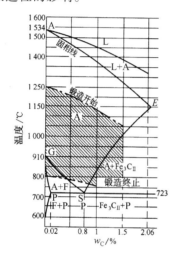

图 3-5 钢的锻造温度范围

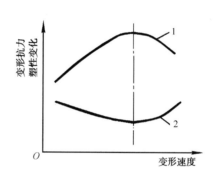

图 3-6 变形速度对金属及合金
锻造性的影响

1—变形抗力曲线;2—塑性变化曲线

表 3-1 常用金属材料的锻造温度范围

金属种类		始锻温度 /°C	终锻温度 /°C
碳钢	$w_C \leq 0.3\%$	1 200 ~ 1 250	800 ~ 850
	$w_C = 0.3\% \sim 0.5\%$	1 150 ~ 1 200	800 ~ 850
	$w_C = 0.5\% \sim 0.9\%$	1 100 ~ 1 150	800 ~ 850
	$w_C = 0.9\% \sim 1.4\%$	1 050 ~ 1 100	800 ~ 850
合金钢	合金结构钢	1 150 ~ 1 200	800 ~ 850
	合金工具钢	1 050 ~ 1 150	800 ~ 850
	耐热钢	1 100 ~ 1 150	850 ~ 900
铜合金		700 ~ 800	650 ~ 750
铝合金		450 ~ 490	350 ~ 400
镁合金		370 ~ 430	300 ~ 350
钛合金		1 050 ~ 1 150	750 ~ 900

3）变形方式（应力状态）

变形方式不同，变形金属的内应力状态也不同。图3-7所示为几种常用锻压方法的应力状态。拉拔时，坯料沿轴向受到拉应力，其他方向为压应力，这种应力状态的金属塑性较差。镦粗时，坯料中心部分受到三向压应力，周边部分上下和径向受到压应力，而切向为拉应力，周边受拉部分塑性较差，易镦裂。挤压时，坯料处于三向压应力状态，金属呈现良好的塑性状态。实践证明，拉应力的存在会使金属的塑性降低，三向受拉金属的塑性最差。三个方向上压应力的数目越多，则金属的塑性越好。因此，塑性较好的材料可选用拉应力状态下变形（如拉拔等），塑性较差的材料应选用压应力状态下变形（如挤压、模锻等）。

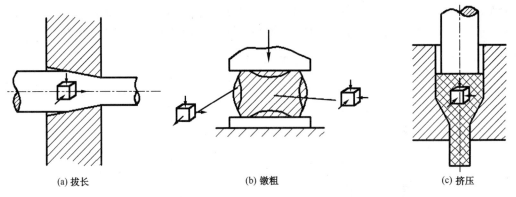

图3-7 几种常用锻压方法的应力状态

3.2 锻造

利用冲击力或静压力使加热后的坯料在锻压设备上、下砧之间或模膛内产生塑性变形，以获得所需尺寸、形状和质量的锻件加工方法称为锻造。常用的锻造方法为自由锻、模锻及胎模锻。

3.2.1 自由锻

利用冲击力或静压力使经过加热的金属在锻压设备的上、下砧间向四周自由流动产生塑性变形，获得所需锻件的加工方法称为自由锻。自由锻分为手工锻造和机器锻造两种。手工锻造只能生产小型锻件，机器锻造是自由锻的主要方式。自由锻主要用于单件、小批量锻件的生产以及大型锻件的生产。

1. 自由锻的主要设备

自由锻的设备分为锻锤和液压机两大类。生产中使用的锻锤有空气锤和蒸汽-空气锤，其吨位以锻锤落下部分的质量表示。空气锤锤击速度高，吨位较小，只有500 N～10 kN，用于锻造100 kg以下的锻件。蒸汽-空气锤的吨位较大，可达10～50 kN，用于锻造1 500 kg以下的锻件。液压机是以液体产生的静压力使坯料变形的，其压力可达5～15 000 kN，可锻造重达300 t的大型锻件，是生产大型锻件的唯一方式。

2. 自由锻的工序

自由锻工序分为基本工序、辅助工序、精整工序三大类。自由锻的基本工序是指锻造过程中使金属产生塑性变形,从而达到锻件所需形状和尺寸的工艺过程。基本工序主要有镦粗、拔长、冲孔、扩孔、弯曲、扭转、错移和切割等,实际生产中最常用的为镦粗、拔长和冲孔。辅助工序是在基本工序操作前,为方便基本工序的进行,预先使坯料产生局部塑性变形的工序,如压钳口、钢锭倒棱、切肩等。精整工序是指修整锻件表面的形状和尺寸工序,通常在终锻温度以下进行,如修整锻件鼓形、去除锻件毛刺、平整端面等。

3. 自由锻工艺设计

自由锻工艺设计包括绘制锻件图,计算坯料的尺寸和质量,确定锻造工序,选择锻造设备和工具,确定锻造温度范围以及制订加热、冷却热处理规范等。

1)绘制锻件图

锻件图是锻造加工的主要依据,它是以零件图为基础,并考虑以下几个因素绘制而成的。

(1)锻件敷料,又称余块,是为了简化锻件形状,便于锻造加工而增加的一部分金属。由于自由锻只能锻造出形状较为简单的锻件,当零件上带有较小的凹槽、台阶、凸肩、法兰和孔时,可不予锻出,留待机加工处理。

(2)机械加工余量,是指锻件在机械加工时被切除的金属。自由锻工件的精度和表面质量均较差,因此零件上需要进行切削加工的表面均需在锻件的相应部分留有一定的金属层,作为锻件的切削加工余量,其值大小与锻件形状、尺寸等因素有关,并结合生产实际而定。

(3)锻件公差,是指锻件尺寸所允许的偏差范围。其数值大小需根据锻件的形状、尺寸来确定,同时考虑生产实际情况。

图3-8为台阶轴的典型锻件图。通常在锻件图上用粗实线画出锻件的最终轮廓,在锻件尺寸线上方标注出锻件的主要尺寸和公差;用双点画线画出零件的主要轮廓形状,并在锻件尺寸线的下面或右面用圆括号标注出零件尺寸。

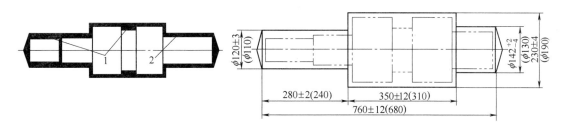

图3-8 典型锻件图

1—敷料;2—机械加工余量

2)坯料质量和尺寸的计算

(1)坯料质量

$$m_{坯} = m_{锻} + m_{损} + m_{芯} + m_{切} \tag{3-1}$$

式中:$m_{坯}$——坯料质量,kg;

$m_{锻}$——锻件质量,kg,等于锻件体积乘以金属的密度。计算锻件的尺寸应为其基本尺寸再加一半上偏差(如锻件图上尺寸标注为350 mm±12 mm,则计算尺寸应为356 mm);

$m_{损}$——坯料加热时因氧化而烧损的质量和钢锭锻造时所切除的钢锭冒口质量 $m_{冒}$ 及锭底质量 $m_{底}$,kg,氧化烧损的质量通常以毛坯质量的百分比 δ 表示。第一次加热,室式煤炉 $\delta = 2.5\% \sim 4.0\%$,煤气炉 $\delta = 1.5\% \sim 2.5\%$,油炉 $\delta = 2\% \sim 3\%$,电阻炉 $\delta = 1\% \sim 1.5\%$,接触、感应电炉 $\delta < 0.5\%$,以后毛坯每次加热 $\delta = 1\% \sim 1.5\%$,钢锭损失 $m_{冒}$ 和 $m_{底}$ 为:碳钢:$m_{冒} = (0.8 \sim 0.25)m_{锭}$,$m_{底} = (0.05 \sim 0.07)m_{锭}$;合金钢:$m_{冒} = (0.25 \sim 0.30)m_{锭}$,$m_{底} = (0.07 \sim 0.10)m_{锭}$;

$m_{芯}$——冲孔时的芯料损失,kg,主要取决于冲孔方式、孔径 d 与坯料高度 H,其中 $m_{芯} = Kd^2 H$,实心冲子冲孔 $K = 1.18 \sim 1.57$,空心冲子冲孔 $K = 6.16$,垫环冲孔 $K = 4.32 \sim 4.71$;

$m_{切}$——在锻造过程中被切除的端头部分的质量,kg。

锻件端部为圆截面: $\qquad m_{切} = (1.65 \sim 1.8)D^3$

锻件端部为矩形: $\qquad m_{切} = (2.2 \sim 2.36)B^2 H$

上两式中,D 为端部直径,B、H 为端部宽与高,单位均为 $\times 10$ cm,以上所有系数仅适用于钢料。

(2)坯料尺寸

根据求出的 $m_{锻}$,除以金属的密度,即能得到坯料的体积 $V_{坯}$,坯料的尺寸根据锻件变形工序、形状以及锻造比的要求计算如下。

① 采用镦粗法锻制的锻件。镦粗时,坯料的高度 H_0 不应超过坯料直径 D_0 或边长 A_0 的 2.5 倍,高度不应小于直径或边长的 1.25 倍。

故圆坯料直径 D_0 的计算公式为

$$D_0 = (0.8 \sim 1.0)\sqrt[3]{V_{坯}} \qquad (3-2)$$

方坯料边长 A_0 的计算公式为

$$A_0 = (0.74 \sim 0.93)\sqrt[3]{V_{坯}} \qquad (3-3)$$

坯料高度 H_0 的计算公式为

$$H_0 = V_{坯}/F_{坯} \qquad (3-4)$$

② 采用拔长法锻制的锻件。根据坯料拔长后的最大截面部分需满足锻造比 $Y_{锻}$ 的要求,坯料截面积 $F_{坯}$ 应为锻件最大截面积 $F_{锻}$ 的 1.1~1.5 倍,即

$$F_{坯} \geqslant Y_{锻} \times F_{锻} = (1.1 \sim 1.5)F_{锻} \qquad (3-5)$$

故圆坯料直径 D_0 的计算公式为

$$D_0 = 1.13\sqrt{F_{坯}} \qquad (3-6)$$

方坯料边长 A_0 的计算公式为

$$A_0 = \sqrt{F_{坯}} \qquad (3-7)$$

坯料长度 L_0 的计算公式为

$$L_0 = V_{坯}/F_{坯} \qquad (3-8)$$

3)确定锻造工序

自由锻的锻造工序应根据锻件的形状、尺寸和技术要求,并综合考虑生产批量、生产条件以及各基本工序的变形特点,加以确定。表 3-2 为常见锻件的自由锻的工序。

表 3-2　常见锻件的自由锻工序

锻件类别	常见锻件	图例	锻造工序
盘类零件	齿轮、凸轮等		镦粗、冲孔
轴杆类零件	传动轴、连杆等		镦粗、拔长、切肩、拔长
筒类零件	筒体等		拔长、镦粗、冲孔、在心轴上拔长
环类零件	圆环、法兰、齿圈等		镦粗、冲孔、扩孔
曲轴类零件	曲轴、偏心轴等		拔长、错移、拔长、扭转
弯曲类零件	吊钩、轴瓦等		拔长、弯曲

4) 锻造设备

自由锻锻造设备的选择主要取决于坯料的质量、类型及尺寸。低碳钢、中碳钢和低合金钢的锤上自由锻可参考表 3-3 选择锻锤的吨位。

表 3-3　自由锻锻锤的锻造能力范围

锻件类型	锻锤吨位/t　锻件规格	0.25	0.5	0.75	1	2	3	5
圆盘	D/mm	<200	<250	<300	≤400	≤500	≤600	≤750
	H/mm	<35	<50	<100	<150	<250	≤300	≤300
圆环	D/mm	<150	<300	<400	≤500	≤600	≤1 000	≤1 200
	H/mm	≤60	≤75	<100	<150	<250	≤250	≤300
圆筒	D/mm	<150	<175	<250	<275	<300	<350	≤700
	d/mm	≥100	≥125	>125	>125	>125	>150	>500
	L/mm	≤150	≤200	≤275	≤300	≤350	≤400	≤550
圆轴	D/mm	<80	<125	<150	≤175	≤225	≤275	≤350
	m/kg	<100	<200	<300	<500	≤750	≤1 000	≤1 500

锻件类型	锻锤吨位/t 锻件规格	0.25	0.5	0.75	1	2	3	5
方块	$H=B$/mm	≤80	≤150	≤175	≤200	≤250	≤300	≤450
	m/kg	<25	<50	<70	≤100	≤350	≤800	≤1 000
扁方	B/mm	≤100	≤160	<175	≤200	<400	≤600	≤700
	H/mm	≥7	≥15	≥20	≥25	≥40	≥50	≥70
成形锻件质量/kg		5	20	35	50	70	100	300
钢锭直径/mm		125	200	250	300	400	450	600
钢坯边长/mm		100	175	225	275	350	400	550

注：D—锻件外径；d—锻件内径；H—锻件高度；B—锻件宽度；L—锻件长度；m—锻件质量。

4. 自由锻锻件的结构工艺性

自由锻由于受到锻造设备、工具及工艺特点的限制，在自由锻零件设计时，除满足使用性能外，还应具有良好的结构工艺性。自由锻锻件表面一般只能由平面和圆柱面组成，对于横截面尺寸变化较大、形状复杂的锻件，可以分成几部分分别锻造，然后再进行机械连接或焊接成整体。表 3-4 为自由锻锻件的结构工艺性要求。

表 3-4　自由锻锻件的结构工艺性要求

工艺要求	不合理结构	合理结构
尽量避免锥面或斜面结构	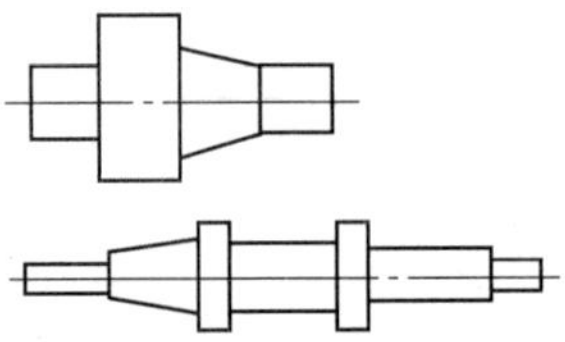	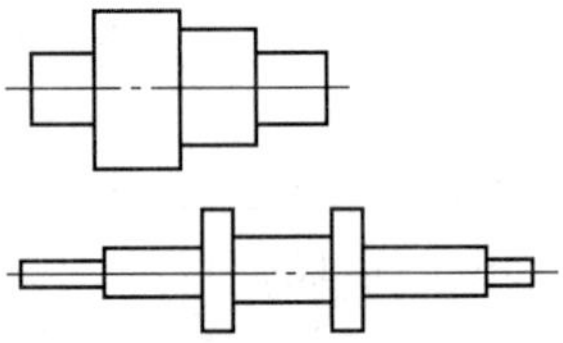
避免空间相贯曲线	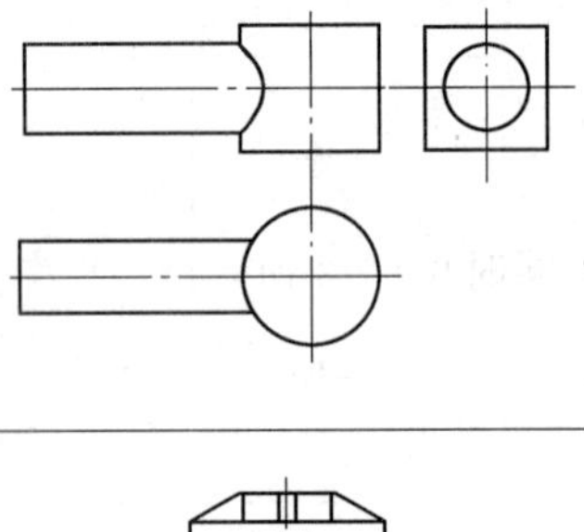	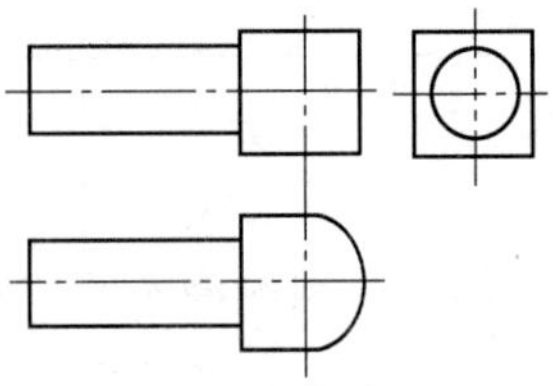
避免加强筋、凸台、工字形结构	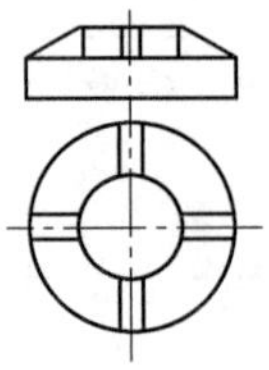	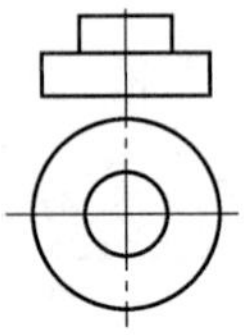

续表

工艺要求	不合理结构	合理结构
形状复杂的锻件,可以分成几部分分别锻造,然后再进行机械连接或焊接成整体	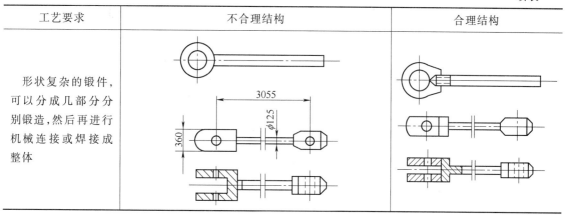	

3.2.2 模锻

模型锻造简称模锻,是指将加热后的金属坯料放在锻模模膛,使坯料受压变形,从而获得锻件的方法。

与自由锻相比模锻具有以下特点:模锻件形状和尺寸精度高,表面质量好,加工余量小,节省金属材料;生产率高;操作简单,易于实现自动化;模锻设备精度要求较高,吨位要求较大,锻模结构比较复杂,成本高,生产准备周期较长。因此,模锻适用于中、小型锻件的成批及大量生产,在汽车、拖拉机、飞机制造业中得到广泛应用。

模锻按使用设备不同,可分为锤上模锻和压力机上模锻。

1. 锤上模锻

锤上模锻是指将锻模装在模锻锤上进行锻造。在锤的冲击力下,金属在模膛中成形,特别适合于多模膛模锻,能完成多种变形工序,是目前我国锻造生产中使用最为广泛的一种模锻方法。

1) 模锻锤

锤上模锻最常用的设备为蒸汽空气模锻锤,如图 3-9 所示。

此外,还有无砧座锤和高速锤等。蒸汽空气模锻锤的构造及工作原理与蒸汽空气自由锻锤基本相似,其主要区别为:模锻锤的砧座较大,机架直接用带弹簧的螺栓安装在砧座上,形成封闭结构;模锻锤的锤头与导轨间的间隙很小,并可调整,因此锤头运动精确,保证上、下模能准确对准,从而获得形状和尺寸准确的模锻件。

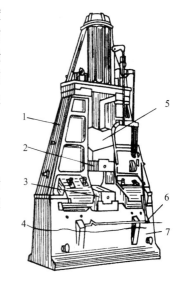

图 3-9 模锻锤
1—机架;2—上模;3—下模;4—地面;5—锤头;6—踏脚板;7—砧座

模锻锤的吨位以锤杆落下部分的质量表示。常用模锻锤的吨位为 1 ~ 16 t,通常用以锻造 0.5 ~ 150 kg 的模锻件。表 3-5 为常用模锻锤吨位的选择。

表 3-5 常用模锻锤吨位的选择

模锻锤吨位/t	1.0	1.5	2.0	3.0	5.0	10	16
模锻件质量/kg	0.5 ~ 1.5	1.5 ~ 5	5 ~ 12	12 ~ 25	25 ~ 40	40 ~ 100	100 ~ 150

2）锤上模锻的过程

图 3-10 为盘类锻件锤上模锻过程示意图。锻模主要由上模 2 和下模 4 两部分组成。上模 2 靠其燕尾槽用楔 10 固定在模锻锤的锤头上,并与锤头 1 一起作上、下运动。下模 4 靠其燕尾槽用楔 7 固定在模座 5 上,模座再用楔 6 固定在模锻锤的砧座上。模锻时,将加热后的坯料放在锻模下模的模膛中,锻模上模随锤头向下锤击时,使坯料变形充满模膛,从而获得与模膛形状一致的锻件。

图 3-11 为带飞边的模锻件。模锻件从模膛中取出后,通常带有飞边 2,带孔模锻件孔部位留有冲孔连皮 4,需用切边模、冲孔模切除,才能获得成品锻件。

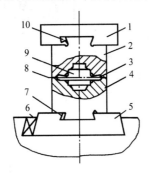

图 3-10　盘类锻件的锤上模锻过程
1—锤头；2—上模；3—锻件飞边；4—下模；
5—模座；6—模座用楔；7—下模用楔；
8—分模面；9—坯料；10—上模用楔

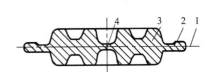

图 3-11　带飞边的模锻件
1—分模面；2—飞边；
3—锻件；4—冲孔连皮

3）锻模模膛

锻模模膛按其作用的不同可分为模锻模膛、制坯模膛和切断模膛三大类。模锻模膛的作用是将坯料经过变形后形成锻件。模锻模膛有预锻模膛和终锻模膛两种,常设置在锻模的中间位置。制坯模膛的作用是将圆棒料毛坯制成横截面和外形基本符合锻件形状的中间坯料,然后将它放入模锻模膛中制成锻件,它包括镦粗、压扁、拔长、滚挤（亦称滚压）、成形和弯曲等模膛。切断模膛用于切断已锻好的锻件。锻模模膛的种类及其作用见表 3-6。图 3-12 为一弯曲连杆的锻模及成形过程示意图。

表 3-6　锻模模膛的种类及其作用

模膛名称		图例	作用及用途	特点
模锻模膛	预锻		将坯料变形到接近锻件的形状和尺寸,便于终锻时金属充满终锻模膛,减少终锻模膛的磨损,延长锻模的寿命,主要用于形状较为复杂的锻件	预锻模膛的形状与终锻模膛相近,其模膛高度、模锻斜度和圆角比终锻模膛大,宽度略小,且没有飞边槽

模膛名称		图例	作用及用途	特点
模锻模膛	终锻	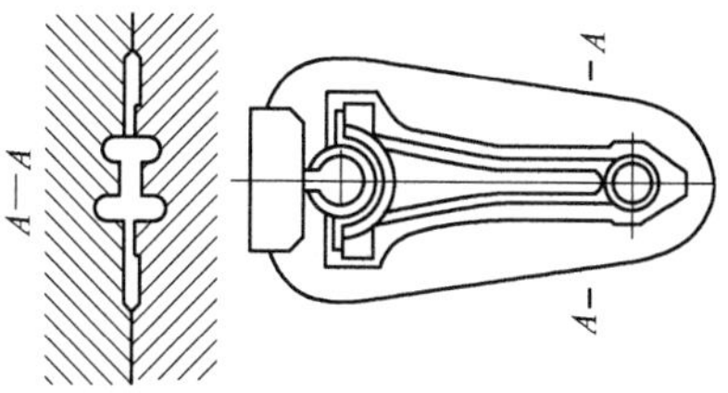	将坯料最终变形到锻件所需要的形状和尺寸	模膛的形状与锻件的形状一致,但尺寸比锻件大一个收缩量。模膛四周设置飞边槽,用以增加金属从模膛中流出的阻力,促使金属充满模膛,同时容纳多余的金属
制坯模膛	镦粗及压扁	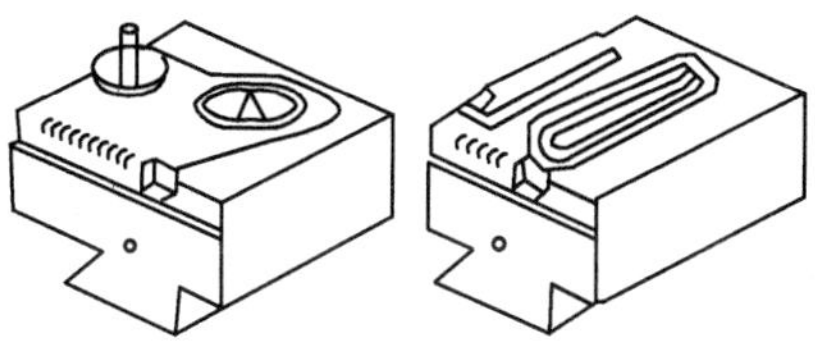	减少坯料高度,增大坯料直径(镦粗)或宽度(压扁),用于盘块类锻件的制坯	是制坯的第一步,通常模膛安放在模具的边角处
	拔长	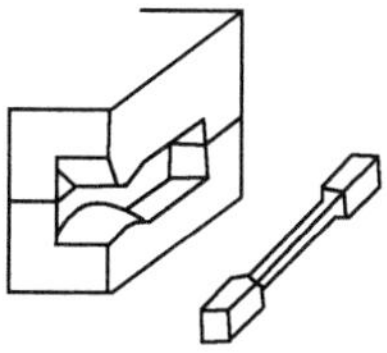	减少毛坯某部分的横截面积,增加毛坯长度,用于长轴类锻件的制坯	是制坯的第一步,需锤击多次,边送进边翻转,并可清除氧化皮
	滚挤	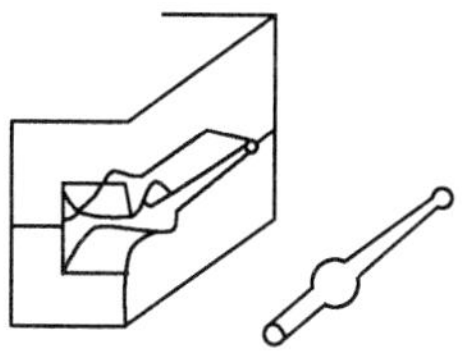	减少毛坯某一部分的横截面积,以增加另一部分的横截面积,从而使金属按锻件形状分布,适用于横截面积相差较大的锻件的制坯	坯料不轴向送进,仅反复绕轴线翻转
	弯曲	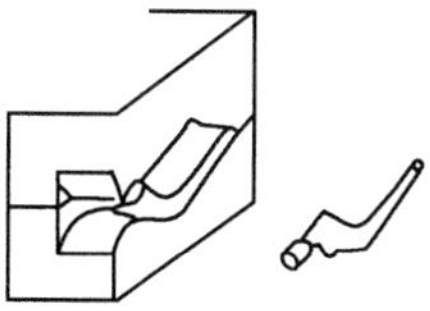	弯曲坯料,使之获得近似于模锻模膛在分模面上的轮廓形状	结构特点与成形模膛相似,但无聚料作用,且变形量比成形模膛大
切断模膛		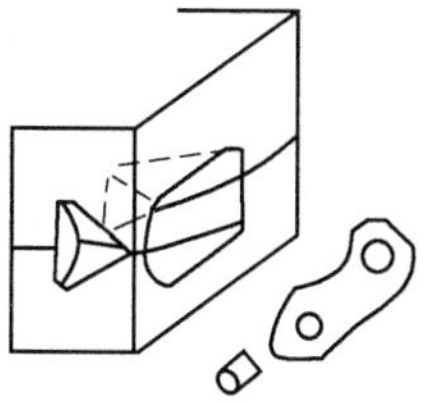	切断已锻好的锻件	多工位锻模的最后一个工步,常置于锻模的前角或后角上

4）模锻图的绘制

（1）选择分模面

分模面是指锻模上模与下模的分界面。模锻件分模面的选择关系到锻件成形、锻件脱模以及锻件质量等一系列问题。确定模锻件分模面的原则通常为：

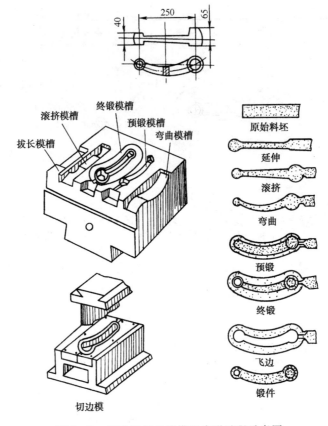

图 3-12 弯曲连杆的锻模及成形过程示意图

① 分模面应选在锻件最大截面处,以便于锻件顺利脱模;
② 分模面应使模腔深度最浅,且上、下模深度基本一致,以便于金属充满模腔;
③ 分模面应尽量为平面,以简化模具结构,方便模具制造;
④ 分模面应保证锻件所需敷料最少,以节省金属材料;
⑤ 对带孔盘类零件,为锻出凹孔,应径向分模而不宜轴向分模。

图 3-13 为一齿轮坯模锻件的几种分模方案,根据以上分模原则可知,$a—a$、$b—b$、$c—c$ 分模方案均存在问题,$d—d$ 分模方案最佳。

(2) 确定机械加工余量和锻件公差

模锻件上凡需机械加工的部位均要求留有机械加工余量,并标注锻造公差。由于模锻件的精度比自由锻高得多,因此模锻件的机械加工余量及锻造公差均比自由锻件小。通常,模锻件的机械加工余量为 1 ~ 4 mm,锻造公差为 (±0.3 ~ ±3) mm 之间,具体数值可根据锻件尺

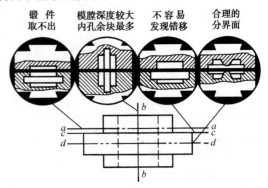

图 3-13 齿轮坯分模方案的选择

寸、锻件形状复杂程度、锻件材料及精度要求等查阅有关手册。

（3）确定模锻斜度

为了便于将模锻件从模腔中取出，锻件沿锤击方向的表面应留有一定的斜度，称为模锻斜度，如图 3-14 所示。锻模斜度通常由专用的模具铣刀铣出，采用模具铣刀的标准角度，3°、5°、7°、10°、12°等几种。由于锻模内壁在锻件冷却后容易被夹住，因此内壁斜度应略大于外壁斜度（$\alpha_2 > \alpha_1$）。一般外壁斜度取 5°或 7°，内壁斜度取 7°或 10°。

（4）确定圆角半径

模锻件上所有转角处都应设计成圆角（图 3-15），以便金属在模腔中流动，保持金属纤维的连续性，提高锻件的质量并避免模锻件转角处产生应力集中及变形开裂现象，延长模具寿命。锻模上的圆角也是由模具铣刀铣出，它有 1 mm、1.5 mm、2 mm、3 mm、4 mm、5 mm、6 mm、8 mm、10 mm、12 mm、15 mm、20 mm、25 mm、30 mm 等多种。通常，钢锻件内圆角半径 r 取 1～4 mm，外圆角半径 R 是内圆角半径的 3～4 倍。模锻模腔越深，圆角半径应越大。

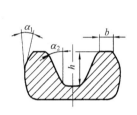

图 3-14 模锻斜度

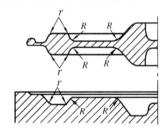

图 3-15 圆角半径

（5）冲孔连皮

锤上模锻不能锻出通孔，而必须在孔内保留一层金属层，称为冲孔连皮（图 3-16）。冲孔连皮锻后需在压力机上去除。冲孔连皮常采用平底连皮、斜底连皮等形式，当孔较小、较浅时（孔径为 25～60 mm），采用平底连皮，平底连皮的厚度通常为 4～8 mm 之间；孔较大、较深时，为便于孔底金属向四周排除，应采用斜底连皮。模锻件上直径小于 25 mm 的孔一般不予锻出。

图 3-17 为齿轮坯的模锻件图。其绘制方法与自由锻锻件图相同。双点画线表示齿轮零件外形，实线表示锻件的外形。沿锻件水平方向选取分模面，分模面选在锻件高度方向的中部，使锻模上下模腔形状一致。零件轮辐不需切削加工，故不留加工余量。锻件孔中间的两道横线为冲孔连皮。

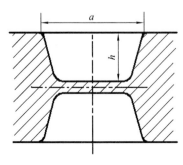

图 3-16 冲孔连皮

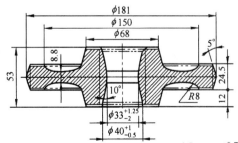

未注圆角半径 R 为 2.5 mm，公差：高度为 $^{+1.5}_{-0.75}$ 水平 $^{+0.75}_{-1.15}$

图 3-17 齿轮坯模锻件图

5）模锻工序的选择

模锻工序主要按模锻件的形状和尺寸来确定。模锻件按其形状可分为长轴类零件（如台阶轴、曲轴、连杆等）和盘类零件（如齿轮、法兰盘等）两大类。图 3-18 为盘类模锻件，其模锻工序通常采用镦粗或压扁模膛制坯后终锻成形。图 3-19 为长轴类模锻件，其模锻工序通常采用拔长、滚挤、预锻、终锻和切断等工序。

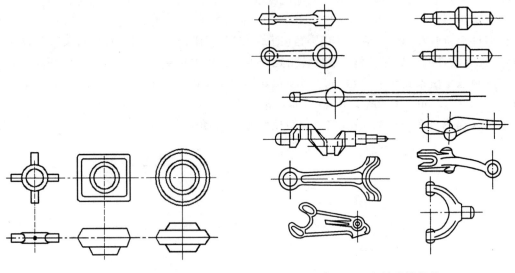

图 3-18　盘类模锻件　　　　　　　　图 3-19　长轴类模锻件

6）模锻件的结构工艺性

设计模锻件结构时，应充分考虑模锻的工艺特点和要求，尽量使锻模结构简单，模膛易于加工，模锻件易于成形，生产率高，生产成本低。因此，模锻的结构设计应考虑以下原则：

（1）避免锻件横截面面积相差过大，避免模锻件上有薄壁、高肋及直径过大的凸缘。图 3-20a 所示锻件横截面面积相差过大，凸缘太高太薄。模锻时，坯料难以充满模膛。图 3-20b 所示薄壁零件过扁过薄，锻造时薄的部分不易锻出。图 3-21a 所示工件上有一高而薄的凸缘，材料充模、锻模制造及锻件取出都比较困难。如改成图 3-21b 所示形状，既不影响使用性能，锻造又比较方便。

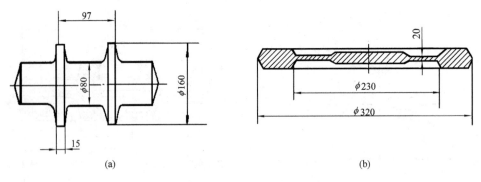

(a)　　　　　　　　　　　　　　　　(b)

图 3-20　模锻件结构工艺性示例 1

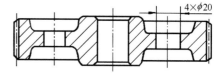

图 3-21　模锻件结构工艺性示例 2　　　　　图 3-22　齿轮

（2）模锻件应尽量避免深沟、深槽、深孔以及多孔结构,必要时可将这些部位设计成余块,以便模具制造及延长模具使用寿命。图 3-22 所示零件四个 $\phi20$ mm 的孔不必锻出,留待以后机加工成形即可。

（3）锻件形状应尽量简单,外形力求对称,尽可能不用多向弯曲结构。

（4）对于形状复杂的锻件可考虑采用锻焊组合结构,如图3-23 所示。

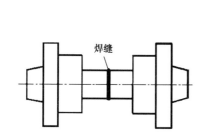
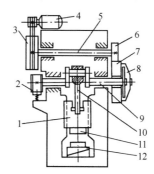

图 3-23　锻焊组合件　　　　　图 3-24　曲柄压力机工作原理示意图

1—滑块；2—制动器床身；3—带轮；4—电动机；

5—转轴；6—小齿轮；7—大齿轮；8—离合器；

9—曲轴；10—连杆；11—上模；12—下模

2. 压力机上模锻

锤上模锻操作简便、工艺适应性广,在中、小锻件的生产中得到广泛的应用。但锤上模锻锻造时振动及噪声大、劳动条件差、蒸汽做功效率低、能源消耗大,近年来大吨位的模锻机有逐步被压力机取代的趋势。生产上常用的压力机有曲柄压力机、摩擦压力机、平锻压力机等。

1）曲柄压力机

（1）曲柄压力机的工作原理

曲柄压力机工作原理示意图如图3-24 所示。电动机 4 通过 V 带带动带轮 3 转动,带轮 3 通过传动轴经小齿轮 6、大齿轮 7 带动曲轴 9,并经连杆 10 将曲轴 9 的旋转运动变成滑块 1 的往复运动。冲模的上模固定在滑块上,从而完成对坯料的冲压过程。

（2）曲柄压力机工艺特点及应用范围

① 曲柄压力机的冲压行程较大,是曲轴偏心半径的两倍,但其行程固定,机架刚度好。且滑块与导轨之间的间隙小,装配精度高,设有上下顶出装置,模锻斜度小甚至为零,故锻件的精度高,并能节省材料。

② 滑块的运动速度低,坯料变形速度慢,适合加工低塑性合金。

③ 可采用组合锻模,模膛由多个镶块拼合后固定在模板上,模具制造简单,互换性好。

④ 滑块的每次行程可完成一道工序,生产效率高。

⑤ 由于采用静压力,振动小,噪声低,工人劳动条件好,易于实现自动化。

但是,由于曲柄压力机滑块行程固定不变,且坯料在静压力下一次成形,金属不易充填较深的模膛,不宜用于拔长、滚挤等变形工序,需先进行制坯或采用多模膛锻造。此外,坯料的氧化皮也不易去除,必须严格控制加热质量。

曲柄压力机与同样锻造能力的模锻锤相比,结构复杂、造价高,因此适合在大批、大量生产中制造优质锻件。

2）平锻机

平锻机的主要结构与曲柄压力机相似,因滑块沿水平方向运动,带动模具对坯料水平施压,故称为平锻机。

（1）平锻机的工作原理

平锻机根据凹模分模方式的不同,可分为垂直分模平锻机和水平分模平锻机两种。水平分模平锻机工作原理示意图如图 3-25 所示。电动机 1 通过皮带 2 带动带轮 4 转动,带轮带动离合器 3 并通过传动轴 5、齿轮 8 使曲轴 7 转动。随曲轴转动,连杆 9 推动主滑块 11 及上面的凸模 12 在水平面做前后往复运动,同时曲轴又驱使凸轮 6 旋转,凸轮 6 通过杠杆 16 使副滑块及活动凹模 15 在水平面做往复的夹紧运动。锻造时,将坯料放入固定凹模 14,前端由挡料板定位,启动开关,活动凹模 15 右行与固定凹模合模,挡料板退回,凸模前行向坯料施加压力,坯料成形。回程时,凸模先退出,活动凹模随后左移复位,取出锻件。

（2）平锻机的工艺特点及应用范围

平锻机除了具有曲柄压力机的特点以外,还具有以下特点:

① 能够锻造出其他锻造设备难以锻造的锻件。锻造过程中坯料水平放置,可采用局部加热及局部变形锻造带头部的长杆类锻件;锻模有两个相互垂直的分模面,锻件容易取出,可锻造有通孔或盲孔的锻件。

② 锻件无模锻斜度,无飞边或飞边很小,可冲出通孔,锻件尺寸精度高,表面粗糙度值低,节省材料,生产率高。

③ 难以锻造回转体及中心不对称的锻件。

平锻机的结构复杂,造价高,主要适合锻造大批量生产的带头部的杆类锻件和侧凹带孔锻件,如汽车半轴、倒车齿轮等。

3）摩擦压力机

（1）摩擦压力机的工作原理

摩擦压力机工作原理示意图如图 3-26 所示。电动机 5 通过 V 带 6 传动带轮 7,驱动传动轴及左、右摩擦盘 4。当操纵手柄 11 处于水平位置时,飞轮 3 介于左右两个摩擦盘之间,两面均有 2～5 mm 间隙。当往下按动操作手柄时,连杆系统带动左摩擦盘右移与飞轮 3 接触,飞轮带动螺杆 1 旋转,螺杆从螺母 2 中旋下,带动滑块 8 向下移动进行锻压。当操作手柄提起时,右摩擦盘左移与飞轮 3 接触,螺杆上旋提起滑块。如此往复运动从而实现对坯料的锻压成形。

（2）摩擦压力机的工艺特点及应用范围

摩擦压力机的工艺特点有:

① 摩擦压力机带有顶料装置,可以用来锻造带长杆类锻件,并可锻造小斜度或无斜度的锻件以及小余量、无余量的锻件,节省材料。

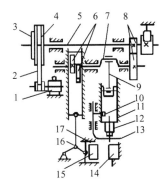 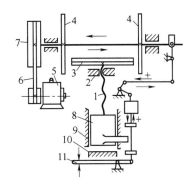

图 3-25　水平分模平锻机工作原理示意图
1—电动机；2—皮带；3—离合器；4—带轮；
5—传动轴；6—凸轮；7—曲轴；8—齿轮；
9—连杆；10—小凸轮；11—主滑块；12—凸模；
13—挡料板；14—固定凹模；15—活动凹模；
16—杠杆；17—副滑块

图 3-26　摩擦压力机工作原理示意图
1—螺杆；2—螺母；3—飞轮；4—左、右摩擦盘；
5—电动机；6—皮带；7—带轮；8—滑块；9—导轨；
10—工作台；11—操纵手柄

② 摩擦压力机具有模锻锤和曲柄压力机双重工作特性,既具有模锻锤的冲击力,又有曲柄压力机与锻件接触时间较长、变形力较大的特点。因此,既能完成镦粗、挤压等成形工序,又可进行精锻、校正、切边等后续工序的操作。

③ 摩擦压力机螺杆和滑块间为非刚性连接,承受偏心载荷的能力较差,通常只能进行单模腔模锻,当偏心载荷不大的情况下,也可布置两个模腔,但制坯需在其他设备上进行。

④ 摩擦压力机依靠摩擦带动滑块进行往复运动实现锻压操作,传动效率及生产率较低,能耗较大。

根据以上特点,摩擦压力机主要适用于中、小批量生产中、小模锻件,特别适合模锻塑性较差的金属及合金如高温合金和非铁金属合金等。

3.2.3　胎模锻

胎模锻是在自由锻设备上使用可移动模具生产锻件的一种锻造方法。胎模锻介于自由锻与模锻之间,汲取了两种锻造方法的优点。胎模锻通常先在自由锻设备上制坯,然后将锻件放在胎模中用自由锻设备终锻成形,形状简单的锻件也可直接在胎模中成形。锻造时,胎模置于自由锻设备的下砧上,用工具夹持住进行锻打。

1. 胎模锻锻模的种类、结构及用途

胎模的种类很多,常用的胎模有扣模、摔模、套模、弯曲模等。常用胎模的种类及用途见表 3-7。

2. 典型锻件的胎模锻锻造过程

图 3-27 为齿轮坯胎模锻的锻造过程。坯料（图 3-27a）经自由锻镦粗成为中间坯料（图 3-27b）,图 3-27c 为将中间坯料放入套模中的情况,图 3-27d 为终锻结束时坯料成形的情况。

3. 胎模锻的特点

（1）与自由锻相比,胎模锻不仅生产效率高,而且形状准确,加工余量小,尺寸精度高。锻件在胎模中成形,锻件内部组织细密,力学性能好。

（2）与模锻相比,不需要昂贵的设备,胎模不仅制作简单、成本低,而且使用方便,能局部成形,可以用小胎模制造出较大的锻件。

表 3-7 常用胎模的种类及用途

名称	图例	结构及用途	名称	图例	结构及用途
扣模		扣模由上扣和下扣组成,主要用来对毛坯进行局部或全部扣形。锻造时,毛坯不转动。用于制造长杆等非回转体锻件	合模		通常由上、下两部分组成,上下模用导柱和导销定位,用于制造形状复杂的非回转体锻件
摔模		摔模由上摔和下摔以及摔把组成,用于制造回转体锻件,如轴等	弯曲模		弯模由上、下模组成,用于吊钩、吊环等弯杆类锻件的成形和制坯
套模		套模为圆筒状,分为开式、闭式两种,通常由上模、下模、模套组成,用于制造齿轮、法兰盘等	冲切模		冲切模由冲头和凹模组成,用于锻件锻后冲孔和切边

但胎模锻锻件尺寸精度不如模锻件高,工人劳动强度大,胎模易于损坏,因此胎模锻适用于中小型锻件的小批量生产,常用于没有模锻设备的中小型工厂。

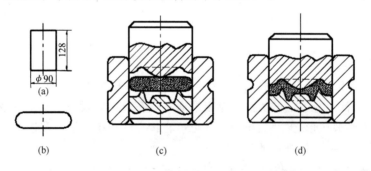

图 3-27 齿轮坯的胎模锻造

3.3 板料冲压

板料冲压是利用冲模在压力机上对材料施加压力,使材料产生分离或变形,从而获得一定形状、尺寸和性能的加工方法。板料冲压通常在室温下进行,故又称冷冲压。当板料厚度超过 8 ~10 mm 时,需采用热冲压。

3.3.1 板料冲压的基本工序、特点及应用范围

1. 板料冲压的基本工序

板料冲压的冲压方法可分为分离工序及变形工序两大类,见表3-8。分离工序是将冲压件或毛坯沿一定的轮廓相互分离。变形工序是在材料不产生破坏的前提下使毛坯发生塑性变形,形成所需形状及尺寸的工件。常见的冷冲压可分为五个基本工序:冲裁、弯曲、拉深、成形和立体压制(体积冲压)。

2. 常见的分离工序及变形工序

1)冲裁

冲裁是将板料沿封闭轮廓线分离的工序。冲裁包括落料、冲孔、切断、切边、剖切等工序,见表3-8。

表 3-8 板料冲压的冲压方法

类别	基本工序	工序名称	工序简图	工序特点
分离工序	冲裁	落料	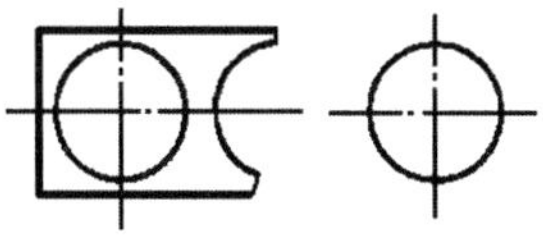	将板料沿封闭轮廓分离,切下部分是工件,带孔的周边为废料
		冲孔	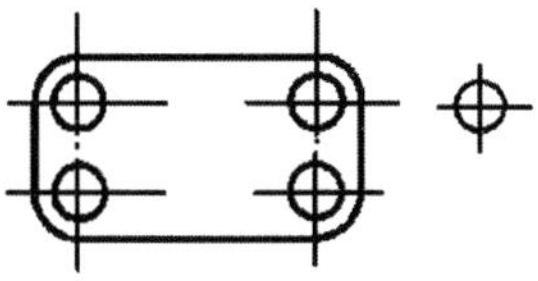	将板料沿封闭轮廓分离,切下部分是废料,带孔的周边为工件
		切断	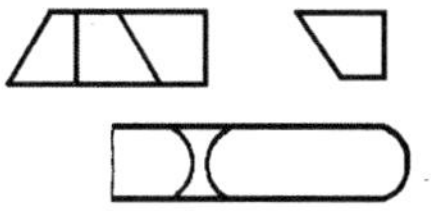	将板料沿不封闭的轮廓分离
		切边	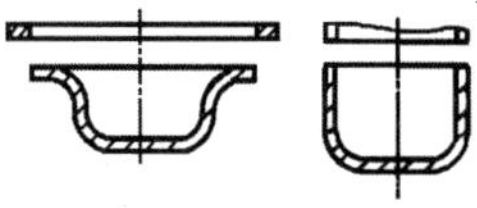	将已加工工件边缘多余的废料切除
		剖切	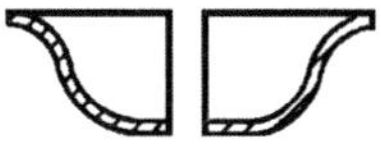	将冲压成形的半成品切开成两个或两个以上的工件
变形工序	弯曲	压弯		将板料沿弯曲线弯成一定的角度和形状
	拉深	拉深	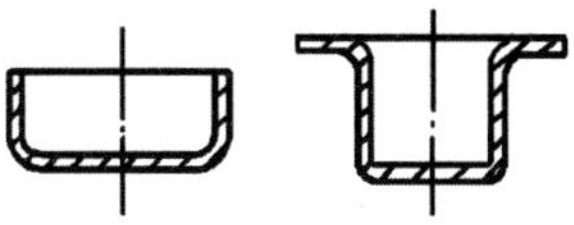	将板料变成开口空心件
	成形	翻边	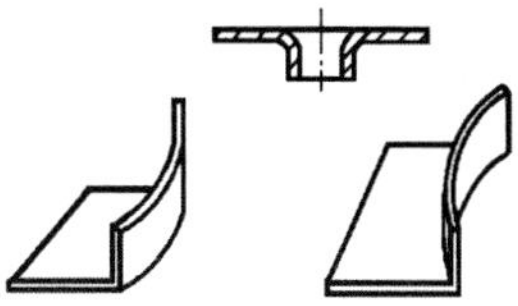	将工件的孔边缘或外壳翻转成竖边

续表

类别	基本工序	工序名称	工序简图	工序特点
变形工序	成形	缩口		将空心件或管状毛坯的径向尺寸缩小
		胀形		将空心件或管状毛坯向外扩张,胀出所需要的凸起曲面
		起伏		将板料表面制成各种形状的凸起和凹陷
	立体压制	冷挤压		使金属沿凸、凹模间隙或凹模模口流动,从而形成薄壁空心件或成形零件
		冷镦		将杆状坯料局部镦粗

（1）冲裁过程

板料的冲裁过程如图 3-28 所示。凸模 1 与凹模 2 具有与工件轮廓一样的刃口,凸、凹模之间存在一定的间隙。当压力机滑块将凸模推下时,放在凸、凹模之间的板料被冲裁成所需的工件。冲裁时板料的变形过程可分为三个阶段,如图 3-29 所示。① 当凸模开始接触板料并下压时,板料产生弹性压缩、弯曲、拉伸等变形;② 凸模继续下压,板料的应力达到屈服点,板料发生塑性变形;③ 当板料应力达到抗剪强度时,板料在与凸、凹模刃口接触处产生裂纹,当上下剪裂纹相连时,板料便分成了两部分。

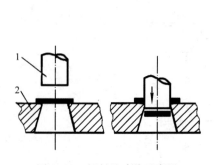

图 3-28　板料的冲裁示意图

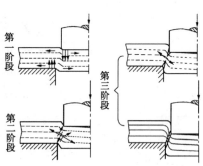

图 3-29　冲裁时板料的变形过程

（2）冲裁间隙

冲裁间隙是指冲裁凸模与凹模之间工作部分的尺寸之差,如图 3-30 所示,即

$$Z = D_凹 - D_凸 \qquad (3-9)$$

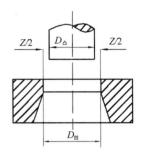

图 3-30 冲裁间隙

冲裁间隙对冲裁过程有很大的影响,它不仅对冲裁件的质量起决定性的作用,而且直接影响模具的使用寿命。间隙过小,冲裁挤压加剧,刃口所受压力增大,造成模具刃口变形及端面磨损加剧,严重时甚至发生崩刃现象。间隙过大,板料受拉伸、弯曲的作用加大,剪切断面塌角增大,导致冲裁件平面产生穿弯现象,上下裂纹不重合,工件有明显的拉断毛刺。因此,合理选取模具的间隙值非常重要。较小的间隙有利于提高冲裁件的质量,较大的间隙则有利于提高模具的寿命。影响间隙值的主要因素是板料厚度及材料性质。板料厚度愈大,间隙数值愈大,反之板料愈薄则间隙愈小。通常,冲裁软钢、铝合金、铜合金等材料时,模具间隙取板厚的 6% ~ 8%,冲裁硬钢等材料时,模具间隙取板厚的 8% ~ 12%。实际生产中,模具的间隙数值可通过查表获得,合理的间隙值有相当大的变动范围,为 5% ~ 25%,在保证冲裁件质量的前提下,应采用较大的间隙。

（3）凸模、凹模刃口部分尺寸计算

冲孔和落料所用的模具结构基本相同,但刃口部分的尺寸有所区别。凸模和凹模刃口尺寸直接决定了冲裁件的尺寸和间隙大小,是模具中最重要的尺寸。模具刃口设计原则如下:

① 落料时,落料件的尺寸是由凹模决定的,因此应以落料凹模为设计基准。冲孔件的尺寸是由凸模决定的,因此应以冲孔凸模为设计基准。

② 模具磨损后将使模具凹模尺寸变大,凸模尺寸变小,因此设计模具时,对于落料件,凹模是设计基准,凹模刃口尺寸应接近落料件的下极限尺寸,凸模刃口尺寸比凹模缩小一个间隙量;对于冲孔件,凸模是设计基准,凸模刃口尺寸应接近冲孔件的上极限尺寸,凹模刃口尺寸比凸模放大一个间隙量。具体计算公式如下:

落料
$$D_凹 = (D_{\max} - x\Delta)^{+\delta_凹}_{\ 0} \qquad (3-10)$$

$$D_凸 = (D_凹 - Z_{\min})^{\ 0}_{-\delta_凸} \qquad (3-11)$$

冲孔
$$d_凸 = (d_{\min} + x\Delta)^{\ 0}_{-\delta_凸} \qquad (3-12)$$

$$d_凹 = (d_凸 + Z_{\min})^{+\delta_凹}_{\ 0} \qquad (3-13)$$

式中:$D_凹$、$D_凸$——分别为落料凹模和凸模的公称尺寸,mm;

$\quad\quad d_凸$、$d_凹$——分别为冲孔凸模和凹模的公称尺寸,mm;

$\quad\quad D_{\max}$——落料件的上极限尺寸,mm;

$\quad\quad d_{\min}$——冲孔件的下极限尺寸,mm;

$\quad\quad \Delta$——冲裁件的公差,mm;

$\quad\quad x$——磨损系数,其值应在 0.5 ~ 1 之间,与冲裁精度有关。当工件公差为 IT10 以上时,$x = 1$,当工件公差为 IT11 ~ IT13 时,$x = 0.75$,当工件公差为 IT14 以下

时, $x = 0.5$;

$\delta_{\text{凹}}$、$\delta_{\text{凸}}$——分别为凹模和凸模的制造公差。

（4）冲裁力的计算

冲裁时材料对模具的最大抗力称为冲裁力。冲裁力是选择压力机的主要依据,也是设计模具所必需的依据。冲裁力大小与板料的材质、厚度及冲裁件周边的长度有关。普通平刃口冲裁模冲裁力的计算方法如下:

$$F = KLt\tau \tag{3-14}$$

式中: F——冲裁力,N;

L——冲裁件周长,mm;

t——板料厚度,mm;

τ——材料的抗剪强度,MPa;

K——安全系数,通常取 1.3。

（5）冲裁后的修整

对精度要求较高的零件常在冲裁后再进行修整,即在修整模上利用切削的方法,将冲裁件的外缘或内孔切去很薄一层金属,以获得平直而光洁的断面。修整后的工件尺寸精度可达 IT6 ~ IT7, Ra 值为 $0.8 \sim 0.4~\mu m$。

2）弯曲

将金属材料沿弯曲线弯成一定的角度和形状的工艺方法称为弯曲。

（1）弯曲变形过程

板料弯曲中最基本的是 V 形件的弯曲,其弯曲过程如图 3-31 所示。开始弯曲时,板料的弯曲内侧半径大于凸模的圆角半径,随凸模的下压,板料内侧半径逐渐减小,同时弯曲力臂也逐渐减小。当凸模、板料、凹模三者完全压合,板料的内侧半径及弯曲力臂达到最小时,弯曲过程结束。

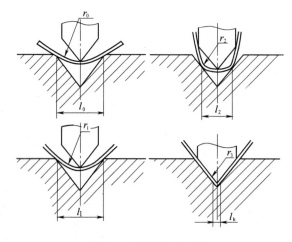

图 3-31　板料弯曲过程

（2）弯曲变形的特点

弯曲变形通常只发生在弯曲件的弯曲角范围内，圆角以外基本上不变形。板料靠近凸模的内侧长度缩短（受压），靠近凹模的外侧长度伸长（受拉），板料中间中性层长度不变。当板料外侧受到的拉应力超过板料的抗拉强度时，外层金属被拉裂。

弯曲件在弯曲变形结束后，会伴随一些弹性恢复从而造成工件弯曲角度、弯曲半径与模具的形状、尺寸不一致的现象，称为弯曲件的回弹现象，如图 3-32 所示。弯曲件的回弹会直接影响其精度。因此，在设计弯曲模时应使模具的弯曲角 α 比弯曲件弯曲角 α_0 小一个回弹角 $\Delta\alpha$，回弹角通常小于 $10°$。材料的屈服强度愈高，相对弯曲半径愈大，则回弹值愈大；当弯曲半径一定时，板料愈厚，则回弹愈小。

（3）弯曲件的结构工艺性

① 最小弯曲半径。弯曲件的最小弯曲半径不能小于材料许可的最小半径，否则会造成弯曲处外层材料的破裂。

② 弯曲件的直边高度。弯曲臂过短不易弯成，应使臂长度 $h>2t$，如图 3-33 所示。如必须短臂时，应先弯成长臂再切去多余部分。

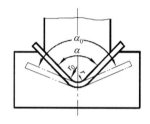

图 3-32　弯曲时的回弹

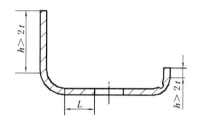

图 3-33　弯曲件的结构工艺性

③ 弯曲件孔边距。带孔件弯曲时，为避免孔被拉成椭圆，孔不能离弯曲处太近，应使 $L>2t$。

④ 弯曲件半径较小的弯边交接处，容易因应力集中而产生裂纹，应事先在交接处钻出工艺孔，以预防裂纹的产生，如图 3-33 所示。

3）拉深

将平面板料冲压成各种空心开口件的冲压工序称为拉深。拉深又称为拉延、引伸、延深等。采用拉深方法可生产筒形、阶梯形、锥形、球形、方盒形及其他不规则形状的薄壁零件。因此，拉深工艺在汽车、拖拉机、电器、仪表工业中得到广泛的应用。

（1）拉深过程

直径为 D、厚度为 t 的毛坯经拉深模拉深，变成内径为 d、高度为 h 的开口圆筒形工件。在拉深过程中，毛坯的中心部分成为圆筒形工件的底部，基本不变形。毛坯的凸缘部分是主要变形区域。拉深过程实质就是将凸缘部分的材料逐渐转移到筒壁部分。在转移过程中部分材料由于拉深力的作用以及材料间的相互挤压作用，在其径向和切向分别产生拉应力和切应力，在两种应力的共同作用下，凸缘部分的材料发生塑性变形。在凸模的作用下不断被压入凹模形成圆筒形开口空心件。图 3-34 为圆筒形工件的拉深过程示意图。

（2）拉深时的主要质量问题

① 起皱。拉深时,凸缘部分是拉深过程中的主要变形区,而凸缘变形区的主要变形是切向压缩。当切向压应力较大而板料又较薄时,凸缘部分材料便会失去稳定而在凸缘的整个周围产生波浪形的连续弯曲,这就是拉深时的起皱现象,如图 3-35 所示。为防止起皱,实际生产中常采用压边圈来提高拉深时允许的变形程度。

② 拉裂。经过拉深后,筒形件壁部的厚度与硬度都会发生变化。筒壁愈靠上,切向压缩愈大,壁部愈厚,变形量愈大,加工硬化现象愈严重,硬度愈高。筒壁的底部靠近圆角处,几乎没有切向压缩,变形程度小,加工硬化现象小,材料的屈服点低,壁厚变薄。整个筒壁部由上而下壁厚逐渐变小,硬、薄板料拉深时最容易产生破裂。拉裂是筒形件拉深时的最主要的破坏形式。拉深时,极限变形程度就是以不拉裂为前提的。

(3)拉深系数与拉深次数

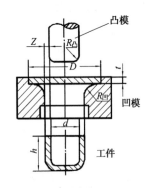

图 3-34 圆筒形工件拉深过程示意图

(a) 起皱   (b) 拉裂

图 3-35 拉深件的起皱和拉裂

在拉深工艺设计时,必须知道冲压件需要几道工序才能完成,它直接关系到冲压件的质量及成本。拉深次数取决于每次拉深时允许的极限变形程度。拉深系数 m 是指每次拉深后筒形件直径与拉深前毛坯(或半成品)直径的比值,是衡量拉深变形程度的重要工艺参数,如图 3-36 所示。

第一次拉深系数:

$$m_1 = \frac{d_1}{D} \qquad (3-15)$$

以后每次拉深系数:

$$m_n = \frac{d_n}{d_{n-1}} \qquad (3-16)$$

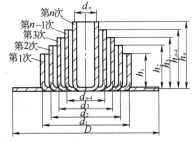

图 3-36 多次拉深时筒形件直径的变化

总拉深系数:

$$m_{总} = \frac{d_n}{D} = \frac{d_1 d_2 d_3}{D d_1 d_2} \cdots \frac{d_{n-1}}{d_{n-2}} \frac{d_n}{d_{n-1}} = m_1 m_2 m_3 \cdots m_{n-1} m_n \qquad (3-17)$$

总拉深系数为每次拉深系数的乘积。从拉深系数的表达式中可以知道,拉深系数的数值小于 1,拉深系数 m 愈小,拉深变形程度愈大,所需要的拉深次数愈少。通常,每次拉深的拉深系数控制在 0.5~0.8 之间,而且 $m_1 < m_2 < m_3 \cdots < m_{n-1} < m_n$。深冲件采用多次拉深工艺时,为了消除加

工硬化现象,必要时需在两道拉深工序之间对冲压件采取中间再结晶退火处理,恢复材料的塑性,以利于进一步拉深,防止拉深件产生裂纹。

（4）旋转体拉深件毛坯尺寸的计算

旋转体拉深件计算毛坯尺寸时,通常认为拉深件与其毛坯的重量不变、体积不变,对于厚度不变的拉深件,则其面积不变。旋转体拉深件毛坯直径的计算可以用重量法、体积法和面积法计算。当拉深件厚度不变时,通常采用面积法进行计算,具体计算方法如下:

$$A = \frac{\pi D^2}{4} = A' \tag{3-18}$$

$$D = \sqrt{\frac{4A}{\pi}} = 1.13\sqrt{A'} \tag{3-19}$$

式中：A——毛坯面积;

A'——拉深件面积。

3. 板料冲压的特点及应用范围

（1）可以获得形状复杂、用其他加工方法难以加工的工件,如薄壁件;

（2）生产率高;

（3）可获得重量轻、强度高、刚度好的工件,工件尺寸稳定,互换性好;

（4）操作简单、劳动强度低、易于实现机械化和自动化;

（5）可加工低中碳钢、低合金钢以及铜、铝、镁及其合金等塑性较好的材料,成形工序不能加工塑性差的材料,如铸铁等;

（6）模具结构复杂,成本较高,适用大批量生产。

3.3.2 冲模种类

冲模的结构类型很多,为了研究方便,可以按冲模的不同特征进行分类。按冲模完成的工序性质可分为落料模、冲孔模、切断模、弯曲模、拉深模等;按工序的组合方式可分为单工序的简单模和多工序的连续模、复合模等三大类。

1. 简单模

单工序模（又称简单模）是指压力机在一次行程中完成一道工序的冲模。简单模有落料模、冲孔模、切边模、弯曲模、拉深模、翻边模等。图3-37所示为导板式落料模,图中右上角为工件及排料图。带有斜面的活动挡料销1安装在导板2中,用螺钉3固定的板簧4将导板紧贴在凹模5上。冲压时,条料6送入导板下,直到抵住挡料销,开动冲床,凸模7进入凹模,冲下的工件漏入工作台下方的料箱。与连续模相比,简单模模具结构简单、制造容易、寿命长、使用安装方便,但加工多工序的工件生产效率低,故主要用于加工单工序工件。

2. 连续模

连续模（又称级进模、跳步模）是指压力机在一次行程中,依次在几个不同的位置上同时完成多道工序的冲模。

采用连续模冲压时,由于工件依次在不同的位置上逐步成形,为了保证工件的相对位置精度,应严格控制送料步距。因此,连续模有两种基本结构:用导正销定距的连续模以及用侧刃定

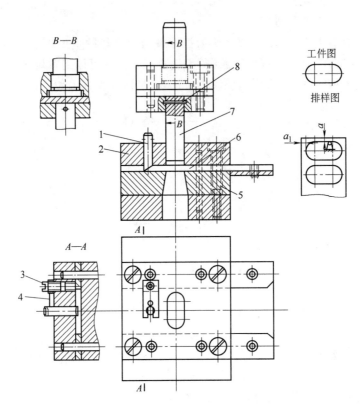

图 3-37 带活动挡料销的导板式落料模
1—活动挡料销；2—导板；3—螺钉；4—板簧；
5—凹模；6—条料；7—凸模；8—横销

距的连续模。图3-38为用导正销定距的冲孔落料连续模。由于连续模可以安排多道冲压工序，生产率高，因此广泛用于大批量生产中、小型冲压件。

3. 复合模

复合模是指压力机在一次行程中，在同一中心位置上，同时完成几道工序的冲模。由于复合模在同一中心位置上完成几道工序，因此它必须在同一中心位置上布置几套凸、凹模。冲孔落料复合模的基本结构如图3-39所示。

复合模下模外面为落料凹模，中间装有冲孔凸模，而上模则为凸凹模（外形为落料凸模，内孔为冲孔凹模）。当上下模嵌合时，则同时完成冲孔和落料。图3-40为典型的冲孔落料倒装复合冲裁模。

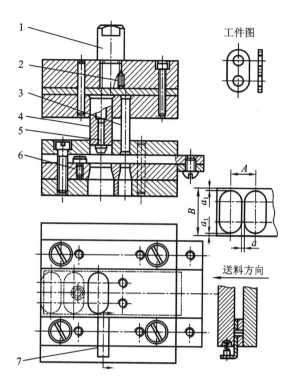

图 3-38 用导正销定距的冲孔落料连续模
1—模柄；2—螺钉；3—冲孔凸模；4—落料凸模；
5—导正销；6—固定挡料销；7—始用挡料销

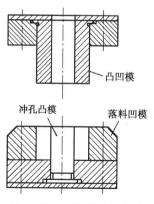

图 3-39 冲孔落料复合模

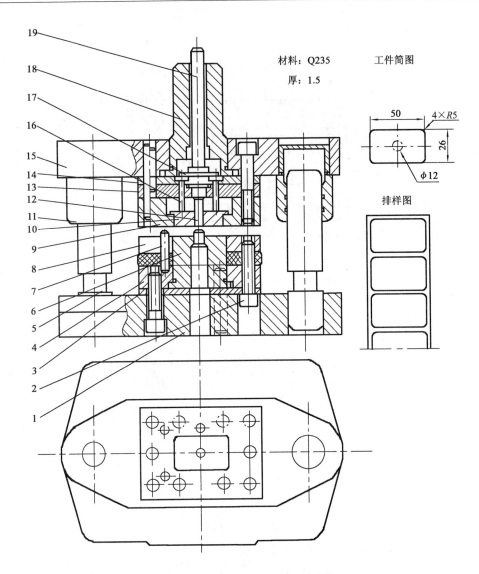

材料：Q235   工件简图

厚：1.5

图 3-40   冲孔落料倒装复合冲裁模

1—下模座；2—卸料螺钉；3、14—垫板；4—凸凹模固定板；5—导柱；6—凸凹模；
7—活动导料销；8—卸料板；9—落料凹模；10—推件板；11—导套；12—冲孔凸模；
13—冲孔凸模固定板；15—上模座；16—推杆；17—推板；18—模柄；19—顶件杆

3.4   锻压新技术

随着科学技术的不断发展,现代锻压技术取得了突破性的进展,出现了许多先进的加工方法。这些新工艺、新技术不但提高了锻压件的质量和精度,实现了近净成形、净终成形加工,降低工件成本,而且还突破了材料的限制,使过去难以锻压的材料以及复合材料的锻压成形成为现实。

3.4.1　精密模锻

精密模锻是在普通模锻设备上直接锻造出形状复杂、精度可达 IT10 ~ IT12,表面粗糙度 Ra 值为 $3.2 \sim 0.8\ \mu m$ 的锻件或零件的工艺方法。精密模锻锻件无需进行切削加工即可直接使用,但在加工过程中必须采取一系列相应的工艺措施。

1. 精密模锻的工艺流程

精密模锻必须先将原始坯料经普通模锻成为中间坯料,再对中间坯料进行严格的清理,除去氧化皮和缺陷;最后采用无氧化或少氧化加热后精锻。图 3-41 所示锥齿轮精密模锻的精锻工艺流程为:精密棒料下料→少、无氧化加热到 $1\ 000 \sim 1\ 150\ ^\circ C$→预锻→终锻→空冷→切边、清理氧化皮→少、无氧化加热至 $700 \sim 850\ ^\circ C$→精压→保护介质中冷却→切边、检验→以齿形定位加工中心轴孔。

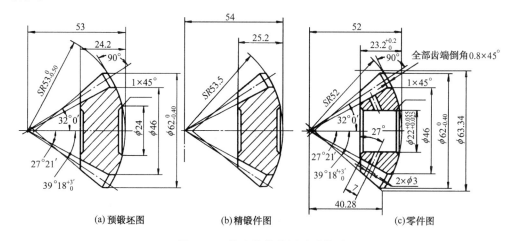

图 3-41　锥齿轮锻件图及零件图

2. 精密模锻的特点及应用

精密模锻工艺要求非常严格,具体要求为:

(1)需精确计算原始坯料的尺寸,精确下料,并采用喷砂、酸洗等方法清除坯料表面的氧化皮;

(2)需采用少、无氧化方式加热,以减少坯料表面的氧化和脱碳现象;

(3)需采用精度高、刚度好的摩擦压力机、曲柄压力机或高速模锻锤等锻造设备进行锻造;

(4)锻模上、下模之间需采用导向装置,以保证上、下模精确合模。

精密模锻近年来发展较快,汽车、拖拉机中的直齿锥齿轮、飞机操纵杆、涡轮机叶片、发动机连杆及医疗器械等复杂零件均采用了精密模锻技术。精密模锻在中、小型复杂零件的大批量生产中得到了较好的应用。

3.4.2　精密冲裁

用普通冲裁所得到的工件,剪切断面比较粗糙,而且还会产生塌角、毛刺等缺陷并带有斜度,工件的尺寸精度较低。精密冲裁(简称精冲)是指在专用精冲压力机或普通压力机上使用带V形齿圈压板的精密冲裁法,它是在普通冲裁基础上发展起来的一种冲裁工艺。

精冲的工作原理如图3-42所示。精冲时,齿圈压板2将板料3压紧在凹模5表面,V形齿压入材料,使坯料径向受到压缩,当凸模下压时,板料处于凸模1的下压力、齿圈压板2的压边力及顶板4的反压力的共同作用下,此外由于凸、凹模的间隙很小,坯料处于强烈的三向压应力状态,提高了材料的塑性,抑制了剪切过程中裂纹的产生,使冲裁过程以接近于纯剪切的变形方式进行。

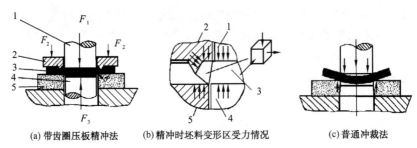

(a) 带齿圈压板精冲法   (b) 精冲时坯料变形区受力情况   (c) 普通冲裁法

图3-42 精冲工作原理示意图

1—凸模;2—齿圈压板;3—板料;4—顶板;5—凹模

精冲件断面平直、光亮、外形平整,尺寸精度可达 IT8 ~ IT6 级,表面粗糙度 Ra 值可达 0.8 ~ 0.4 μm,因此不需进行任何加工即可直接使用。

图3-43 为用复合模精冲垫圈的过程。

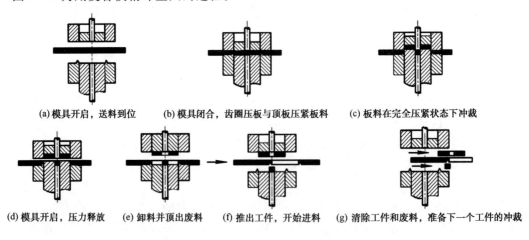

(a) 模具开启,送料到位   (b) 模具闭合,齿圈压板与顶板压紧板料   (c) 板料在完全压紧状态下冲裁

(d) 模具开启,压力释放   (e) 卸料并顶出废料   (f) 推出工件,开始进料   (g) 清除工件和废料,准备下一个工件的冲裁

图3-43 精冲过程

3.4.3 回转成形

回转成形是指在坯料加工过程中,采用加工工具回转或坯料回转或加工工具与坯料同时回转的方式进行压力加工的新工艺方法。回转成形过程是通过对坯料进行连续的局部变形来实现工件的成形,故所需设备吨位较小,易于实现高速、节能和自动化生产。

1. 辊锻

辊锻是将坯料在装有扇形模块的一对相对旋转的轧辊中间通过,使坯料受压发生塑性变形,从而获得锻件或锻坯的锻压方法,如图3-44所示。辊锻的实质是纵向轧制,根据工件形状的复杂程度,可以一次辊锻成形,也可以分别在轧辊上的几个模槽中辊锻多次。

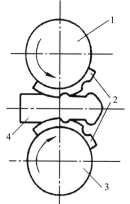

与模锻件相比,辊锻件力学性能较好,尺寸稳定,可节省材料,但尺寸和形状精度不高,并且只能使截面变小,不能使截面变大,故主要适用于生产长轴类、长杆类锻件或锻坯。目前,辊锻工艺已用于制造汽车、拖拉机的前梁、连杆、传动轴、转向节以及涡轮机叶片等零件。

图3-44 辊锻示意图
1—上轧辊;2—扇形模块;3—下轧辊;4—坯料

2. 轧制

1)横轧

横轧是轧辊轴线与坯料轴线相互平行的一种轧制方法。图3-45a为齿轮横轧示意图。横轧时,左右两轧辊1、3同向旋转,带动齿轮坯2反向旋转,感应加热器4将齿轮坯轮缘加热到1 000 ~ 1 050 ℃,主轧辊1压入齿坯,齿坯轮缘受挤压产生变形,形成轮齿。

横轧生产效率高、节省金属材料,常用于生产各种类型的齿轮、螺纹。

2)楔横轧

楔横轧是一种特殊的横轧工艺,如图3-45c所示。楔横轧两个轴线平行的轧辊1、3上均装有楔块。当两轧辊同向转动时,楔块挤压坯料2,使坯料直径逐步变小,长度逐步增加,金属沿轴向流动而形成各种轴类零件。

楔横轧工件尺寸精度高、表面粗糙度值低并且生产率高,易于实现自动化。但轧辊楔块制造较为困难,故适用于大批量生产轴类毛坯,如汽车二轴和后桥主动轴。

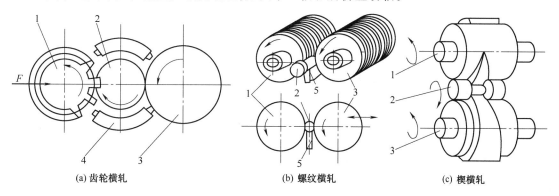

(a) 齿轮横轧   (b) 螺纹横轧   (c) 楔横轧

图3-45 横轧
1—轧辊;2—坯料;3—轧辊;4—中频感应加热器;5—托架

3)斜轧

斜轧是轧辊轴线与坯料轴线在空间相夹一定角度的轧制方法。常见的斜轧方式主要为螺旋斜轧和穿孔斜轧两种,如图3-46所示。

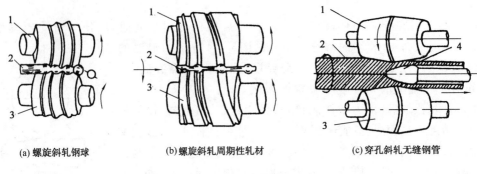

(a) 螺旋斜轧钢球　　　(b) 螺旋斜轧周期性轧材　　　(c) 穿孔斜轧无缝钢管

图 3-46　斜轧

1—上轧辊；2—坯料；3—下轧辊；4—芯头

以螺旋斜轧钢球为例，轧辊 1、3 相交成 4°~14°，轧辊上有多头圆弧形螺旋槽，圆柱形坯料 2 在轧辊作用下绕自身轴线旋转并沿轴线方向前进，在轧辊挤压下产生连续变形，形成钢球。

斜轧工艺已广泛应用于钢球、热轧麻花钻、汽车防滑钉、多联齿轮以及管类零件或毛坯的生产中。

3. 摆动碾压

摆动碾压又称摆碾，是利用一个绕中心轴摆动的圆锥形模具对坯料局部加压使其高度减小、直径增大的成形方法。图 3-47 为摆动碾压的工作原理示意图。锥形凸模的轴线与机器主轴线相交成 θ 角，称为摆角（θ 角通常取 1°~3°）。当主轴旋转时，凸模绕主轴产生摆动，对坯料进行局部碾压，使坯料整个截面逐步产生塑性变形。

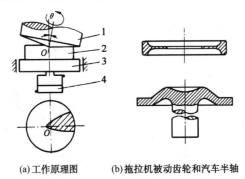

(a) 工作原理图　　　(b) 拖拉机被动齿轮和汽车半轴

图 3-47　摆碾

1—锥形模；2—工件；3—滑块；4—油缸

摆动碾压可以用较小的设备碾压出较大的锻件；产品质量高、节约材料，可实现近净成形、净终成形加工；易于实现自动化。主要用于生产具有回转体的薄盘类锻件及带法兰的半轴类锻件，如齿轮坯、铣刀坯、汽车后半轴等。

3.4.4　多向模锻

多向模锻是将坯料放于模具内，用几个冲头从不同方向同时或先后对坯料施加脉冲力，以获得形状复杂的精密锻件。

多向模锻一般需要在具有多向施压的专门锻造设备上进行。这种锻压设备的特点就在于能够在相互垂直或交错方向加压,如图3-48 所示。

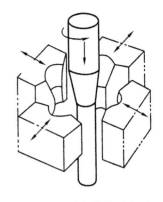

多向模锻采用封闭式锻模,没有飞边槽,锻件可设计成空心或实心的,零件易卸出,起模斜度小。锻件精度高,材料的利用率较高,达40% ~90% 。

多向模锻尽量采用挤压成形,金属分布合理,金属流线完好理想,力学性能好,强度一般能提高 30% 以上,断后伸长率也有提高。采用挤压成形的多向模锻亦称三维挤压。

图 3-48　多向模锻示意图

多向模锻的缺点是,必须采用专用多向模锻压力机;毛坯加热时抗氧化要求高,只允许有一层极薄的氧化皮;毛坯尺寸要求严格,下料必须准确。

3.4.5　超塑性成形

1. 超塑性成形的基本概念

金属及合金在特定的组织条件、温度条件及变形速度下进行变形时,可呈现出异乎寻常的塑性(断后伸长率 A 可超过 100% ,甚至1 000% 以上),而变形抗力则大大降低(常态的 1/5 左右,甚至更低),这种现象称为超塑性。超塑性分为细晶超塑性(又称恒温超塑性)和相变超塑性(又称动态超塑性)等。

细晶超塑性形成的主要条件是:

(1) 采用变形和热处理方法获得 $0.5 \sim 5 \ \mu m$ 的超细等轴晶粒;

(2) 超塑性成形的温度控制在 $\left[(0.5 \sim 0.7) \ T_{熔} \right] K$;

(3) 超塑性成形的变形速度应控制在 $10^{-2} \sim 10^{-5}$ m/s 的低应变速率以下。

相变超塑性形成的主要条件是:在金属及合金的相变点附近经过多次温度循环或应力循环即可。实际生产中主要应用的是细晶超塑性。

2. 超塑性成形的特点

(1) 超塑性金属材料具有极其优异的塑性,成形性好。有些无法进行常规锻压制造的金属及合金材料也可采用超塑性成形,从而扩大了锻压材料的范围。

(2) 超塑性金属材料变形抗力很小,可以在吨位较小的设备上锻压出较大的制品,并且降低了模具的磨损,延长了模具的寿命。

(3) 超塑性金属材料内部晶粒细小、组织均匀、力学性能较好,并且具有各向同性的特性。

(4) 超塑性金属材料加工精度高,可获得尺寸精密、形状复杂的制品,是材料实现近净成形、净终成形加工的新途径。

3. 超塑性成形的应用

1) 模锻和挤压

超塑性模锻的工艺过程为:先对金属或合金进行适当的预处理,以获取具有微细晶粒的超塑性毛坯,然后将毛坯在超塑性变形温度及变形速度的条件下进行等温模锻,最后对锻件进行热处理。图 3-49 为超塑性模锻示意图。为了保证模具坯料在锻造过程中恒温,超塑性模锻的锻模中设置了感应加热圈 2 及隔热垫 1。超塑性模锻目前主要应用于航天、仪表、模具等行业中生产高温合金以及钛合金等难以加工成形的高精度零件。如高强度合金的飞机起落架、涡轮盘、注塑模等。

2）板料深冲

图 3-50 为超塑性板料深冲方法示意图。板料深冲时需先将超塑性板料的法兰部分加热到一定温度,并在外围加油压,即可一次深冲出薄壁深冲件。板料深冲件的深冲比 H/d_0 可为普通拉深件的 15 倍,且工件壁厚均匀、无凸耳、无各向异性。

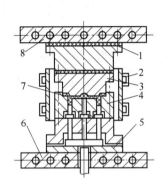

图 3-49   超塑性模锻

1—隔热垫；2—感应加热圈；3—凸模；4—凹
模；5—隔热板；6、8—水冷板；7—工件

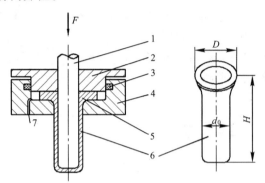

图 3-50   超塑性板料深冲

1—凸模；2—压板；3—加热元件；4—凹模；
5—板料；6—制件；7—高压油孔

3）板料成形

板料成形方法主要有真空成形法和吹塑成形法,如图 3-51 所示。将超塑性板料放在模具中,将板料与模具同时加热到超塑性温度后,抽出模具内的空气（真空成形法）或向模具内吹入压缩空气（吹塑成形法）,模具内产生的压力将板料紧贴在模具上,从而获得所需形状的工件。真空成形法最大气压为 10^5 Pa,成形时间仅为 20～30 s,仅适用于厚度为 0.4～4 mm 的薄板零件的成形。吹塑成形法成形时压力大小可变,可产生较大的变形,适用于厚度较大、强度较高的板料成形。

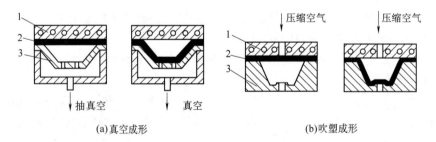

(a)真空成形   (b)吹塑成形

图 3-51   超塑性板料成形

1—加热板；2—坯料；3—模具

3.4.6 高能率高成形

高能率高成形(又称高速成形)是利用炸药或电装置在极短的时间里释放出的电能或化学能,通过介质以高压冲击波作用于坯料,使其产生变形和贴模的加工方法。常见的方法有爆炸成形、电液成形、电磁成形及高速锤成形等。采用高速成形可对坯料进行拉深、翻边、胀形、起伏、弯曲、冲孔等冲压工序,而且工件精度高,并能加工一些难以加工的金属材料。

1. 爆炸成形

爆炸成形是利用炸药爆炸产生的化学能使金属材料产生塑性变形的加工方法,如图3-52所示。爆炸成形装置简单,操作容易,无需冲压设备,工件的尺寸不受设备能力限制,尤其适合于试制或小批量生产大型工件。

2. 电液成形

电液成形是利用液体中电荷经电极放电,产生强大的冲击波从而使坯料在模具中成形的加工工艺,如图3-53所示。电液成形主要用于板料的拉深、胀形、翻边等,但由于受到设备容量的限制,电液成形仅适合中小件的成形,尤其适合管类零件的胀形加工。

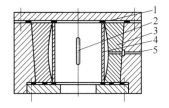

图 3-52　爆炸成形

1—密封圈；2—炸药；3—凹模；

4—板料；5—真空管道

3. 电磁成形

电磁成形是利用储存在电容器中的电能进行高速成形的一种加工方法,如图3-54所示。当开关闭合4时,线圈6中产生脉冲电流并在其周围形成强大的交变磁场,工件中因此产生感应电流并与磁场相互作用,最终使坯料高速贴模成形。

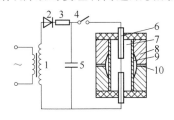

图 3-53　电液成形

1—升压变压器；2—整流器；3—充电电阻；

4—间隙；5—电容器；6—电极；7—水；

8—凹模；9—坯料；10—抽真空孔

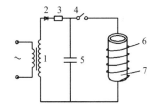

图 3-54　电磁成形

1—升压变压器；2—整流器；3—限

流电阻；4—间隙；5—电容器；

6—工作线圈；7—工件

3.4.7 粉末冶金及粉末锻造

1. 粉末冶金

将几种金属粉末或金属与非金属粉末混匀后压制成形,再经过烧结而制成材料或制品的技术称为粉末冶金。

1) 粉末冶金的工艺过程

粉末冶金的工艺流程如图3-55所示。它主要包括粉末制取、压制成形、烧结和后续处理等四个方面。

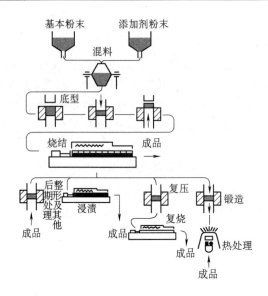

图 3-55 粉末冶金工艺流程

（1）粉末制取

金属及合金粉末的制造方法主要有物理化学法和机械法，其中物理化学法应用较广。物理化学法采用气体或固体还原剂还原金属氧化物以及电解水溶液或熔盐的方法获得金属粉末，可利用便宜的原材料，成本较低，并可制取难熔金属及化合物粉末。

（2）压制成形

压制成形是将金属粉末与添加剂混合均匀后装入模具型腔，然后施加压力，使金属粉末聚集成一定密度、形状和尺寸的制件。压制成形的基本方式有单向压制、双向压制、浮动模压制以及引下模压制等四种，如图 3-56 所示。其中，单向压制的原理为：压制过程中凹模与顶杆不动，凸模向下施加压力，待制件成形后顶杆上行将制件顶出。

（3）烧结

烧结是将压制好的制件在低于金属熔点的温度下加热，使金属粉末颗粒间产生原子扩散、固溶、化合和熔接，使制件得以收缩并强化的工艺。烧结时，必须控制烧结温度、加热速度、烧结时间、冷却速度以及烧结气氛。采用特定的烧结气氛可使制件不产生氧化、脱碳现象，并能还原粉末表面的氧化物。

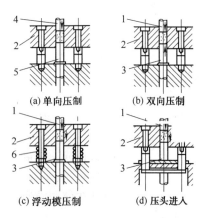

图 3-56 压制成形的基本方式
1—上阳模；2—阴模；3—下阳模；
4—阳模；5—顶杆；6—弹簧

（4）后续处理

粉末冶金制品的后续处理极为重要。如多孔材料通过浸油处理可成为自动润滑的含油轴承；制件通过精压可提高其尺寸精度以及表面质量；铁基制品可通过热处理提高其强度和硬度等。

2）粉末冶金的特点及其应用

粉末冶金既是一种制取特殊性能金属材料的方法，也是一种精密的近净成形、净终成形方法。它可使压制品达到或极其接近零件要求的形状、尺寸精度，降低零件的表面粗糙度值，大大提高了生产率及材料利用率。

粉末冶金近年来应用日益广泛。在机器制造业中常用作减摩材料、结构材料、摩擦材料及硬质合金等，如含油轴承、齿轮、离合器片、硬质合金刀片等。此外，粉末冶金还常用作难熔金属材料（如高温合金、钨丝）、特殊电磁性能材料（如电器触头、硬磁材料、软磁材料）、过滤材料（如空气及水的过滤）等。

由于受到设备、模具的限制，粉末冶金法目前主要用于生产尺寸较小且形状简单的零件，且制件的韧性较差，力学性能低于铸件与锻件。

2. 粉末锻造

粉末锻造是将粉末冶金法与精密锻造相结合的一种金属加工方法。首先，应用粉末冶金法将金属原料及其他材料制成粉末，混匀后用锻模压制成形，烧结后用锻模进行锻制，经处理后获得尺寸精度高、表面质量好、内部组织致密的锻件。因此，粉末锻造在现代汽车制造业中得到了广泛的应用。

粉末锻造的主要特点为：

（1）材料利用率高，可达90%以上；

（2）可获得形状复杂的精密锻件，锻件精度高于一般模锻件，且尺寸精确，可实现近净成形、净终成形；

（3）工艺流程简单，生产率高，易于实现自动化；

（4）锻件的力学性能好，塑性、韧性略差于普通模锻件。

3.4.8 液态模锻

液态模锻是将熔融的金属直接浇注到锻模模腔内，然后在液态或半固态的金属上施加压力，使之在压力下流动充型和结晶，并产生一定程度的塑性变形，从而获得所需锻件的方法，又称为挤压铸造。

1. 液态模锻的工艺流程

液态模锻通常是在液压模锻机上进行。其工艺流程为：原材料配制→熔炼→浇注→合模、加压→开模、取出锻件→灰坑冷却→热处理→检验→入库。

液态模锻的模具在使用前应充分预热，并涂抹润滑剂，以便于脱模及减少模具的磨损；在使用过程中，应及时对锻模进行冷却，防止模具发生龟裂及变形。

图3-57为液态模锻所采用的锻模。锻造时，先将熔融的金属液倒入凹模内，凸模下行，对金属施加压力，经过短时间保持压力后，金属成形，凸模返程，通过顶件装置顶出锻件。

2. 液态模锻的特点及应用

液态模锻是一种将铸造工艺与锻造工艺相结合的先进的净终成形方法，既具有压力铸造工艺简单、可生产形状复杂零件、制造成本较低的特点，又具有模锻件晶粒细小、内部组织紧密、力学性能好、成形精度高的优点。液态模锻所需锻造压力较小，仅为模锻压力的20%。因此，液态模锻主要应用于生产形状复杂并且要求力学性能高、尺寸精度好的中、小型零件，如柴油机活塞、仪器仪表外壳等零件。

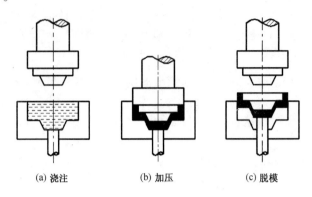

(a) 浇注　　　　　　(b) 加压　　　　　　(c) 脱模

图 3-57　液态模锻锻模

3.4.9　半固态金属塑性成形

半固态金属加工技术(SSM)是 21 世纪前沿性金属加工技术。半固态技术有一系列特点,最突出的是半固态材料的触变性和优良的组织结构,同时成形零件的尺寸和精度能达到近净成形或净终成形。

半固态金属成形技术主要有两条成形线路,其一为半固态铸造成形,即半固态流变成形和半固态触变铸造成形;其二为半固态压力加工成形,即采用半固态流变和半固态触变塑性成形(见第 2 章图 2-55)。

半固态塑性成形方法是将半固态浆料制备成坯料,根据产品尺寸下料,重新加热到半固态温度后,再塑性加工成形。对于触变成形,由于半固态坯料便于输送,易于实现自动化,因而在工业中较早得到了广泛应用。

1. 触变模锻工艺过程

进入模腔的半固态合金坯料,只有初生相之间(5 ~ 30 μm)薄层,由于是低熔点物质,呈熔融态,在压力下,以黏性流动方式填充模腔,随后产生高压凝固和塑性变形,从而获得精密制件。

2. 工艺特点

(1) 与液态金属压铸相比,由于成形温度低,所以有一系列优点:

① 半固态坯料含有一半左右初生相,黏度可调整。在重力下,可以机械搬运;在机械压力下,黏度迅速下降,便于充填。

② 成形速度高。如美国阿卢马克斯工程金属工艺公司半固态锻造铝合金汽车制动总泵体,每小时成形 150 件,而利用金属型铸造同样的制件,每小时仅 24 件。

③ 在成形中不易喷溅,改善了充填过程,减轻了金属裹气和氧化,提高了制件的致密性,而且可热处理强化,制件的综合力学性能比压铸件高。

④ 坯料充填前,已有一半左右固相,减少了凝固收缩,因制件精度高,加工余量小,易实现近净成形。

⑤ 充型温度低,减轻了模具热冲力,提高了模具寿命。

⑥ 半固态金属塑性成形车间不需处理液态金属,操作安全,减少环境污染。

（2）与固态塑性成形相比,由于变形力小,同样存在许多优点:

① 由于变形力显著降低,成形速度比固态模锻高,且可成形很复杂的锻件,缩短加工周期,降低成本。

② 变形抗力低,消耗能量小,减少了对模具的镦挤作用,提高了模具的寿命。

3. 适用范围

（1）适用于半固态加工的合金有铝合金、镁合金、锌合金、镍合金、铜合金和钢铁合金。其中,铝合金、镁合金、锌合金因熔点低,生产易于实现,获得广泛应用。

（2）制造金属基复合材料。利用半固态金属的高黏度,可有效地使不同材料混合,制成新的复合材料。

3.4.10　粉末冶金温压成形技术

粉末冶金温压成形技术是用一次压制、烧结工艺,制造材料密度不低于 7.25 g/cm^3 的高强度铁基粉末冶金结构件的一项经济可行的新技术。温压成形技术能以较低的成本制造出高密度的粉末冶金零件,为粉末冶金零件在性能与成本之间找到了一个最佳的结合点。温压工艺自 1994 年被美国的 Hoeganaes 公司在国际 PM²TEC 94 会议上公布以来,发展已有近二十年,但研究和应用进展迅速,目前温压金属已获得了几十项美国专利,其保护的范围主要是预混合金粉和温压设备。

温压与一般粉末冶金工艺的不同在于,使用金属粉末和特殊润滑剂在高于室温（约在 130 ~ 150 ℃）下压制成形,获得高密度制品,而成本只比常规粉末冶金工艺稍高一些。由于温压产品的性能价格比既优于其他粉末冶金工艺,也优于现有锻钢工艺,因而温压成形技术被认为是进入 20 世纪 90 年代以来,粉末冶金零件生产技术方面最为重要的一项技术进步。表 3-9 列出了至 2001 年年初为止,温压工艺在世界各地的工业应用情况。

表 3-9　至 2001 年年初为止,温压工艺在世界各地的工业应用情况

地区	欧洲	亚洲	北美洲
温压设备台数	23	32	15
产品种类/种	12	175	35
产品单件质量/g	5 ~ 200	5 ~ 215	10 ~ 1 200

温压工艺自问世以来就获得了很大的商业成功。目前,温压工艺已经成功地应用于工业生产,制造出各种形状复杂的高密度、高强度粉末冶金零件。表 3-10 列出了温压成形技术的典型应用及其特性。

表 3-10　温压成形技术的典型应用及其特性

典型零件	技术优势及性能	备注
汽车传动转矩变换器涡轮毂	提高强度、密度 7.25 g/cm^3 以上,抗拉强度为 807 MPa,硬度 17 HRC,在扭矩为 1 210 N·m 时可承受 100 万次以上循环	质量 1.2 kg 获 1997 年美国 MPIF 年度零件设计比赛大奖

典型零件	技术优势及性能	备注
温压-烧结连杆	提高疲劳强度,密度达到 7.4 g/cm^3,烧结态抗拉强度 1 050 MPa,屈服强度 560 MPa,抗压屈服点 750 MPa,对称循环拉压疲劳强度为 320 MPa($r=1$),其波动仅为 10 MPa	质量 350～600 g 获得 2000 年 EPMA(欧洲粉末冶金协会)的粉末冶金创新一等奖
汽车传动齿轮、油泵齿轮、凸轮、同步器毂、转向涡轮、螺旋齿轮,电动工具锥齿轮	提高强度或疲劳强度,密度 7.03～7.40 g/cm^3,抗拉强度为 758～970 MPa,疲劳强度 350～450 MPa	质量 100～1 000 g
磁性材料零件,如变压器铁芯,电动机硅钢片的替代品等	提高密度,密度 7.25～7.57 g/cm^3,显著改进了磁性能	—

2000 年,德国 Fraunhofer 研究所开发出了一种被称为流动温压工艺(Warm Flow Compaction)的粉末冶金技术。它是温压成形技术的新进展。该技术以温压工艺为基础,并结合了金属注射成形技术的优点,通过加入适量的微细粉末和加大润滑剂的含量而大大提高了混合粉末的流动性、填充能力和成形性,从而可以制造带有与压制方向垂直的凹槽、孔和螺纹孔等形状复杂的零件,而不需要其后的二次机加工。

3.4.11 数字化塑性成形技术

数字化塑性成形技术是一项在塑性成形全过程(塑性产品设计、分析和制造过程)中融合数字化技术,且以系统工程为理论基础的技术体系,以实现优质、高效、低耗和清洁生产。

塑性成形技术的数字化改造包括:建立以计算机图形学为基础的数字化模型,以统一的数据交换标准和工程数据库进行不同需求的交互,实现模型和信息共享;以数字化模型为基础,进行基于塑性成形知识的产品设计;以数字化模型为基础,进行基于塑性成形过程的产品性能分析;产品的数字化制造包括工艺过程和制造装备的数字化;系统集成与管理技术数字化主要是通过实施 STEP/PDM/工程数据库/网络等技术提高塑性成形制造业的管理水平和效率,增强其核心竞争力。其中,设计和制造数字化技术是实施数字化的关键。

1. 设计数字化技术

设计虽然只占产品生命周期成本的 5%～15%,但决定了 70%～75% 以上的产品成本和 80% 左右的产品质量和性能,而且上游的设计失误将以 1∶10 的比例向下游逐级放大。可见,设计尤其是早期概念设计是产品开发过程最为重要的一环。

为了提高设计质量,降低成本,缩短产品开发周期,近年来学术界提出了并行设计、协同设计,大批量定制设计等新的设计理论与方法,其核心思想是:借助专家知识,采用并行工程方法和产品族的设计思想进行产品设计,以便能够有效地满足客户的要求。其中,基于知识的工程技术(KBE)和逆向设计技术是两项重要的支撑技术。

1)基于知识的工程设计(knowledge-based engineering,KBE)

模具设计是一个知识驱动的创造过程,它包含了对知识的继承、集成、创新和管理。KBE 是面向现代设计要求而产生、发展的新型智能设计方法和设计决策自动化的重要工具,已成为促进工程设计智能化的重要途径。KBE 是面向工程开发,以提高市场竞争力为目标,通过知识的继承、繁衍、集成和管理,建立各领域异构知识系统和多种描述形式知识集成的分布式开放设计环境,并获得创新能力的工程设计方法。

近年来,美国、日本和欧洲各国政府在 KBE 技术的开发与应用方面给予了有力的支持。美国 Ford 公司将 KBE 作为 21 世纪发展战略中信息领域的关键技术之一。欧美各国在 KBE 应用上获得了很大的成功,如 Jaguar 汽车公司采用 KBE 技术设计某车型发动机盖,设计时间由原来的 2 个月减为 2 小时。

2)逆向设计技术

以实物模型为依据来生成数字化几何模型的设计方法即为逆向设计(详见第 6 章)。

2. 数字化分析技术

1)数字化模拟

金属塑性成形过程的机理非常复杂,传统的模具设计也是基于经验的多反复性过程,从而导致了模具开发周期长,开发成本高。面对激烈的市场竞争压力,模具行业迫切需要新技术改造传统的产业,缩短模具开发时间,从而更有效地支持相关产品的开发。塑性加工过程的数值模拟技术正是在这个背景下产生和发展的。

根据金属塑性变形时的力学状态不同,塑性成形技术分为体积成形和板料成形。金属体积成形过程数值模拟多采用刚(黏)塑性材料模型,板料成形过程的数值模拟多采用弹塑性材料模型。

非线性有限元数值模拟技术在模具开发设计中得到广泛应用,对传统的模具开发过程的变革产生了深远的影响,美国模具行业采用了数值模拟技术,模具开发的周期平均缩短了 30% ~ 40%,开发成本平均降低了 30% ~ 40%。美国三大汽车公司已经将数值模拟技术作为模具开发中不可缺少的环节。

2)虚拟现实(VM)

虚拟现实技术是实际制造过程在计算机上的本质实现,即采用计算机仿真与虚拟现实技术,在计算机上群组协同工作,实现产品的设计、工艺规划、加工制造、性能分析、质量检验,以及企业各级过程的管理与控制等产品制造的本质过程,以增强制造过程各级决策与控制能力。

虚拟现实从根本上改变了设计、试制、修改设计和规模生产的传统制造模式,在产品真正制造出来之前,首先在虚拟的环境中生成虚拟产品原型,进行性能分析和造型评估,使制造技术走出依赖经验的天地,发展到全方位预报的新阶段。如美国波音公司运用 VM 技术研制 B-777 飞机,使该机在一架样机也未生产的情况下就获得了订货,投入生产。空中客车公司使用 VM 技术,把空中客车试制周期从 4 年缩短到 2 年,从而提高了其全球竞争能力。

3. 数字化制造技术

1)模具的数字化制造

模具的数字化制造除了采用 CAD/CAM 技术在加工中心完成模具制造外,提高模具制造速度是目前模具制造的重要课题。

(1)高速加工

高速技术是 20 世纪 80 年代发展起来的一项高新技术,其研究目标是缩短加工时的切削与非切削时间,对于复杂形状和难加工材料及高硬度材料可以减少工序,最大限度地实现高精度和高质量。一般认为切削速度达到普通加工切削速度的 5~10 倍即为高速加工。

高速加工必须使用高速主轴、高速伺服系统、适合于高速加工的数控系统、刀具技术和快速换刀装置。

（2）数据快速获取和制造

采用逆向工程制取油泥模具原型，并通过光测量技术快速获得原型三维数据，目前一些软件支撑直接使用测得的 STL 格式在加工中心对模具进行粗加工，以减少加工工时。

2）快速原型制造（RP）

快速原型制造大量使用在模具设计和制造中，详见第 6 章。

思考题与习题

1. 何谓加工硬化？碳钢在其锻造温度范围内进行锻造加工是否会产生加工硬化？
2. 金属经冷和热塑性变形后的组织和性能有什么变化？能否根据它们的显微组织区别这两种变形？
3. 为什么重要的大型锻件（如汽轮机主轴）需采用自由锻造方法制造？
4. 试拟定如图 3-58 所示零件的自由锻工艺规程（锻件图、变形工步、并计算图 3-58b 的坯料尺寸）。

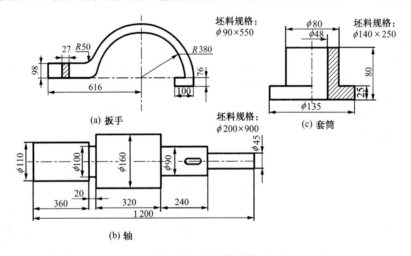

图 3-58 自由锻零件

5. 图 3-59 为 3 种连杆零件图，请分别写出它们的分模面并画出其模锻件图。

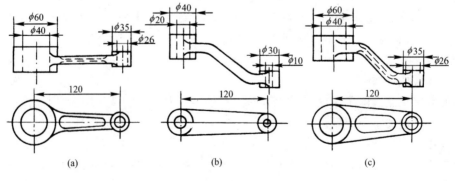

图 3-59 连杆

6. 何谓模锻斜度？锻件为何必须在转角处设置圆角？如何选择模锻斜度和圆角？何谓冲孔连皮？模锻为何不能锻出通孔？

7. 采用胎模锻能否锻造出形状复杂的零件？为什么？

8. 图 3-60 所示工件，材料为 10 钢，板厚 3 mm，问应采用何种加工方法成形？请安排加工工序。

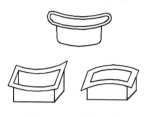

图 3-60　习题 8 图

9. 何谓弯曲回弹？请列举减少弯曲件回弹的常用措施。

10. 圆筒件拉深时为何会起皱？生产中常采用何种方法防止拉深件起皱？

11. 能否将冲制孔径为 $\phi 40^{+0.16}_{0}$ mm 工件的冲孔模改制成冲制外径为 $\phi 40^{0}_{-0.16}$ 工件的落料模？

12. 图 3-61 所示为一冲压件的冲压工艺过程，请说明具体加工工序名称，应采用哪种冲模加工，为什么？

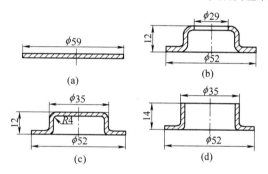

图 3-61　习题 12 图

13. 试述超塑性成形的主要特点及其应用。

14. 何谓粉末冶金？粉末冶金有何特点？主要工艺有哪些？适用于何种场合？制造何类零件？

15. 在成批大量生产外径为 40 mm，内径为 20 mm，板厚为 4 mm，精度为 IT9 的垫圈时，请示意画出：(1) 连续模；(2) 复合模简图。请计算凸凹模尺寸并标注在简图上。（已知：冲裁件公差为 0.02 mm，凹模公差为 0.01 mm，凸模公差为 0.01 mm。）

第 4 章

焊 接 成 形

4.1 概述

4.1.1 焊接技术的发展

　　焊接技术的诞生和发展经历了数千年的历史,如用火焰铁加热低熔点铅锡合金的软钎焊,可追溯到公元前。但目前工业生产中广泛应用的焊接方法几乎都是 19 世纪末、20 世纪初的现代科学技术,特别是电工技术迅速发展以后所带来的现代工业产物。如表 4-1 所示。

表 4-1　熔化焊的发展史

年份	项目
1885	(俄国)利用碳棒引弧进行焊接(Benardos)
1886	(美国)电阻焊机获专利(Elihu Thompson)
1892	(俄国)熔化金属极电弧焊接(Slavianoff)
1895	(德国)铝热剂焊接——利用铝与氧化铁的化学反应进行焊接(Goldschmit)
	(法国)发明氧乙炔火焰(Le Chatelier)
1907	(瑞典)发明焊条(Kjellberg)
1909	发明等离子弧(使用一个气体涡流稳流器后产生的电弧)(Schonherr)
1928	发明交流焊机
1930	(美国)薄皮焊条焊接(A. O. Smith 公司)
	(苏联)发明埋弧焊,取得美国专利(Robinoff)
	(美国)发明不熔化极惰性气体保护焊——TIG(Tungusten Inter Gas)
1933	(美国)美式埋弧焊开发成功——Union Carbide 公司(UCC)埋弧自动焊开发成功
1935	厚皮焊条焊接
1936	(美国)发明熔化极惰性气体保护焊——MIG(Metal Inter Gas)
1938	纤维素焊条开发成功并投入实际使用
1940	(美国)TIG 焊投入实际使用(Meredith)
1948	(德国)电子束焊机发明(Steigerwald)
	(美国)MIG 焊投入实际应用——直流反接,大电流密度
1951	(苏联)发明电渣焊并获得实际应用(Paton)

年份	项目
1953	（日本、苏联、荷兰）CO_2 焊接方法开发成功
1956	超声波焊接
1957	摩擦焊
	等离子弧焊
1960	（美国）发明激光焊机（Maiman）
	（比利时）气体保护立焊开发成功
1963	爆炸焊
1963	（美国）自动保护焊技术开发成功
1964	2~3 丝埋弧自动焊成功开发，普及应用
1965	脉冲激光焊
1970	连续激光焊
	激光-电弧复合热源焊接
	混合气体 MAG 焊（CO_2+20%~50% Ar）用于压力容器生产
	大功率（100 kW 以上）电子枪开发成功，电子束焊用于 100 mm 超厚板焊接
1974	三丝高速埋弧焊成功用于大直径钢管制造
1975	窄间隙埋弧焊、TIG 焊、MAG 焊用于超厚板焊接
1979	多丝大电流单面 MIG 焊开发成功，并用于 LPG 船建造
1980	电弧焊机器人研究开始
1981	无缝药芯焊丝普及
1982	强迫成形气体保护自动立焊
1991	搅拌摩擦焊

　　焊接方法的发展是以电弧焊和电阻焊为起点的。电弧作为一种气体导电的物理现象，是在 19 世纪初被发现的。但到 19 世纪末电力生产得到发展以后，人们才有条件来研究它的实际应用。1885 年俄国人别那尔道斯发明碳极电弧可以看作是电弧作为工业热源应用的创始。而电弧真正应用于工业，则是在 1892 年发现金属极电弧后，特别是 1930 年前后出现了薄皮和厚皮焊条以后才逐渐开始的。电阻焊是 1895 年美国人发明的，它的大规模工业应用也几乎与电弧焊同时代。1930 年以前，焊接在机器制造工业中的作用还是微不足道的。当时造船、锅炉、飞机等制造工业基本上还是用铆接的方法。铆接方法不仅生产率极低，而且连接质量也不能满足船体、飞机等产品的发展要求。100 多年前，为了迎接世博会在巴黎召开，法国于 1889 年建成了埃菲尔铁塔，就材料进步而言，钢铁结构取代了传统的土木结构，使通高 320 m 的铁塔屹立在巴黎，铁塔总重 7 000 t，15 000 多个金属型材、钣金件是经过冶炼、铸造、轧制、锻压成形和加工制作，用几十万颗铆钉和螺栓连接，而不是采用焊接连接的。1930 年后，由于发明了药皮焊条，提高了焊接质量，焊接技术逐渐代替铆接，成为机器制造工业中的一种基本加工方法。

　　钢铁工业的快速发展，给我国焊接行业，尤其是重型机械金属结构行业焊接技术的可持续发展创造了很大的空间。据国际钢铁协会（IISI）统计，2004 年世界用钢量为 9.35 亿吨，其中机械制造业金属结构用钢量约占用钢量的 45%，我国 2004 年用钢量为 3.12 亿吨，占全球钢产量的 33%，其中 1.6 亿吨应用于焊接结构，约占用钢量的 51% 左右。但是欧美和苏联焊接结构用钢占其用钢量的 60% 左右，日本超过 70%。可见我们与工业发达国家相比，还有一定的差距。

我国机械行业在20世纪50年代开始使用埋弧自动焊和电渣焊工艺方法,主要用于一些厚板对接、工字型梁及筒体焊接。近年来,一些大型企业通过技术改造,相继应用双丝埋弧焊、双丝窄间隙埋弧自动焊、龙门式焊机、轧辊埋弧堆焊等先进的焊接工艺方法,以满足产品制造技术要求。在我国重型机械金属结构行业,高效焊接方法完成的金属结构件已占其总重量的50%～80%,在中小型企业中,CO_2气体保护实心焊丝、埋弧自动焊等方法也得到一定应用。

焊接技术在汽车制造中得到广泛的应用。汽车的发动机、变速箱、车桥、车架、车身、车厢六大总成都离不开焊接技术的应用。在汽车零部件的制造中,点焊、凸焊、缝焊、滚凸焊、焊条电弧焊、CO_2气体保护焊、氩弧焊、气焊、钎焊、摩擦焊、电子束焊和激光焊等各种焊接方法中,由于点焊、气体保护焊、钎焊具有生产量大、自动化程度高、高速、低耗、焊接变形小、易操作的特点,所以对汽车车身薄板覆盖零部件特别适合,因此在汽车生产中应用最多。在投资费用中点焊约占75%,其他焊接方法只占25%。随着结构件制备和组装工艺的改善,高效稳定的机器人焊接设备将极大地提高产品的产量和质量。

在飞行器制造中,焊接已成为一种主导的工艺技术,各种焊接方法所占的比例也发生了明显的变化,为保证产品的高质量与可靠性以及在运行中的全寿命可维修性,高能束流(激光、电子束、等离子体)焊接和固态焊(扩散焊、摩擦焊、超塑成形/扩散连接、扩散钎焊)的比例正在扩大。

4.1.2 焊接特点和分类

焊接成形技术的本质在于:利用加热或者同时加热加压的方法,使分离的金属零件形成原子间的结合,从而形成新的金属结构。因此,焊接技术主要围绕着克服焊接中两类困难而展开:其一为距离的困难,除钎焊以外任何一种焊接技术,都设法使分离的被焊材料达到分子间距离,使其产生强大的分子间结合力;第二是克服被焊件表面污染和氧化层的困难,表面污染和氧化层阻碍了被焊材料达到分子间距离从而产生分子间结合力,而焊接技术的一个重要任务就是设法消除表面污染和氧化层,使材料顺利达到分子间距离。围绕着克服这两类困难,派生出许多焊接方法。根据焊接过程的特点,可以把常用的焊接方法归纳如下:

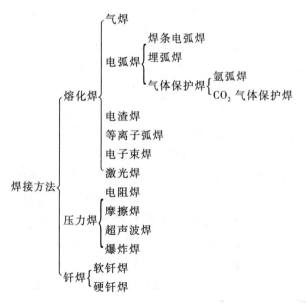

1. 实现焊接的原理

为了达到焊接的目的,大多数焊接方法都需要借助加热或加压,或同时实施加热和加压,以实现原子结合。

从冶金的角度来看,可将焊接区分为三大类:液相焊接、固相焊接、固-液相焊接。

用热源加热待焊部位,使其发生熔化而实现原子间结合,属于液相焊接。熔化焊是最典型的液相焊接。熔化焊一般需填充材料,常用的填充材料是焊条或焊丝。

压力焊是典型的固相焊接方法。固相焊接时,必须利用压力使待焊部位的表面在固态下直接紧密接触,并使待焊表面的温度升高,通过调节温度、压力和时间使待焊表面充分进行扩散而实现原子间结合。

固-液相焊接时待焊表面并不直接接触,而是通过两者毛细间隙中的中间液相相联系。在待焊的母材与中间液相之间存在两个固-液界面,通过固液相间充分进行扩散,而实现原子结合。钎焊是典型的固-液相焊接方法,形成中间液相的填充材料称为钎料。

2. 焊接热源的种类及特征

能源是实现焊接的基本条件。焊接热源应具备:

(1)热量高度集中可快速实现焊接;

(2)得到致密而强韧的焊缝;

(3)控制焊接热影响区尺寸。

能够满足焊接条件的热源有以下几种:

(1)电弧热。利用气体介质中放电过程所产生的热能作为焊接热源,是目前应用最为广泛的一种焊接热源,如焊条电弧焊、埋弧自动焊等。

(2)化学热。利用可燃气体(氧、乙炔等)或铝、镁热剂燃烧时所产生的热量作为焊接热源,如气焊等。

(3)电阻热。利用电流通过导体时产生的电阻热作为焊接热源,如电阻焊和电渣焊。采用这种热源所实现的焊接方法便于实现机械化和自动化,可获得较高的生产率。

(4)高频热源。对于有磁性的被焊金属,利用高频感应所产生的二次电流作为热源,在局部集中加热,实质上也属电阻热。由于这种加热方式热量高度集中,故可以实现很高的焊接速度,如高频焊管等。

(5)摩擦热。由机械摩擦而产生的热能作为焊接热源,如摩擦焊。

(6)电子束。在真空中,利用高压高速运动的电子猛烈轰击金属局部表面,使这种功能转化为热能作为焊接热源,如电子束焊。

(7)激光束。通过受激辐射而使放射增强的单色光子流,即激光,它经过聚焦产生能量高度集中的激光束作为焊接热源。

每种热源都有其本身的特点,目前在生产上均有不同程度的应用。与此同时,还在大力开发新的焊接热源。

3. 焊接方法分类

焊接的主要方法为熔化焊、压力焊和钎焊。

熔化焊是利用局部加热的手段,将工件的焊接处加热到熔化状态,形成熔池,然后冷却结晶,形成焊缝的焊接方法。熔化焊简称熔焊。

压力焊是在焊接过程中对工件加压(加热或不加热)完成焊接的方法。压力焊简称压焊。

钎焊是利用熔点比母材低的填充金属熔化以后,填充接头间隙并与固态的母材相互扩散实现连接的焊接方法。

焊接广泛用于汽车、造船、飞机、锅炉、压力容器、建筑、电子等工业部门。全球钢产量的 50% ~60% 要经过焊接才最终投入使用。

焊接工艺的优点在于:

(1) 接头的力学性能与使用性能良好。例如,120 万千瓦核电站锅炉,外径 6 400 mm,壁厚 200 mm,高 13 000 mm,耐压 17.5 MPa,使用温度 350 ℃,接缝不能泄漏。应用焊接方法,制造出了满足上述要求的结构。

某些零件的制造只能采用焊接的方法连接。例如,电子产品中的芯片和印刷电路板之间的连接,要求导电并具有一定的强度,到目前为止,只能用钎焊连接。

(2) 与铆接相比,采用焊接工艺制造的金属结构重量轻,节约原材料,制造周期短,成本低。

焊接存在的问题是:焊接接头的组织和性能与母材相比会发生变化;容易产生焊接裂纹等缺陷;焊接后会产生残余应力与变形。这些都会影响焊接结构的质量。

4.2   熔化焊接

常用的熔化焊接方法有电弧焊、气焊、电渣焊、激光焊、电子束焊等。其中,电弧焊设备简单、使用方便,是目前应用最为广泛的熔化焊方法,主要包括焊条电弧焊、埋弧自动焊、CO_2 气体保护焊、氩弧焊等。

4.2.1   焊条电弧焊

焊条电弧焊是利用手工操纵电焊条进行焊接的电弧焊方法,如图 4-1 所示。

1. 焊接电弧

电弧是一种气体导电现象。所谓气体导电,是指两电极存在电位差时,电荷通过两电极之间气体空间的一种导电现象。通常气体是不导电的,要使气体导电,须将两个电极之间的气体电离,亦即将中性气体粒子分解为带电粒子,并使两电极间产生一定的电压,使这些带电离子在电场作用下作定向运动,两个电极间的气体中就能连续不断地通过很大的电流,从而形成连续燃烧的电弧。电极间的带电粒子可以通过阴极的电子发射与电极间气体的不断电离得到补充。电弧放电时产生大量的热量,同时发出强烈的弧光。焊条电弧焊就是利用电弧的热量熔化熔池和焊条的。

电弧的构造如图 4-2 所示。在钢焊条的电弧中,电弧弧柱区的温度高达 5 000 K 以上。阴极区和阳极区的温度较低,分别约为 2 400 K 和 2 600 K。阴极区和阳极区的几何长度很小,仅为 $10^{-4} \sim 10^{-5}$ cm。我们所看到的电弧实际上是电弧的弧柱区。阴极区和阳极区虽然几何长度很小。但是对于焊接时热量的产生很重要。在阴极区和阳极区所产生的热量占电弧产热的近 80%。弧柱区产生的热量仅约占 20%。电弧的结构复杂,在阳极区和阴极区存在大量的空间负、正电荷,使阳极区和阴极区之间产生较大的电压降,电流流过时产生较大的功率。

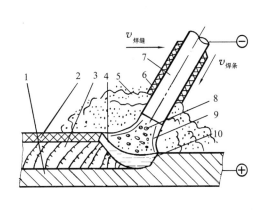

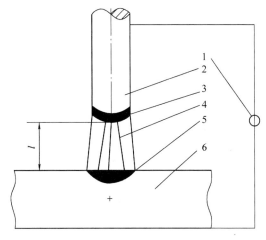

图 4-1　焊条电弧焊示意图

1—母材；2—渣壳；3—焊缝；4—液态熔渣；5—保护
气体；6—药皮；7—焊芯；8—熔滴；9—电
弧；10—熔池

图 4-2　电弧的构造

1—电源（直流）；2—焊条；3—阴极区；
4—弧柱；5—阳极区；6—工件

2. 电弧的主要作用力

电弧在焊接过程中不仅是热源，而且也是力源。焊接电弧的作用力对于熔池和焊缝的形成，以及焊条端部金属熔滴的过渡都有重要的影响。电弧的主要作用力有以下几种。

1）磁收缩力

焊接电弧形状是一个断面直径变化的圆锥体，由于它是气态导体，因此在电磁收缩力的作用下，径向压力将使电弧产生收缩（图 4-3）。从图中可见，靠近焊条的断面直径较小，连接工件的导电断面直径较大，轴向压力将因直径不同而产生压力差，从而产生由焊条指向工件的向下推力，这种电弧的压力称为电弧的电磁静压力。电磁静压力作用在熔池上将形成图 4-4a 所示的熔池轮廓。

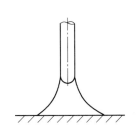

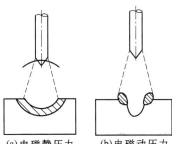

(a) 电磁静压力　　(b) 电磁动压力

图 4-3　电弧受电磁力作用

图 4-4　电磁力对熔池形状的影响

2）等离子流力

由于上述电磁收缩力引起的轴向推力的作用，使靠近焊条端部处的高温气体向工件方向流动（图 4-5），由于高温气体的流动，将引起焊条上方的气体以一定的速度连续进入电弧区。这些新进入电弧的气体被加热电离后受轴向推力的作用不断冲向工件，对熔池形成附加压力。这种高温电离气体高速流动时所形成的力称为等离子流力。等离子流力又称电磁动压力，其流动速度可达每秒数百米,产生的压力使焊缝形成图 4-4b 所示的熔池形状。

3）斑点力

斑点是阴极发射电子或阳极导入电子的导电点。斑点力又称极点力或极点压力,是电弧施加在电极上的作用力。这种力在一定条件下将阻碍金属熔滴的过渡。通常认为斑点力可以是正离子和电子对电极的撞击力,也可以是电磁收缩或电极材料蒸发的反作用力等。

3. 电弧的极性及其选择方法

电弧的两极与焊接电源的连接方式称为电弧的极性。交流电弧焊时,电源极性交替变化,所以电弧的两极可与电源两接线柱任意连接。直流电弧焊接时,电源两极固定,因此电弧两极可以有两种方式与电源两极相连接。若焊件与焊机的正极相连接,焊条与负极相连,称为正接法或正极性(图 4-6a),反之,则称为反接法或反极性

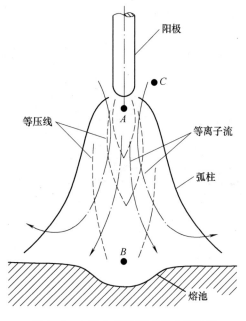

图 4-5　电弧中等离子流形成示意图

(图 4-6b)。在手工电弧焊中,通常焊厚板时,需要较高的温度,常采用直流正接法,而焊薄板时,为了避免烧穿工件,常采用直流反接法。

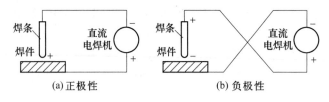

(a)正极性　　　　　　　　　(b)负极性

图 4-6　电弧极性

4. 熔滴过渡

在电弧热的作用下,焊条加热熔化形成熔滴,并在各种力的作用下脱离焊条进入熔池,称为熔滴过渡。熔滴过渡的形式以及过渡过程的稳定性取决于作用在焊条末端熔滴上的各种力的综合影响,其结果会关系到焊接过程的稳定性、焊缝成形、飞溅大小、最终影响焊接质量和生产率。

5. 焊接电弧的静特性

在电极材料、气体介质和弧长一定的情况下,电弧稳定燃烧时,焊接电流与电弧电压变化的关系称为焊接电弧的静特性。表示这两者关系的曲线称为电弧静特性曲线,如图 4-7 所示。

该曲线呈 U 形,可分为三个区段:ab 段,电流密度较小,随电流增加,电弧电压急剧下降,故称下降特性;bc 段,电流密度中等,随电流增加电弧电压几

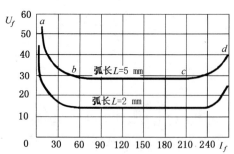

图 4-7　不同弧长的电弧静特性曲线

乎保持不变,故称平直特性,焊条电弧焊、埋弧焊和钨极氩弧焊(TIG)在正常工艺参数焊接时,其电弧在此段稳定燃烧;cd 段,电流密度大,随着电流增加电弧电压上升,故称上升特性,熔化极气体保护焊时,因常用小直径焊丝,其电流密度较大,所以电弧多在此区段稳定燃烧。

不同的电极材料、气体介质或电弧长度对电弧静特性均有影响,在其他条件不变的情况下,弧长增加,电弧电压也升高,电弧静特性曲线的位置相应升高,当电流一定时,电弧电压与弧长成正比。

6. 焊缝形成过程

焊缝形成过程如图 4-1 所示。焊接时,在电弧高热的作用下,被焊金属局部熔化,在电弧的吹力作用下,被焊金属上形成了卵形的凹坑。这个凹坑称为熔池。

由于焊接时焊条倾斜,在电弧的吹力作用下,熔池的金属被排向熔池后方,这样电弧就能不断地使深处的被焊金属熔化,达到一定的熔深。

焊条药皮熔化过程中会产生某种气体和液态熔渣。产生的气体充满在电弧和熔池的周围,起到隔绝空气的作用。液态熔渣浮在液体金属表面,起保护液体金属的作用。此外,熔化的焊条金属向熔池过渡,不断填充焊缝。

熔池中的液态金属、液态熔渣和气体之间进行着复杂的物理、化学反应,称为冶金反应,这种反应对焊缝的质量有较大的影响。

熔渣的凝固温度低于液态金属的结晶温度,冶金反应中产生的杂质与气体能从熔池金属中不断被排出。熔渣凝固后,均匀地覆盖在焊缝上。

焊缝的空间位置有平焊、横焊、立焊和仰焊。

4.2.2 埋弧自动焊

埋弧自动焊焊接时,电弧被焊剂所包围。引弧、送丝、电弧沿焊接方向移动等过程均由焊机自动完成(图 4-8、图 4-9)。埋弧焊和手工电弧焊都属于渣保护的电弧焊方法。

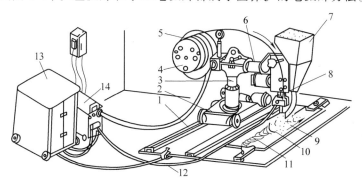

图 4-8 埋弧焊机

1—导轨;2—焊接小车;3—立柱;4—操纵盘;5—焊丝盘;6—横梁;7—焊剂漏斗;
8—焊接机头;9—焊剂;10—渣壳;11—焊缝;12—焊接电缆;13—焊接电源;14—控制箱

埋弧自动焊焊接过程中,工件被焊处覆盖着一层厚 30~50 mm 的颗粒状焊剂,焊丝连续送进,并在焊剂层下产生电弧。电弧的热量使焊丝、工件和焊剂都熔化,形成金属熔池和熔渣。液态熔渣构成的弹性膜包围着电弧与熔池,使它们与空气隔绝。随着焊丝自动向前移动,电弧不断熔化前方的母材金属、焊丝与焊剂,熔池后面的金属冷却形成焊缝,液态熔渣随后也冷凝形成渣壳。

焊接不同的材料,应选择不同的焊丝与焊剂。如焊接低碳钢常用 H08A 焊丝与焊剂 431(高锰高硅型焊剂)。

埋弧焊的特点是:

(1)焊接电流大(比手工电弧焊大 5～10 倍),熔深大,生产率高。

(2)对焊接熔池的保护好,焊接质量高。

埋弧焊主要用于焊接厚度大的直线平焊焊缝与大直径环形平焊焊缝,广泛用于锅炉、容器、造船等金属结构。

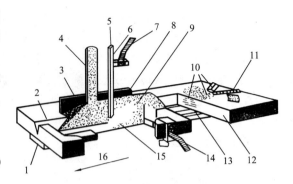

图 4-9　埋弧焊示意图

1—焊接衬垫;2—V 形坡口;3—焊剂挡板;4—给送焊剂管;5—接自动送丝机构;6—焊丝;7—接焊丝电缆;8—颗粒状焊剂;9—已熔焊剂;10—渣壳;11—焊缝表面;12—母材;13—焊缝金属;14—接工件电缆;15—熔融焊缝金属;16—焊接方向

4.2.3　气体保护焊

焊条电弧焊是以熔渣保护焊接区域的。由于熔渣中含有氧化物,因此用焊条电弧焊焊接容易氧化的金属材料,如高合金钢、铝及其合金等时,不易得到优质焊缝。

气体保护焊是利用特定的某种气体作为保护介质的一种电弧焊方法。常用的保护气体有氩气和二氧化碳气两种。

1. 二氧化碳气体保护焊

二氧化碳气体保护焊是以 CO_2 气体作为保护介质的气体保护焊方法,如图 4-10 所示。二氧化碳气体保护焊用焊丝做电极,焊丝是自动送进的。二氧化碳气体保护焊分为细丝二氧化碳气体保护焊(焊丝直径 0.5～1.2 mm)和粗丝二氧化碳气体保护焊(焊丝直径 1.6～5.0 mm)。细丝二氧化碳气体保护焊用得较多,主要用于焊接 0.8～4.0 mm 的薄板。此外,药芯焊丝的二氧化碳气体保护焊现在也日益广泛使用。其特点是焊丝是空心管状的,里面充满焊药,焊接时形成气-渣联合保护,可以获得更好的焊接质量。

利用 CO_2 气体作为保护介质,可以隔离空气。CO_2 气体是一种氧化性气体,在焊接过程中会使焊缝金属氧化,故须采取脱氧措施,即在焊丝中加入脱氧剂,如硅、锰等。二氧化碳气体保护焊常用的焊丝是 H08MnSiA。

由于 CO_2 气体特殊的物理性质,二氧化碳气体保护焊焊接时,熔滴过渡的形式是短路过渡。即熔滴不断地长大,最后与工件短路,过渡到工件上。过渡的频率在几十到几百赫兹之间。这样,焊接电弧

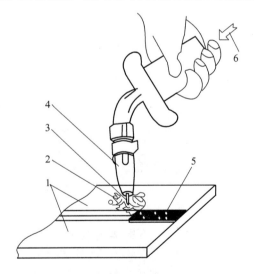

图 4-10　二氧化碳气体保护焊示意图

1—工件;2—电弧;3—焊丝;4—喷嘴;5—焊缝;6—通 CO_2 气体

实际上处于周期性地燃烧与熄灭状态。为了使焊接过程稳定,需要对焊机的电路进行特殊设计。

二氧化碳气体保护焊的主要优点是:

(1) 生产率高。比焊条电弧焊高 1~5 倍。工作时连续焊接,不需更换焊条,不要敲渣。

(2) 成本低。CO_2 气体是很多工业部门的副产品,成本较低。

二氧化碳气体保护焊是一种重要的焊接方法,主要用于焊接低碳钢和低合金钢,在汽车工业和其他工业部门中广泛应用。

2. 氩弧焊

氩弧焊是用氩气作为保护气体的一种气体保护焊方法。氩气是惰性气体,不与金属起化学反应,也不溶解于液体金属,所以是一种可靠的保护介质。氩弧焊可以获得高质量的焊缝。氩弧焊是焊接不锈钢的主要方法,也广泛用于焊接铝合金、钛合金、锆合金等材料;用于航空航天、核工业等部门。

氩弧焊分为钨极氩弧焊和熔化极氩弧焊。

1) 钨极氩弧焊(TIG 焊)

钨极氩弧焊如图 4-11 所示。钨极氩弧焊的特点是用钨作为电极。钨的熔点较高,钨极在焊接时不熔化,仅起产生电弧、发射电子的作用。焊接时,在钨极与工件之间建立电弧,填充焊缝的焊丝从一侧进入。钨极氩弧焊一般用于焊接 4 mm 以下的薄板。

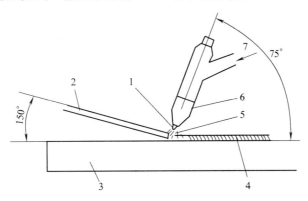

图 4-11　钨极氩弧焊示意图

1—钨极;2—填充金属;3—工件;4—焊
缝金属;5—电弧;6—喷嘴;7—保护气体

钨极氩弧焊正极的发热量和温度高于负极。为了避免钨极过热,除了焊铝合金以外,钨极氩弧焊都采用直流正接。

2) 熔化极氩弧焊(MIG 焊)

熔化极氩弧焊利用金属焊丝作为电极,焊丝自动送进并熔化。熔化极氩弧焊的焊接电流比钨极氩弧焊大,适合焊接 3~25 mm 的中、厚板。主要用于焊接不锈钢与非铁金属。

熔化极氩弧焊焊丝熔化后,以喷射过渡的形式过渡到熔池。喷射过渡不产生焊丝和工件的短路现象。电弧燃烧稳定,飞溅很小。

熔化极氩弧焊配用直流电源,焊接时工件接负极。

4.2.4 电渣焊

电渣焊如图 4-12 所示。电渣焊焊接时将工件分开一定的距离,用两块水冷滑块和工件一起构成熔渣池与金属熔池。电流通过液态熔渣时产生电阻热,熔化焊丝和母材从而形成焊缝。

与其他熔焊方法比较,电渣焊焊接速度较慢,具有下列特点:

（1）可以一次焊接很厚的工件,从而可以提高焊接生产率。常焊的板厚约 30～500 mm。工件不需开坡口,只要两工件之间有一定装配间隙即可,因而可以节约大量填充金属和加工时间。

（2）以立焊位置焊接。由于熔渣密度较小,底部熔池凝固后,浮在顶部的熔渣产生的电阻热又不断熔化金属母材而建立新的熔池,立焊位置能保证焊接不断进行。

（3）焊缝组织均匀,金属液纯净。熔池中的气体和杂质较易通过熔渣析出,故一般不易产生气孔和夹渣等缺陷。由于焊接速度较慢,近缝区加热和冷却速度缓慢,减少了近缝区产生淬火裂缝的可能性。

（4）便于调整焊缝金属的化学成分。由于母材熔深较易调整和控制,所以使焊缝金属中的填充金属和母材金属的比例可在很大范围内调整,这对于调整焊缝金属的化学成分及降低有害杂质具有特殊意义。

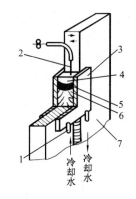

图 4-12　电渣焊示意图
1—冷却水管；2—焊丝；3—冷却
滑块；4—渣池；5—熔池；
6—焊缝；7—焊件

但是,由于焊缝金属和近缝区在高温(1 000 ℃以上)停留时间长,易引起晶粒粗大,产生过热组织,造成焊接接头冲击韧度降低,所以对某些钢种焊后一般都要求进行正火或回火热处理。

电渣焊主要用于钢材或铁基金属的焊接,一般宜焊接板厚在 30 mm 以上的金属材料。

4.3　压力焊和钎焊

4.3.1　电阻焊

电阻焊是利用接触电阻热将接头加热到塑性或熔化状态,再通过电极施加压力,形成原子间结合的焊接方法。电阻焊如图 4-13 所示。电流在通过焊接接头时会产生接触电阻热。由于材料的接触电阻很小,所以电阻焊所用的电流很大(几千到几十万安培)。

电阻焊可分为点焊、缝焊、凸焊、对焊。

1. 点焊

点焊如图 4-13a 所示,在被焊工件上焊出单独的焊点。

点焊时,首先将工件叠合,放置在上、下电极之间压紧。然后通电,产生电阻热。工件接触处的金属被加热到熔化状态形成熔核。熔核周围的金属则加热到塑性状态,并在压力作用下形成一个封闭的包围熔核的塑性金属环。电流切断后,熔核金属在压力作用下冷却并结晶成为组织致密的焊点。在电极和工件接触处,也会产生接触电阻热。由于电极由铜制成,铜的导热性能好,所以电极和工件一般不会焊在一起。

焊接第二点时,一部分电流会流经旁边已焊好的焊点,称为点焊分流现象（图 4-14）。分流

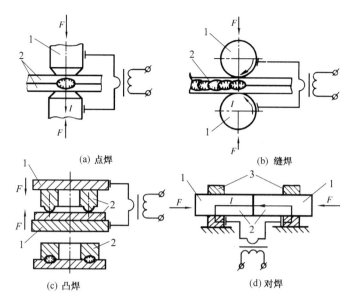

图 4-13 电阻焊示意图
1—电极；2—工件；3—极夹具

会使实际的焊接电流减小,影响焊接质量。两个焊点之间保持一定的距离可以减弱分流现象。

点焊时,可根据需要分别采用点焊硬规范和点焊软规范。所谓点焊硬规范,是指采用较大的焊接电流、较快的焊接速度,瞬间完成焊接。点焊软规范是指采用较小的焊接电流、较慢的焊接速度,完成焊接时间较长。点焊硬规范生产率较高,但不宜用于淬硬性较高的金属的焊接。而点焊软规范生产率较低,但由于焊接速度较慢,不易使工件淬硬,故适宜于淬硬性倾向较大的材料的焊接。

点焊主要用于焊接搭接接头,焊接厚度一般小于 3 mm。可以焊接碳钢、不锈钢、铝合金等。点焊在汽车制造中大量使用,同时也广泛应用于航空航天、电子等工业。

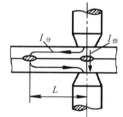

图 4-14 点焊分流现象

2. 缝焊(滚焊)

缝焊的特点是在被焊工件的接触面之间形成多个连续的焊点(图 4-13b)。缝焊过程与点焊类似,可以看成连续的点焊。缝焊时用转动的圆盘状电极代替点焊的固定电极。由于缝焊两邻近的焊点距离无限小,分流现象严重,为了保证焊接时的电流密度,缝焊的板厚不能太大,一般应小于 3 mm。

缝焊焊缝平整,有较高的强度和气密性,常用于焊接薄壁容器。

3. 凸焊

凸焊(图 4-13c)的特点是在焊接处事先加工出一个或多个突起点,这些突起点在焊接时和另一被焊工件紧密接触。通电后,突起点被加热,压塌后形成焊点。由于突起点接触提高了凸焊时焊点的压强,并使焊接电流比较集中。所以,凸焊可以焊接厚度相差较大的工件。多点凸焊可以提高生产率,并且焊点的距离可以设计得比较小。

4. 对焊

对焊(图 4-13d)的特点是使被焊工件的两个接触面连接。对焊分为电阻对焊和闪光对焊。

1）电阻对焊

电阻对焊的焊接过程如下：

在电极夹具中装工件并夹紧——加压，使两个工件紧密接触——通电流——接触电阻热加热接触面到塑性状态——切断电流——增加压力——形成接头。

电阻对焊接头外形匀称，但接头强度比闪光对焊低。

2）闪光对焊

闪光对焊的焊接过程如下：

在电极夹具中装工件并夹紧——使工件不紧密地接触，真正接触的是一些点——通电流——接触点受电阻热熔化及汽化——液体金属发生爆裂，产生火花与闪光——继续移动工件——连续产生闪光——端面全部熔化——迅速加压工件——切断电流——工件在压力下产生塑性变形——形成接头。

闪光对焊的特点是工件装夹时不紧密接触，使形成点接触处的电流密度很大，形成闪光（磁爆），由于磁爆清除了焊缝表面的氧化物和污染物，故焊前对焊件表面的清理要求不高，焊后接头强度和塑性均较好。

闪光对焊广泛用于焊接钢筋、车圈、管道和轴等。

4.3.2 摩擦焊

摩擦焊的焊接过程如图4-15所示。摩擦焊的热能来源于焊接端面的摩擦。其焊接过程如下：

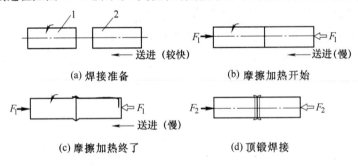

(a) 焊接准备   (b) 摩擦加热开始

(c) 摩擦加热终了   (d) 顶锻焊接

图 4-15 摩擦焊的焊接过程

工件1高速旋转——工件2向工件1方向移动——两工件接触时减慢移动速度，加压——摩擦生热——接头被加热到一定温度——工件1迅速停止旋转——进一步加压工件2——保压一定时间——接头形成。

摩擦焊焊接时接头表面的摩擦和变形清除了氧化膜，促进了金属原子的扩散，顶锻过程破碎了焊缝中的脆性合金层。摩擦焊的焊缝组织是晶粒细化的锻造组织，接头质量很好。

摩擦焊产品的废品率很小，生产率高，适用于单件和批量生产，在发动机轴、石油钻杆等产品的轴杆类零件中应用较广。

4.3.3 钎焊

钎焊时母材不熔化。钎焊时使用钎剂、钎料。将钎料加热到熔化状态，液态的钎料润湿母材，并通过毛细管作用填充到接头的间隙，进而与母材相互扩散，冷却后形成接头。

钎焊接头的形式一般采用搭接(图4-16),以便于钎料的流布。钎料放在焊接的间隙内或接头附近。

钎剂的作用是去除母材和钎料表面的氧化膜,覆盖在母材和钎料的表面,隔绝空气,具有保护作用。钎剂同时可以改善液体钎料对母材的润湿性能。

焊接电子零件时,钎料是焊锡,钎剂是松香。钎焊是连接电子零件的重要焊接工艺。

钎焊可分为两大类:硬钎焊与软钎焊。硬钎焊的特点是所用钎料的熔化温度高于450 ℃,接头的强度大,用于受力较大、工作温度较高的场合。所用的钎料多为铜基、银基等。钎料熔化温度低于450 ℃的钎焊是软钎焊。软钎焊常用锡铅钎料,适用于受力不大、工作温度较低的场合。

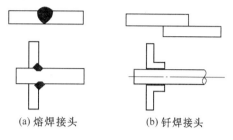

(a) 熔焊接头　　　　(b) 钎焊接头

图4-16　熔焊与钎焊接头的区别

按钎焊的加热方式,钎焊可分为烙铁钎焊、炉中钎焊、感应钎焊、真空钎焊等。

钎焊的特点是接头光洁、气密性好。因为焊接的温度低,所以母材的组织和性能变化不大。钎焊可以连接不同的材料。钎焊接头的强度和耐高温能力比其他焊接方法差。

钎焊广泛用于硬质合金刀头的焊接以及电子工业、电机、航空航天等工业。

4.4　焊接冶金过程和接头组织转变

4.4.1　焊接冶金过程

焊接过程中,焊接接头金属将发生一系列的物理、化学反应,称为熔化焊焊接冶金过程,包括液相冶金、熔池结晶、焊缝和热影响区的组织变化等。

1. 熔焊液相冶金的特点

焊接液相冶金特点较之一般炼钢,具有反应温度更高、熔化金属与外界接触面积更大、反应时间很短等特点。钢的焊接与炼钢的液相冶金比较见表4-2。

表4-2　钢的焊接与炼钢的液相冶金比较

类别	比表面积/($m^3 \cdot kg^{-1}$)	温度/℃	相间接触时间/s
熔滴	$(1 \sim 10) \times 10^{-3}$	1 800 ~ 2 400	0.01 ~ 1.0
熔池	$(0.25 \sim 1.1) \times 10^{-3}$	1 770±100	6 ~ 40
炼钢	$(1 \sim 10) \times 10^{-6}$	1 600 ~ 1 700	$(1.8 \sim 9) \times 10^3$

熔焊冶金反应时间虽短,但由于温度很高,各相间接触面积大而加速了冶金反应,增加了合金元素的烧损和蒸发。同时,高温时氢、氮等有害气体容易溶入,由于熔池凝固很快,气体和渣来不及上浮溢出,源于母材、焊芯和药皮中的夹杂物如磷、硫等侵入焊缝。氮化物和氢分子使焊缝严重脆化,磷、硫与铁可形成低熔点共晶体,使钢产生热裂倾向,同时磷化铁硬而脆,使钢的冷脆性加大。这些都使焊缝的力学性能下降。

2. 保证焊缝质量的措施

20 世纪 30 年代以前,虽然电弧焊早已发明,但由于不能解决焊接冶金困难,焊接质量很差,所以焊接迟迟不能得到广泛应用。20 世纪 30 年代以后,发明了药皮焊条,解决了焊接冶金困难问题,使焊接技术得到突飞猛进的发展。所以,人们把焊条药皮的发明称为焊接史上的"里程碑"。

焊条药皮是工业上常用的保护焊缝质量的方法,它起到了以下作用:

(1)造气。焊条药皮或焊剂在高温下会产生气体,隔离了空气,使弧柱和熔池受到保护。

(2)造渣。焊条药皮或焊剂熔化后产生熔渣,浮在熔池表面,隔绝空气,使熔池受到机械保护。

(3)渗合金。通过药皮、焊剂或焊条、焊丝向金属熔池渗合金,添加硅、锰等有益元素,以弥补其烧损,并进行脱氧、脱硫、脱磷,也可渗入其他合金元素,从而保证和调整焊缝的化学成分。

4.4.2 焊接接头的组织转变

焊接接头按组织和性能的变化不同,可分为焊缝金属区、熔合区和热影响区等区域,其划分如图 4-17 所示。

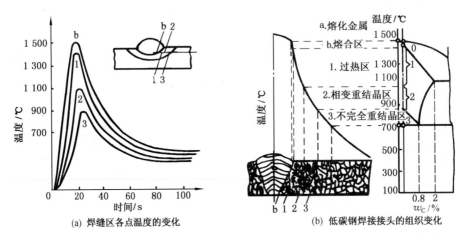

(a) 焊缝区各点温度的变化   (b) 低碳钢焊接接头的组织变化

图 4-17　焊接接头及热影响区

1. 熔池结晶的特点和结晶形态

焊接熔池的结晶过程与一般冶金和铸造时液态金属的结晶过程并无本质上的区别,也服从液相金属凝固理论的一般规律,但与炼钢和铸造冶金过程相比,它有以下特点:

(1)熔池金属体积很小,周围是冷金属、气体等,故金属处于液态的时间很短,手工电弧焊从加热到熔池冷却往往只有十几秒,各种冶金反应进行得不充分。

(2)熔池中反应温度高,往往高于炼钢炉温 200 ℃,使金属元素强烈地烧损和蒸发。

(3)熔池的结晶是一个连续熔化、连续结晶的动态过程。

2. 焊接接头的组织和性能

1)焊缝金属区

熔焊时,焊缝金属区指由焊缝表面和熔合线所包围的区域(图 4-17)。在凝固后的冷却过程中,焊缝金属可能产生硬、脆的淬硬组织甚至出现焊接裂纹,通过严格控制焊缝金属的碳、硫、磷含量,渗入合金元素和细化晶粒等措施,可使其力学性能不低于母材金属。

2）熔合区

焊缝与母材交接的过渡区，即熔合线处微观显示的母材半熔化区，因此熔合区也称半熔化区。该区的加热温度在固、液相之间，由铸态组织和过热组织构成，可能出现淬硬组织。该区的化学成分和组织都很不均匀，力学性能很差，是焊接接头中最薄弱的部位之一，常是焊接裂纹的发源地。虽然熔合区只有 0.1~1 mm，但它对焊接接头的性能有很大影响。

3）热影响区

在焊接过程中，材料因受热的影响（但未熔化）而发生金相组织和力学性能变化的区域，称为热影响区（图 4-17）。它包括过热区、相变重结晶区、不完全重结晶区。

（1）过热区

焊接热影响区中，具有过热组织或晶粒显著粗大的区域称为过热区。此区的温度范围为固相线至 1 100 ℃，宽度约 1~3 mm。由于温度高，晶粒粗大，使塑性和韧性降低。焊接刚度大的结构时，常在过热区产生裂纹。

（2）相变重结晶区

此区的温度范围为 1 100 ℃ 至 Ac_3 之间，宽度为 1.2~4.0 mm。由于金属发生了重结晶，随后在空气中冷却，因此可以得到均匀细小的正火组织。相变重结晶区的金属力学性能良好。

（3）不完全重结晶区

此区的温度范围在 $Ac_1 \sim Ac_3$ 之间，只有部分组织发生相变。由于部分金属发生了重结晶，冷却后可获得细化的铁素体和珠光体，而未重结晶的部分金属则得到粗大的铁素体。由于晶粒大小不一，故力学性能不均匀。

焊缝及热影响区的大小和组织性能变化的程度取决于焊接方法、焊接规范、接头形式等因素。采用热量集中的焊接方法可以有效地减小热影响区的宽度，见表 4-3。在保证焊接质量的前提下减小热输入，如加快焊接速度或减小焊接电流，均有利于减小热影响区。实际上，接头的破坏常常是从热影响区开始的。为消除热影响区的不良影响，对于重要的钢结构，焊前可预热工件，以减缓焊件上的温差及冷却速度或采用其他措施，也可以采用焊后热处理，如正火或调质处理以改善焊接接头组织和力学性能。

表 4-3 不同焊接方法热影响区的平均宽度　　　mm

焊接方法	过热区	相变重结晶区	不完全重结晶区	总宽度
焊条电弧焊	2.2~3.0	1.5~2.5	2.2~3.0	6.0~8.5
埋弧焊	0.8~1.2	0.5~1.7	0.7~1.0	2.3~4.0
电渣焊	18~20	5.0~7.0	2.0~3.0	25~30
CO_2 气体保护焊	1.5~2.0	2.0~3.0	1.5~3.0	5.0~8.0
真空电子束焊	—	—	—	0.05~0.75

4.5 焊接结构工艺性

使用焊接方法制造的金属结构称为焊接结构。船体、球罐、起重机臂等都是焊接结构。

4.5.1 焊接应力与变形

1. 焊接残余应力与变形产生的原因

结构件在焊接以后易产生变形,内部易产生残余应力。焊接残余应力会增加结构工作时的应力,降低结构的承载能力。焊接变形则使结构的形状尺寸不符合图纸要求。

焊接加热是局部进行的。焊接时,焊缝被加热,焊缝区应膨胀,但是由于焊缝区域周围的金属未被加热和膨胀,所以该部分的金属制约了焊缝区受热金属的自由膨胀,焊缝产生塑性变形并缩短。焊缝冷却后,焊缝区域比周围区域短,但是焊缝周围区域没有缩短,从而阻碍焊缝区域的自由收缩,产生焊接以后工件的变形与应力。焊接残余应力的分布如图 4-18 所示。

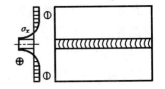

图 4-18 焊接残余应力的分布

2. 焊接变形的基本形式

焊接变形的基本形式如图 4-19 所示,主要有以下几种。

(1)收缩变形。焊接后金属构件纵向和横向尺寸缩短,这是由于焊缝纵向和横向收缩引起的。

(2)角变形。由于焊缝截面上下不对称,焊缝横向收缩沿板厚方向分布不均匀,使板绕焊缝轴转一角度。此变形易发生于中、厚板开坡口的焊件中。

(3)弯曲变形。因焊缝布置不对称,引起焊缝的纵向收缩沿焊件高度方向分布不均匀而产生。

(4)波浪变形。薄板焊接时,因焊缝区的收缩产生的压应力使板件失稳而形成。

(5)扭曲变形。焊前装配质量不好,焊后放置不当或焊接顺序和施焊方向不合理,都可能产生扭曲变形。

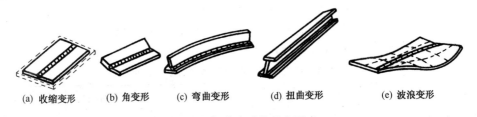

(a) 收缩变形 (b) 角变形 (c) 弯曲变形 (d) 扭曲变形 (e) 波浪变形

图 4-19 焊接变形的基本形式

3. 焊接应力和变形对焊接结构的影响

焊接不均匀加热引起的焊接残余应力及变形,可能与工作应力叠加,导致结构破坏。焊接变形还可能引起结构的几何不完善,产生附加应力,直接影响结构强度。

4. 焊接变形的控制

1)合理的结构及接头设计

设计结构时,尽可能减少焊缝数量,焊缝的布置和坡口型式尽可能对称,焊缝的截面和长度尽可能小。

2)合理的焊接工艺设计

(1)焊前组装时,采用反变形法(图 4-20b)。一般按测定和经验估计的焊接变形方向和程度,组装时使工件反向变形,以抵消焊接变形。同样,也可采用预留收缩余量来抵消尺寸收缩。

(2)刚性固定法能限制产生焊接变形,但应注意刚性固定会产生较大的焊接应力,如图 4-21 所示。

(3)工艺上采用合理的焊接顺序,即尽可能对称地选择焊接次序(图 4-22)。例如,如果焊缝较长,从一端到另一端需较长时间,温度分布不均匀,

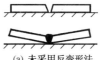

(a) 未采用反变形法　　(b) 采用反变形法

图 4-20　焊前组装时未采用反变形法和采用反变形法比较

焊后变形较大,可将焊缝全长分成若干段,各段依次焊接,且各段施焊方向与焊缝的总焊接方向相反,这样每段的终点与前一段的起点重合,温度分布较均匀,从而减少了焊接应力和变形。

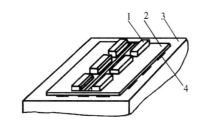

图 4-21　刚性固定法

1—压铁;2—焊件;3—平台;4—临时定位焊缝

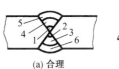

(a) 合理　　　　　　(b) 不合理

图 4-22　焊接次序

5. 焊接变形的矫正方法

矫正变形的基本原理是产生新变形抵消原来的焊接变形。机械矫正法是用机械加压或锤击的冷变形方法,产生塑性变形来矫正焊接变形,如图 4-23 所示。火焰加热矫正法的原理与机械矫正法相反,它是利用火焰局部加热后的冷却收缩,来抵消该部分已产生的伸长变形,如图4-24 所示。

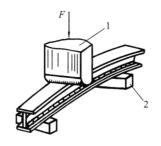

图 4-23　机械矫正法

1—压头;2—支承

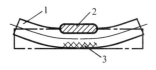

图 4-24　火焰加热矫正法

1—中性层;2—堆焊焊缝;3—加热区

6. 减少和消除焊接残余应力的措施

(1)结构设计要避免焊缝密集交叉,焊缝截面和长度也要尽可能小,从而减少焊接残余应力。如图 4-25a、b 焊缝交叉密集,图 4-25c、d 焊缝布置合理。

(2)将焊件预热到 350~400 ℃ 后再进行焊接,是一种减少焊接应力的有效方法。

(3)锤击焊缝。

(4)去应力退火。加热温度为 550~650 ℃,该方法可消除残余应力 80% 左右,是最常用、最有效的方法。

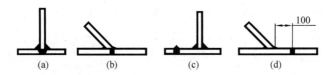

图 4-25 避免焊缝密集交叉

4.5.2 焊接结构的设计

1. 常见的焊接结构设计（表 4-4）

表 4-4 常见焊接件结构的设计

不合理结构	合理结构	设计理由
		焊缝应均匀对称布置，可防止焊接应力分布不对称而产生的变形
		焊缝不能交叉密集
>45°	<45°	焊条运条角度太大
焊条无法伸进		焊条无操作空间
焊条	焊丝	埋弧焊焊接时应能堆放焊剂
		环形圆筒焊接不能采用角焊缝，而应采用对接焊缝，以减少应力集中
		避免焊缝靠近加工面

续表

不合理结构	合理结构	设计理由
		大跨度梁焊接时,焊缝应避开应力最大处
		焊缝布置在薄壁处,以减少焊接工作量和焊接缺陷
		为减少应力集中,厚度应有斜坡过渡
三块钢板组焊	两槽钢组焊	尽量选用型钢组焊

2. 焊接接头与坡口

焊接接头的基本形式有对接、搭接、角接、T形接头。

当工件厚度较大时,无法焊透,需要开坡口。焊条电弧焊对接接头的坡口形式如图 4-26 所示。其他的坡口形式可以参考有关手册。

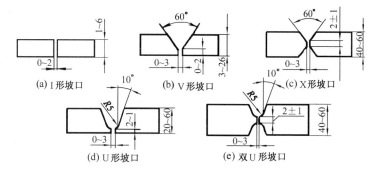

图 4-26 对接接头的坡口形式

常采用碳弧气刨、切削加工等方法开坡口。

3. 焊缝位置的设计

焊缝的不同位置对焊接结构的质量有重要的影响。归纳表 4-4,焊接结构中焊缝的位置应按以下原则安排:

(1)结构的工作应力较大处应避免设计焊缝。

(2)焊缝应避免十字交叉或密集交叉。

(3)焊缝应尽量对称。

(4)焊缝应避开焊后要进行机械加工的部位。

（5）应该考虑到焊接操作的空间。

4.6 焊接性和常用金属材料的焊接

4.6.1 金属焊接性的概念

金属材料对焊接加工的适应性称为金属材料的焊接性。金属焊接性包含两方面内容：在一定的工艺条件下，一定的金属对焊接缺陷的敏感性（接合性能）；在一定的工艺条件下，一定的金属的焊接接头对使用要求的适应性（使用性能）。金属的焊接性反映了一定的金属在一定的条件下获得优质焊接接头的难易程度。

碳当量法是根据化学成分对钢材焊接热影响区淬硬性的影响程度，粗略地评价焊接时产生冷裂及脆化倾向的估算方法。在钢材成分中，对热影响区硬化影响最大的是碳含量，把碳和碳以外的合金元素的影响换算成等效的碳含量，即为碳当量。对金属材料进行焊接性评价时，一般首先可通过该法来初步估算。

碳钢和低合金结构钢常用的碳当量公式为

$$C_E = C + Mn/6 + (Cr + Mo + V)/5 + (Ni + Cu)/5$$

根据一般经验，$C_E < 0.4\%$ 时，焊接性优良，焊接时一般不需要预热；$C_E = 0.4\% \sim 0.6\%$ 时，钢材淬硬倾向明显，需要预热及采用工艺措施；$C_E > 0.6\%$ 时，焊接性差，需要较高的预热温度和严格的工艺措施。

4.6.2 常用金属材料的焊接

1. 低碳钢的焊接

低碳钢的 $w_C < 0.25\%$，焊接性良好，焊接时没有淬硬、冷裂倾向。采用焊条电弧焊焊低碳钢时，可采用 E4303 焊条。焊接低碳钢通常不需要采取特别的措施。

2. 低合金结构钢的焊接

低合金结构钢主要用于制造压力容器、锅炉、车辆等金属结构。低合金结构钢可用焊条电弧焊、埋弧焊或气体保护焊焊接。如用气体保护焊，则强度级别低的低合金结构钢可采用 CO_2 气体保护焊，强度级别高于 500 MPa 的则可采用（Ar80% +$CO_2$20%）富氩混合气体保护焊。

强度级别低的低合金结构钢焊接性良好，如工件的板厚不大，则焊接时不需要预热。如焊接的工件的厚度较大，例如 16Mn 的板厚大于 32 mm 或焊接时的环境温度较低，则应考虑预热。强度级别高的低合金结构钢的焊接性较差。焊接时的主要问题是冷裂纹，可视情况在焊接前进行预热，焊接后进行去除应力热处理。

3. 中碳钢的焊接

中碳钢的碳含量高，淬硬倾向大，焊接性较差。中碳钢焊接时的主要问题是冷裂纹，应在焊前预热，焊后缓冷，并在焊接工艺上采取措施，如采用小电流、多层多道焊等。

4. 不锈钢的焊接

不锈钢分为奥氏体不锈钢、铁素体不锈钢、马氏体不锈钢。

不锈钢焊接多采用氩弧焊或焊条电弧焊。

奥氏体不锈钢的焊接性良好,可采取焊条电弧焊或氩弧焊等。焊接时采用化学成分接近的焊条或焊丝。焊接时不需要采取特殊的措施。

铁素体不锈钢焊接的主要问题是晶粒的过热长大和裂纹,可进行焊前预热并采用小电流、大焊速进行焊接。

马氏体不锈钢的焊接性较差,容易产生冷裂纹。可进行焊前预热和焊后热处理。

5. 铸铁的焊接

铸铁碳含量高,塑性低,焊接性差。铸铁焊接的主要问题是容易产生裂纹。半熔化区容易产生白口组织。白口组织中的碳以 Fe_3C 的形式存在,故硬度高、脆性大,难于进行机械加工。

为了提高铸铁的焊接性,可以采用热焊法焊接。热焊时采用焊条电弧焊或气焊。热焊法适用于焊接形状复杂及焊后需机械加工的工件,如气缸缸体等。热焊时,将工件局部预热到 600 ~ 700 ℃。焊后缓慢冷却。这样焊接应力小,不易产生裂纹。所用的焊条可采用铸铁焊条 Z248 等。

机床底座等工件的焊补,预热不方便,焊后也无需机械加工,此时可采用冷焊法。冷焊铸铁可采用镍基铸铁焊条手工电弧焊进行,焊接前不预热。焊接时采用小电流、分段焊等工艺措施。

6. 铝合金的焊接

铝合金的表面有一层致密的氧化膜,这层氧化膜的熔点高于铝合金本身,这就成为铝合金焊接时的一个问题。氩弧焊可以焊接铝合金。在氩气电离后的电弧中,质量较大的氩正离子在电场力的加速下撞击工件表面(工件接负极),使氧化膜表面破碎并清除,焊接过程得以顺利进行,此即所谓"阴极破碎"作用。其他熔焊方法焊接铝合金难以保证质量。氩弧焊焊铝时,应注意工件和焊丝的清理。8 mm 之下的铝合金板可采用钨极氩弧焊,8 mm 以上的铝合金板可采用熔化极氩弧焊。

使用钨极氩弧焊焊铝合金,通常应使用交流电源,这样既可以产生阴极破碎作用,又可以使钨极不至于太热。

铝合金也可以采用电阻焊和钎焊进行焊接。20 世纪末发展了搅拌摩擦焊焊接铝合金,形成了铝合金固相焊接技术,详见 4.9.8 节。

4.7　金属切割

使固体材料分离的方法称为切割。切割常常是焊接的前道工序,因为被焊工件所需的几何形状和尺寸,绝大多数是通过切割方法来实现的。

现代工程材料切割的方法很多,大致可归纳为冷切割和热切割两大类。前者是在常温下利用机械能使材料分离,最常见的是剪切、锯切(如条锯、圆片锯、砂片锯等)、铣切等,也包括近年发展的水射流切割;后者是利用热能使材料分离,最常见的是气体火焰切割、等离子弧切割和激光切割等,由于切割时都伴随热过程,故统称为热切割。

4.7.1　气割

气割又称氧气切割,如图 4-27 所示,是广泛应用的下料方法。气割的原理是利用预热火焰将被切割的金属预热到燃点,再向此处喷射氧气流。被预热到燃点的金属在氧气流中燃烧形成金属氧化物。同时,这一燃烧过程放出大量的热量,这些热量将金属氧化物熔化为熔渣。熔渣被氧气流吹掉,形成切口。接着,燃烧热与预热火焰又进一步加热并切割其他金属。因此,气割实质上是金属在氧气中燃烧的过程。金属燃烧放出的热量在气割中具有重要的作用。

并非所有的金属都可以被气割。可以被气割的材料必须满足以下三个条件:

(1)该金属在氧气中燃烧时放出大量的热量,这些放出的热量足以使下层金属具有足够的预热温度,气割因此得以连续进行。

(2)金属的燃点低于金属的熔点。这样金属可以在固态状态时燃烧并被切割。否则金属如先熔化,则切口将不平整。

(3)熔渣的熔点低于金属的熔点,否则固态的熔渣将阻碍氧气与下一层的金属接触。

实际上,碳含量超过1%的钢一般难以气割。不锈钢、铸铁、铜与铝等材料都不能气割,可以用后述的等离子弧切割方法进行热切割。

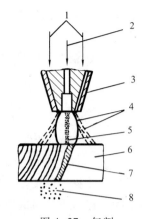

图 4-27   气割
1—氧气、乙炔气;2—氧气流;3—割嘴;
4—预热火焰;5—切割氧气;6—工件;
7—预热区;8—熔渣

4.7.2   等离子弧切割

等离子弧是一种较高能量密度的电弧热源,显著有别于普通电弧的电弧形态与能量特征,在材料的焊接、切割和表面工程等领域具有特殊的应用范围。

1. 等离子弧的形成

等离子弧是一种受到约束的非自由电弧,也称压缩电弧,是借助以下三大压缩效应而产生的。

(1)机械压缩效应。利用等离子弧发生器的喷嘴孔道来约束电弧,使气体的导电通道被限制在喷嘴孔道内,该约束称为机械压缩效应。

(2)热压缩效应。采用一定流量的冷却水冷却喷嘴,以降低喷嘴温度。当弧柱通过喷嘴孔道时,较低的喷嘴温度使喷嘴内壁形成一层冷气膜,迫使弧柱导电截面进一步减小,称为热压缩效应。

(3)磁压缩效应。电弧电流自身产生磁场使弧柱向心收缩,从而使弧柱截面减小。电流密度越大,磁压缩作用越强,这种由电流自身磁场产生的收缩称为磁压缩效应。

经上述三大压缩作用,温度、能量密度、等离子体流速得以显著增大的电弧称为等离子弧。

2. 等离子弧的能量特性

1)温度和能量密度

普通钨极氩弧的最高温度为 10 000 ~ 24 000 K,能量密度小于 10^4 W/cm²。

2)等离子弧的挺度(电弧的坚挺程度)

等离子弧温度和能量密度的显著提高,使等离子弧的稳定性和挺度得以改善,对母材的穿透力增大。

3)热源组成

普通钨极氩弧焊中,加热焊件的热量主要来源于极区的产热,而弧柱辐射和热传导仅起辅助作用,电弧的总电压降大致平均分配在阳极区、阴极区和弧柱区。在等离子弧中,最大电压降是在弧柱区,弧柱高速等离子体通过接触传导和辐射带给工件的热量明显增加,弧柱是加热工件的主要热源,而极区对工件的加热降为次要地位。

等离子弧的高温、高能量密度和高穿透能力等特性,赋予了该热源在材料焊接和切割领域具有某种特殊的优势。目前在焊接生产领域,等离子弧切割应用相当普遍,而等离子弧焊接,相对其他弧焊方法而言却应用较少,这可能与该方法的设备和工艺较复杂有关。

等离子弧的温度高达 30 000 ℃,高于所有金属及其氧化物的熔点,可以熔化各种金属材料包括高熔点材料,等离子弧切割原理如图 4-28 所示。用传统的氧-乙炔切割方法难以切割的材料,如铸铁、有色合金等,均可用等离子弧切割。等离子弧的气流速度可达声速的 4 倍以上,切割时具有很强的穿透能力。等离子弧有两种形式:转移电弧与非转移电弧。采用非转移电弧时,工件不参与导电,可以用来切割非金属,但是电弧的强度不如转移电弧,转移电弧通常用于切割金属。

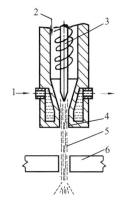

图 4-28　等离子弧切割原理示意图
1—冷却水;2—等离子气;3—电极;
4—喷嘴;5—等离子弧;6—工件

4.7.3　碳弧气刨

碳弧气刨是使用碳棒或石墨棒作电极,与工件间产生电弧,将金属熔化,并用压缩空气将熔化金属吹除的一种表面加工沟槽的方法。在焊接生产中,主要用来刨槽、消除焊缝缺陷和背面清根。碳弧气刨有下列特点:

(1) 手工碳弧气刨时,灵活性很大,可进行全位置操作。可达性好,非常简便。

(2) 清除焊缝的缺陷时,在电弧下可清楚地观察到缺陷的形状和深度。

(3) 噪声小,效率高。用自动碳弧气刨时,具有较高的精度,减轻劳动强度。

碳弧气刨的缺点是:碳弧有烟雾、粉尘污染和弧光辐射。此外,操作不当容易引起槽道增碳。

4.7.4　水射流切割

水射流切割是一种新的切割技术,实际上就是在高压水条件下进行切割。水射流切割最早出现在加拿大。水射流切割的速度是普通切割的 20 倍,而切割成本则是一般工具切割的五分之一。水射流切割的喷嘴直径通常只有 0.076 ~ 0.635 mm,高压水流速度达 1 000 m/s 以上,喷射时压强为 200 ~ 400 MPa,喷水量可达 80 L/min。因此,水射流切割可以轻松自如地切割各种材料,能把几厘米厚的钢板切开,也可以"锯出"各种带曲线的图案和带花纹的原件,以及精密度要求很高的各种零部件;可以切割金属、玻璃、陶瓷、塑料等几乎所有的材料。

水射流切割没有热变形、割缝整洁、割缝及其附近的材料不会因受热而产生缺陷和组织变化。水射流切割的零件精度高,可直接投入装配,节省大量后续工时和能源。

4.8　胶接

胶接是利用胶黏剂连接零件的一种连接方法,同焊接、机械连接(铆接、螺栓连接)统称为三大连接技术。胶接在汽车、航空航天和其他工业中有重要的应用。一架军用飞机所用的胶黏剂多达几百千克。

4.8.1 胶接的基本原理

日用胶水为人们所熟悉。工业用的胶黏剂主要是以黏性物质为基料,再加以各种添加剂构成的。常用的基料有环氧树脂、酚醛树脂、有机硅树脂、氯丁橡胶、丁腈橡胶等。常用的添加剂有固化剂、稀释剂等。胶黏剂的形态有液体、糊状、固态。

常用的胶黏剂的性能和用途见表 4-5。

表 4-5 常用胶黏剂的性能和用途

牌号	主要成分	特性	用途
101	线型聚酯、异氰酸酯	室温固化	可黏结金属、塑料、陶瓷、木材等
501、502(瞬干胶)	α-氰基丙烯、酸酯单体	室温下接触水汽瞬间固化。胶膜不耐水	快速胶接各种材料
914(一般结构胶)	环氧树脂等	室温 3 h 固化	适用各种材料的胶接、修补
SW-2(一般结构胶)	环氧树脂等	室温 24 h 固化	适用各种材料的胶接、修补
J-03(高强度结构胶)	酚醛树脂、丁腈橡胶等	固化条件:165 ℃、2 h	可胶接各种材料
J-09(高温胶)	酚醛树脂、聚硼有机硅氧烷	可在 450 ℃ 短时间工作	可胶接不锈钢、陶瓷等
Y-150(厌氧胶)	环氧甲基丙烯酸酯	胶液填入空隙后隔绝空气 1~3 h 可固化	用于防止螺母松动、接头密封、防漏

胶接的基本原理如下:

(1)机械的黏合作用。胶黏剂分子渗入被黏材料表面的空穴内,固化后产生机械咬合作用。

(2)分子间的微观黏合作用。胶黏剂分子与被黏材料分子接触时,因为界面分子之间的相互作用、扩散、静电等原因,产生相互作用力。

4.8.2 胶接的主要特点

胶接可以连接金属、木材、塑料、陶瓷等同种或异种材料。胶接减少了工件因焊接、铆接引起的变形和应力集中。胶接接头应力分布均匀,工件的疲劳寿命增加,胶接接头具有密封性。

胶接的缺点是强度低于焊接或铆接,且接头一般不耐高温。

4.8.3 胶接工艺

1. 接头设计

(1)胶接接头设计的原则。避免过多的应力集中,减少剥离力、弯曲力的产生;合理增大胶接面积以提高胶接接头承载能力;对层压制品的胶接要防止层间剥离。

(2)胶接接头的基本形式。常用的胶接接头如图 4-29 所示,有搭接接头(图 4-29a)、槽接接头(图 4-29b)、对接接头(图 4-29c)、斜接接头(图 4-29d)、角接接头(图 4-29e)、套接接头(图 4-29f)等类型。原则上应少用对接,尽量采用搭接或槽接,以增大胶接面积,提高接头的承载能力。

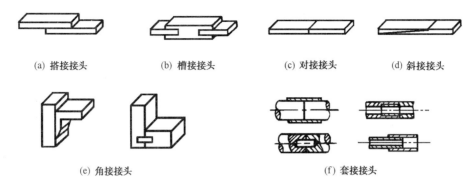

图 4-29　胶接接头的主要类型

2. 典型的胶接工艺

典型的胶接工艺如下：

清理表面——涂胶——晾置——装配——固化——检验。

清理表面的一般方法是：先用水洗或擦干净待胶接的表面，再用丙酮等溶液去油。然后，用打磨或锉削等方法粗化表面，以增大胶接的接触面积。

涂胶的厚度以 0.05 ~ 0.20 mm 为好，厚度太大会使胶接强度降低。

涂胶以后，须在一定的温度下将工件晾置一段时间，然后将所胶接的工件紧密地贴合在一起。

固化是指胶黏剂通过物理作用或化学反应转变为固体的过程。固化的参数是温度、压力和时间，不同的胶黏剂有不同的固化温度与时间。压力有利于工件的紧密接触，也有利于胶黏剂的扩散渗透。

胶接接头的检验内容包括接头有无气孔、缺胶、裂纹，是否完全固化等。检验的办法包括超声波探伤、X 射线探伤等。胶接接头的检验工作比较困难。

4.8.4　胶接应用举例

胶接可以修补图 4-30 所示的气缸体。修补时先在裂纹的末端钻止裂孔，然后用玻璃布涂胶覆盖在裂纹上面。胶接是制造飞机的重要技术（图 4-31）。汽车制造也应用胶接技术，一些

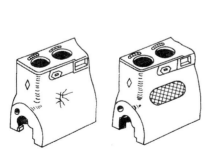

图 4-30　气缸体裂纹的胶补

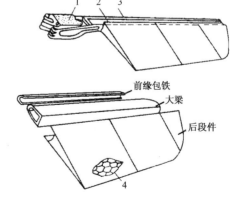

图 4-31　直升机旋翼的胶接

1—接头与大梁胶接；2—后段件与大梁胶接；
3—前缘包铁与大梁胶接；4—胶接蜂窝结构

汽车的风窗玻璃是胶接在车身上的。

4.9 现代焊接技术

随着科学的发展,尤其是汽车、航空、航天、核工业等方面的发展,焊接技术也在不断地向高质量、高生产率、低能耗的方向发展。目前,出现了许多新技术、新工艺,拓宽了焊接技术的应用范围。

4.9.1 电子束焊接

电子束焊接方法属于高能密度焊接方法,其原理如图 4-32 所示,它是利用空间定向高速运动的电子束撞击工件后将部分动能转化为热能,从而熔化被焊工件,形成焊缝的。

电子束焊的特点是:

(1) 焊接时的能量密度大。电子束功率为束流及其加速电压的乘积。焊接用的电子束电流为几十毫安到几百毫安,最大可达 1 000 mA 以上;加速电压为几千伏到几百千伏,所以电子束功率能从几十千瓦达到 100 kW 以上。由于电子的质量小、束流值又不大,所以借助电子光学系统能把束流功率汇聚到直径小于 1 mm 的束斑范围内,这样电子束束斑(或称焦点)的功率密度可达 $10^6 \sim 10^8$ W/cm^2,比电弧功率密度高 $100 \sim 1\ 000$ 倍。

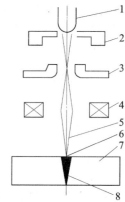

图 4-32 电子束焊原理
1—阴极;2—控制极;3—阳极;
4—电磁透镜;5—电子束;
6—束焦点;7—工件;8—焊缝

由于电子束的功率密度大、加热集中、热效率高、形成相同焊缝接头需要的热量输入小,所以适宜于难熔金属及热敏感性强的金属材料的焊接。而且焊后变形小,可对精加工零件进行焊接。

(2) 可以焊出宽度小、深度大的焊缝。通常,电弧焊的熔深熔宽比很难超过 2,而电子束焊的比值可高达 20 以上。所以,电子束焊接工艺能容易地形成基本上不产生角变形的平行边焊缝接头,而且还可利用大功率电子束对大厚度钢板进行不开坡口的单道焊,其最大单道焊钢板厚度超过 100 mm,达到 300 mm 以上;而焊接铝合金的最大厚度可达 300 mm 以上。

(3) 熔池周围气氛纯度高。真空电子束焊的真空度一般为 6.65×10^{-2} Pa,其污染程度为 0.66×10^{-6},比 99.99% 的氩气还要纯净几百倍。因此,真空电子束焊不存在焊缝金属污染问题,所以特别适合焊接化学活泼性强、纯度高和极易被大气污染的金属,如铝、钛、锆、钼、铍、高强钢、高合金钢和不锈钢等。

(4) 焊接规范参数调节范围广,适应性强。电子束焊的各个规范参数,不像电弧焊那样受焊缝形成和焊接过程稳定性的制约而相互牵连,它们能各自单独进行调节,且调节范围很宽,例如束流可以从几毫安到几百毫安,加速电压可从几千伏到几百千伏,焊接高度从几十毫米到几百毫米,在这样宽的范围内改变参数,都能焊出满意的焊缝。电子束焊可以焊出的工件厚度,最薄小于 0.1 mm,最厚超过 100 mm;可焊的金属范围很广,并能焊接一般焊接方法难以施焊的复杂形状的工件,因此电子束焊被誉为多能的焊接方法。

但是,电子束焊在空气中产生 X 射线,有一定的操作危险。电子束焊对工件清理要求较高,焊前工件必须经过严格清洗,工件上不允许残留有机物质。

电子束焊的设备较昂贵,以前多用于航空航天、核工业等部门焊接活性材料及难熔材料。现已应用在汽车制造、工具制造等工业,如焊接汽车大梁及双金属锯条等。

4.9.2 激光焊接

1. 激光焊的历史和发展

1960 年,人类历史上出现了第一台激光器——红宝石激光器。激光器用于激光加工的方法,包括激光打孔、激光切割、激光热处理、激光涂覆、激光重熔处理、激光合金化、激光上釉、激光打标、激光成形、激光模型制造、激光珩磨、激光配平、激光微加工和激光焊接等诸多技术,涉及产品加工制造的各个领域。

1965 年,有人开始尝试用激光作为焊接热源。大功率 CO_2 和 Nd：YAG 激光器的出现为以快速加热为基础的激光加工方法的快速发展奠定了基础。1985 年,美国克莱斯勒汽车公司首次将激光用于一种新型四速变速器齿轮的焊接。这也是激光焊接第一次用于汽车工业。随后,英国的阿斯顿·马丁公司和德国的奔驰公司也将激光焊接用于各自的新型变速器齿轮焊接生产中,焊接深度达 5 mm,焊接效率较电子束焊提高 50%。

随着汽车工业和航空工业的发展,激光焊机大量用于生产。至今,国外各大汽车公司,如通用、福特、奔驰、丰田、大众、宝马、菲亚特等,已全部拥有自己的激光焊接生产线,且激光加工机数量以每年 20% 的速度增长。目前,激光加工技术应用最多的地区主要集中在欧洲、北美和远东地区。仅在 2005 年就有 33%、25% 和 34% 的激光加工机被分别安装在上述各个地区。在各国及地区中,应用领域各不相同。以应用最多的切割和焊接为例,美国激光切割和激光焊接的比例为 2：5,欧洲为 1：1,日本为 3：1 或 2：1。由此可见,根据各自国情发展自己的激光加工领域是今后激光加工技术发展的主要趋势。

2. 激光焊接的类型和特点

激光焊接是近年来增长最快,也是发展最为被看好的一项激光加工技术。按形成焊缝的方式不同分为热传导型激光焊接和激光深熔焊两种类型。

千瓦连续 CO_2 激光器的问世,使照在工件表面的激光功率密度达 $10^6 \sim 10^7$ W/cm^2,实现了基于"小孔效应"的激光深熔焊,即激光焊接中,由于金属材料瞬间汽化,在激光束中心处形成小孔(或称匙孔),通过小孔激光束能量传入工件深部,且几乎全部被吸收。激光熔焊焊接速度快,焊缝深且窄,热影响区小,表现出传导型激光焊接和其他常规焊接方法许多没有的特点及优势,因此发展迅速,广泛应用于汽车、造船、机械及电子领域。目前,除激光传导焊、激光深熔焊、激光硬钎焊、激光软钎焊外,又相继问世了激光双光束焊接、激光填丝焊、激光复合焊、远程激光焊接等新的焊接方法。

激光焊接的主要特点:

(1)热量输入很小,焊缝深宽比大,其深宽比可达 10：1,热影响区小,能避免"热损伤",故可进行精密零件、热敏感性材料的加工。工件收缩和变形很小,无须焊后矫形。

(2)焊缝强度高,焊接速度快,焊缝窄且通常表面状态好,免去了焊后清理等工作。

（3）光束易于控制，焊接定位精确，易于实现自动化。

（4）焊接一致性和稳定性好，一般不加填充金属和焊剂，并能实现部分异种材料焊接。如激光能对钢和铝之类物理性能差别很大的金属进行焊接，并且效果良好。

（5）可对绝缘导体直接焊接。目前已能把带绝缘（如聚氨酯甲酸酯）的导体直接焊接到线柱上，而普通焊接方法，则需将绝缘层先行剥掉。

（6）可焊接难以接近的部位。激光束可以用反射镜、偏转棱镜或光导纤维引到一般焊炬难以到达的部位进行焊接，甚至可以透过玻璃进行焊接，故具有很大的灵活性。

（7）设备投资较大。光束操控的精确性要求也较高。

3. 激光焊接方法和应用

激光焊属于高能密度焊接方法，其原理如图 4-33 所示。激光焊接工件的厚度，可以从几个微米到 50 mm。

目前，激光焊接在汽车工业的应用最为普遍。其主要用于：

1）飞机壁板焊接

2003 年，国外实现了 A318 铝合金下壁板结构双光束 CO_2 激光填丝焊和 YAG 激光填丝焊，它代替传统铆接结构减轻了飞机机身重量的 20%，同时也节约了 20% 的成本。我国中航工业北京制造工程研究所集成创新研制了双光束填丝复合焊接装置，实现了大型薄壁结构 T 形接头双光束双侧同步焊接，成功应用于航空带筋壁板关键结构件的焊接制造中，为新型飞机研制起重要的技术保障作用。

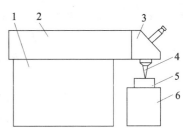

图 4-33 激光焊示意图
1—激励电源；2—激光器；
3—聚焦系统、观察器、
4—聚焦光束；5—工件；
6—工作台

2）车身钢板焊接

车顶焊，主要为减噪和适应新的车身结构设计。沃尔沃是最早开发车顶激光焊接的厂家，如今德国大众公司已在 AUDIA6、GOLFA4、PASSAT 等车顶采用了此技术。宝马公司的 5 系列、欧宝公司的 VECTRE 车型等更是趋之若鹜。欧洲各大汽车厂的激光器绝大多数用于车顶焊接。

车身（架）焊接，主要提高车身强度。奔驰公司首先在 C 级车后立柱上采用了激光填丝焊接，宝马和通用汽车在车架顶部采用了搭接焊。菲亚特公司在 Ferrari 车上完成 120 m 长的激光焊接。

不等厚激光拼焊板，主要是降低车身重量和成本，减少零件数量，提高安全可靠性。应用最早的是 AUDI100 的底板拼焊，目前已推广到几乎各大汽车公司。丰田 LEXUS 车门板原来是用两种不同厚度、五种不同表面处理的多块钢板组成，现在只用一块激光拼焊板代替，大大提高了生产率。宝马公司的 1/3 的汽车已采用激光拼焊板。

3）齿轮及传动部件焊接

20 世纪 80 年代，克莱斯勒公司的 Kokomo 分公司购进 9 台 6 kW CO_2 激光焊机用于齿轮激光焊，生产能力提高 40%。20 世纪 90 年代初，美国三大汽车公司已投入 40 多台激光器用于传动部件焊接。美国阿符科公司研制的 HPL 工业用 CO_2 激光焊机功率为 15 kW，用于焊接汽车转动组件的两个齿轮，焊接时间为 1 s，每小时可焊 1 000 多件。汽车自动变速器驻车棘轮的材料有淬火钢、奥氏体钢和特种合金等，通过激光焊接技术，可将这些不同组分的材料连接起来，而且无裂纹出现。

4.9.3 扩散焊

扩散焊是在真空或保护气氛下,使平整光洁的焊接表面在温度和压力的同时作用下,发生微观塑性流变后相互紧密接触,氧化膜破碎分解,原子相互扩散,经一定时间保温(或利用中间扩散层及过渡液相加速扩散过程),使界面上的氧化物被溶解吸收,再结晶组织生长,晶界移动,使焊接区的成分、组织均匀化,达到完全的冶金连接过程。因此,扩散焊主要是依靠焊接表面微观塑性流变后达到紧密接触,使原子相互大量扩散而实现焊接的。

与热压焊(热轧焊和锻焊)不同之处是扩散焊的压力较小,焊接表面发生的塑性流变量也很小,限制在微观范围内。与钎焊也不同,虽然两者在焊接过程中都不发生熔化,但钎焊缝隙由液态钎料填充后,基本保持焊件的原始成分及在随后的连续冷却过程中形成的铸造组织,因此一般难以达到与基体完全相等的性能。而扩散焊是在完全没有液相或仅有极小量的过渡液相参与下,形成接头后再经过扩散处理的过程,使其成分和组织完全与基体均匀一致,接头内不残留任何铸态组织,原始界面完全消失。

扩散焊是在热压焊的基础上发展起来的,并吸收了钎焊的某些优点发展了一些新的工艺方法。因此除上述特征外,扩散焊还有下列一些主要特点:

(1)扩散焊接时由于基体不过热或熔化,因此几乎可以在不损坏被焊材料性能的情况下,焊接一切金属和非金属材料。特别适用于焊接用一般方法难以焊接,或虽可以焊接,但性能和结构在焊接过程中容易遭受严重破坏的材料。如弥散强化的高温合金、纤维强化的硼-铝复合材料等。

(2)可焊接不同类型的材料,包括异种金属、金属与陶瓷等冶金完全不相溶的材料。

(3)可焊接结构复杂以及厚薄相差较大的工件。

(4)可根据需要,使接头的成分、组织与性能完全相同,从而可以减小接头区成分和组织的不均匀而引起的局部腐蚀和应力腐蚀裂纹的危险。

(5)可采用加中间层或不加中间层分别焊接同种或异种材料,如图4-34所示。

(a)同种材料　(b)同种材料加　(c)不同种材料　(d)不同种材料加
　　　　　　　中间扩散层　　　　　　　　　　　中间扩散层

图4-34　扩散焊接头的四种组合形式

扩散焊接温度的最佳值 T 与熔化温度 $T_{熔}$ 的关系为

$$T = 0.7T_{熔}$$

扩散焊的压力选择范围很大,美国应用的压力范围在 0.04 ~ 350 MPa,俄罗斯为 0.3 ~ 150 MPa。高者主要应用在气体等静压扩散焊工艺中,或应用在难熔金属扩散焊中。

4.9.4 爆炸焊

爆炸焊是利用炸药爆轰能量,驱动焊件作高速倾斜碰撞,使其界面实现冶金结合的特种焊接方法。界面没有或仅有少量熔化,无热影响区,属固相焊接,适用于广泛的材料组合,有良好的焊接性和力学性能。在工程上主要用于制造金属复合材料和异种金属的连接。

1. 爆炸焊原理

爆炸焊装置包括炸药-金属系统和金属-金属系统。按初始安装方式的不同,可分为平行法和角度法(图 4-35)。复材和基材之间设置间距,基材放在质量很大的垫板或沙、土基础上,炸药平铺在复材上并用缓冲层隔离,以防损伤复材表面。选择合适起爆点放置雷管,用起爆器点火。

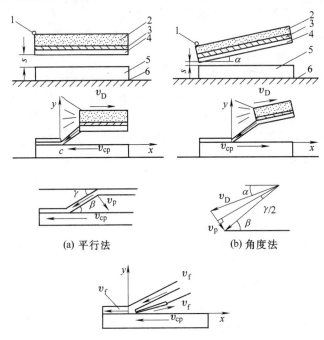

图 4-35   爆炸焊典型装置及金属流动图

1—雷管;2—炸药;3—缓冲层;4—复材;5—基材;6—基础;

v_D—炸药爆速;v_p—复材碰撞速度;v_{cp}—碰撞点运动速度;

v_f—束流速度;α—安装角;γ—弯折角;β—碰撞角;s—间距

炸药爆轰驱动复材作高速运动,并以适当的碰撞角和碰撞速度与基材发生倾斜碰撞,在界面产生金属射流,称为再入射流。它有清除表面污染的"自清理"作用。在高压下纯净的金属表面产生剧烈的塑性流动,从而实现金属界面牢固的冶金结合。因此,形成再入射流是爆炸焊的主要机理。

2. 焊接条件的选择

1)选用低爆速炸药

形成再入射流是实现爆炸焊接的关键。为此,v_D 或 v_{cp} 要小于材料声速。金属板中声音传播的速度 c 是由相应的弹性模量和材料密度比值的平方根决定的。

2)碰撞点压力要足够大

一般要求 p 值为基、复材静屈服强度较大值的 10 ~ 12 倍,相应要求有足够大的 v_p 值,以保证产生射流。

3)合适的动态碰撞角范围

一般为 5° ~ 25°,超出此范围,无论 v_p 为何值都不能实现良好的焊接。不同的金属组合有其合适的碰撞角范围,可通过试验和计算确定。

4）炸药性质

爆炸焊要求化学安定性好、密度变化小,临界直径和极限直径小的低爆速炸药。通常在炸药中混合一定比例的惰性材料来降低爆速。

5）间距 s

根据复材加速至所要求的碰撞速度来确定 s 值。根据复材密度不同,适用的 s 值为复材厚度的 $0.5 \sim 2.0$ 倍。实用的最小 s 值与炸药厚度 δ_e 和复材厚度 δ 有关,$s = 0.2(\delta_e + \delta)$。

3. 爆炸焊的主要类型

按接头形式和结合区形状不同,爆炸焊可分为点焊、线焊和面焊。面焊是爆炸焊的主要形式。

4. 板材的爆炸焊

采用爆炸焊方法可以得到两层及多层金属复合板。复材具有耐蚀、耐热和耐磨等特殊性能,基材提供使用要求的强度和刚度。根据设计和使用要求,可选择合适的材料组合和随意确定厚度比。大多数可塑性金属和合金都可进行爆炸焊。表 4-6 列出了工程上常用的一些金属组合。

表 4-6　爆炸焊典型的金属组合

	锆	锌	镁	钴	钯	钨	铅	钼	金	银	铂	铌	钽	钛及合金	镍及合金	铜及合金	铝及合金	低合金钢	普碳钢	F不锈钢	A不锈钢
A 不锈钢	●			●		●		●	●	●		●	●	●	●			●	●	●	●
F 不锈钢								●						●	●			●	●	●	●
普碳钢	●	●	●	●			●	●	●					●	●	●	●	●	●		
低合金钢	●	●	●	●										●	●	●	●	●			
铝及合金				●										●	●	●	●				
铜及合金														●	●	●					
镍及合金				●							●			●	●						
钛及合金	●			●	●				●	●	●			●							
钽								●	●	●	●	●	●								
铌					●			●			●	●									
铂											●										
银										●											
金									●												
钼								●													
铅							●														
钨						●															
钯					●																
钴				●																	
镁			●																		
锌		●																			
锆	●																				

注:●表示可焊的组合。

爆炸焊金属复合板是理想的工程结构材料,广泛用于制造壳板和管板类结构。复材可以参与强度计算也可不参与强度计算。对于一般结构,可在爆炸态使用,对压力容器等重要结构,复合板应进行热处理,以消除爆炸加工产生的硬化和残余应力。爆炸复合板可以通过轧制获得更薄的规格,也可经受切割、机械加工、冷热成形和焊接,使其具有良好的加工适应性和焊接性。

4.9.5 超声波焊

超声波焊是一种固相焊接方法,是通过声学系统的高频弹性振动及压力实现焊接的。其原理如图4-36所示。图中各部件的功能是:超声频电源发生器产生16~80 kHz声波,换能器将磁滞伸缩电磁转换成弹性振动能,聚能器耦合负载并放大振幅,上声极传递振动能,下声极传递压力。

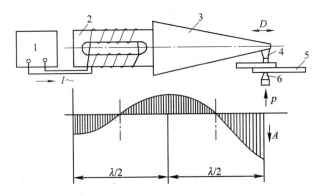

图4-36 超声波焊方法原理

1—超声频电源发生器;2—换能器;3—聚能器;4—上声极;5—焊件;6—下声极
I—振荡及磁化电流;p—压力;D—振动方向;A—振幅

超声波焊接的特点是不需外加热源,焊接区输入较小。超声波焊接的主要优点为:

(1) 能够实现同种金属、异种金属、金属与非金属以及塑料之间的焊接,可以对高导热、导电性材料进行焊接。这类材料以往采用接触焊接时焊接性很差,尤其是铝合金,但在超声波焊接中,铝合金是焊接性最好的材料之一。超声波焊还可以对物理性能相差悬殊的材料进行焊接。在航天工业中就采用超声波重叠点焊方法,解决了卫星部件中不锈钢与铝合金之间气密性连接的难题。金属与半导体及其他非金属材料之间的焊接使超声波焊在电子工业中得到广泛应用。

(2) 特别适用于金属箔片、细丝以及微型器件的焊接。目前,超声波焊接可以焊接厚度仅为0.002 mm的金箔及铝箔。由于这种焊接方法不会因高温而影响微电子器件的半导体特性,因而获得了广泛的应用。为了适应微电子器件的焊接需要,已经出现了由工业电视显示,用微处理机做位置和程序控制的超声波点焊机,而且这种焊机还配备了无损自动检测装置。

(3) 可以用来焊接厚薄悬殊以及多层箔片等特殊工件,例如焊接热电偶丝、电阻应变片及电子管的灯丝等。

(4) 与接触焊相比,耗电功率小,焊件变形小,并且接头强度高,稳定性好。

(5) 焊件表面不需要进行严格的清理。由于超声波焊接本身包含着对焊件表面污染层的破碎及清理作用,所以焊件表面状态对焊接质量的影响较小。可以利用这一特点焊接涂有油漆或塑料薄膜层的金属导线。

（6）接头形式可灵活设计。超声波焊不像接触焊那样受分流及熔核尺寸的限制,接头设计可以比较灵活,可以进行重焊、修复焊等,可以用来焊接飞机的蜂窝板。

由于超声波焊有如上的特点,因此在电子工业、电器及仪表工业、航空航天工业中应用较为广泛。

4.9.6　窄间隙熔化极气体保护电弧焊

窄间隙焊是新发展的一种焊接厚板的方法。窄间隙焊属于气体保护焊,其工作原理如图4-37所示,与熔化极氩弧焊类似。窄间隙焊的接头形式为"I"形对接接头。焊丝由特定的装置送入接头的底部,并在焊丝与工件之间产生电弧。电弧摆动装置使电弧在沿着焊缝纵向移动的同时产生横向摆动,以便熔化"I"形接头两侧的工件。在经过由下而上的多层焊接以后,最终形成焊缝。窄间隙焊具有较高的生产效率,较好的接头质量。

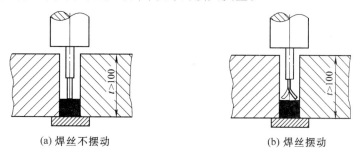

（a）焊丝不摆动　　　　　　　　　　（b）焊丝摆动

图4-37　窄间隙焊

窄间隙熔化极气体保护电弧焊具有比其他窄间隙焊接工艺更多的优势,在任意位置都能得到高质量的焊缝,且具有节能、焊接成本低、生产效率高、适用范围广等特点。利用表面张力过渡技术进行熔化极气体保护电弧焊表明,该技术必将进一步促进熔化极气体保护电弧焊在窄间隙焊接的应用。

4.9.7　高频焊

高频焊是一种利用高频电流通过工件接合面产生的电流热并加一定的压力达到连接的焊接方法。高频焊是利用高频电流的集肤效应和邻近效应的特性进行焊接的。集肤效应是高频电流倾向于在金属导体表面流动。邻近效应是通交流电的导体附近若有反向电流导体,则两导体内侧交链的磁力线最少,导体的感抗也就最小,使电流集中于内侧表面;两导体越靠近,则其相对内侧表面上的电流密度越大,这样可以利用感应器式反向电路控制加热器。同时,与工频电流相比,高频电流可在较低的电流和较高的电压下获得高的表面加热速度。

高频焊的基本特点是热量高度集中,可在很短的时间内将接缝边缘加热至焊接温度,生产效率很高,热影响区相当小,工件变形非常小,不需任何填充材料。生产成本低,适于连续高速生产。

1. 连续高频电阻焊

连续高频电阻焊通常以滑动接触子向工件传导300 000 Hz以上高频电流来完成的。待连部件通过预成形装置挤压成 4°~7° V 形接缝,如图 4-38 所示,高频电流沿 V 形通道从一个接触子流向另一个接触子。高频电流通过接缝边缘表层产生电阻热。调整好焊接速度和焊接功率,可以使接缝焊接区在很短的时间内达到焊接温度,随即加一定的顶锻压力而形成焊缝。熔化金属和氧化物在顶锻过程被向外挤出形成外毛刺。在连续生产中,通常采用专用刀具将毛刺去除,而留下光滑的焊缝表面。

2. 断续高频电阻焊

断续高频电阻焊可以将一定长度的焊件,通过高频电流的同时加热到焊接温度,并加必要的顶锻压力,而形成完整的焊缝。如图 4-39 所示,焊接时将焊件放在金属平台上,并在焊缝上安置高频邻近感应器,使高频电流集中于接合面流通,选择适当的电流频率使电流的透入深度能将整个接头热透。以宽 250 mm、厚 1.6 mm 的带钢对接为例,焊接时间仅为 0.75 s。

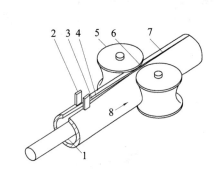

图 4-38　连续高频电阻焊过程原理图

1—阻抗器;2—接触子;3—V 形接口;4—电流通道;

5—轧辊;6—焊点;7—焊缝;8—工件移动方向

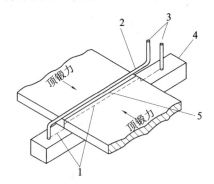

图 4-39　断续高频电阻焊原理图

1—电流通道;2—邻近感应器;

3—接高频电源;4—平台;5—对接缝

4.9.8　搅拌摩擦焊

1991 年,搅拌摩擦焊(简称 FSW)技术由英国焊接研究所发明,作为一种固相连接手段,它克服了熔焊的诸如气孔、裂纹、变形等缺陷,更使以往通过传统熔焊手段无法实现焊接的材料可以采用 FSW 实现焊接,被誉为“继激光焊后又一革命性的焊接技术”。

FSW 主要是在搅拌头的摩擦热和机械挤压的联合作用下形成接头(图 4-40)。其主要原理和特点是:焊接时旋转的搅拌头缓缓进入焊缝,在与工件表面接触时通过摩擦生热使周围的一层金属塑性化,同时搅拌头沿焊接方向移动形成焊缝。作为一种固相连接手段,FSW 除了可以焊接用普通熔焊方法难以焊接的材料外(例如可以实现用熔焊难以保证质量的裂纹敏感性强的 7000、2000 系列铝合金的高质量连接),FSW 还具有温度低、变形小、接头力学性能好(包括疲劳、拉伸、弯曲),不产生类似熔焊接头的铸造组织缺陷,并且其组织由于塑性流动而细化,焊接变形小,焊前及焊后处理简单,能够进行全位置的焊接,具有适应性好,效率高、操作简单、环境保护好等优点。

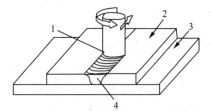

图 4-40　搅拌摩擦焊工作示意图

1—搅拌头;2—被焊工件;3—垫板;4—焊缝

尤其值得指出的是,搅拌摩擦焊具有适合于自动化和机器人操作的优点。例如,不需要填丝、保护气(对于铝合金);可以允许有薄的氧化膜;对于批量生产,不需要进行打磨、刮擦之类的表面处理非损耗的工具头,一个典型的工具头就可以用来焊接 6000 系列的铝合金达1 000 m 等。

4.9.9　激光–电弧复合热源焊接

激光作为一个高能密度的热源,具有焊接速度高、焊接变形小、热影响区窄等特点。但是,激光也有其缺点:能量利用率低、设备昂贵;对焊前的准备工作要求高,对坡口的加工精度要求高,从而使激光的应用受到限制。近年来,激光–电弧复合热源焊接(laser arc hybrid)得到越来越多的研究和应用,从而使激光在焊接中的应用得到了迅速的发展。主要的方法有电弧加强激光焊方法、低能激光辅助电弧焊接方法和电弧激光顺序焊接方法等。

激光–电弧复合热源焊接在 1970 年就已提出,然而稳定的加工直至近几年才出现,这主要得益于激光技术以及弧焊设备的发展,尤其是激光功率和电流控制技术的提高。复合焊接时,激光产生的等离子体有利于电弧的稳定;复合焊接可提高加工效率;可提高焊接性差的材料诸如铝合金、双相钢等的焊接性;可增加焊接的稳定性和可靠性。通常,激光加丝焊是很敏感的,通过与电弧的复合,则变得容易而可靠。激光–电弧复合主要是激光与 TIG、Plasma 以及 MAG 的复合。通过激光与电弧的相互影响,可克服每一种方法自身的不足,进而产生良好的复合效应。MAG 成本低,使用填丝,适用性强,缺点是熔深浅、焊速低、工件承受热载荷大。激光焊可形成深而窄的焊缝,焊速高、热输入低,但投资高,对工件制备精度要求高,对铝等材料的适应性差。Laser-MAG的复合效应表现在:电弧增加了对间隙的桥接性,其原因有二:一是填充焊丝,二是电弧加热范围较宽;电弧功率决定焊缝顶部宽度;激光产生的等离子体减小了电弧引燃和维持的阻力,使电弧更稳定;激光功率决定了焊缝的深度;更进一步讲,复合导致了效率增加以及焊接适应性的增强。激光电弧复合对焊接效率的提高十分显著。这主要基于两种效应,一是较高的能量密度导致了较高的焊接速度,工件对流损失减小;二是两热源相互作用的叠加效应。焊接钢时,激光等离子体使电弧更稳定,同时电弧也进入熔池小孔,减小了能量损失;焊接铝时,由于叠加效应几乎与激光波长无关。

Laser-TIG Hybrid 可显著增加焊速,约为 TIG 焊接时的 2 倍;钨极烧损也大大减小,寿命增加;坡口夹角亦减小,焊缝面积与激光焊时相近。阿亨大学弗朗和费激光技术学院研制了一种激光双弧复合焊接(hybrid welding with double rapid arc,HyDRA),与激光单弧复合焊相比,焊接速度可增加约三分之一,线能量减小 25%。

图 4–41、图 4–42 是两种电弧加强激光焊的方法,图 4–41 是旁轴电弧加强激光焊,图 4–42是同轴电弧加强激光焊。在电弧加强激光焊接中,焊接的主要热源是激光,电弧起辅助作用。

在低能激光辅助电弧焊接中,焊接的主要热源是电弧,而激光的作用是点燃、引导和压缩电弧,如图 4–43 所示。

电弧激光顺序焊接方法主要用于铝合金的焊接。在前面两种电弧和激光的复合中,激光和电弧是作用在同一点的。而在电弧激光顺序焊接中,两者的作用点并非一点,而是相隔一定的距离,这样做的作用是提高铝合金对激光能量的吸收率,如图 4–44 所示。

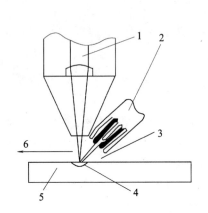

图 4-41   旁轴电弧加强激光焊

1—激光束；2—等离子焊枪；3—等离子弧；
4—焊接熔池；5—工件；6—焊接方向

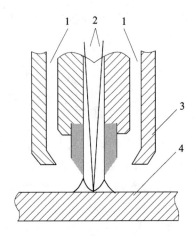

图 4-42   同轴电弧加强激光焊

1—保护气体；2—激光束；
3—喷嘴；4—工件

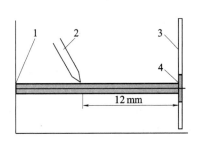

图 4-43   激光辅助电弧焊接

1—CO 激光束(直径 1 mm)；2—弧焊电极；
3—不锈钢板；4—焊点(直径 2 mm)

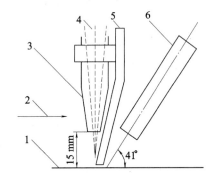

图 4-44   电弧激光顺序焊接

1—铝表面；2—焊接方向；3—激光喷嘴；
4—激光束；5—隔板；6—焊枪

4.9.10   强迫成形气体保护自动立焊技术

强迫成形气体保护立焊焊接方法是 20 世纪 80 年代初出现的一种高效焊接方法,是由普通熔化极气体保护焊和电渣焊发展而成的一种熔化极气体保护电弧焊方法,这种方法的特点是采用铜制的滑块来限制熔融的焊缝金属,采用随动的水冷装置,强迫冷却熔池来形成焊缝,由于采用了水冷装置,熔池金属冷却速度快,同时受到冷却装置的机械限制,控制了熔池及焊缝的形状,克服了自由成形中熔池金属容易下坠溢流的技术难点,焊接熔池体积可以适当扩大,因此可以选用较大的焊接电压和电流,提高焊接生产效率。该方法具有焊速快、熔深大且稳定、焊接缺陷少、焊缝一次成形等优点。通常采用外加单一气体(如 CO_2)或混合气体(如 $Ar+CO_2$)作保护气体。在焊接电弧和熔滴过渡方面,气体保护焊类似普通熔化极气体保护焊(如 CO_2 焊、MAG 焊),而在焊缝成形和机械系统方面又类似电渣焊。厚板的垂直立缝用强迫成形自动焊接,效率是手工焊的 10 倍以上。目前,该种焊接方法在中厚度板及大厚度板的自动立焊中具有广阔的应用前景,在造船和油罐上大量

应用。图 4-45 所示为典型的强迫成形气体保护立焊原理图,其焊接过程如下:

(1)焊接时,罐壁板的背面要垫上玻璃带和水冷铜衬垫,焊缝表面采用滑动水冷铜块;

(2)弯曲成形的焊枪深入到由滑动水冷铜块和水冷铜衬垫所围成的坡口内,并沿板厚方向进行简谐振动,振动频率为 50 ~ 80 次/分往复;

(3)焊丝采用 $\phi1.6$ mm 的气体保护立焊用药芯焊丝;焊丝的伸长度保持在 40 mm 左右;

(4)保护气体采用 100% 的 CO_2,从滑动水冷铜块上部的套管内导入;

(5)焊枪、滑动水冷铜块和简谐振动装置都随焊接的进行而同步自动上升。

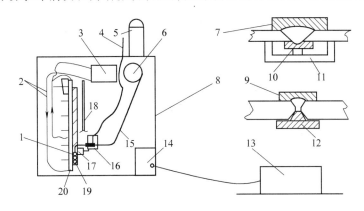

图 4-45 纵缝气体保护立焊示意图

1—熔池及熔渣;2—冷却水管;3—冷却水箱;4—CO_2 气入口;5—CO_2 气瓶;6—焊丝盘;7—滑块;
8—焊机房;9—滑块;10—冷却垫板;11—固定板;12—楔式垫板;13—配套焊机电源;14—操作平台;
15—焊丝;16—摆动机头;17—滑块;18—轨道;19—凝固金属;20—冷却垫板

气体保护立焊通常焊接的板材厚度在 12 ~ 80 mm 最适宜。单面焊厚度一般在 25 mm 以下,带摆动时可焊接到 35 mm 左右,超过 35 mm 应采用双面焊。当板材厚度大于 80 mm 时,难获得充分良好的保护效果,导致焊缝中产生气孔、熔深不均匀和未焊透。

目前,气体保护立焊在大型立式浮顶储罐建造中被广泛应用,主要焊接壁板的纵缝。它焊接生产率高,质量好,成本低。其焊接速度约是药芯焊丝气体保护自动立焊的 1.5 倍,是焊条电弧焊的 15 倍。气体保护立焊采用的坡口角度比之其他焊接方法要小得多,其熔敷效率相当高,非常节约焊材。相同条件下,其焊材的用量只有 MAG 焊的三分之一,是一种非常有潜力的焊接方法。

4.9.11 焊接机器人和柔性焊接系统

随着先进制造技术的发展,实现焊接产品制造的自动化、柔性化与智能化已成为必然趋势。目前,采用机器人焊接已成为焊接自动化技术现代化的主要标志。采用机器人技术,可以提高生产率、改善劳动条件、稳定和保证焊接质量、实现小批量产品的焊接自动化。目前,焊接机器人由单一的单机示教再现型向多传感、智能化的柔性加工单元(系统)方向发展,实现由第二代向第三代的过渡将成为焊接机器人追求的目标。

1. 弧焊机器人的应用

弧焊机器人可以用在所有的电弧焊、切割技术范围及类似的工艺方法之中。最常用的范围是结构钢和铬镍钢的熔化极气体保护焊（CO_2 气体保护焊、MAG 焊），铝及特殊合金熔化极惰性气体保护焊（MIG 焊），铬镍钢和铝的填丝和不填丝的钨极惰性气体保护焊（TIG 焊）以及埋弧焊。除气割、等离子弧切割及等离子弧喷涂外，还实现了在激光切割机上使用。图 4-46 为弧焊机器人自动焊接系统。

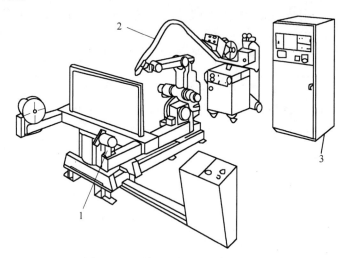

图 4-46　弧焊机器人自动焊接系统
1—夹持装置；2—焊接装置；3—机器人和控制系统

2. 点焊机器人的应用

点焊机器人广泛用于各种汽车制造业，图 4-47 为汽车侧框点焊机器人柔性焊接生产线，一辆汽车的左右侧框分别由三条点焊机器人生产线装焊完成。这个系统可以处理任意批量的两种不同车型，左右侧框分别加工，首先加工内、外面板，然后将其装焊在一起组成左、右侧框。零件传输采用高架输送。每个侧框焊点在 320~500 个之间，这由不同的车型和其变型所决定。六条生产线的焊接操作由 64 个安装在地面的机器人分担。这个柔性生产线的工作周期为 36 s，其中应用时间为 75 s，这样，这六条生产线每小时可生产 75 组侧框。汽车车身各分总成均是在此类柔性装焊生产线上完成装焊的。车厢各分总成则是在弧焊机器人和点焊机器人共存的装焊生产线上完成全部装焊的。

3. 焊接机器人技术提高焊接质量和生产柔性

随着汽车制造业的发展，焊接机器人技术对提高焊接质量和生产柔性起到关键的作用。轿车车身本体是由十几个大总成和数百个薄板冲压件，经点焊、弧焊、激光焊、钎焊、铆接、机械连接和胶接等工艺连接而成的复杂薄板结构件。由于白车身所涉及的零件较多，焊接机器人在车身焊接中的作用非常显著。

1）点焊机器人系统

车身点焊的质量直接影响着汽车车身强度和使用安全性。点焊设备易于机械化、成本较低廉、技术成熟且配套设施完善，在汽车车身的生产中应用最为广泛。目前点焊过程的完全自动化已成为趋势，机器人点焊系统已得到广泛应用，正逐步取代手工点焊。

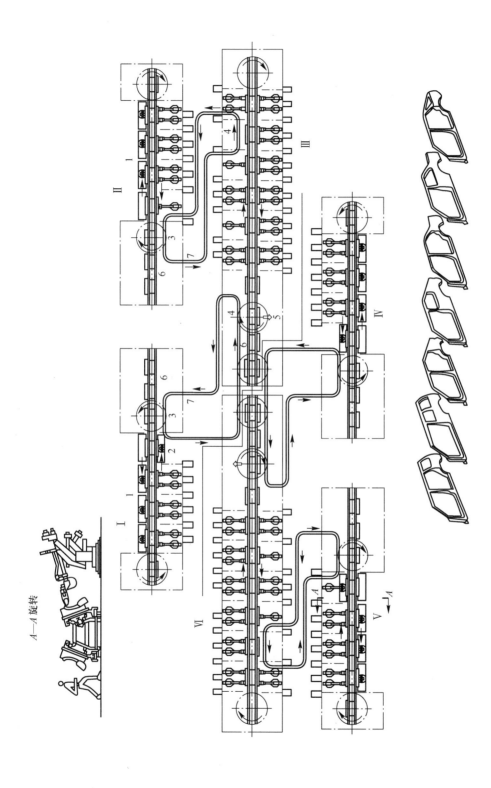

图 4-47　轿车侧框点焊机器人柔性焊接生产线

1—手工安装；2—手工 CO_2 焊接；3—自动拆卸；4—自动安装；5—拆卸；6—夹紧机构转换；7—高架电动传输装置

I—右侧框外面板生产线；II—右侧框里面板生产线；III—右侧框装焊生产线；IV—左侧框外面板生产线；V—左侧框里面板生产线；VI—左侧框装焊生产线

（1）气动点焊机器人系统

气动点焊机器人系统包括机器人本体、机器人控制器、点焊控制器、自动电极修磨机、气动点焊钳和水气供应的水气控制单元等。

气动焊钳作为点焊机器人的执行机构，目前普遍采用一体化焊钳。气动焊钳电极组件形式上与焊条电弧焊钳基本相似，完成与工件接触及通电焊接作用，为降低维护改造成本，焊钳组件有模块化的趋势。点焊机器人动作稳定可靠，重复精度高，可替代人繁重的体力劳动，并且提高了焊接质量，提高了生产线的柔性。2009 年，上汽乘用车公司南京基地新建 10 万辆荣威 350 系列轿车 AP11 焊接生产线，从日本引进 49 台 FANUC 六轴气动点焊机器人，应用在工艺要求较高的车身下车体总成焊接工位、侧围总成及车身本体的装配焊接上。2011 年该公司 MG5 车型生产线，再次引进 10 台 FANUC 点焊机器人，用于 6 万辆生产能力的 AP12 主线上，应用在工艺要求较高的车身下车体总成焊接工位、侧围总成及车身本体的装配焊接上。同时 AP12 与 AP11 实现设备全部共用，充分满足了混线生产的需求，实现了短时切换或无须切换的全柔性生产模式。

（2）伺服点焊机器人系统

为实现更高的焊接质量并满足性能要求，AP12 线还采用了中频点焊伺服焊枪控制技术。此系统可满足高强/超高强度钢板和多层板材的焊接，以适应汽车轻量化与车身防撞安全不断提高的要求。

伺服点焊机器人系统包括机器人本体、机器人控制器、中频点焊控制器、自动电极修磨机和伺服点焊钳等。伺服焊枪的优势是传统气动焊机无法比拟的，其最大的特点是以伺服装置代替气动装置，按照预先编制的程序，由伺服控制器发出指令控制伺服电动机按照预先编制的指令，控制同步电动机按照既定速度、位移进给，形成对电极位移与速度的精确控制，脉冲数目与频率决定电极位移与速度，电动机转矩决定了电极压力。

伺服焊枪具有增强诊断及监控、简化焊钳设计、提高柔性、降低维修率、提高运行时间及减少生产成本（耗气、备件、省电）等特点，是现代汽车装配生产线上应用的主要设备。其中频点焊的质量和效率远高于工频焊接。主要表现在以下几方面：

① 加快生产节拍。机器人与焊钳同步协调运动，大大加快了生产节拍，使焊点间及障碍物的跳转路径最小化；可随意缩短电极开口及减小关闭焊钳时间；焊接开始信号发出后可更快、更好地控制加压，更快地更改焊接压力，其压力调节速度可达 200 kgf/cycle（98 N/ms），能够很好地抑制和避免飞溅，有效保证和提高焊接质量；焊接完成信号发出后可更快打开焊钳；减少电极更换及修磨时间；换枪、电极修磨及更换后能快速标定。

② 提高焊接质量。软接触可实现极少的产品冲击，还可以减小噪声；高精度的可重复性加压；焊接中精确恒压控制；焊接过程中压力可实现调整；更稳定的电极管理及控制等。

③ 相对于气动焊枪，伺服焊枪的渐进性和预压过程是影响焊接效率的两个关键阶段。可编程电极行程是影响焊接效率的关键阶段。可编程电极行程和速度可以缩短同一工位上多个焊点的渐进时间，也可以提高焊接生产率。以预压为例，伺服焊枪焊接的一个焊点可节省 0.44 s，以一台轿车 3 500～5 000 个焊点为例，将节省 26～37 min 的焊接时间，生产率得到极大的提高，使车身焊装线的生产能力大大提升。

2）弧焊机器人系统

汽车车身结构的特点决定了车身制造离不开弧焊技术。传统焊条电弧焊焊接时的火花及烟雾对人体危害较大,工作环境恶劣,且对工人的技能要求更高,焊缝质量一致性差,波动也较大。汽车的重要结构安全件的焊接质量对汽车的安全性起着决定性的作用,因此,整车厂有逐步采用自动化弧焊机器人替代手工焊接方式的趋势。

车身弧焊机器人工作站建立需满足生产纲领、工作站的柔性和焊接质量,以及机器人及焊枪的选型及电控设计。具体内容包括:

(1) 机器人系统设计参数包括有效载荷、轴数、各轴的自由度范围及控制系统等。

(2) 机器人工作范围及姿态,充分考虑车身形式和弧焊点位置、夹具形式。通过 3D 设计模型仿真模拟干涉危险点的焊接,对焊枪及夹具的形状、机器人操作位置等进行反复修改,确定方案再进行可行性论证及设计修正。

(3) 确定机器人的高度及前后左右距离,确保机器人焊枪可达所有弧焊点。进行优化设计,最可靠的方法是通过机器人仿真软件模拟实际的焊接工作,具体方法是加入工位夹具、工件及焊枪的 3D 模型,在虚拟环境里进行工作站的装配和调试,模拟路径,观察是否干涉,以此调整各部分的相对尺寸达到最佳。

(4) 工艺时序设计,控制流程图设计。弧焊机器人工作站的设备包含弧焊机器人、机器人控制器、焊机、清枪系统、输送系统、焊接夹具、排烟除尘设备、安全防护网、弧光遮挡帘和水电气单元等。

上汽乘用车公司南京基地荣威 350/MG5 车型生产线采用了 4 台日本 FANUC 公司的弧焊机器人及奥地利 Fronius 公司先进的 CMT 焊机系统(具备"冷"金属过渡焊接技术)。CMT 焊接技术系统的特点是:作为完全的"冷"技术,近乎无电流状态下的熔滴过渡,低热输入量;能够进行薄板/超薄板焊接;确保无飞溅过渡,减少了焊后清理工作;引弧可靠,良好的搭桥能力使焊接过程操作容易;焊接过程送丝稳定;焊接工艺专家数据库化,简化缩短工艺调试过程等。

点焊机器人和弧焊机器人系统作为一个灵活、独立的焊接加工单元给大批量、高效率和高质量进行流水线的汽车制造提供了有力的保障,让高柔性化的短时弹性生产成为可能。

思考题与习题

1. 焊接时,为什么要对焊接区进行保护? 有哪些保护措施?

2. 焊接接头的组织和性能如何?

3. 焊接低碳钢时,其热影响区的组织性能有什么变化?

4. 酸性焊条和碱性焊条的药皮成分、使用性、焊缝性能各有哪些区别? 哪些钢种焊件应考虑选用碱性焊条?

5. 产生焊接热裂纹和冷裂纹的原因是什么,如何减少和防止?

6. 生产下列焊接结构时应选用什么焊接方法?

(1) 2t 起重机的吊臂,材料 Q235,单件生产;

(2) 铝合金平板,厚度 5 mm,对接,批量生产;

(3) 自行车钢圈对接,大批生产;

(4) 汽车油箱焊合,大批生产;

(5) 电机转子对接,一头结构钢,一头耐热钢,大批生产;

(6) 建筑工地钢筋对接,大批生产。

7. 焊接结构常用的焊接接头有哪些基本类型?

8. 下列金属材料哪些易气割？哪些不易气割？为什么？

低碳钢，高碳钢，铸铁，不锈钢，铝及铝合金，铜及铜合金，低合金结构钢。

9. 有一低合金钢焊接结构件，因焊接变形严重达不到质量要求。现采用一种固定胎模（夹具）进行焊接，虽然克服了变形，但却产生了较大焊接应力，影响结构的使用性能。试问应采用什么措施来保证结构的质量？

10. 图 4-48 的梁结构，材料为 Q235 钢。批量生产。现有钢板长度为 2 500 mm。选择：（A）腹板、翼板焊缝的位置；（B）各条焊缝的焊接方法；（C）焊接顺序。

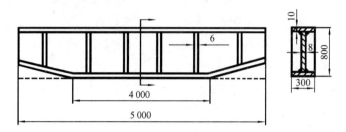

图 4-48 焊接结构梁

11. 用长 5 000 mm、宽 1 200 mm 的钢板生产图 4-49 的中压容器，材料为 16MnVR，筒身壁厚为 12 mm，封头 14 mm，管接头厚 7 mm，人孔圈 20 mm。试确定：① 焊缝位置；② 焊接方法；③ 焊接顺序。

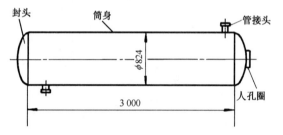

图 4-49 焊接中压容器

第 5 章

非金属材料及成形

在工程领域,整个 20 世纪,都是金属材料占据统治地位,如机床、农业机械、交通设备、电工设备、化工和纺织机械等,所使用的钢铁材料占 90% 左右,有色金属约占 5%。但近些年来,随着许多新型非金属材料和新型复合材料的不断开发和应用,金属材料的统治地位已受到挑战,21世纪开始出现了金属材料、陶瓷材料和有机高分子材料"三足鼎立"的新局面。

在可以预见的未来,随着科学技术的不断发展,特别是高科技领域如载人航天、电子信息、环境保护、智能仿生、纳米技术的飞速发展,将会有大量的新型非金属材料应用于机械工程领域。开发和使用新材料的能力是衡量社会技术水平和未来技术发展的尺度之一,而且只有当新材料得到广泛应用,才能真正发挥其应有的作用。正确选择与合理使用新型非金属材料以及掌握其成形技术是所有工程技术领域及其设计部门的职责,这也正是本章内容的目的和意义。

5.1 概述

非金属材料是指除金属材料之外的所有材料的总称,通常主要包括有机高分子材料、无机非金属材料和复合材料三大类。随着高新科学技术的发展,使用材料的领域越来越广,所提出的要求也越来越高。对于要求密度小、耐腐蚀、电绝缘、减振消声和耐高温等性能的工程构件,传统的金属材料已难胜任。而非金属材料这些性能却有各自的优势。另外,单一金属或非金属材料无法实现的性能可通过复合材料得以实现。

非金属材料的来源十分广泛,大多数成形工艺简单,生产成本较低,已经广泛应用于轻工、家电、建材、机电等各行各业中,目前在工程领域应用最多的非金属材料主要是塑料、橡胶、陶瓷及各种复合材料。

5.1.1 非金属材料的发展

人类社会的发展在很大程度上取决于生产力的发展,生产力水平的高低往往以劳动工具为代表,而劳动工具的进步又离不开材料的发展。早在一百万年以前,人类开始用石头做工具,标志着人类进入旧石器时代。大约一万年以前,人类知道对石头进行加工,使之成为精致的器皿或工具,从而标志着人类进入新石器时代。在新石器时代,人类开始用皮毛遮身。8 000 年前,中国就开始用蚕丝做衣服,4 500 年前,印度人开始种植棉花,这些都标志着人类使用材料促进文明进步。在新石器时代,人类已发明了用黏土成形,经火烧固化而成为陶器。陶器不但成为器皿,而且成为装饰品,历史上虽无陶器时代的名称,但其对人类文明的贡献却不可估量。这是人类有史以来第一次使用自然界存在的物质(黏土和水)发明制造了自然界没有的物品(陶器)。陶器可以盛水、煮食物。水在 100 ℃ 沸腾而保持恒温,食物的营养成分不但不被破坏,而且更易于消化吸收。人类的饮食生活习性由烧烤发展为蒸煮,人类自身生存状况有了彻底改观。因此,甚至有史学家认为陶器是人类最伟大的发明。时至今日,满足人类居住的建筑用材料仍以非金属材料为主。随着 5 000 年前的青铜、3 000 年前的铁以及后来钢等金属材料的出现,人类在 18 世纪发明了蒸汽机,在 19 世纪发明了电动机、平炉和转炉炼钢。金属材料使农业繁荣并逐步走向工业时代,把人类带进了现代物质文明。当随着有机化学的发展,人造合成纤维的发明是人类改造自然材料的又一里程碑。目前,各种有机合成材料几乎渗透到人类日常生活的各个领域。高性能的陶瓷材料以及各种复合材料支撑了航空航天事业的不断发展,使人类的文明走向宇宙。以单晶硅、激光材料、光导纤维为代表的新材料的出现,为人类仅用半个世纪就进入了信息时代提供了基础材料。所以,非金属材料对人类社会文明的进步发挥着重大的作用。在现代科学技术的推动下,材料科学发展迅速,材料的种类日益增多,不同功能的新材料不断涌现,原有材料的性能不断改善与提高,以满足人类未来的各种使用需求。因此,材料特别是品种繁多的新型非金属材料是未来高科技的基石、先进工业生产的支柱和人类文明发展的基础。

5.1.2 非金属材料的分类

目前,非金属材料通常以其组成的主要成分分为无机非金属材料、有机高分子材料及复合材料三大类。

典型无机非金属材料:水泥、玻璃、陶瓷。

典型有机高分子材料:塑料、橡胶、化纤。

典型复合材料:无机非金属材料基复合材料、有机高分子材料基复合材料、金属基复合材料。

5.1.3 非金属材料的选择及应用

1. 非金属材料的选择

由于非金属材料的种类繁多,不同类型、成分、性能及不同成形方法的非金属材料在工程实际中的使用和选择是个很复杂的过程。设计师和工程师在选择非金属材料时,主要应考虑以下因素:

(1) 满足使用性能和工艺性能;

(2) 防止出现失效事故;

(3) 经济性;

(4) 从整个人类社会的可持续发展角度考虑选材。

此外,材料的选择是一个系统工程。在一个部件或者装置中,所选用的各种材料要适合在一起使用,而不能因相互作用而降低对方的性能。

因此,在大多数情况下,材料的选择是一个反复权衡的复杂过程。在某种意义上,其重要性不亚于材料本身的研究开发。

2. 非金属材料的应用领域

过去,非金属结构材料传统的应用领域主要是建筑、轻工、纺织、家电、仪器仪表、农业等,在工业上主要是装饰件、密封件、刀具、轮胎等。但是现在,非金属结构材料在工业领域的广泛应用正以前所未有的速度发展。随着各种非金属材料合成和制备技术的不断提高和完善,非金属材料的产量和性能均不断提高。有关专家预测,很多传统上由金属制造的零件、部件、结构件将会被工程塑料、工程陶瓷及复合材料等非金属材料所取代。例如,汽车的车身可采用工程塑料或复合材料,1 kg 工程塑料可代替 4~5 kg 钢铁,而且可整体成形,因而成本和油耗将进一步降低。由于原料充足,可以设计、制造出无穷的新产品,非金属结构材料在工业领域的应用前景十分广阔。

另外,各种新型非金属材料,其应用领域远比非金属结构材料的应用领域广阔得多,特别是现代高科技密集的领域。在微电子、信息通信、航空航天、生物工程、环境保护、新能源等领域中应用了大量的新型非金属材料,其中最具代表的有单晶硅、超导材料、固体激光材料、飞船高温防护材料、仿生材料、环保材料、隐形纳米材料等。由于篇幅所限,本章内容主要介绍非金属结构材料及其成形。

5.2 工程塑料及其成形

塑料是一类以天然或合成树脂为主要成分,在一定温度、压力条件下经塑制成形,并在常温下能保持形状不变的高分子工程材料。

塑料具有一定的耐热、耐寒及良好的力学、电气、化学等综合性能,可以替代非铁金属及其合金,作为结构材料制造机器零件或工程结构。塑料以其质轻、耐蚀、电绝缘,具有良好的耐磨和减磨性、良好的成形工艺性等特性以及有丰富的资源而成为应用广泛的高分子材料,在工农业、交通运输业、国防工业及日常生活中均得到广泛应用。

5.2.1 工程塑料的组成和性能

1. 塑料的组成

一般说来,塑料是由树脂和若干种添加剂(如填充剂、增塑剂、润滑剂、着色剂、稳定剂、固化剂和阻燃剂)组成。

1)树脂

树脂是塑料的主要组分,它是塑料中能起黏结作用的部分,并使塑料具有成形性能。合成树脂如聚乙烯、聚碳酸酯、酚醛树脂等是现代塑料的基本原料,其种类、性质和所占比例大小决定了塑料的性能。

2)填充剂

其主要作用是改变塑料的某些性能,降低塑料成本,扩大塑料的应用范围。常用的填料种类有木粉、玻璃纤维、石棉、云母粉、铝粉、二硫化钼和石墨粉等。

3)增塑剂

增塑剂是用来提高树脂可塑性的。常用增塑剂如氧化石蜡、磷酸酯类等。

4)润滑剂

润滑剂是为防止塑料在成形过程中粘模而加入的添加剂。常用的润滑剂为硬脂酸及硬脂酸盐类。

5）着色剂

着色剂是使塑料制品具有美丽色彩的有机或无机颜料。常用着色剂有铁红、铬黄、氧化铬绿、士林蓝、锌白、铁白、炭黑等。

6）固化剂

固化剂是热固性塑料所必需的添加剂,目的在于促使线型结构转变为体型结构,成形后获得坚硬的塑料制品。固化剂种类很多,如六次甲基四胺、顺丁烯二酸等。

7）稳定剂

稳定剂又称防老化添加剂,其主要作用是提高某些塑料的受热或光照稳定性。常用稳定剂有硬脂酸盐、铅化物、酚类和胺类物质等。

8）其他添加剂

塑料添加剂除上述几项外还有阻燃剂(如氧化锑等)、抗静电剂、发泡剂、溶剂、稀释剂等。

添加剂的种类很多,要根据塑料品种和产品功能要求决定添加与否及添加多少。

2. 工程塑料的性能

1）力学性能

力学性能是决定工程塑料使用范围的重要指标之一,工程塑料具有较高的强度、良好的塑性、韧性和耐磨性,可代替金属制造机器零件或构件,尤其是某些工程塑料的比强度很高,大大超过金属的比强度(如玻璃纤维增强塑料),可制造减轻自重的各种结构件。

(1)拉伸强度、弹性模量和断后伸长率

常用工程塑料的应力-应变曲线可归结为以下四种基本类型:

① 硬而韧的工程塑料(图5-1曲线1)。如 ABS、尼龙、聚甲醛、聚碳酸酯等,具有很高的弹性模量、屈服强度、抗拉强度和较大的断后伸长率。

② 硬而脆的工程塑料（图5-1曲线2）。如聚苯乙烯和酚醛树脂等塑料,具有很高的弹性模量和抗拉强度,但在较小的断后伸长率(<2%)下就会断裂,无明显屈服。

③ 硬而强的工程塑料(图5-1曲线3)。如有机玻璃、长玻璃纤维增强热固性塑料及某些配方的硬聚氯乙烯等塑料,具有高的弹性模量和抗拉强度,其断后伸长率为2%～5%。

④ 软而韧的工程塑料（图5-1曲线4）。如高增塑的聚氯乙烯等塑料的弹性模量和屈服点低,而断后伸长率很大,为25%～1 000%,抗拉强度较高。

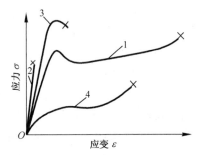

图 5-1　塑料拉伸时的
应力-应变曲线

1—硬而韧的塑料；2—硬而脆的塑料；
3—硬而强的塑料；4—软而韧的塑料

从图5-1可以看出,各种塑料的力学性能差异很大,一般热塑性塑料的抗拉强度在 50～100 MPa 之间,热固性塑料的抗拉强度为 30～60 MPa。工程塑料与金属材料相比,其抗拉强度和弹性模量均较低,这是目前工程塑料作为工程结构材料使用的最大障碍之一,因此在一些负荷大的地方,还需采用钢结构。

(2)剪切强度、冲击韧性和弯曲强度

① 剪切强度。对于塑料薄膜或板材特别重要,玻璃布增强的热固性层压板的剪切强度在 80～170 MPa之间。

② 冲击韧性。一般塑料的冲击韧性值比金属低,并且有缺口比没有缺口的塑料件冲击韧性值明显下降。

③ 弯曲强度。热塑性塑料中聚甲醛弯曲强度为 90～98 MPa,尼龙可达 210 MPa,热固性塑料为 50～150 MPa,玻璃纤维(布)层压塑料可达 350 MPa。

(3)蠕变性能

蠕变是指材料受到一固定载荷时,除了开始的瞬时变形外,随时间的增加变形逐渐增大的现象。金属材料在较高温度时,才有明显的蠕变现象,而塑料则在室温下受载后就可发生显著的蠕变现象,载荷大时甚至出现蠕变断裂。

(4)硬度和耐磨性能

工程塑料的硬度比金属低,但其抗摩擦磨损性能却远远优于金属,用工程塑料制作的轴承、活塞环、凸轮、齿轮等零件已广泛应用。

2)物理性能

(1)密度小;

(2)易着色、色泽鲜艳;

(3)透光性好,具有多种防护性能。

3)热性能

包括耐热性、导热性、热膨胀性、熔融指数及燃烧性。与金属相比,塑料耐热性、导热性差,热膨胀性大,易燃烧。

4)化学性能

主要指耐腐蚀性能好。一般塑料对酸、碱、盐等介质具有良好的抗腐蚀能力,并广泛用作防腐蚀工程材料。

除以上性能外,塑料还有优良的电气绝缘性能、成形加工性及消声吸振性等。

5.2.2 工程塑料的分类和应用

1. 塑料的分类

1)按树脂受热的行为分为热塑性与热固性塑料

(1)热塑性塑料

其分子结构主要为线型或支链线型分子结构,工艺特点是受热软化、熔融,具有可塑性,冷却后坚硬;再受热又可软化,可重复使用而其基本性能不变;可溶解在一定的溶剂中。成形工艺简便、形式多种多样,生产效率高,可直接注射、挤压、吹塑成形,如聚乙烯、聚丙烯、ABS 等。

(2)热固性塑料

具有体型分子结构,热固性塑料一次成形后,质地坚硬、性质稳定,不再溶于溶剂中,受热不变形,不软化,不能回收。成形工艺复杂,大多只能采用模压或层压法,生产效率低,如酚醛塑料、环氧塑料等。

2)按应用范围可分为通用塑料和工程塑料

(1)通用塑料

通用塑料指产量大、成本低、用途广的塑料（如聚乙烯、聚氯乙烯、聚丙烯等），它们的产量占塑料总产量的 75% 以上。

（2）工程塑料

工程塑料指应用于工业产品或在工程技术中作为结构、零件、外观和装饰的塑料，具有高强度或耐热、耐蚀等特点，如 ABS、聚四氟乙烯、酰胺等。

2. 常用的塑料及应用

常用的热塑性工程塑料有聚乙烯、聚氯乙烯、聚苯乙烯和聚丙烯、ABS 塑料、聚碳酸酯、有机玻璃、聚甲醛和聚酚胺（尼龙）等。

与热塑性工程塑料相比，热固性工程塑料的主要优点是硬度和强度高，刚度大，耐热性优良，使用温度范围远高于热塑性工程塑料；其主要缺点是成形工艺较复杂，常常需要较长时间加热固化，而且不能再成形，不利于环保。常用的热固性工程塑料有酚醛塑料、环氧塑料和有机硅塑料。

常用的塑料及其性能、用途见表 5-1。

表 5-1 常用的塑料及其性能、用途

塑料分类	塑料名称	代号	性能特点	用途
热塑性塑料	聚乙烯	PE	分高压、低压聚乙烯。低压聚乙烯质地柔软；高压聚乙烯质地坚硬，有良好的耐磨性、耐蚀性及绝缘性，可以作为受力结构材料来使用	低压聚乙烯：适宜做薄膜和软管 高压聚乙烯：适用于化工设备的管道、槽及电缆、手柄、仪表罩壳、叶轮等
	聚丙烯	PP	强度和刚度都优于聚乙烯，并有良好的耐热性、良好的耐腐蚀性、绝缘性和无毒、无味等特点	常用来制造各种机械零件，如法兰、接头、汽车上主要用作供暖及通风系统的各种结构件及医疗器械
	聚氯乙烯	PVC	分硬质和软质两种。硬质聚氯乙烯塑料强度高，耐蚀性好；软质聚氯乙烯伸长率较高，但强度低，耐蚀性和绝缘性低，易老化	硬质聚氯乙烯：可做离心泵、通风机、水管接头、建筑材料等 软质聚氯乙烯：可制薄膜、承受高压的织物增强塑料软管及电线电缆的绝缘层等
	聚苯乙烯	PS	良好的耐腐蚀性和绝缘性，透明度好，但硬而脆，耐冲击性差，耐热性差	常用作绝缘件、仪表外壳及日用装饰品、食品盒等
	丙烯腈-丁二烯-苯乙烯	ABS	具有耐热、表面硬度高、尺寸稳定、良好的耐化学腐蚀性及电性能、易成形和机械加工等特点，综合性能良好	常用来制造齿轮、泵叶轮、轴承、管道、电机外壳、仪表盘、加热器、盖板、水箱外壳及冰箱衬里等各类制品等
	聚碳酸酯	PC	化学稳定性很好，透明度高，电绝缘性优良，耐热耐寒，优良的力学性能，成形收缩率小，制件尺寸精度高。缺点是易应力开裂	在机械制造中，可制作轴承、齿轮及螺栓等；在电子工业中，可制作高度绝缘零件如垫圈、垫片及高温工作的电气设备零件；光学照明器材方面，可制作大型灯罩、防爆灯、防护玻璃等
	聚甲基丙烯酸甲酯（有机玻璃）	PMMA	透明性极好，强度较高，有一定的耐热耐寒性，耐腐蚀，绝缘性良好，综合性能超过聚苯乙烯，但质较脆，表面硬度稍低，易擦毛和划伤	主要用来制造具有一定透明度和强度的零件，如油标、油杯、化学镜片、窥镜、设备标牌、透明管道、飞机、船舶、汽车的座窗和仪器仪表部件等

续表

塑料分类	塑料名称	代号	性能特点	用途
热塑性塑料	聚甲醛	POM	综合性能较好,强度、刚度高,减摩耐磨性好,耐疲劳性能好,吸水性小,尺寸稳定性好,但热稳定性差,易燃烧,在大气中暴晒易老化	适于制作减摩耐磨零件、传动零件以及化工、仪表等零件,如轴承、齿轮、凸轮、化工容器等
	聚酰胺(尼龙或锦纶)	PA	坚韧,耐磨,耐油,耐水,抗霉菌,但吸水性大	适于制作一般机械零件、减摩耐磨零件、传动零件以及化工、电器、仪表等零件
	聚四氟乙烯(氟塑料、塑料王、特氟隆)	F-4(PTFE)	长期使用温度-200~260℃,有卓越的耐化学腐蚀性,对所有化学品都耐腐蚀,摩擦系数在塑料中最低,还有很好的电性能,其电绝缘性不受温度影响,呈透明或半透明状态。加工成形性差	适于制作耐腐蚀件、减摩耐磨件、密封件、绝缘件和医疗器械零件,如阀门、泵、垫圈、阀座、轴承、活塞环等
热固性塑料	酚醛塑料	PF	强度高,坚韧耐磨,尺寸稳定性好,耐腐蚀,电绝缘性能优异,成形性较好	可用来制作机械结构件、电器、仪表的绝缘机构件。如齿轮、凸轮、垫圈等结构件及各种电气绝缘零件、日常生活所用的电木制品等
	环氧塑料	EP	优良的力学性能,良好的电绝缘性能,优良的耐碱性,良好的耐酸性和耐溶剂性,突出的尺寸稳定性和耐久性,以及耐霉菌性能,对金属、塑料、玻璃、陶瓷等有良好的黏附能力	适于制作塑料模具、精密量具、电子仪器的抗震护封的整体结构和电工、电子元件及线圈的灌封与固定等
	有机硅塑料	IS	热稳定性高,耐高温和耐热性很好,电绝缘性优良,特别是高温下电绝缘性好,耐稀酸、稀碱,耐有机溶剂	适于制作电工、电子元件及线圈的灌封与固定

5.2.3 工程塑料的成形

1. 塑料成形加工技术分类

塑料的成形,按各种成形加工技术在生产中所属成形加工阶段的不同,可将其划分为一次成形技术、二次成形技术和二次加工技术三个类别。

2. 塑料的一次成形技术

塑料的一次成形是指将粉状、粒状、纤维状和碎屑状固体塑料、树脂溶液或糊状等各种形态的塑料原料制成所需形状和尺寸的制品或半制品的技术。这类成形方法很多,目前生产上广泛采用注射、挤出、压制、浇注等方法成形。

1)注射成形

注射成形(图5-2)是将粒状或粉状塑料置于注射机的料筒内,经加热熔化呈流动状态,然后在注射机的柱塞(或移动螺杆)快速而又连续的压力下,从料筒前端的喷嘴中以很高的压力和很快的速度注入

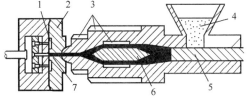

图5-2 注射成形示意图
1—制品;2—模具;3—加热装置;4—粒状塑料;
5—柱塞;6—分流梭;7—喷嘴

到闭合模具的型腔中,经冷却脱模,即可得到所需形状的塑料制品。

注射成形主要应用于热塑性塑料和流动性较大的热固性塑料,可以成形几何形状复杂、尺寸精确及带各种嵌件的塑料制品,如电视机外壳、日常生活用品等。目前,注射制品约占塑料制品总量的30%。近年来,新的注射技术如反应注射、双色注射、发泡注射等的发展和应用,为注射成形提供了更加广阔的应用前景。

注塑机是注塑加工的主要设备,按外形可分为立式、卧式、直角式;按注射方式可分为往复螺杆式、柱塞式,以往复螺杆式用得最多。注塑机除了液压传动系统和自动控制系统外,主要由料斗、料筒、加热器、喷嘴、模具和螺杆构成。

注塑工艺过程包括成形前的准备、注射过程、后处理等。

成形前的准备包括原料检验、原料的染色和造粒、原料的预热及干燥、嵌件的预热和安放、试模、清洗料筒和试车等。

注射过程包括加料、塑化、注射、冷却和脱模等工序。在注射过程中,熔体被柱塞或螺杆推挤至料筒前端并注入模具,当熔体在模具中冷却收缩时,柱塞或螺杆继续保持加压状态,迫使浇口和喷嘴附近的熔体不断补充进入模具中(补塑),使模腔中的塑料能形成形状完整而致密的制品,这一阶段称为"保压"。当模具浇注系统内的熔体冻结浇口闭合时,卸去保压压力,同时通入水、油或空气等冷却介质,进一步冷却模具,这一阶段称为"冷却"。制品冷却到一定温度后,即可用人工或机械脱模。

制品的后处理主要指退火处理和调湿处理。退火处理就是把制品放在恒温的液体介质或热空气循环箱里静置一段时间。退火温度一般高于制品的使用温度 10~20 ℃,低于塑料热变形温度 10~20 ℃;退火时间则视制品厚度而定。退火后使制品缓冷至室温。调湿处理是让制品在一定的湿度环境中吸收一定的水分,使其尺寸稳定下来,以免在使用过程中因吸水而发生变形。

2)挤出成形

挤出成形又称挤塑成形或挤出模塑,其成形过程如图 5-3 所示。首先,将粒状或粉状的塑料加入到挤出机(与注射机相似)料斗中,然后由旋转的挤出机螺杆送到加热区,逐渐熔融呈黏流态,然后在挤压系统作用下,塑料熔体通过具有一定形状的挤出模具(机头)口模而成形为所需断面形状的连续型材。

图 5-3 挤出成形示意图
1—塑料粒;2—螺杆;3—加热装置;4—口模;
5—制品;6—空气或水;7—传送装置

挤出成形工艺过程包括物料的干燥、成形、制品的定形与冷却、制品的牵引与卷曲(或切割),有时还包括制品的后处理等。

（1）原料干燥

原料中的水分会使制品出现气泡、表面晦暗等缺陷，还会降低制品的物理和力学性能等，因此使用前应对原料进行干燥处理。通常，水分的质量分数应控制在 0.5% 以下。

（2）挤出成形

当挤出机加热到预定温度后即可加料。开始挤出的制品外观和质量都很差，应及时调整工艺条件，当制品质量达到要求后即可正常生产。

（3）制品的定形与冷却

定形与冷却往往是同时进行的，在挤出管材和各种型材时需要有定形工艺，挤出薄膜、单丝、线缆包覆物时，则不需此工艺。

（4）牵引（拉伸）和后处理

常用的牵引挤出管材设备有滚轮式和履带式两种。牵引时，要求牵引速度和挤出速度相匹配，均匀稳定。一般应使牵引速度稍大于挤出速度，以消除物料离模膨胀所引起的尺寸变化，并对制品进行适当拉伸。

挤出成形的塑料件内部组织均匀紧密，尺寸比较稳定准确。其几何形状简单、截面形状不变，因此模具结构也较简单，制造维修方便，同时能连续成形、生产率高、成本低，几乎所有热塑性塑料及小部分热固性塑料可采用挤出成形。塑料挤出的制品有管材、板材、棒材、薄膜、各种异型材等，目前约 50% 的热塑性塑料制品是挤出成形的。此外，挤出成形还可用于塑料的着色、造粒和共混改性等。

3）压制成形

压制成形是指主要依靠外压的作用，实现成形物料造型的一次成形技术。压制成形是塑料加工中最传统的工艺方法，广泛用于热固性塑料的成形加工。根据成形物料的性状和加工设备及工艺的特点，压制成形可分为模压成形和层压成形。模压成形（图 5-4a）是将粉状、粒状、碎屑状或纤维状的热固性塑料原料放入模具中，然后闭模加热加压而使其在模具中成形并硬化，最后脱模取出塑料制件，其所用设备为液压机、旋压机等。

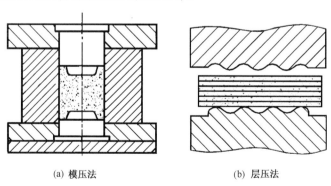

(a) 模压法　　　　　　　　　(b) 层压法

图 5-4　压制成形示意图

层压成形（图 5-4b）是以纸张、棉布、玻璃布等片状材料，在树脂中浸渍，然后一张一张叠放成所需的厚度，放在层压机上加热加压，经一段时间后，树脂固化，相互黏接成形。

压制成形设备简单（主要设备是液压机）、工艺成熟，是最早出现的塑料成形方法。它不需要流道与浇口，物料损失少，制品尺寸范围宽，可压制较大的制品，但其成形周期长，生产效率低，较难实现现代化生产。对形状复杂、加强肋密集、金属嵌件多的制品不易成形。

4）浇注成形

浇注技术包括静态浇注、离心浇注、流延浇注和滚塑等。

静态浇注（图5-5a）是在常压下将树脂的液态单体或预聚体注入大口模腔中，经聚合固化定形得到制品的成形方法。静态浇注可生产各种型材和制品，有机玻璃是典型的浇注制品。

离心浇注（图5-5b）是将原料加入到高速旋转的模具中，在离心力的作用下，使原料充入模腔，而后使之硬化定形为制品。离心浇注可生产大直径的管制品、空心制品、齿轮和轴承。

流延浇注是将热塑性塑料溶于溶剂中配成一定浓度的溶液，然后以一定的速度流布在连续回转的基材上（一般为无接缝的不锈钢带），通过加热使溶剂蒸发而使塑料硬化成膜，从基材上剥离即为制品。流延法常用来生产薄膜。

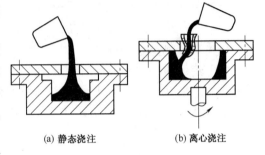

(a) 静态浇注　　(b) 离心浇注

图5-5　浇注成形

滚塑成形是将塑料加入到模具中，然后模具沿两垂直轴不断旋转并使之加热，模内的塑料在重力和热的作用下，逐渐均匀地涂布、熔融黏附于模腔的整个表面上，成形为所需要的形状，经冷却定形得到制品。滚塑可生产大型的中空制品。

3. 塑料的二次成形技术

塑料的二次成形是指在一定条件下将塑料半制品（如型材或坯件等）通过再次成形加工，以获得制品的最终形样的技术。目前，生产上采用的有中空吹塑成形、热成形和薄膜的双向拉伸成形等几种二次成形技术。

1）中空吹塑成形

吹塑成形是制造空心塑料制品的成形方法，是借助气体压力使闭合在模腔内尚处于半熔融态的型坯吹胀成为中空制品的二次成形技术。中空吹塑又分为注射吹塑和挤出吹塑，注射吹塑是用注射成形法先将塑料制成有底型坯，再把型坯移入吹塑模内进行吹塑成形。图5-6所示为注射吹塑成形过程。首先，由注射机在高压下将熔融塑料注入型坯模具内，并在芯模上形成适宜

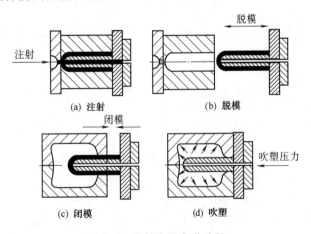

(a) 注射　　　　(b) 脱模

(c) 闭模　　　　(d) 吹塑

图5-6　注射吹塑成形过程

尺寸、形状和质量的管状有底型坯,所用模芯为一端封闭的管状物,压缩空气可从开口端通入并从管壁上所开的多个小孔逸出。型坯成形后,打开注射模将留在芯模上的热型坯移入吹塑模内,合模后从模芯通道吹入 0.2～0.7 MPa 的压缩空气,型坯立即被吹胀而脱离模芯并紧贴吹塑模的型腔壁上,并在空气压力下进行冷却定形,然后开模取出制品。

图 5-7 为挤出吹塑成形过程,管坯直接由挤出机挤出,并垂挂在安装于机头正下方的预先分开的型腔中;当下垂的型坯达到规定的长度后立即合模,并靠模具的切口将管坯切断;从模具分型面的小孔通入压缩空气,使型坯吹胀紧贴模壁而成形;保压,待制品在型腔中冷却定型后开模取出制品。

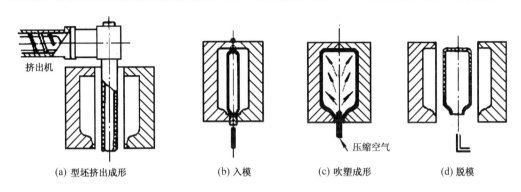

（a）型坯挤出成形　　（b）入模　　（c）吹塑成形　　（d）脱模

图 5-7　挤出吹塑成形过程

用于中空吹塑成形的热塑性塑料品种很多,最常用的原料是聚乙烯、聚丙烯、聚氯乙烯和热塑性聚酯等,常用来成形各种液体的包装容器,如各种瓶、桶、罐等。

2）热成形

热成形是利用热塑性塑料的片材作为原料来制造塑料制品的一种方法。首先,将裁成一定尺寸和形状的片材夹在模具的框架上,将其加热到适宜温度,然后施加压力,使其紧贴模具的型面,从而取得与型面相仿的型样,经冷却定形和修整后即得制品。热成形时,施加的压力主要是靠抽真空和引进压缩空气在片材的两面所形成的压力差,但也有借助于机械压力和液压力的。图 5-8 为真空热成形示意图。

热成形主要用于生产薄壳制品,一般是形状较为简单的杯、盘、盖、仪器和仪表以及收音机等外壳和儿童玩具等。通常,用于热成形的塑料品种有聚苯乙烯、聚氯乙烯、ABS、高密度聚乙烯、聚酰胺等。作为原材料用的片材可用挤压、压延和流延的方法制造。

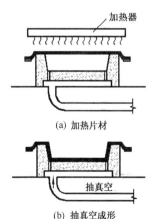

（a）加热片材

（b）抽真空成形

图 5-8　真空热成形

4. 塑料的二次加工技术

塑料的二次加工是在一次成形或二次成形产物硬固状态不变的条件下,为改变其形状、尺寸和表面状态使之成为最终产品的技术。生产中已采用的二次加工技术多种多样,但大致可分为机械加工、连接加工和表面修饰三类方法。

1）机械加工

塑料可采取的机械加工方法很多,如裁切、切削激光加工等。

裁切是指对塑料板、棒、管等型材和模塑制品上的多余部分进行切断和割开的机械加工方法。塑料常用的裁切方法是冲切、锯切和剪切,生产中有时也用电热丝、激光、超声波和高压液流裁切塑料。

切削是用刀具对工件进行切削。常用的有车削、铣削、钻削和切螺纹等几项技术。

激光加工。在塑料的二次加工中,激光不仅可用于截断,还可用于打孔、刻花和焊接等,其中以打孔和截断最为常见。用激光加工塑料具有效率高、成本低等优点。绝大多数塑料都可用激光方便地加工,但是酚醛和环氧等热固性塑料却不适于激光加工。

2)连接加工

连接的目的是将塑料件之间、塑料件与非塑料件之间连接固定,以构成复杂的组件。塑料连接加工按连接所依据的原理,可将常用的塑料连接分为:

(1)机械连接

用螺纹连接、铆接、按扣连接、压配连接等机械手段实现连接和固定的方法。适合于一切塑料制件,特别是塑料件与金属件的连接。

(2)热熔连接

亦称焊接法。是将两个被连接件接头处局部加热熔化,然后压紧,冷却凝固后即牢固连接的方法。常用的有外热件接触焊接、热风焊接、摩擦焊接、感应焊接、超声波焊接、高频焊接、等离子焊接等。焊接只适用于热塑性塑料。

(3)胶接

借助同种材料间的内聚力或不同材料间的附着力,使被连接件间相对位置固定的方法称为粘接。塑料制品间及塑料制品与其他材料制品间的粘接,需依靠有机溶剂和胶黏剂来实现。有机溶剂粘接,仅适用于有良好溶解能力的同种非晶态塑料制品间的连接,但其接缝区的强度一般都比较低,故在塑料的连接加工中应用有限。绝大多数塑料制品间及塑料制品与其他材料制品的粘接,是通过胶黏剂实现。依靠胶黏剂实现的粘接称为胶接。胶黏剂有天然的和合成的,目前常用的是合成高分子胶黏剂,如聚乙烯醇、环氧树脂等。胶接法既适用于热塑性塑料也适用于热固性塑料。

3)表面修饰

表面修饰是指为美化塑料制件或为提高制品表面的耐蚀性、耐磨性及防老化等功能而进行的涂装、印刷、镀膜等表面处理过程。

涂装是指用涂料覆盖物体表面,并在其上形成附着膜,可起美化外观、延长寿命等作用。塑料制品常见的涂装方式有覆盖涂装、美术涂装和填嵌涂装。

印刷是指用油墨和印版使承印物表面记载图形和文字。目前,塑料制品印刷采用最多的是照相凹版印刷,其次是橡胶凸版印刷和属于孔版印刷类的丝网版印刷。

镀金属膜是各种使塑料制品表面上加盖金属薄层的装饰加工方法的总称。工业中常用的是电镀、喷雾镀银、真空蒸镀等。

5.3　工业橡胶及其成形

5.3.1　工业橡胶的组成及性能

1. 工业橡胶的组成

橡胶是以生胶为原料,加入适量配合剂,经硫化后所组成的高分子弹性体。

1）生胶

按其原料来源可分为天然橡胶和合成橡胶。

2）配合剂

配合剂是指为改善生胶的性能而添加的各种物质。包括硫化剂、促进剂、软化剂、填充剂、防老化剂和着色剂等。

（1）硫化剂

硫化剂相当于热固性塑料中的固化剂，硫化剂能使分子链相互交联成网状结构，橡胶的交联过程称为"硫化"。橡胶品种不同，所用硫化剂也不同。

（2）促进剂

促进剂能缩短硫化时间，降低硫化温度，提高制品的经济性。常用的促进剂多为化学结构复杂的有机化合物，有时还加入氧化锌等活化剂。

（3）软化剂

软化剂能增加橡胶的塑性，改善黏附力，并降低橡胶的硬度和提高其耐寒性，常用的软化剂有硬脂酸、精制蜡、凡士林及一些油脂类。

（4）填充剂

填充剂能增加橡胶的强度、降低成本及改善工艺性能。常用炭黑、氧化硅、白陶土、氧化锌、滑石粉等填料。

（5）防老化剂

橡胶在长期存放或使用过程中因环境因素逐渐被氧化而发生变黏变脆，这种现象称为橡胶的老化。防老化剂可防止橡胶的氧化，延长老化过程，增加使用寿命。常用的防老化剂有苯胺等。

（6）着色剂

着色剂能使橡胶制品具有各种不同的颜色，有锑红、铬绿、络青等颜料。

2. 工业橡胶的性能

1）高弹性

高弹性是橡胶性能的主要特征。橡胶弹性模量低，一般在 $1 \sim 9.8$ MPa（而塑料可高至 2 000 MPa），回弹性能特别好，承受外力后，立即产生很大的变形，伸长率可达 100 % ~ 1 000 %，外力除去后又很快恢复原状，并能在很宽的温度（$-50 \sim 50$ ℃）范围内保持弹性。

2）黏弹性

橡胶是黏弹性体。产生形变时受时间、温度等条件的影响，表现有明显的应力松弛和蠕变现象。在振动或交变应力等周期作用下，产生滞后损失。

3）可塑性

可塑性是指在一定温度和压力下发生塑性变形，外力去除后能够保持所产生的变形的能力。橡胶在加工过程中如弹性太大，塑性变形困难，加工成形就困难，为了提高加工性，则需适当降低弹性而增加可塑性，因此必须通过塑炼提高其可塑性。

4）机械强度

机械强度是决定橡胶制品使用寿命的重要因素。工业生产中常以抗撕裂强度（或拉伸强度）及定伸强度表示。抗撕裂强度与分子结构有关，一般线型结构的强度高，分子质量大的强度高。定伸强度是指在一定断后伸长率的情况下而产生弹性变形所需应力大小,分子质量愈大,强度也愈高。定伸强度大,说明该橡胶不容易产生弹性变形。

5)耐磨性

耐磨性即橡胶抵抗磨损的能力。橡胶强度愈高,磨损量愈少,耐磨性也愈好。

6)电绝缘性

7)缓冲减振作用

橡胶对声音及振动的传播有缓和作用,可利用这一特点来减弱噪声和振动。

5.3.2　工业橡胶的分类及应用

1. 工业橡胶的分类

橡胶品种很多,按其原料来源可分为天然橡胶和合成橡胶两大类。按其用途可分为通用合成橡胶和特种橡胶。凡是性能与天然橡胶相同或相近,物理性能和加工性能较好,能广泛用于轮胎和其他一般橡胶制品的橡胶称为通用橡胶;凡是具有特殊性能,专供耐热、耐寒、耐化学腐蚀、耐油、耐溶剂、耐辐射等特殊性能橡胶制品使用的称为特种橡胶。应指出,通用橡胶和特种橡胶之间并无严格的界限。如乙丙橡胶就兼具有上述两方面的特点。

橡胶材料的分类见表5-2。

表5-2　橡胶材料的分类

橡胶	通用橡胶	天然橡胶 丁苯橡胶 顺丁橡胶 异戊橡胶 氯丁橡胶 乙丙橡胶 丁基橡胶	橡胶	特种橡胶	氯丁橡胶 乙丙橡胶 丁基橡胶 丁腈橡胶 硅橡胶 氟橡胶 聚氨酯橡胶 聚硫橡胶 聚丙烯酸酯橡胶 氯醚橡胶 氯化聚乙烯橡胶 氯磺化聚乙烯 丁吡橡胶等

2. 工业橡胶的应用

工业橡胶的应用见表5-3。

表5-3　工业橡胶的应用

种类	代号	性能	应用
天然橡胶	NR	综合性能好,加工工艺性也好。缺点是耐油性差,耐臭氧、耐热等耐老化性差,不耐高温	广泛用于制造轮胎、胶带、胶管、一般机械密封圈、海绵制品等橡胶制品
丁苯橡胶	SBR	良好的耐磨性、耐热性,抗老化性优于天然橡胶,易与其他通用橡胶并用,价格低廉。缺点是抗撕裂性差,耐寒性差,粘接性差,成形困难	主要用于轮胎工业,还可用于胶带、胶管、防水橡胶制品及电气绝缘材料等

种类	代号	性能	应用
顺丁橡胶	BR	目前橡胶中弹性最好的一种,具有良好的耐屈挠性、耐磨性、耐热老化性、耐寒性。缺点是强度低、加工工艺性差、抗撕裂性差	主要用于制作轮胎,还用于制造耐磨制品、耐寒制品和防振制品
氯丁橡胶	CR	优良的耐油、耐溶剂、耐酸碱性、耐老化性(尤其是耐气候性和耐臭氧老化性)、耐燃性和耐水性。缺点是电绝缘性差、贮存稳定性差	主要用于制作阻燃制品、耐油制品、胶粘剂等领域。如耐热输送带、电缆护套、输油管等、海底电缆、化工防腐材料以及地下采矿用耐燃安全橡胶制品等
乙丙橡胶	EPDM	优良的耐气候性、耐臭氧老化性,良好的耐热性、耐热水性、耐腐蚀性、耐低温性、电绝缘性。缺点是黏着性差,硫化速度慢,阻燃性差,加工工艺性差	主要应用于要求耐老化、耐热水、耐腐蚀、电气绝缘几个领域。如门窗密封条、耐热运输带、电线、电缆、防腐衬里、密封圈、建筑防水片材、汽车部件等
丁基橡胶	IIR	优良的化学稳定性、耐水性及电绝缘性,耐气候、耐臭氧、耐热老化性也很好,具有较低的透气性。缺点是硫化速度慢	主要用于轮胎业。特别适用于内胎、胶囊、气密层、胎侧及胶管、防水建材、防腐蚀制品、电气制品、耐热运输带等
丁腈橡胶	NBR	良好的耐油性和耐溶剂性,耐热优于天然橡胶和丁苯橡胶,耐磨性、耐老化性和气密性也较好。缺点是耐寒性、电绝缘性、耐臭氧性差	主要用于制作耐油制品,如油桶、油槽、输油管、耐油密封件、印刷胶辊等
硅橡胶		优良的耐高低温性,使用温度为-100~350 ℃,高的透气性,良好的电绝缘性,优良的耐老化性。此外,硅橡胶加工性能良好,无毒无味。主要缺点是强度低、价格昂贵	主要用于制造各种耐高、低温橡胶制品,如各种耐热密封垫片、垫圈、透气橡胶薄膜和耐高温的电线、电缆等。硅橡胶在医学上的应用如人工关节、人工心脏器、输血管及各种导管、假肢等
氟橡胶		优良的耐高温特点,可在250 ℃温度下长期使用,在300 ℃下短期使用。优良的耐油和耐化学药品腐蚀性,具有阻燃性,抗老化性能良好,耐高真空性,透气性低。缺点是价格昂贵,耐寒性差、弹性差、耐水性差	主要用于国防和高技术中的密封件和化工设备中油压系统、燃料系统、真空密封系统和耐化学药品的密封制品等

5.3.3　工业橡胶件的成形

橡胶制品的成形一般是先准备好生胶、配合剂、纤维材料、金属材料,生胶需经烘胶、切胶、塑炼后与粉碎后配好的配合剂混炼,再与纤维材料或金属材料经压延、挤出、裁剪、成形、硫化、修整、成品校验后得到各种橡胶制品。

1. 塑炼

生胶因黏度过高或均匀性较差等缘故,往往难于加工。将生胶进行一定的加工处理,使其获得必要的加工性能,这一加工过程称为塑炼。通常在炼胶机上进行。

橡胶加工工艺对生胶可塑度有一定的要求。不同种类的生胶其原始可塑度不同,不同用途的混炼胶要求其塑炼胶的可塑度也不同。塑炼的目的就是要满足混炼胶工艺性能和制品性能对生胶可塑度的要求。尽管近年来大多数合成胶和某些天然胶在制造过程中控制了生胶的初始可塑度,塑炼任务已大为减轻,但是,严格地讲,经过充分塑炼的橡胶是一种改性橡胶,在混炼时能与活性填充剂(如炭黑)和硫化促进剂发生化学反应,对硫化速度和结合凝胶生成量产生一定影响。生胶经过塑炼后质地均一,对硫化胶力学性能也有所改善。因此,塑炼仍然是橡胶加工中一项具有重要意义的工艺。

橡胶可塑度与其分子质量有密切关系。分子质量越小,黏度越低,可塑度就越大。塑炼实质上是使橡胶分子链断裂,大分子长度变短,以降低平均分子质量,提高生胶可塑度的过程。

1)塑炼工艺

塑炼工艺包括:① 塑炼准备(烘胶、切胶、选胶、破胶等加工处理);② 塑炼。

2)塑炼方法

生胶塑炼方法很多,但工业化生产采用的多为机械塑炼法。依据设备的不同分为开炼机塑炼、密炼机塑炼、螺杆塑炼机塑炼三种。

(1)开炼机塑炼

辊筒凭借前后辊相对速度不同而引起的剪切力及强烈的挤压和拉撕作用,使橡胶分子链被扯断,从而获得可塑性。

(2)密炼机塑炼

生胶经过烘、洗、切加工后,橡胶块经皮带秤称量通过密炼机投料口进入密炼机密炼室内进行塑炼,当达到给定的功率和时间后,就自动排胶,排下的胶块在开炼机或挤出压片机上捣合,并连续压出胶片,然后胶片被涂上隔离剂,挂片风冷,成片折叠,定量切割,停放待用。

(3)螺杆塑炼机塑炼

首先,将生胶切成小块,并预热70~80 ℃。其次,预热机头、机身与螺杆,使其达到工艺要求的温度。塑炼时,以均匀的速度将胶块填入螺杆机投料口,并逐步加压,这样生胶就由螺杆机机头口型的空隙中不断排出,再用运输带将胶料送至压片冷却停放,以备混炼用。

2. 混炼

为提高橡胶制品的性能、改善加工工艺和降低成本,通常在生胶中加入各种配合剂,在炼胶机上将各种配合剂加入生胶制成混炼胶的过程称为混炼。混炼除了要严格控制温度和时间外,还需要注意加料顺序。混炼越均匀,制品质量越好。

1)混炼准备工艺

粉碎、干燥、筛选、熔化、过滤和脱水。

2)混炼方法

开炼机混炼和密炼机混炼。

3. 共混

单一种类橡胶在某些情况下不能满足产品的要求,采用两种或两种以上不同种类橡胶或塑料互相掺和,能获得许多优异性能,从而满足产品的使用性能。采用机械方法将两种或两种以上不同性质的聚合物掺合在一起制成宏观均匀混合物的过程称为共混。

4. 压延

压延是橡胶工业的基本工艺之一,它是指混炼胶胶料通过压延机两辊之间,利用辊筒间的压力使胶料产生延展变形,制成胶片或胶布(包括挂胶帘布)半成品的一种工艺过程。它主要包括贴胶、擦胶、压片、贴合和压型等操作。

1) 压延准备工艺

热炼、供胶、纺织物烘干和压延机辊温控制。

2) 压延工艺

(1) 压片

压片是将已预热好的胶料,用压延机在辊速相等的情况下,压制成有一定厚度和宽度胶片的压延工艺。胶片表面应光滑无气泡、不起皱、厚度一致。

(2) 贴合

贴合是通过压延机将两层薄胶片贴合成一层胶片的作业,通常用于制造较厚、质量要求较高的胶片以及由两种不同胶料组成的胶片、夹布层胶片等。

(3) 压型

压型是将胶料压制成一定断面形状的半成品或表面有花纹的胶片,如胶鞋底、车胎胎面等。

(4) 纺织物贴胶和擦胶

纺织物贴胶和擦胶是借助于压延机为纺织材料(帘布、帆布、平纹布等)挂上橡胶涂层或使胶料渗入织物结构的作业。贴胶是用辊筒转速相同的压延机在织物表面挂上(或压贴上)胶层;擦胶则是通过辊速不等的辊筒,使胶料渗入纤维组织之中。贴胶和擦胶可单独使用,也可结合使用。

5. 挤出

挤出是橡胶工业的基本工艺之一。它是指利用挤出机使胶料在螺杆或柱塞推动下,连续不断地向前推进,然后借助于口型挤出各种所需形状的半成品,以完成造型或其他作业的工艺过程。

1) 喂料挤出工艺

喂入胶料的温度超过环境温度,达到所需温度的挤出操作。

2) 冷喂料挤出工艺

冷喂料挤出即采用冷喂料挤出机进行的挤出。挤出前胶料不需热炼,可直接供给冷的胶条或黏状胶料进行挤出。

3) 柱塞式挤出机挤出工艺

柱塞式挤出机是最早出现的挤出设备,目前应用范围逐渐缩小。

4) 特殊挤出工艺

剪切机头挤出工艺、取向口型挤出工艺和双辊式机头口型挤出工艺。

6. 裁断

裁断是橡胶行业的基本工艺之一。轮胎、胶带及其他橡胶制品中,常用纤维帘布、钢丝帘线等骨架材料为骨架,使其制品更为符合使用要求。在橡胶制品的加工中,常将挂胶后的纤维帘布、帆布、细布及钢丝帘布裁成一定宽度和角度,供成形使用。

裁断工艺分为纤维帘布裁断和钢丝帘布裁断两大类。

7. 硫化

在加热或辐照的条件下,胶料中的生胶与硫化剂发生化学反应,由线性结构的大分子交联成为立体网状结构的大分子,并使胶料的力学性能及其他性能随之发生根本变化,这一工艺过程称为硫化。

硫化是橡胶加工的主要工艺之一,也是橡胶制品生产过程的最后一道工序,对改善胶料力学性能和其他性能,使制品能更好地适应和满足使用要求至关重要。

硫化方法分为:

1)室温硫化法

适用于在室温和不加压的条件下进行硫化的方法。如供航空和汽车工业应用的一些胶黏剂往往要求在现场施工,且要求在室温下快速硫(固)化。

2)冷硫化法

即一氯化硫溶液硫化法,将制品浸入2% ~5%的一氯化硫的溶液中经几秒钟至几分钟的浸渍即可完成硫化。

3)热硫化法

热硫化法是橡胶工艺中使用最广泛的硫化方法。加热是增加反应活性、加速交联的一个重要手段。热硫化的方法很多,有的是先成形后硫化,有的是成形与硫化同时进行(如注压硫化)。

橡胶制品生产工艺流程如图5-9所示。

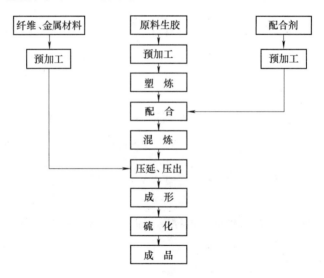

图 5-9　橡胶制品生产工艺流程

5.4　工业陶瓷及其成形

陶瓷是由天然或人工合成的粉状矿物原料和化工原料组成,经过成形和高温烧结制成的,由金属和非金属元素构成化合物反应生成的多晶体相固体材料。

5.4.1 陶瓷的组织结构及性能

1. 陶瓷的组织结构

普通陶瓷的典型组织是由晶体相、玻璃相和气体相组成的。特种陶瓷的原料纯度高,组织比较单一。如含 Al_2O_3 在95%以上的氧化铝陶瓷,其组织主要由 Al_2O_3 晶体和少量气体相组成。

1）晶体相

晶体相是陶瓷的主要组成相,它的结构、数量、形态和分布决定陶瓷的主要特点、性能和应用。陶瓷中的晶体相物质主要有含氧酸盐(硅酸盐、钛酸盐、锆酸盐等)、氧化物(如氧化铝、氧化镁等)和非氧化物(如氮化物、碳化物)等。陶瓷材料的晶体相常常不止一种,因此又将多晶体相进一步分为主晶体相、次晶体相、第三晶体相等。例如,普通电瓷主晶体相是莫来石晶体,次晶体相为石英晶体。晶体相往往是陶瓷中最重要的组成相,而且主晶体相的性能常常就决定陶瓷的物化性能。

陶瓷的晶体相中有的也存在同素异构转变。当陶瓷是由两种或两种以上的不同组元形成时,它们可以和金属材料一样形成固溶体、化合物或混合物。也可以通过相图来选定瓷料配方、确定烧成工艺等。陶瓷材料也可通过改变加热冷却条件获得不平衡的组织结构。

2）玻璃相

玻璃相是陶瓷烧结时,各组成物和杂质经一系列物理化学反应后形成的一种非晶态的固体物质。陶瓷中这种低熔点的玻璃相的作用是将分散的晶体相粘接在一起,降低烧成温度,加快烧结过程,控制晶体长大以及填充气孔空隙的作用。但是,玻璃相的强度比晶体相低,热稳定性也差。此外,玻璃相结构疏松,空隙中常填充一些金属离子而使其电绝缘性能降低,因此作为工业陶瓷必须控制玻璃相的含量。现在,许多高性能陶瓷几乎都是不含玻璃相的结晶态陶瓷。

3）气体相

气体相是指陶瓷组织内部残留下来的气孔。气体相以孤立状态分布于玻璃相中,或以细小气孔存在于晶界或晶内(图5-10),占普通陶瓷体积的5%~10%或更多一些。气孔使应力集中,导致力学性能降低,并使介电损耗增大,抗电击穿强度下降。因此,工业陶瓷力求气孔小、数量少,并分布均匀。

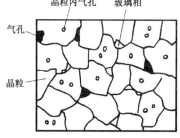

图5-10 陶瓷显微组织

2. 陶瓷的性能

1）陶瓷的力学性能

陶瓷的弹性模量 E 一般都较高,极不容易变形。表5-4为几种陶瓷材料和中碳钢的 E 值。有的先进陶瓷有很好的弹性,可以制作成陶瓷弹簧。

表5-4 几种材料的 E 值

材料	SiO_2	烧结 Si_3N_4	热压 Si_3N_4	热压 Si_3N_4(1 400 ℃)	SiC	中碳钢
$E/\times10^6$ MPa	0.7	1.6	3.2	2.6	4.5	2.2

陶瓷的硬度很高,绝大多数陶瓷的硬度远高于金属。

陶瓷的耐磨性好,是制造各种特殊要求的易损零、部件的好材料。例如,用碳化硅陶瓷制造的各种泵类的机械密封环,寿命很长,可以用到整台机器报废为止。

陶瓷的抗拉强度低,但抗弯强度较高,抗压强度更高,一般比抗拉强度高一个数量级。

陶瓷材料一般具有优于金属的高温强度,在 1 000 ℃ 以上的高温下陶瓷仍能保持其室温下的强度,而且高温抗蠕变能力强,是工程上常用的耐高温材料。

传统陶瓷在室温几乎没有塑性。近年来还发现一些陶瓷具有超塑性,断裂前的应变可达到 300% 左右。

传统陶瓷的韧性低、脆性大。而许多先进陶瓷材料则是既坚又韧,如增韧氧化锆瓷就非常坚韧。

2）陶瓷的物理性能

（1）热性能

陶瓷的线膨胀系数较小,比金属低得多。

陶瓷的热传导主要靠原子的热振动来完成,不同陶瓷材料的导热性能不同,有的是良好的绝热材料,有的则是良好的导热材料,如氮化硼和碳化硅陶瓷。

热稳定性陶瓷材料在温度急剧变化时具有抵抗破坏的能力。热膨胀系数大、导热性差、韧性低的材料热稳定性不高。多数陶瓷的导热性差、韧性低,故热稳定性差。但也有些陶瓷具有高的热稳定性,如碳化硅等。

（2）导电性

多数陶瓷具有良好的绝缘性能,但有些陶瓷具有一定的导电性,如压电陶瓷、超导陶瓷等。

（3）光学特性

陶瓷一般是不透明的,随着科技发展,目前已研制出了诸如制造固体激光器材料、光导纤维材料、光存储材料等透明陶瓷新品种。

3）陶瓷的化学性能

陶瓷的结构非常稳定,通常情况下不可能同介质中的氧发生反应,不但室温下不会氧化,即使 1 000 ℃ 以上的高温也不会氧化,并且对酸、碱、盐等的腐蚀有较强的抵抗能力,也能抵抗熔融金属（如铝、铜等）的侵蚀。

5.4.2 陶瓷的分类及应用

陶瓷按组成可分为硅酸盐陶瓷、氧化物陶瓷、非氧化物陶瓷（氮化物陶瓷、碳化物陶瓷和复合陶瓷）;按性能可分为普通陶瓷（如日用陶瓷、建筑陶瓷、化工陶瓷等）和特种陶瓷（如结构陶瓷、功能陶瓷）;按用途可分为日用瓷、艺术瓷、建筑瓷、工程陶瓷等。

各种陶瓷的性能特点及应用见表 5-5。

表 5-5 陶瓷的性能特点及应用

陶瓷分类	陶瓷名称	性能特点	应用
普通陶瓷		质地坚硬,不氧化生锈,耐腐蚀,不导电,能耐一定高温,加工成形性好,成本低。但因玻璃相数量较多,强度较低,耐高温性能不及其他陶瓷	作为日用陶瓷之外,工业上主要用于绝缘的电瓷和对耐酸碱要求较高的化学瓷,以及承载要求较低的结构零件用瓷,例如铺设地面和输水管道、绝缘子、耐蚀容器、隔电绝缘器件和耐磨的导纱零件等

续表

陶瓷分类	陶瓷名称	性能特点	应用
特种陶瓷	氧化铝（Al₂O₃）陶瓷	熔点高、硬度高、强度高，且具有良好的抗化学腐蚀能力和介电性能。但脆性大，抗冲击性能和抗热振性差，不能承受环境温度的剧烈变化	制作耐磨、抗蚀、绝缘和耐高温材料。例如高速切削刀具、喷砂用的喷嘴、化工用泵零件、高温炉零件（高温炉的炉管、炉衬）、盛装熔融的铁、镍等的坩埚和测温热电偶的绝缘套管等
	氧化锆（ZrO₂）陶瓷	优异的室温力学性能，较高的韧性（所有陶瓷材料中最高的），抗弯强度高，具有高硬度、耐磨和耐化学腐蚀性，主要缺点是在 1 000 ℃ 以上高温蠕变速率高，力学性能显著降低	应用于陶瓷切削刀具、陶瓷磨料球、密封圈及高温、耐腐蚀轻载中低速耐腐蚀轴承等
	碳化硅（SiC）陶瓷	高熔点，高硬度，抗氧化性强，耐磨性能好，热稳定性好，高温强度大，热膨胀系数小，热导率大以及抗热振和耐化学腐蚀等优良特性	用作各类轴承、滚珠、喷嘴、密封件、切削工具、燃气涡轮机叶片、涡轮增压器转子、反射屏和火箭燃烧室内衬等
	氧氮化硅铝（或硅铝氧氮）陶瓷［赛伦（Sialon）］	耐高温、高强度、超硬度、耐磨损、抗腐蚀等	作为新型的刀具材料，被广泛用作钻头、丝锥和滚刀，用于加工铸铁、淬火钢、镍基高温合金和钛合金等；各种机械上的耐磨部件，如轴承，其工作温度可达 1 200 ℃；发动机部件，如汽车内燃机挺杆；电热塞；可制成透明陶瓷，用作大功率高压钠灯的灯管；可用于人体硬组织的修复
	氮化硅（Si₃N₄）陶瓷	硬度很高，极耐高温，耐冷热急变的能力也很好，化学性能稳定、优异的电绝缘性能、耐磨性好、热膨胀系数小，本身具有润滑性，其抗振性好，有优越的抗高温蠕变性，在 1 200 ℃ 下工作，强度仍不降低	用于耐磨、耐腐蚀、耐高温绝缘的零件、高温耐腐蚀轴承、高温燃气轮机的叶片、高温坩埚、雷达天线罩及金属切削刀具等
	氮化硼（BN）陶瓷	分六方氮化硼和立方氮化硼两种 六方氮化硼具有良好的耐热性，导热系数与不锈钢相当，热稳定性好。在 2 000 ℃ 时仍然是绝缘体，硬度低，有自润滑性 立方氮化硼陶瓷，其硬度仅次于金刚石，但耐热性和化学稳定性均大大高于金刚石，能耐 1 300～1 500 ℃ 的高温	六方氮化硼：常作为高温耐腐蚀轴承、高温热电偶套管、半导体散热绝缘零件、玻璃制品成形模具 立方氮化硼：适合于制造精密磨轮和切削难加工的金属材料的刀具

5.4.3 陶瓷的成形

陶瓷品种繁多,生产工艺过程也各不相同,但一般都要经历四个步骤:粉体制备、成形、坯体干燥和烧结。

1. 粉体制备

陶瓷粉体的制备方法一般可分为粉碎法和合成法两类。粉碎法由粗颗粒来获得细粉,通常采用机械粉碎,现在发展了气流粉碎,在粉碎过程中容易混入杂质,且不易获得粒径在 1 μm 以下的微细颗粒。合成法是由离子、原子、分子通过成核和长大、聚集、后处理来获得微细颗粒的方法。这种方法的特点是纯度和粒度可控,均匀性好,颗粒微细。合成法包括固相法、液相法和气体相法。

2. 成形

成形是将陶瓷粉料加入塑化剂等制成坯料,并进一步加工成一定形状和尺寸的半成品过程。成形技术的目的是为了得到内部均匀和高密度的坯体,提高成形技术是提高陶瓷产品可靠性的关键步骤。成形主要分为干法成形和胶态成形。而陶瓷胶态成形技术方面的最新进展,包括注射成形中的水溶液注射成形、温度诱导成形、直接凝固注模成形、电泳沉积成形、凝胶注模成形、水解辅助固化成形、压滤成形和离心注浆成形。

成形的方法主要有以下几种:

1) 湿塑成形

湿塑成形是在外力作用下,使可塑坯料发生塑性变形而制成坯体的方法。有刀压、滚压、挤压和手捏等。这是最传统的陶瓷成形工艺,在日用和工艺陶瓷中应用最多。

2) 注浆成形

将陶瓷颗粒制成浆料,浇注到石膏模(也有用多空塑料模的)中,石膏模可以把浆料中的液体吸出,模具内留下坯体成形。适用于形状复杂、大型薄壁、精度要求不高的日用和建筑陶瓷制品。近年来也引进了许多铸造新工艺,发展了离心注浆、真空注浆、压力注浆等方法。

3) 干压成形

在粉末中加入少量水分或润滑剂(如油酸和蜡)和黏结剂(如聚乙烯醇),然后在金属模具中加一定的压力,把粉料压制成坯体的过程。适用于形状简单、尺寸较小的特种陶瓷制品。

4) 热压铸成形

用煅烧过的熟瓷粉和石蜡等制成料浆,然后在压缩空气的作用下使之迅速充满模具各个部分,保压冷凝,脱模得到蜡坯。在惰性粉粒的保护下,将蜡坯进行高温排蜡,然后清除保护粉粒,得到半熟的坯体,此半熟坯体还要再一次经高温烧结才能成瓷。热压铸成形适用于制造各种外形复杂、细腻的陶瓷器件。

5) 注射成形

陶瓷注射成形是借助高分子聚合物在高温下熔融、低温下凝固的特性来进行成形的,成形之后再把高聚物脱除。注射成形的优点是可成形形状复杂的部件,并且具有高的尺寸精度和均匀的显微结构;缺点是模具设计加工成本和有机物排除过程中的成本比较高。

水溶液注射成形采用水溶性的聚合物作为有机载体,因此能够降低注射时的温度和压力。

气体辅助注射成形是把气体引入聚合物熔体中而使成形过程更容易进行,气体的引入造成了成形坯体的中空。

6）其他成形方法

（1）直接凝固注模成形

直接凝固注模成形（简称 DCC），是一种生物酶技术、胶态化学及陶瓷工艺学融为一体的成形技术。

DCC 工艺的主要过程为高固相浆料的制备和浆料凝固成形。DCC 工艺的主要优点为不需要或只需少量的有机添加剂（≤1%），坯体不需脱脂，坯体密度均匀，相对密度高（55% ~ 70%），可以成形大尺寸形状复杂的陶瓷部件。

（2）温度诱导成形

这种方法制备的陶瓷悬浮体由于具备高的固相体积分数和低含量的有机载体，在结构陶瓷及功能陶瓷的制备方面具有很大的优势。它利用物质溶解度随温度的变化来产生凝胶化。温度诱导成形最大的优点是有机载体的用量特别低，在很大程度上减轻了脱脂过程的负担。

（3）电泳沉积成形

电泳沉积成形（简称 EC），先是成功地应用于水基陶瓷浆料基础上的传统陶瓷的生产，而后应用有机溶剂在先进陶瓷制备上受到广泛的重视。

电泳沉积成形由于其简单性、灵活性、可靠性而逐步用于多层陶瓷电容器、传感器、梯度功能陶瓷、薄层陶瓷试管以及各种材料的涂层等。

（4）凝胶注模成形

凝胶注模成形的成形坯体及脱脂后的坯体密度均匀，坯体强度高，能生产复杂形状的陶瓷部件和多孔陶瓷。不过，在致密化过程中坯体的收缩率比较大，导致坯体弯曲变形，这是胶态成形最难克服的缺点。

（5）水解辅助固化成形

水解辅助固化成形的优点是固化过程快速，坯体的致密化比较好。但存在如时间的限制性、温度的稳定性、固化过程中的热交换等问题，以及还要附加氨气的吸收和中和装置。此外，水解辅助固化成形尚不能适合所有类型的陶瓷。

（6）压滤成形

在注浆成形的基础上加压发展得到压滤成形（简称 PSC）。水不再是通过毛细管作用力脱除，而是在压力的驱动下脱除，脱水速度加快，提高了生产效率。影响压滤过程的 4 个因素为坯体中的压力降、液体介质的黏度、坯体的表面积、坯体中孔隙的分布情况以及压滤成形模具。

3. 坯体干燥

成形后的各种坯体，一般含有水分，为提高成形后的坯体强度和致密度，需要进行干燥，以除去部分水分，同时坯体也失去可塑性。

4. 烧结

将颗粒状陶瓷坯体置于高温炉中，使其致密化形成强固体材料的过程，即为烧结。烧结开始于坯料颗粒间空隙排除，使相应的相邻粒子结合成紧密体。

烧结的方法也很多，如常压烧结、热压烧结、热等静压烧结、反应烧结、等离子烧结、自蔓延烧结和微波烧结等。

1）常压烧结法

常压烧结又称无压烧结。属于在大气压条件下坯体自由烧结的过程。在无外加动力下材料开始烧结,温度一般达到材料的熔点 0.5 ~ 0.8 倍即可。常压烧结中准确制定烧成曲线至关重要。合适的升温制度方能保证制品减少开裂与结构缺陷现象,提高成品率。

2)有压烧结法

有压烧结指在烧成过程中施加一定的压力(在 10 ~ 40 MPa),促使材料加速流动、重排与致密化。采用有压烧结方法一般比常压烧结温度至少低 100 ℃ 左右。有压烧结方法常采用预成形或将粉料直接装在模内,工艺方法较简单。该烧结法制品密度高,制品性能优良。有压烧结方法有以下三种方式。

(1)普通热压烧结法

该法是将粉末填充于模型内,在高温下一边加压一边进行烧结的方法。Si_3N_4、SiC、Al_2O_3 等使用该法,不过此烧结法不易生产形状复杂制品,烧结生产规模较小,成本高。连续热压烧结生产效率高,但设备与模具费用较高,同时也不利于过高过厚制品的烧制。因成本较高,故其应用受到限制。

(2)热等静压法烧结(hot isostatic press,HIP)

普通热压烧结一般是沿单轴方向进行加压烧结,相对而言,HIP 烧结方法是借助于气体压力而施加等静压的方法。除 SiC、Si_3N_4 使用该法外,Al_2O_3、超硬合金等也使用该法,它是很有希望的新烧结技术之一。热等静压烧结可克服普通热压烧结法的缺点,适合形状复杂制品生产。目前一些高科技制品,如陶瓷轴承、反射镜及军工需用的核燃料、枪管等,亦可采用此种烧结工艺。

(3)超高压烧结法

该法与合成金刚石的方法相同。在烧结金刚石和 CBN 时常采用这种方法;在其他难烧结物质的研究中也可采用此法。

3)反应烧结法

这是通过气体相或液相与基体材料相互反应而导致材料烧结的方法。最典型的代表性产品是反应烧结碳化硅和反应烧结氮化硅制品。此种烧结优点是工艺简单,制品可稍微加工或不加工,也可制备形状复杂制品。缺点是制品中最终有残余未反应产物,结构不易控制,太厚制品不易完全反应烧结。若以 Si_3N_4 为例,首先制作 Si 粉末成形体,然后将这种成形体置于氮气中烧成,经过 $Si+N_2 \longrightarrow Si_3N_4$ 的反应过程而制得 Si_3N_4 烧结体。在这种情况下,因为 N_2 气是反应源,故不会形成多孔质物质。这样制得的氮化硅烧结体没有尺寸变化。

4)二次反应烧结法

这是近年研究出的关于 Si_3N_4 一次烧结反应不完全的一种继续再烧结方法,这种烧结方法是在 Si 粉末成形氮化之前或氮化以后,使之浸渍 Y_2O_3、MgO 等,通过反应烧结的添加剂来谋求制品致密烧结和完全烧结的方法。

5)液相烧结法

许多氧化物陶瓷采用低熔点助剂促进材料烧结。助剂的加入一般不会影响材料的性能或反而为某种功能产生良好影响。作为高温结构使用的添加剂,要注意到晶界玻璃是造成高温力学性能下降的主要因素。如通过选择使液相有很高的熔点或高黏度,或者选择合适的液相组成,然后做高温热处理,使某些晶体相在晶界上析出,以提高材料的抗蠕变能力。

6)微波烧结法

采用微波直接加热进行烧结的方法。目前已有内容积 1 m³,烧成温度可达 1 650 ℃的微波烧结炉。如果使用控制气氛石墨辅助加热炉,温度可高达 2 000 ℃以上。并出现微波连续加热 15 m 长的隧道炉装置。使用微波炉烧结陶瓷,在产品质量与降低能耗方面,均比其他窑炉优越。

7) 电弧等离子烧结法

电弧等离子烧结法的加热方法与热压不同,它在施加应力的同时,还施加一脉冲电源在制品上,材料被韧化同时也致密化。实验已证明此种方法烧结快速,能使材料形成细晶高致密结构,预计对纳米级材料烧结更适合。

8) 自蔓延烧结法

自蔓延烧结法通过材料自身快速化学放热反应而制成精密陶瓷材料制品。此方法节能并可减少费用。国外有报道可用此法合成 200 多种化合物,如碳化物、氮化物、氧化物、金属间化合物与复合材料等。

9) 气相沉积法

气相沉积法分物理气相法与化学气相法两类。物理气相法中最主要有溅射法和蒸发沉积法两种。溅射法是在真空中将电子轰击到一平整靶材上,将靶材原子激发后涂覆在样品基板上。虽然涂覆速度慢且仅用于薄涂层,但能够控制纯度且底材不需要加热。化学气相沉积法是在底材加热同时,引入反应气体或气体混合物,在高温下分解或发生反应生成的产物沉积在底材上,形成致密材料。此法的优点是能够生产出高致密细晶结构,材料的透光性及力学性能比其他烧结工艺获得的制品更佳。

5.5 复合材料及其成形

5.5.1 复合材料的定义、分类和性能

1. 复合材料定义

复合材料是由两种或两种以上的组分材料通过适当的制备工艺复合在一起的新材料,其既保留原组分材料的特性,又具有原单一组分材料所无法获得的或更优异的特性。

从理论上说,金属材料、陶瓷材料或高分子材料相互之间或同种材料之间均可复合形成新的复合材料。事实上也是如此,如在高分子材料/高分子材料、陶瓷材料/高分子材料、金属材料/高分子材料、金属材料/金属材料、陶瓷材料/金属材料、陶瓷材料/陶瓷材料之间的复合都已获得许多种高性能新型复合材料。复合材料通常由基体材料和增强材料两部分组成,基体一般选用强度韧性好的材料,如聚合物、橡胶、金属等,而增强材料则选用高强度、高弹性模量的材料,如玻璃纤维、碳纤维和硼纤维等。

2. 复合材料命名

根据基体材料和增强材料命名,复合材料的命名一般有以下三种情况:

(1) 强调基体时则以基体材料的名称为主,如树脂基复合材料、金属基复合材料、陶瓷基复合材料等。

(2) 强调增强体时则以增强体材料的名称为主,如碳纤维增强复合材料、玻璃纤维增强复合材料等。

（3）基体材料名称与增强体材料名称并用，习惯上把增强体材料的名称放在前面，基体材料的名称放在后面，如碳纤维/环氧树脂复合材料，玻璃纤维/环氧树脂复合材料。

国外还常用英文编号来表示，如 MMC（metal matrix composite）表示金属基复合材料，FRP（fiber reinforced plastics）表示纤维增强塑料。

3. 复合材料分类

复合材料的分类如图 5-11 所示。

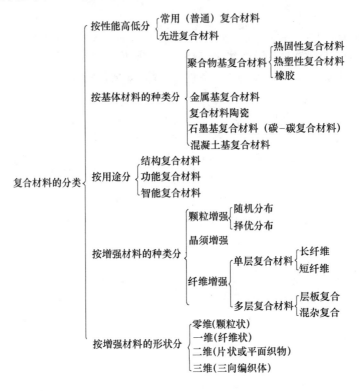

图 5-11　复合材料的分类

4. 复合材料的性能

（1）比强度和比模量大。复合材料的突出优点是比强度（强度/密度）与比模量（弹性模量/密度）高，比强度和比模量是度量材料承载能力的一个指标，比强度愈高，相同强度的零件的自重愈小；比模量愈高，相同质量零件的刚度愈大。因此，这些特性为某些要求自重轻、刚度或强度好的零件提供了理想的材料。

（2）抗疲劳性能好。多数金属的疲劳极限是抗拉强度的 40%～50%，而碳纤维聚酯树脂复合材料则可达 70%～80%，如图 5-12 所示。

（3）耐热性高。碳纤维增强树脂复合材料的耐热性比树脂基体有明显提高，而金属基复合材料在耐热性方面更显示出其优越性，碳化硅纤维、氧化铝纤维与陶瓷复合，在空气中能耐1 200～1 400 ℃高温，要比所有超高温合金的耐热性高出100 ℃以上。用于汽车发动机，使用温度可高达 1 370 ℃。

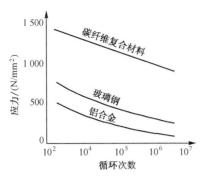

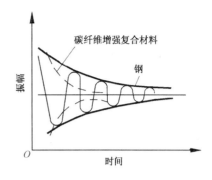

图 5-12　三种材料的疲劳强度　　　　　　图 5-13　两种材料的振动衰减特性

（4）减振性能好。结构的自振频率除与结构本身形状有关外，还与材料的比模量的平方根成正比。高的自振频率避免了工作状态下共振而引起的早期破坏。而且复合材料中纤维与基体界面具有吸振能力，因此其振动阻尼很高。图 5-13 显示碳纤维复合材料与钢材料的振动衰减特性。

（5）高韧性和抗热冲击性，在 PMC 和 CMC 中尤为重要。

（6）绝缘、导电和导热性。玻璃纤维增强塑料是一种优良的电气绝缘材料，用于制造仪表、电机与电器中的绝缘零部件，这种材料还不受电磁作用，不反射无线电波，微波透过性良好，还具有耐烧蚀性、耐辐照性，可用于制造飞机、导弹和地面雷达罩。金属基复合材料具有良好的导电和导热性能，可以使局部的高温热源和集中电荷很快扩散消失，有利于解决热气流冲击和雷击问题。

（7）耐烧蚀性、耐磨损。

（8）特殊的光、电、磁性能等。复合材料除具有上述性能外，还具有可设计性，可以根据对材料的性能要求，在基体、增强材料的类型和含量上进行选择，并进行适当的制备与加工。在制品制造时，复合材料还适合一次整体成形，具备良好的加工性能。

5.5.2　复合材料的应用

复合材料的基体可以是聚合物（树脂）、金属材料和无机非金属材料，增强材料可以是各类纤维、晶须和颗粒。以下主要介绍几种已经得到广泛应用的各类典型复合材料。

1. 聚合物基复合材料

在结构复合材料中发展最早、研究最多、应用最广和用量最大的是聚合物基复合材料（PMC）。众所周知，现代复合材料就是以 20 世纪 40 年代玻璃纤维增强塑料（玻璃钢）的出现为标志。经过 60 余年的发展，已经研究开发出了具有各种优异性能及应用的聚合物基复合材料，包括玻璃纤维增强、碳纤维增强、芳纶纤维、硼纤维、碳化硅纤维等增强复合材料（表 5-6）。其中为了获得更高比强度、比模量的复合材料，除主要用于玻璃钢的酚醛树脂、环氧树脂和聚酯外，研究与开发了许多具有耐热性好的基体树脂，如聚酰亚胺（PI）、聚苯硫醚（PPS）、聚醚砜（PES）和聚醚醚酮（PEEK）等热塑性树脂。

表 5-6　各种单向连续纤维（60vol%）增强聚合物基复合材料的性能

材料	GFRP	CFRP	KFRP	BFRP	AFRP	SFRP	结构钢	铝合金	钛合金
密度 /(10^3 kg/m³)	2.0	1.6	1.4	2.1	2.4	2.0	7.85	2.78	4.52

材料	GFRP	CFRP	KFRP	BFRP	AFRP	SFRP	结构钢	铝合金	钛合金
拉伸强度 /(10^3 MPa)	1.2	1.8	1.5	1.6	1.7	1.5	1.197	0.393	0.712
比强度/ [MPa/(kg/m^3)]	6	11.2	1.071	0.762	0.708	0.75	1.525	1.414	1.575
拉伸模量 /(10^3 MPa)	42	130	80	220	120	130	206	72	116.7
比模量/ [MPa/(kg/m^3)]	21	81	57	105	50	65	26.2	26.2	25.8
热导率 /[W/(m·K)]	5	43	2.4	5.5	2.0		65	159	53
线胀系数 /(10^{-6}/K)	8.0	0.2	1.8	4.0	4.0	2.6	12	23	9.0

注:GFRP——玻璃纤维增强塑料;CFRP——碳纤维增强聚合物基复合材料;KFRP——芳纶纤维;BFRP——硼纤维; AFRP——芳纶纤维;SFRP——喷射纤维加劲聚合物。

1)玻璃钢(玻璃纤维增强塑料,GFRP)

GFRP 是一类采用玻璃纤维增强以酚醛树脂、环氧树脂、聚酯树脂等热固性树脂以及聚酰胺、聚丙烯等热塑性树脂为基体的聚合物基复合材料。GFRP 是物美价廉的复合材料。

GFRP 的突出特点是密度低、比强度高。其密度为 1.6 ~ 2.0 g/cm³,比轻金属铝还低;而比强度要比最高强度的合金钢还高 3 倍,"玻璃钢"的名称就是由此而来。因此,玻璃钢在需要轻质高强材料的航空航天工业首先得到广泛应用,在波音 B-747 飞机的机内、外结构件中玻璃钢的使用面积达到了 2 700 m²,如雷达罩、机舱门、燃料箱、行李架和地板等。由于火箭结构材料不但要求具有高比强度和比模量,而且还要求材料的耐烧蚀性能,玻璃钢用于航天工业中做火箭发动机壳体、喷管。

在现代汽车工业中为了减轻自重、降低油耗,玻璃钢也得到了大量应用,如汽车车身、保险杠、车门、挡泥板、灯罩以及内部装饰件等。

除了比强度高外,玻璃钢还具有良好的耐腐蚀性能,在酸、碱、海水,甚至有机溶剂等介质中都很稳定,耐腐蚀性超过了不锈钢。因此,在石油化工工业中玻璃钢得到了广泛应用,如玻璃钢制成的储罐、容器、管道、洗涤器、冷却塔等。值得一提的是采用玻璃钢制作的体育用品也越来越多,大到快艇、帆船、滑雪车,小到自行车赛车、滑雪板等,应有尽有。此外,玻璃钢具有透光、隔热、隔声和防腐等性能,因而可作为轻质建筑材料,如用于建筑工程的各种玻璃钢型材,这是玻璃钢应用最广泛的领域。

2)碳纤维增强聚合物基复合材料(CFRP)

在要求高模量的结构件中,往往采用高模量的纤维,如碳纤维、硼纤维或 SiC 纤维等增强,其中应用最广泛的是碳纤维增强聚合物基复合材料(CFRP)。CFRP 密度更低,具有比玻璃钢更高的比强度和比模量,比强度是高强度钢和钛合金的 5 ~ 6 倍,是玻璃钢的 2 倍,比模量是这些材料的 3~4 倍。因此 CFRP 应用在航天工业中,如航天飞机有效载荷门、副翼、垂直尾翼、主起落架门、内部压力容器等,使航天飞机减重达 2 t 之多。此外,空间站大型结构桁架及太阳能电池支架也采用 CFRP。在航空工业,CFRP 首先在军用飞机中得到应用,如美国 F-14、F-16、F-18 上主翼外壳、后翼、水平和垂直尾翼等,军用直升机主旋翼和机身等。现在甚至在研究全机身 CFRP 的战斗机。同样,在民用飞机中也在大量采用 CFRP,如波音 B-757、B-777 上的阻流板、方向舵、升降舵、内外副翼等(图 5-14)。

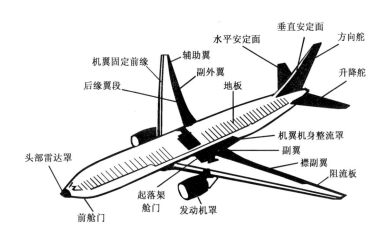

图 5-14　CFRP 在民用飞机中的应用

由于碳纤维的价格高,CFRP 主要应用于航空航天领域。但随着碳纤维的研究开发工作的深入,碳纤维价格在不断降低,因此在玻璃钢应用的一些领域也开始采用更轻、更强和刚度更好的 CFRP。如体育用品中的网球拍、高尔夫球杆、钓鱼竿,F-1 方程式赛车车身。同样,为减轻车体质量,降低油耗,提高车速,汽车的部分部件也开始采用 CFRP。在大型混凝土结构遭受一定的破坏后(如地震),用 CFRP 片材进行修复,可节省大量资金。

2. 铝基复合材料

聚合物基复合材料具有很多特点,应用领域也广泛,但其树脂基体的耐热性较差(最高使用温度为 350 ℃),限制了聚合物基复合材料在高温下的使用。因此,用可耐高温的金属基体替代树脂基体,再用各种纤维、晶须或颗粒去增强,开发出了各种耐高温、高比强度和比模量的金属基复合材料(metal matrix composites,MMC)。

MMC 的金属基体大多是属于密度低的轻金属,如铝、镁、钛等,只有作为发动机叶片材料才考虑密度较大的镍和钴基高温合金等。因此,MMC 以基体来分类可分为铝基、钛基、镁基和高温合金基复合材料。除高比强度、比模量外,MMC 还保留有金属材料的优点,具有高韧性、耐热冲击、导电和导热性能好,并可和金属材料一样进行热处理和其他加工来进一步提高性能。

MMC 中应用最广的是铝基 MMC。铝及铝合金是广泛应用于航空航天、电力、石油、建筑和汽车工业的结构件。但铝及铝合金相对强度和模量低,如能提高其比强度和比模量,可以进一步减轻结构件的质量,这在航空航天和汽车工业中具有十分重要的意义。因此,在 MMC 的研究与开发中,铝基 MMC 占有十分重要的位置,应用最为广泛。

铝基复合材料是当前使用最广泛、应用最早、品种和规格最多的一种 MMC。早在 20 世纪 60

年代末,美国 NASA(美国国家航空航天局)就把硼纤维增强铝作为结构材料用于航天飞机主舱体的龙骨桁架和支柱,既增加了强度和模量,还降低了结构重量(图5-15)。由于硼纤维价格昂贵,硼纤维增强 MMC 主要应用于航天领域的结构件。随碳纤维、碳化硅纤维等增强材料的开发,降低了 MMC 的成本,铝基 MMC 已用于空间站结构材料如主结构支架等,飞机结构件如发动机风扇叶片、尾翼等。

图5-15 硼纤维增强铝基复合材料用于
航天飞机主舱体龙骨桁架和支柱

短纤维、晶须和颗粒增强材料在 MMC 的应用以及 MMC 新的制备技术的开发,降低了成本,扩大了铝基 MMC 在民用领域的应用,最明显的是在汽车工业中的应用。由于 Al_2O_3 颗粒或短纤维、SiC 颗粒或晶须、B_4C 颗粒增强的铝基 MMC 具有良好的高温力学性能、导热性和耐磨性,因此可制成汽车发动机的气缸套、活塞(活塞环)、连杆以及制动器的刹车盘、刹车衬片等。图5-16分别为铝基 MMC 制成的各种汽车零部件。

(a) Al_2O_3短纤维/Al　　　　　(b) SiC_p/Al, Al_2O_3/Al
　　汽车活塞(活塞环)　　　　　　汽车刹车盘

图5-16 铝基 MMC 制成的各种汽车零部件

同样,铝基 MMC 也已经用于体育用品,如自行车赛车车架、棒球击球杆等。

3. 陶瓷基复合材料（CMC）

陶瓷材料具有高强度、高模量、高硬度以及耐高温、耐腐蚀等许多优良的性能。但陶瓷特有的脆性、抗热振性能差以及对裂纹、空隙等缺陷很敏感，又限制了其在工程领域作为结构材料的广泛使用。因此，采用纤维、晶须、颗粒等增强增韧提高陶瓷材料的韧性，提高其使用的可靠性，成为复合材料研究的重要方面。

目前，CMC 的基体主要有玻璃陶瓷（如锂铝硅玻璃、硼硅玻璃）和氧化铝、碳化硅、氮化硅等，采用的增强材料有碳化硅纤维、碳纤维，碳化硅晶须、碳化硅颗粒、氧化铝颗粒等。典型的 CMC 有 SiC_f/SiC、C_f/SiC、SiC_w/Al_2O_3、SiC_w/Si_3N_4、SiC_p/Al_2O_3、SiC_p/Si_3N_4 以及氧化锆增韧氧化铝等。从增韧效果来看，纤维增韧效果最佳，如碳纤维增韧氮化硅（C_f/Si_3N_4）的断裂韧度由基体的 $3.7\ MPa \cdot m^{1/2}$ 提高为近 $16\ MPa \cdot m^{1/2}$，C_f/SiC 和 SiC_f/SiC 的断裂韧度甚至达 $30\ MPa \cdot m^{1/2}$，比基体韧性提高 $6 \sim 7$ 倍。而晶须和颗粒增韧的 CMC 虽然不如纤维增韧，但与陶瓷基体相比仍有较大提高，同时强度和模量也有较大提高。

CMC 具有高硬度、耐腐蚀性和耐磨性，如 SiC_w/Al_2O_3 和 SiC_w/Si_3N_4 等，CMC 已广泛应用于现代高速数控机床中的高速以及加工高硬度材料的切削刀具。图 5-17 为颗粒增强氮化硅制成的复合材料刀具，可以切削高硬度（60HRC 以上）的高铬铸铁。同样，CMC 还制成耐磨耐蚀件如拔丝模具、耐蚀密封阀、化工泵等。

图 5-17　颗粒增强氮化硅刀具图

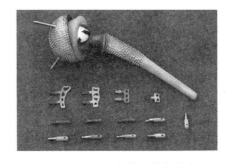

图 5-18　CMC 的人工关节和齿

CMC 的最大特点是其高温强度和模量，其最大的应用在航空航天领域，如发动机的各种高温结构件叶片、燃烧室等和导弹的鼻锥、火箭喷管。

此外，CMC 可以制作人工关节等，在生物医学领域也得到应用（图 5-18）。

4. 碳/碳复合材料（C/C）

碳/碳复合材料（C/C）是由碳纤维及其制品（碳毡、碳布等）增强的碳基复合材料。一般 C/C 是由碳纤维及其制品作为预制体，通过化学气相沉积法（CVD）或液态树脂、沥青浸渍碳化法获得 C/C 的基体碳来制备的。

C/C 的组成只有一个元素——碳，因此具有碳和石墨材料所特有的优点如低密度，优异热性能如耐烧蚀性、抗热震性、高导热性和低膨胀系数等，同时还具有复合材料的高强度、高弹性模量等特点。

C/C 首先在航空航天领域得到应用。最初是作为耐烧蚀材料用于军事工业的导弹弹头和固体火箭发动机喷管等。另一军事用途是作为固体火箭发动机喷管、喉衬。此外，在航天领域中采用 C/C 作为航天飞机的鼻锥、机翼前缘(图 5-19),因为航天飞机再入大气层时,这些部位需要经受近 2 000 ℃ 的高温。

图 5-19   C/C 在航天领域中的应用

图 5-20   C/C 作为刹车盘

C/C 的另一重要性能是其优异的摩擦磨损性。C/C 复合材料高温摩擦时能大量吸收能量(820 ~ 1 050 kJ/kg),在高速、高能量条件下的摩擦升温高达 1 000 ℃ 以上,其摩擦性能仍然保持平稳,而且磨损量很低,这是其他摩擦材料所不具有的。正因如此,C/C 作为军用和民用飞机的刹车盘材料得到广泛的应用,图 5-20 为空中客车 A320 的 C/C 刹车装置。目前,60% ~ 70% 的 C/C 主要用于摩擦材料,包括飞机刹车盘、F-1 赛车、高速列车的刹车制动材料。

C/C 的另一用途是用于生物医学领域,例如人工心脏瓣膜、人工骨骼、人工牙根和人工髋关节等。

C/C 具有高温性能和低密度特性,有可能成为工作温度达 1 500 ~ 1 700 ℃ 的航空发动机理想轻质材料。目前,研究人员正在进行 C/C 航空发动机的燃烧室、整体涡轮盘及叶片的应用研究。

5.5.3   复合材料的成形

1. 树脂基复合材料成形方法

目前,树脂基复合材料的成形方法已有 20 多种,并成功地用于工业生产,如手糊成形、喷射成形、树脂传递模塑成形(RTM)、纤维缠绕制品成形、模压成形等。

1)手糊成形法

手糊成形法是指以手工作业为主把玻璃纤维织物和树脂交替铺层在模具上,然后固化成形为玻璃钢(FRP)制品的工艺。

此种方法的优点是操作灵活,制品尺寸和形状不受限制,模具简单,但生产效率低、劳动强度大。该法主要适用于多品种、小批量生产精度要求不高的制品。手糊成形制作的 FRP 产品广泛用于建筑制品、造船业、汽车、火车、机械电器设备、防腐产品及体育、游乐设备等,如生产波形瓦、浴盆、玻璃钢大蓬、贮罐、风机叶片、汽车壳体、保险杠、各种油罐、配电箱、赛艇等。

2)缠绕成形法

缠绕成形法是在控制纤维张力和预定线形的条件下,将连续的纤维粗纱或布带浸渍树脂胶液连续地缠绕在相应于制品内腔尺寸的芯模或内衬上,然后在室温或加热条件下使之固化成形为一定形状制品的方法。如图 5-21 所示。与其他成形方法比较,用该法获得的复合材料制品有以下特点:比强度高,缠绕成形玻璃钢的比强度三倍于钢,可使产品结构在不同方向的强度比最佳。缠绕成形多用于生产圆柱体、球体及某些正曲率回转体制品,对非回转体制品或负曲率回转体则较难缠绕。

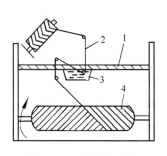

图 5-21　缠绕成形法

1—平移机构;2—纤维;

3—树脂槽;4—制品

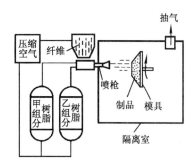

图 5-22　喷射法成形示意图

3)喷射成形法

喷射成形工艺是利用喷枪将纤维切断、喷散、树脂雾化,并使两者在空间混合后,沉积到模具上,然后经压辊压实的一种成形方法。图 5-22 为喷射法成形示意图。

喷射法成形效率高,制品无接缝,适应性强。该方法用于制造汽车车身、船身、浴缸、异形板、机罩等。

4)模压成形法

模压成形法是复合材料生产中最古老而又富有无限活力的一种成形方法。它是将一定量的预混料或预浸料加入金属对模内,经加热、加压固化成形的方法。

模压成形的主要优点:生产效率高,便于实现专业化和自动化生产;产品尺寸精度高,表面光洁;能一次成形结构复杂的制品;批量生产,价格相对低廉。不足之处在于模具制造复杂,投资较大,最适合于批量生产中小型复合材料制品,目前也能生产大型汽车部件、浴盆、整体卫生间组件等。

5)树脂传递模塑成形法(RTM)

这是一种较新的工艺,所谓 RTM 法,一般是指在模具的型腔里预先放置增强材料(包括螺栓、聚氨酯泡沫塑料等嵌件),夹紧后,在一定温度及压力下从设置的注入孔将配好的树脂注入模具中,使之与增强材料一起固化,最后启模、脱模而得到制品。此法能制造出表面光洁、高精度的复杂构件,挥发性物质少,环保效果好。

2. 金属基复合材料的成形方法

1)粉末冶金法

粉末冶金法广泛用于各种颗粒、晶须及短纤维增强的金属基复合材料。其工艺与金属材料的粉末冶金工艺基本相同,首先将金属粉末和增强体均匀混合,制得复合坯料,再压制烧结成锭,然后可通过挤压、轧制和锻造等二次加工制成型材或零件的方法。此法是制备金属基复合材料,尤其是非连续纤维增强复合材料的主要工艺方法。

2)热压扩散法

热压扩散法是连续纤维增强金属基复合材料成形的一种常用方法。按照制品的形状、纤维体积密度及性能要求,将金属基体与增强材料按一定顺序和方式组装成形,然后加热到某一低于金属基体熔点的温度,同时加压保持一定时间,使基体金属产生蠕变和扩散,与纤维之间形成良好的界面结合,得到复合材料制品。多用于制作形状较简单的板材和其他型材及叶片等产品,易精确控制制品的形状。

3. 陶瓷基复合材料的成形方法

对颗粒、晶须及短纤维增强的陶瓷基复合材料可以采用热压烧结和化学气相渗透法等方法制造。对连续纤维增强的陶瓷基复合材料,还需要一些特殊的工序,如料浆浸渍热压成形。

1) 热压烧结成形

热压烧结成形是将松散的或预成形的陶瓷基复合材料混合物在高温下通过外压使其致密化的成形方法。该方法只用于制造形状简单的零件。

2) 化学气相沉积(CVD)成形

化学气相沉积成形是将纤维做成所需形状的预成形体,在预成形体的骨架上开有气孔,在一定温度下,让气体通过并发生热分解或化学反应沉积出所需的陶瓷基质,直至预成形体中各孔穴被完全填满,获得高致密度、高强度、高韧性的复合材料制品。

3) 料浆浸渍热压成形

料浆浸渍热压成形是将纤维置于陶瓷粉浆料中,使纤维黏附一层浆料,然后将纤维布成一定结构,经干燥、排胶和热压烧结成为制品。该方法的优点是不损伤增强纤维,不需成形模具,能制造大型零件,工艺较简单,因此广泛用于连续纤维增强陶瓷基复合材料的成形。

5.5.4 复合材料的二次加工

大部分复合材料在材料制造时就已直接完成制品的制造,但仍有少部分复合材料是先制成半成品,再经过二次加工才能获得成品。对于已成形好的复合材料板材、长条型材、管材、棒材等还需要按照设计要求,经过机械加工、连接等工艺过程,再装配成构件。

1. 复合材料的机械加工

复合材料制件成形以后,常需进行二次机械加工,以满足装配或连接的需要。通常的机械加工可以采用机械砂磨、钻削加工、锯削加工、拉削加工、冲压加工、挖削加工等。

1) 切割

成形后的复合材料板材、管材及棒材等常需按尺寸要求进行切割,可采用机械切割(锯、剪、冲)、砂轮切割、高压水切割、超声波切割、激光切割等。用机械切割纤维复合材料时易产生毛边或分层现象,故在操作过程中应特别注意。高压水切割、超声波切割和激光切割能保证切割精度,自动化程度高,但需专门设计的大型设备,加工成本高。

2) 砂磨

制品周边毛刺可用手工或机械砂磨方法来去除。也可采用振动砂轮去毛刺。

3) 钻削加工

常采用碳化钨钻头或嵌有金刚石的钻头进行机械钻削或超声波钻削。

4) 冲压加工

可用来去除制品周边毛刺和内孔毛刺,也直接用来成形各种圆孔或方孔。

2. 复合材料的连接

复合材料的连接可分为机械连接、胶接和焊接三大类。

1）机械连接

主要采用螺栓连接、铆钉连接和销钉连接。机械连接的优点是连接强度高、传递载荷可靠、易于分解和重新组合。主要缺点是在复合材料制件上钻孔时将破坏部分纤维的连续性，并容易引起分层，降低强度。钻孔或装配时应按专门规范进行。机械连接适合于受力较大的部件连接。

2）胶接

胶接是用胶黏剂将复合材料制件连接起来的方法。胶接工艺包括被粘表面制备、施加胶黏剂（喷、刷或铺胶膜）、胶接件装配和固化等过程。胶接的优点是不需要钻孔，可保持复合材料制件的结构完整性，同时避免钻孔引起的应力集中和承载面积减少，成品表面光滑、密封性好、耐疲劳性能好，成本低。主要缺点是强度分散性大，可靠性低，接头剥离强度低。一般只适用于受力较小的部位连接，对于受力稍大部位，可采用混合的连接方式，如胶-铆、胶-螺钉连接。

3）焊接

（1）热塑性复合材料的焊接

热塑性复合材料的焊接是不借助于胶黏剂，仅靠复合材料表面的树脂熔融和融合连接在一起。采用的焊接方法有电阻焊、激光焊、超声波焊、摩擦焊等，也可用机械连接与焊接相结合、紧固件加热焊接等。

（2）金属基复合材料

金属基复合材料的焊接有使用钎料的钎焊、不用焊料的熔焊和低温钎焊。

3. 表面涂装

表面涂装是指在制品成形过程中或成形后，使用各种不同的，具有高性能的或某种功能性的涂料，对其表面进行修饰或赋予新的功能。主要方法有空气喷涂、高压无空气喷涂、静电喷涂、电泳喷涂及粉末喷涂等。

5.6 纳米材料

5.6.1 纳米材料的定义和特性

1. 纳米材料的定义

纳米（nm）和米、微米等单位一样，是一种长度单位，$1\ nm = 10^{-9}\ m$，约比化学键长大一个数量级。纳米科技是研究由尺寸在 0.1～100 nm 之间的物质组成的体系的运动规律和相互作用以及可能的实际应用中的技术问题的科学技术，可衍生出纳米电子学、机械学、生物学、材料学、加工学等。

纳米材料是指三维空间尺度至少有一维处于纳米量级（1～100 nm）的材料，它是由尺寸介于原子、分子和宏观体系之间的纳米粒子所组成的新一代材料。由于其组成单元的尺度小，界面占用相当大的成分，而且原子排列互不相同，界面周围的晶格结构互不相关，从而构成与晶态、非晶态均不同的一种新的结构状态。因此，纳米材料具有多种特点，这就导致由纳米微粒构成的体系出现了不同于通常的大块宏观材料体系的许多特殊性质。纳米体系使人们认识自然又进入一个新的层次,它是联系原子、分子和宏观体系的中间环节,是人们过去从未探索过的新领域。实际上由纳米粒子组成的材料向宏观体系演变过程中,在结构上有序度的变化,在状态上的非平衡性质,使体系的性质产生很大的差别,对纳米材料的研究将使人们从宏观到微观的过渡有更深入的认识。

2. 纳米材料的特性

在纳米材料中,纳米晶粒和由此而产生的高浓度晶界是它的两个重要特征。纳米晶粒中的原子排列已不能处理成无限长程有序,通常大晶体的连续能带分裂成接近分子轨道的能级,高浓度晶界及晶界原子的特殊结构导致材料的力学性能、磁性、介电性、超导性、光学乃至热力学性能的改变。纳米相材料与普通的金属、陶瓷、其他固体材料一样都是由原子组成,只不过这些原子排列成了纳米级的原子团,成为组成这些新材料的结构粒子或结构单元。其常规纳米材料中的基本颗粒直径不到 100 nm,包含的原子不到几万个。一个直径为 3 nm 的原子团包含大约 900 个原子,几乎是英文里一个句点的百万分之一,这个比例相当于一条 300 多米长的轮船与整个地球的比例。

当材料的尺寸进入纳米级,材料本身便会出现以下奇异的崭新的物理性能。

1)量子尺寸效应

当纳米粒子的尺寸下降到某一值时,金属粒子费米面附近电子能级由准连续变为离散能级;并且纳米半导体微粒存在不连续的最高被占据的分子轨道能级和最低未被占据的分子轨道能级,使能隙变宽,被称为纳米材料的量子尺寸效应。在纳米粒子中处于分立的量子化能级中的电子的波动性带来了纳米粒子的一系列特殊性质,如高的光学非线性、特异的催化和光催化性质等。当纳米粒子的尺寸与光波波长、德布罗意波长、超导态的相干长度或与磁场穿透深度相当或更小时,晶体周期性边界条件将被破坏,非晶态纳米微粒的颗粒表面层附近的原子密度减小,导致声、光、电、磁、热力学等特性出现异常。如光吸收显著增加、超导相向正常相转变、金属熔点降低、增强微波吸收等。利用等离子共振频移随颗粒尺寸变化的性质,可以改变颗粒尺寸,控制吸收边的位移,制造具有一定频宽的微波吸收纳米材料,用于电磁波屏蔽、隐形飞机等。

由于纳米粒子细化,晶界数量大幅度增加,可使材料的强度、韧性和超塑性大为提高。其结构颗粒对光、机械应力和电的反应完全不同于微米或毫米级的结构颗粒,使纳米材料在宏观上显示出许多奇妙的特性。例如,纳米相铜强度比普通铜高 5 倍;纳米相陶瓷是摔不碎的,这与大颗粒组成的普通陶瓷完全不一样。纳米材料从根本上改变了材料的结构,可望得到诸如高强度金属和合金、塑性陶瓷、金属间化合物以及性能特异的原子规模复合材料等新一代材料,为克服材料科学研究领域中长期未能解决的问题开拓了新的途径。

2)表面效应

纳米材料的表面效应是指纳米粒子的表面原子数与总原子数之比随粒径的变小而急剧增大后所引起的性质上的变化,如图 5-23 所示。从图中可见,随纳米粒子粒径的减小,表面原子所占比例急剧增加。当粒径为 1 nm 时,纳米材料几乎全部由单层表面原子组成。由于表面原子数增多,原子配位不足及高的表面能,使这些表面原子具有高的活性,极不稳定,很容易与其他原子结合。

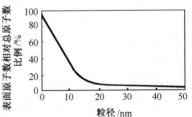

图 5-23　纳米粒子的表面原子数相
对总原子数比例随粒径变化关系

3）纳米材料的体积效应

由于纳米粒子体积极小，所包含的原子数很少，相应的质量极小，因此许多现象就不能用通常有无限个原子的块状物质的性质加以说明，这种特殊的现象通常称为体积效应。随纳米粒子的直径减小，能级间隔增大，电子移动困难，电阻率增大，从而使能隙变宽，金属导体将变为绝缘体。

4）量子隧道效应

微观粒子贯穿势垒的能力称为隧道效应。纳米粒子的磁化强度等也具有隧道效应，它们可以穿越宏观系统的势垒而产生变化，称为纳米粒子的宏观量子隧道效应。它的研究对基础研究及实际应用，如导电、导磁高聚物、微波吸收高聚物等都具有重要意义。

5.6.2 纳米陶瓷

陶瓷材料作为材料的三大支柱之一，在日常生活及工业生产中起着举足轻重的作用。但是，由于传统陶瓷材料质地较脆，韧性、强度较差，因而使其应用受到了较大的限制。随纳米技术的广泛应用，纳米陶瓷随之产生，希望以此来克服陶瓷材料的脆性，使陶瓷具有像金属一样的柔韧性和可加工性。英国材料学家 Cahn 指出，纳米陶瓷是解决陶瓷脆性的战略途径。

所谓纳米陶瓷，是指显微结构中的物相具有纳米级尺度的陶瓷材料，也就是说晶粒尺寸、晶界宽度、第二相分布、缺陷尺寸等都是在纳米量级的水平上。

1. 纳米陶瓷的特性

纳米陶瓷的特性主要在于力学性能方面，包括纳米陶瓷材料的硬度、断裂韧度和低温延展性等。纳米级陶瓷复合材料的力学性能，特别是在高温下使硬度、强度得以较大的提高。有关研究表明，纳米陶瓷具有在较低温度下烧结就能达到致密化的优越性，而且纳米陶瓷出现将有助于解决陶瓷的强化和增韧问题。在室温压缩时，纳米颗粒已有很好的结合，高于 500 ℃ 很快致密化，而晶粒大小只有稍许的增加，所得的硬度和断裂韧度值更好，而烧结温度却要比工程陶瓷低 400～600 ℃，且烧结不需要任何的添加剂。其硬度和断裂韧度随烧结温度的增加（即孔隙度的降低）而增加，故低温烧结能获得好的力学性能。通常，硬化处理使材料变脆，造成断裂韧度的降低，而就纳米晶而言，硬化和韧化由孔隙的消除来形成，这样就增加了材料的整体强度。因此，如果陶瓷材料以纳米晶的形式出现，可观察到通常为脆性的陶瓷可变成延展性的，在室温下就允许有大的弹性形变。

2. 纳米陶瓷的制备

（1）纳米陶瓷的制备工艺主要包括纳米粉体的制备、成形和烧结。目前，世界上对纳米陶瓷粉体的制备方法多种多样，但应用较广且方法较成熟的主要有气相合成和凝聚相合成两种。

① 气相合成。主要有气相高温裂解法、喷雾转化法和化学气相合成法，这些方法较具实用性。化学气相合成法可以认为是惰性气体凝聚法的一种变型，它既可制备纳米非氧化物粉体，也可制备纳米氧化物粉体。这种合成法增强了低温下的可烧结性，并且有相对高的纯净性和高的表面及晶粒边界纯度。原料在坩埚中经加热直接蒸发成气态，以产生悬浮微粒和（或）烟雾状原子团。原子团的平均粒径可通过改变蒸发速率以及蒸发室内的惰性气体的压强来控制，粒径可小至 3～4 nm，是制备纳米陶瓷最有希望的途径之一。

② 凝聚相合成(溶胶–凝胶法)。是指在水溶液中加入有机配体与金属离子形成配合物,通过控制 pH、反应温度等条件让其水解、聚合,经溶胶→凝胶而形成一种空间骨架结构,再脱水焙烧得到目的产物的一种方法。此法在制备复合氧化物纳米陶瓷材料时具有很大的优越性。凝聚相合成已被用于生产小于 10 nm 的 SiO_2、Al_2O_3 和 TiO_2 纳米团。

(2)从纳米粉制成块状纳米陶瓷材料,就是通过某种工艺过程,除去孔隙,以形成致密的块材,而在致密化的过程中,又保持了纳米晶的特性。方法有:

① 沉降法:如在固体衬底上沉降。

② 原位凝固法:在反应室内设置一个充液氮的冷却管,纳米团冷凝于外管壁,然后用刮板刮下,直接经漏斗送入压缩器,压缩成一定形状的块材。

③ 烧结或热压法:烧结温度提高,增加了物质扩散率,也就增加了孔隙消除的速率,但在烧结温度下,纳米颗粒以较快的速率粗化,制成块状纳米陶瓷材料。

3. 纳米陶瓷的应用

虽然纳米陶瓷还有许多关键技术需要解决,但其优良的室温和高温力学性能、抗弯强度、断裂韧度,使其在切削刀具、轴承、汽车发动机部件等诸多方面都有广泛的应用,并在许多超高温、强腐蚀等苛刻的环境下起着其他材料不可替代的作用,具有广阔的应用前景。

利用纳米技术开发的纳米陶瓷材料,无论是材料的强度、韧性和超塑性都有大幅度提高,克服了工程陶瓷的许多不足,并对材料的力学、电学、热学、磁学、光学等性能产生重要影响,为替代工程陶瓷的应用开拓了新领域。

纳米陶瓷作为一种新型高性能陶瓷,是近年发展起来的一门全新的科学技术,它将成为 21 世纪最重要的高新技术,将越来越受到世界各国科学家的关注。纳米陶瓷的研究与发展必将引起陶瓷工业的发展与变革,引起陶瓷学理论上的发展乃至建立新理论体系,以适应纳米尺度的研究需要,使纳米陶瓷材料具有更佳的性能以至使新的性能、功能的出现成为可能。我们期待纳米陶瓷在工程领域乃至日常生活中得到更广泛的应用。

5.6.3 纳米复合材料

对于高聚物/纳米复合材料的研究十分广泛,按纳米粒子种类的不同可把高聚物/纳米复合材料分为以下几类:

1. 高聚物/黏土纳米复合材料

由于层状无机物如黏土、云母、层状金属盐等在一定驱动力作用下能碎裂成纳米尺寸的结构微区,其片层间距一般为纳米级,可容纳单体和聚合物分子;它不仅可让聚合物嵌入夹层,形成"嵌入纳米复合材料",而且可使片层均匀分散于聚合物中形成"层离纳米复合材料"。其中,黏土易与有机阳离子发生离子交换反应,具有亲油性,甚至可引入与聚合物发生反应的官能团来提高两相黏结,因而研究较多,应用也较广。其制备的技术方式有插层法和剥离法。插层法是预先对黏土片层间进行插层处理后,制成"嵌入纳米复合材料",而剥离法则是采用一些手段对黏土片层直接进行剥离,形成"层离纳米复合材料"。

插层法工艺简单,原料来源丰富、廉价。作为结构材料,聚合物/黏土纳米复合材料的物理学性能与常规聚合物基复合材料相比具有很多优点,得到的复合材料往往具有十分优异的耐热性及阻隔性。因此,高聚物/黏土纳米复合材料已得到了大批量的生产与应用。

2. 高聚物／刚性纳米粒子复合材料

用刚性纳米粒子对力学性能有一定脆性的聚合物增韧是改善其力学性能的另一种可行性方法。随无机粒子微细化技术和粒子表面处理技术的发展,特别是近年来纳米级无机粒子的出现,塑料的增韧改性彻底冲破了以往在塑料中加入橡胶类弹性体的做法。

采用纳米刚性粒子填充高聚物树脂,不仅会使材料韧性、强度方面得到提高,而且其性能价格比也将是其他材料不能比拟的。以 $CaCO_3$、SiO_2 等为代表的高聚物／刚性纳米粒子复合材料已经获得了广泛的生产和应用。

3. 高聚物／碳纳米管复合材料

贵比黄金、细赛人发的“超级纤维”碳纳米管,实际上和金刚石、石墨同属于一个家族。作为近年来材料领域的研究热点,碳纳米管受到各国科学家的高度重视。

碳纳米管于 1991 年由 S. Iijima 发现,其直径为碳纤维的数千分之一,其性能远优于现今普遍使用的玻璃纤维。其主要用途之一是作为聚合物复合材料的增强材料。

碳纳米管韧性很高,导电性极强,场发射性能优良,兼具金属性和半导体性,强度比钢高 100 倍,密度只有钢的 1/6。碳纳米管的层间剪切强度高达 500 MPa,比传统碳纤维增强环氧树脂复合材料高一个数量级。因为性能奇特,被科学家称为未来的“超级纤维”。

碳纳米管已经在一些国家获得实际应用。用于航天工业中的聚合物,在飞行时外部气流与一般材料(如玻璃纤维)增强的树脂之间产生的摩擦常引起静电而干扰无线通信。用碳纳米管增强工程塑料将可以在大幅度提高基体树脂力学性能的同时解决这一问题。

4. 高聚物／金属(金属氧化物)纳米粉复合材料

金属或金属氧化物纳米粉往往具备常规材料没有的特性。如果用这些纳米材料与高聚物复合将会得到具有一些特异功能的高分子复合材料,将其用于各种高技术产业将会有广阔的发展空间。

金属纳米粉体对电磁波有特殊的吸收作用。铁、钴、氧化锌粉末及碳包金属粉末可作为军用高性能毫米波隐形材料、可见光-红外线隐形材料、结构式隐形材料以及手机辐射隐蔽材料。另外,铁、钴、镍纳米粉有相当好的磁性能;铜纳米粉末的导电性优良;氧化锌纳米粉体具有优良的抗菌性能。用它们与高聚物复合将可以给高聚物树脂带来许多新的功能,使其能更广泛地应用于军事、航空航天、电子等高、精、尖产业及传统产业的技术进步和升级换代,服务于社会的进步与发展。

纳米材料的应用前景是十分广阔的,如纳米电子器件,医学和健康领域,航天、航空和空间探索领域,环境、资源和能源领域,生物技术等。纳米材料研究是目前材料科学研究的一个热点,由其相应发展起来的纳米技术被公认为是 21 世纪最具有前途的科研领域。

思考题与习题

1. 属于非金属材料的工程材料有哪些?
2. 试述常用工程塑料的种类、性能及应用。
3. 常用工程塑料一次成形的方法有哪些?分别简述其工艺步骤。
4. 工程塑料二次加工的方法及其应用实例有哪些?

5. 根据下列工件的用途为其选用适合的塑料材料：

飞机窗玻璃（　　　），电源插座（　　　），化工管道（　　　），齿轮（　　　）。

（A）酚醛塑料　（B）尼龙　（C）聚氯乙烯　（D）聚甲基丙烯酸甲酯

6. 何为工程橡胶材料成形的硫化工艺？

7. 工业橡胶的性能主要有哪些？

8. 简述陶瓷制品的生产工艺，解释陶瓷的晶体结构和显微结构。

9. 陶瓷为何是脆性的？提高陶瓷强度的途径有哪些？

10. 常用工程陶瓷有哪几种？各有何特点和用途？

11. 什么是复合材料？复合材料的种类有哪些？

12. 典型的纤维增强复合材料有哪些？简述它们的成形工艺。

13. 试从生活或工业用品中找出三种复合材料制造的物品，并提出可行的成形工艺方法。

14. 纳米材料有何特性？

第 6 章

快 速 成 形

6.1 概述

快速成形技术（rapid prototyping，RP）又称快速原型制造技术，是近年来发展起来的一种先进制造技术。快速成形技术 20 世纪 80 年代起源于美国，很快发展到日本和欧洲，是近年来制造技术领域的一次重大突破。快速成形是一种基于离散堆积成形思想的数字化成形技术，是 CAD、数控技术、激光技术以及材料科学与工程的技术集成，它可以自动、快速地将设计思想物化为具有一定结构和功能的原型或直接制造零部件，从而可对产品设计进行快速评价、修改，以响应市场需求，提高企业的竞争能力。快速成形技术的出现，反映了现代制造技术本身的发展趋势以及激烈的市场竞争对制造技术发展的重大影响。

美国是首先使用快速成形技术的国家。1987 年年初，位于美国加利福尼亚的 3D System 公司首次推出商业化的快速成形制造设备。1988 年 1 月，当第一代设备 SLA–1 发货给 Baxter Healthcare、Prattand Whitney 和 Eastman Kodak 时，标志着快速成形技术工业应用的开始。

虽然快速成形技术问世不久，但由于它给制造业带来的巨大效益，使其应用日益广泛。快速成形技术在工业、医学、军事、汽车、航空和航天等领域的应用情况如图 6–1 所示。

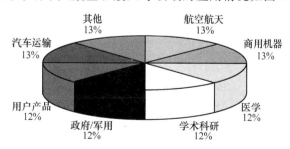

图 6–1　快速成形应用领域的分布比例

至 20 世纪末，世界上已有 334 个快速成形技术服务中心、27 个快速成形设备制造商、12 家材料供应商、14 家专门软件供应商、23 家咨询机构和 51 家教育科研机构。在发达国家，快速成形已成为一个新兴的产业分支，前景十分诱人。按 Pratt and W. hitney 的报告，他们用新技术制备

2 000 件铸模花费是 60 万美元,而且节省时间 70% ~ 90% 。若用传统方法,估计的费用是 700 万美元。

目前,新的 RP 工艺不断产生、功能不断完善、精度不断提高、成形速度不断提高。例如,随固态激光技术的突破,高达 1 000 MW 的紫外激光器应用在 SLS 设备中,使其速度大大提高,激光器的寿命也由最初的 2 500 h 延长到上万小时。新型高性能光敏树脂的出现,解决了 SLA 成形件的收缩变形和强度等问题。EOS 公司的 EOSINT-M 激光金属粉末烧结快速成形设备可直接成形金属零件或注塑模具。在软件方面 STL 文件的处理软件不断专业化,使各种文件的转换和STL 文件的修复、处理、操作功能等日臻完善,形成了基于 STL 的 CAD 平台。

6.2   快速成形技术原理及工艺

6.2.1   快速成形技术原理

现代成形理论是研究将材料有序地组织成具有确定外形和一定功能的三维实体的科学。笼统地讲,RP 属于堆积成形;严格地讲,RP 应属于离散/堆积成形。通过离散获得堆积的路径和方式,通过堆积材料叠加起来成形三维实体。RP 将 CAD、CAM、CNC、精密伺服驱动、光电子和新材料等先进技术集于一体,依据由 CAD 构造的产品三维模型,对其进行分层切片,得到各层截面的轮廓。按照这些轮廓,激光束选择性地发射,固化一层层液态树脂(或切割一层层的纸,或烧结一层层的粉末材料),或喷射源选择性地喷射一层层的黏结剂或热熔材料等,形成各截面,逐步叠加成三维产品。它将一个复杂的三维加工简化成一系列二维加工的组合。

RP 与传统的去除成形的区别如图 6-2 所示。

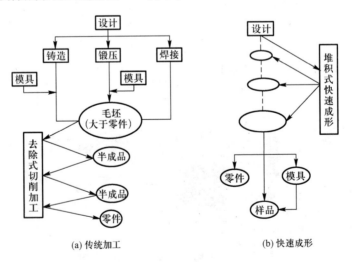

(a) 传统加工   (b) 快速成形

图 6-2   传统加工与快速成形

6.2.2 快速成形方式分类

根据成形学的观点,从物质的组织方式上,可把成形方式分为去除成形(dislodge forming)、堆积成形(stacking forming)和受迫成形(forced forming)3 类。RP 属于堆积成形,即运用合并与连接的方法,把材料(气、液、固相)有序地合并堆积起来的成形方法。堆积成形是在计算机控制下完成的,其最大特点是不受成形零件复杂程度的限制。

6.2.3 快速成形的工艺流程

快速成形工艺流程如下:

1)三维模型构造

由于 RP 系统只接受计算机构造的产品三维模型(立体图),然后才能进行切片处理,因而首先应在 PC 机或工作站上用 CAD 软件(如 UG、Pro/E、IDEAS 等),根据产品要求设计三维模型;或将已有产品的二维三视图转换成三维模型;或在逆向工程中,用测量仪对已有的产品实体进行扫描,得到数据点云,进行三维重构。

2)三维模型的近似处理

由于产品上往往有一些不规则的自由曲面,加工前必须对其进行近似处理。经过近似处理获得的三维模型文件称为 STL 格式文件,它由一系列相连空间三角形组成。典型的 CAD 软件都有转换和输出 STL 格式文件的接口,但有时输出的三角形会有少量错误,需要进行局部修改。

3)三维模型的分层处理

由于 RP 工艺是按一层层截面轮廓来进行加工的,因此加工前须将三维模型上沿成形高度方向离散成一系列有序的二维层片,即每隔一定的间距分一层片,以便提取截面的轮廓。间隔的大小按精度和生产率要求选定。间隔越小,精度越高,但成形时间越长。间隔范围为 0.05 ~ 0.5 mm,常用 0.1 mm,能得到相当光滑的成形曲面。层片间隔选定后,成形时每层叠加的材料厚度应与其相适应。各种成形系统都带有 Slicing 处理软件,能自动提取模型的截面轮廓。

4)截面加工

根据分层处理的截面轮廓,在计算机控制下,RP 系统中的成形头(如激光扫描头或喷头)由数控系统控制,在 x-y 平面内按截面轮廓进行扫描,固化液态树脂(或切割纸,烧结粉末材料,喷射黏结剂、热熔剂和热熔材料),得到一层层截面。

5)截面叠加

每层截面形成之后,下一层材料被送至已成形的层面上,然后进行后一层的成形,并与前一层面相黏结,从而将一层层的截面逐步叠合在一起,最终形成三维产品。

6)后处理

成形机成形完毕后,取出工件,进行打磨、涂挂,或者放进高温炉中烧结,进一步提高其强度。对于 SLS(选择性激光烧结)工艺,将工件放入高温炉中烧结,使黏结剂挥发掉,以便进行渗金属(如渗铜)处理。

RP 工艺流程如图 6-3 所示。

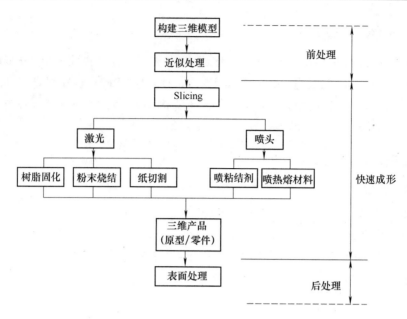

图 6-3　快速成形过程

6.2.4　快速成形的优点

（1）RP 采用离散/堆积成形的原理,自动完成从数字模型（CAD 模型）到物理模型（原型或零件）的转换。零件的制造信息体现在材料结合的顺序以及每一次材料转变量与深度的控制上,即信息通过控制每个单元的制造和各个单元的结合而实现对整个成形过程的控制。它将一个十分复杂的三维制造过程简化为二维过程的叠加,成形方法优于铸造、锻压成形,可成形任意复杂形状的零件,甚至是曲面封闭的中空零件。

（2）RP 具有高度的柔性,在堆积成形过程中,信息过程与物理过程的结合达到比较高级的阶段,没有"模具"、"夹具"和"切削加工"的概念,不受传统机械加工中刀具无法达到某些型面的限制。RP 提供了一种直接并完全自动地把三维 CAD 模型转换为三维物理模型或零件的制造方法。

（3）RP 实现了机械工程学科多年来追求的两大先进目标,即设计（CAD）与制造（CAM）一体化,材料提供过程与材料制造过程一体化。

（4）加工信息的修改或重组可以通过对 CAD 模型进行修改或重组,获得一个新零件的设计和加工信息可直接在计算机上完成;零件的制造可以从几小时到几十小时内完成,具有突出的快速制造的优点。

（5）与逆向工程（reverse engineering,RE）相结合,可作为快速开发新产品的先进工作平台。

6.3　快速成形的主要工艺方法

目前,已有多种 RP 和商品化的 RP 系统,以下对几种主要的方法做简要介绍。

6.3.1 立体光固化 SLA

SLA(stereo lithography apparatus)是基于液态光敏树脂光固化原理工作的,其工作原理如图6-4所示。液槽中盛满液态光敏树脂,紫外波长的激光束在偏转镜作用下于液面上按截面轮廓信息扫描,光点经过的地方,受辐射的液体就固化,这样一次平面扫描便加工出一个与分层平面图形相对应的层面,并与前一层已固化部分牢固地黏结起来。如此反复直到整个产品完成。

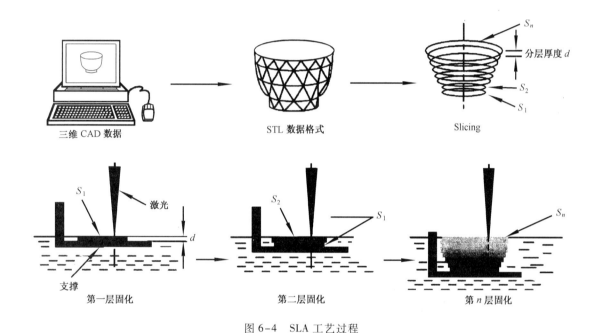

图6-4 SLA工艺过程

这种方法适合成形小件,能直接得到塑料产品,表面质量较好,并且由于紫外激光波长短(例如 He-Cd 激光器,波长 = 325 nm),可以得到很小的聚焦光斑,从而得到较高的尺寸精度。缺点是:

(1)需要设计支撑结构才能确保在成形过程中制件的每一个结构部分都能可靠定位;

(2)成形中有物相变化,翘曲变形较大,可以通过支撑结构加以改善;

(3)原材料有污染,易使皮肤过敏。

6.3.2 分层实体制造 LOM

LOM(laminated object manufacturing)也称薄形材料选择性切割。它根据三维模型每一个截面的轮廓线,在计算机的控制下用 CO_2 激光束对薄形材料(如底面涂胶的纸)进行切割,逐步得到各层截面,并黏结在一起,形成三维产品,如图 6-5 所示。

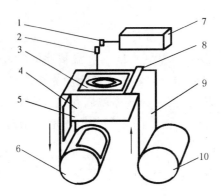

图 6-5 LOM 成形原理示意图

1—反光镜 2—x-y 扫描振镜;3—切割轮廓

4—已堆积零件;5—工作台;6—回收纸卷;

7—激光器;8—热压辊;9—片材;10—供料纸卷

扫描器件有的采用直线单元,适合于大件的加工,也可采用振镜扫描方式。这种方法适合成形大、中型零件,翘曲变形小,成形时间短,但尺寸精度不高,材料浪费大,且清除废料困难。

6.3.3 选择性激光烧结 SLS

SLS(selected laser sintering)与 SLA 工艺在材料、激光器和材料进给方式上有较大差别。如表 6-1 所示。SLS 工作原理如图 6-6 所示。成形时先在工作台上铺上一层粉末材料,激光束在计算机的控制下,按照截面轮廓的信息,对制件的实心部分所在的粉末进行烧结。一层完成后,工作台下降一个层厚,再进行后一层的铺粉烧结。如此循环,最终形成三维产品。这种方法适合成形中、小型零件,能直接制造蜡模或塑料、陶瓷和金属产品,制件的翘曲变形比 SLA 工艺小。这种工艺要对实心部分进行填充式扫描烧结,因此成形时间较长。可烧结覆膜陶瓷粉和覆膜金属粉,得到成形件后,将制件置于加热炉中,烧掉其中的黏结剂,并在孔隙中渗入填充物(如铜)。它的最大优点在于适用材料广,几乎所有的粉末都可以适用,所以其应用范围也最广。

表 6-1 SLS 与 SLA 工艺区别

	SLS	SLA
材料	蜡粉、PS 粉、ABS 粉、尼龙粉、覆膜陶瓷和金属粉等	光敏树脂
激光器	CO_2 激光器(功率瓦或更多)	紫外波长激光束(功率 10 ~ 1 000 mW)
固化方法	有选择烧结	有选择固化
进给方式	一层烧结完,供料活塞顶出一部分材料,布料辊将这些粉末材料推到成形表面上并铺平,再烧结第二层	一层固化完毕,工作台下降一层厚度,液体重新浸铺上来,激光再扫描下一层
支撑	不需要支撑	需要支撑

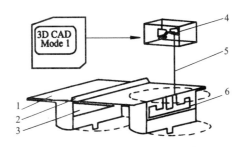

图 6-6　SLS 成形原理示意图

1—布料平台　2—布料辊;3—贮料缸;4—转镜;

5—激光束;6—已烧结零件

6.3.4　熔化沉积成形 FDM

FDM(fused deposition modeling)也称丝状材料选择性熔覆,其工作原理如图 6-7 所示。三维喷头在计算机控制下,根据截面轮廓的信息,作 x $-y$ 运动。丝材(如塑料丝)由供丝机构送至喷头,并在喷头中加热、熔化,然后被选择性地涂覆在工作台上,快速冷却后形成一层截面。一层完成后,工作台下降一层厚度,再进行后一层的覆涂,如此循环,形成三维产品。

这种方法适合成形小塑料件,制件的翘曲变形小,但需要设计支撑结构。由于是填充式扫描,因此成形时间较长,为了克服这一缺点,可采用多个热喷头同时进行涂覆,提高成形效率。

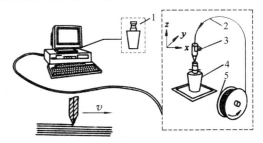

图 6-7　FDM 成形原理示意图

1—模型;2—丝;3—喷头;4—原型;5—丝轮

6.3.5　三维打印 3D-P

三维打印 3D-P(three-dimensional printing)也称粉末材料选择性黏结。其工作原理如图 6-8所示。喷头在计算机的控制下,按照截面轮廓的信息,在铺好的一层粉末材料上,有选择性地喷射黏结剂,使部分粉末黏结,形成截面层。一层完成后,工作台下降一个层厚,铺粉,喷黏结剂,再进行后一层的粘结,如此循环形成三维产品。3D 打印技术能够实现 600 dpi 分辨率,每层厚度只有 0.01 mm。3D 打印速度不快,较先进的设备可以实现每小时 25 mm 高度的垂直速率。

在英国,3D 打印技术被用来制造前卫的城市"生态汽车",这款名为 T.25 型城市生态汽车已于 2010 年 7 月面市。欧洲宇航防务集团(EADS)的一个科研小组正致力于用此技术打印出飞机的整个机翼。截止 2011 年 3 月,研究者已打印出飞机起落架的支架和其他飞机零件。在 2013 年"两会"上透露,中国航母舰载机歼-15 项目率先采用了该技术,打印出钛合金和 M100 钢的主承力元件,投入到新机试制过程中。

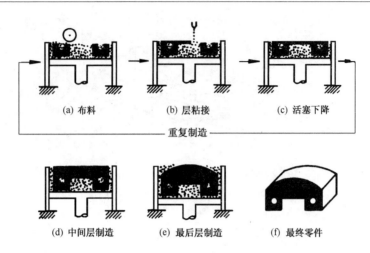

(a) 布料　　　　　　(b) 层粘接　　　　　　(c) 活塞下降

—— 重复制造 ——

(d) 中间层制造　　　　(e) 最后层制造　　　　(f) 最终零件

图 6-8　3D-P 成形原理示意图

6.3.6　形状沉积制造 SDM

SDM(shape deposition manufacturing)是去除加工与分层堆积制造相结合的一种新型快速成形工艺,因而结合了两种零件成形的优点,既可制造金属零件,具有较高的成形精度(由切削加工保证),又基本突破了零件复杂程度的限制,而且与其他快速成形工艺过程一样,由 CAD 模型直接驱动,无需编程。其层层加工的原理是:喷头喷出的熔化材料沉积到成形表面上冷却凝固,点点堆积获得层面,然后利用五轴数控加工设备精确地加工新获得的层面(包括轮廓形状和层面厚度)并进行喷丸去应力处理,使其具有较高的精度和较小的内应力,如图 6-9 所示,成形材料包括金属和各种塑料。

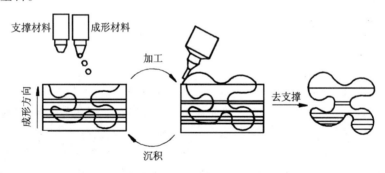

图 6-9　SDM 成形原理示意图

除此之外,近几年还出现了热塑性材料选择性喷洒、变长线扫描 SLS RPT、高功率激光二极管线阵能量源 SLS RPT。

6.4　快速成形技术的应用

目前,快速成形技术在模具、家用电器、汽车、航空航天、军事装备、材料、工程、玩具、轻工产品、工业造型、建筑模型、医疗器具、人体器官模型、生物材料组织、考古、电影制作等领域都得到了广泛的应用。按快速成形制造技术的产品功能，其应用可以分成原型制造、模具制造、模型制造、零部件制造等。快速成形技术的应用目的主要有生产研制、市场调研和产品使用。在生产研制方面，主要通过快速成形系统制作原型用来验证概念设计、确认设计、性能测试、制造模具的母模和靠模。在市场调研方面，可以把制造的原型展示给最终用户和各个部门，广泛征求意见。尽量在新产品投产之前，完善设计，生产出适销对路的产品。在产品使用方面，可以直接利用制造的原型、零件或部件的最终产品。

6.4.1　原型制造

快速成形在新产品开发过程中的价值是无可估量的。设计者通过快速成形可以很快地评估一次设计的可行性并充分表达其构想。快速成形可以很方便地生产和更改原型，使设计评估及更改在很短的时间内完成。而传统原型制作方法是制作陶模、木模或塑料模。由于时间和成本的限制，完成这一过程是很困难的。与之相比，快速原型制造技术可以把原型制作时间缩短到几小时或几十小时，大大提高了速度，降低了成本，是实现并行工程强有力的工具。

1. 模型、零件的现成评价

快速成形制造技术能够迅速地将设计师的设计思想变成三维的实体模型，既可节省大量的时间，又能精确地体现设计师的设计理念，为产品评审决策工作提供直接、准确的模型，减少了决策工作中的不正确因素。

2. 结构分析与装配校核

由于应用快速成形技术制作出的样品比计算机生成的二维、三维效果图像更加直观、真实，而且具有手工制作的模型所无法比拟的精度和速度，因而在样件制作方面有很大的优势。

快速成形技术在进行结构合理分析、装配校核、干涉检查等对新产品开发，尤其是在有限空间内的复杂、昂贵系统(如卫星、导弹)的可制造性和可装配性检验尤为重要。

3. 性能及功能测试

利用快速成形技术可以进行设计验证、配合评价和功能测试；可以直接作性能和功能参数试验与相应的研究，如流动分析、应力分析、流体和空气动力学分析等。

6.4.2　快速制模 RT

采用模具生产零件具有效率高、质量好、节约能源和原材料以及成本低等一系列优点，集中体现了现代先进制造技术实现优质、高效、低耗、清洁生产的思想，已成为当代工业生产的重要手段和工艺发展方向。然而，模具的设计与制造是一个多环节、多反复的复杂过程。由于在实际制造和检测前，很难保证产品在成形过程中每一个阶段的性能，所以长期以来模具设计大都是凭经验或使用传统的 CAD 进行的，要设计和制造出一副适用的模具往往需要经过由设计、制造到试模、修模的多次反复，致使模具制作的周期长、成本高，甚至可能造成模具的报废，难以适应快速增长的市场需求。

快速成形技术配合逆向工程不仅能适应各种生产类型特别是单件小批的模具的快速制造，而且能适应各种复杂程度的模具快速制造。例如，10 年前，开发一辆新汽车，大约需要 60 个月的时间，使用快速成形和快速制模技术，则仅需要 18 个月的时间，电子产品的开发周期已经降至不到一年,而玩具制造业,则在9个月内完成开发、大批生产和销售工作。快速制模技术的应用可分为直接制模和间接制模,主要用于制造注塑模、冲压模和铸模等。

1. 直接制造模具

传统的模具设计,只有在模具验收合格后才能进行整机的装配和各种验收工作。对于在试验中发现的设计中的不合理之处,需要对原来的设计进行修改,再相应地对模具进行修改。这样就会在设计与制造过程中造成大量重复性工作,导致模具的制造周期长,成本高,模具产生设计缺陷等,这些都会造成重大损失。

短工期和小批量的单件制造的最好方法就是快速成形直接制造模具,它能在几天之内完成非常复杂的零部件模具的制造,而且越复杂越能显示其优越性。

快速成形技术可精确制作模具的型芯和型腔,也可直接用于注射过程制作塑料样件。

2. 间接制造模具

原型可用来间接制造模具。采用快速原型技术,结合精密铸造、金属喷涂制模、硅橡胶等制造软模、电极研磨、粉末烧结等技术就能间接快速制造出模具。间接制模法指利用快速原型制造技术首先制作模芯,然后用此模芯复制硬模具(如铸造模具,或采用喷涂金属法获得轮廓形状),或者制作母模复制软模具等。对快速原型制造技术得到的原型表面进行特殊处理后代替木模,直接制造石膏型或陶瓷型,或是由原型经硅橡胶模过渡转换得到石膏型或陶瓷型,再由石膏型或陶瓷型浇注出金属模具。

快速成形制造精度的提高,促使间接制模工艺的基本成熟,其方法则根据零件生产批量大小而不同。常用的有硅橡胶模(批量50件以下)、环氧树脂(数百件以下)、金属冷喷涂模(3 000件以下)、快速制作EDM电极加工钢模(5 000件以上)等。

1) 硅橡胶模具

以原型为模样,采用硫化的有机硅橡胶浇注制作硅橡胶模具,即软模(soft tooling)。其工艺过程为:制作原型,对原型表面处理,使其具有较好的表面粗糙度,固定放置原型、模框,在原型表面施脱模剂,在抽真空装置中抽去硅橡胶混合体,浇注硅橡胶混合体得到硅橡胶模具,硅橡胶固化,取出原型。若发现模具有缺陷,可用新调配的硅橡胶修补。

2) 树脂型复合模具

这种方法是将液态的环氧树脂与有机或无机材料复合作为基体材料,以原型为基准浇注模具的一种间接制模方法(bridge tooling),通常可直接进行注塑生产。其工艺过程为:制作原型,表面处理,设计并制作模框,选择与设计分型面,在原型表面及分型面刷脱模剂,刷胶衣树脂,浇注凹模,浇注凸模。

3) 金属冷喷涂模

以原型为模样,待低熔点金属充分雾化后以一定的速度喷射到模样表面,形成模具型腔表面,背衬填充铝的环氧树脂或硅橡胶复合材料支撑,将壳与原型分离,得到精密的金属模具和用快速成形直接加工金属模具,也称硬模(hard tooling),通常指的是用间接方式制造,加入浇注系统、冷却系统和模架构成注塑模具。其特点是工艺简单、周期短;型腔及其表面精细花纹一次同时形成;省去了传统模具加工中的制图、数控加工和热处理等步骤,无需机加工;模具尺寸精度高,周期短,成本低。

4) 陶瓷型精铸模

以快速成形系统制作的模型,用特制的陶瓷浆料浇注成陶瓷铸型,制作模具。

（1）化学黏结陶瓷浇注型腔

用快速成形系统制作母模的原型,浇注硅橡胶、环氧树脂、聚氨酯等软材料,构成软模,移去原型,在软模中浇注化学黏结陶瓷（CBC,陶瓷基复合材料）型腔,之后在 205 ℃下固化 CBC 型腔并抛光型腔表面,加入浇注系统和冷却系统后便制得小批量生产用注塑模。这种化学黏结陶瓷型腔的寿命约为 300 件。

（2）用陶瓷或石膏模浇注金属型腔

用快速成形系统制作母模的原型,浇注硅胶、环氧树脂、聚氨酯等软材料,构成软模,移去母模,在软模中浇注陶瓷或石膏模,浇注金属型腔,型腔表面抛光后加入浇注系统和冷却系统等便可批量生产注塑模。以聚碳酸酯为材料,用 SLS 快速制出母型,并在母体表面制出陶瓷壳型,焙烧后用铝或工具钢在壳内进行铸造,即得到模具的型芯和型腔。该方法制作周期不超过 4 周,制造的模具可生产 250 000 个塑料制品。

5）熔模铸造法制造金属模

（1）制作单件金属型腔

用快速成形系统制作原型蜡制母模,将母模浸入水玻璃液后,覆涂硅砂,反复几次,形成模壳。熔去母模,在炉中固化模壳。之后,在炉中预热模壳并在模壳中浇注钢或铁液形成型腔,进行型腔表面抛光,加入浇注系统和冷却系统等后,铸造批量生产用注塑模。铸造铝、铜之类的熔模浇注模也可以用此法制造。

（2）制造多件金属型腔

用快速成形系统制作原型母模。用金属表面喷镀,或用铝基复合材料、硅橡胶、环氧树脂、聚氨酯浇注法,构成蜡模的成形模。在成形模中,用熔化蜡浇注蜡模。浸蜡模于陶瓷砂液,形成模壳。在炉中固化模壳,熔化蜡模。在炉中预热模壳并在模壳中浇注钢或铁液形成型腔。进行型腔表面抛光,加入浇注系统和冷却系统等,铸造批量生产用注塑模。其中,蜡模的成形模可反复使用,以便浇注多个蜡模,从而制造多件金属型腔。它的优点在于可以利用原型制造形状非常复杂的零件。

6）化学黏结钢粉浇注型腔模

用快速成形系统制作母模原型浇注硅橡胶、环氧树脂、聚氨酯等软材料,构成软模。移去母模,在软模中浇注化学黏结钢粉的型腔。之后,在炉中烧去型腔材料中的黏结剂并烧结钢粉,在型腔内渗铜,抛光型腔表面,加入浇注系统和冷却系统等就可批量生产注塑模。

7）电铸、电镀制造模具

在原型零件上电镀上一层铬硬壳,就可将其作为内腔,外铸低熔点合金,或用镶拼方法做成精确的注塑模,不仅成本低而且周期短。

3. 模型制造

快速成形技术极为广泛地应用在模型制造领域,例如工程结构模型、医学模型和艺术商业展示模型。

1）工程结构模型

大型工程可以制造比例模型进行分析校核,实验取证,从而确保工程的可造性。在建筑工程领域,可以制作建筑物模型,评价建筑设计美学与工程方面的合理性,如建筑物的分布与结构等,即使更改也很容易。

土木、水利和机械等行业的工程构件和设备的研究设计阶段均离不开模型实验。采用快速成形技术可以使数值分析与模型实验一体化。

2）医学模型

实体模型在医学上有三个应用：

（1）提供视觉和触觉模型，用于教学、诊断；

（2）复杂手术方案制定；

（3）器官修复。

3）艺术品、商业展示模型

以模型作为展示物品可用于零售商、顾客信息反馈、展品服务、大型装饰品的彩色制件等。

在艺术创作方面，可以利用快速成形技术将瞬时的创造激情永久地记录下来，还可以制造珍贵的金玉类艺术品的廉价原始样本。在文化、艺术领域，快速成形技术用于文物复制、仿制、雕塑、工艺美术装饰品的设计与制造。

4. 零部件及工具制造

用快速成形技术可以直接制造多种材料零部件、电脉冲机床所用电极和加工工具。

1）特殊成分、结构材料零部件

特殊成分、结构材料零部件，可以考虑用快速成形技术。如梯度功能材料、光敏材料、多孔材料及其多种规格、型号、成分的材料都可能实现无模具、无机械加工快速成形制造。

2）电脉冲机床用电极

基于快速成形技术，结合相应的特种加工工艺，快速制造电加工的电极，实现复杂零件的快速电火花成形加工。

通常有研磨法、精密铸造法、电铸法、粉末冶金法和浇注法等。

3）工具制造

尽管已有直接成形的金属工具问世，虽然其尺寸精确，但其力学性能还较低。由 CAD 模型直接堆积高性能的金属工具（如活扳手等），目前还存在巨大的困难，这也是快速成形技术的研究热点之一。

6.5   快速成形材料

不同的快速成形方法要求使用与其成形工艺相适应的不同性能的材料，成形材料的分类与快速成形方法及材料的物理状态、化学性能密切相关。按材料物理状态分类有液体材料、薄片材料、粉末材料、丝状材料等；按化学性能分有树脂类材料、石蜡材料、金属材料、陶瓷材料及复合材料等；按材料成形方法分有 SLA 材料、LOM 材料、SLS 材料、FDM 材料等。

快速成形工艺对材料的总体要求是：

（1）有利于快速精确地加工原型零件；

（2）当原型直接用做制件、模具时，原型的力学性能和物理化学性能（强度、刚度、热稳定性、导热和导电性、加工性等）要满足使用要求；

（3）当原型间接使用时，其性能要有利于后续处理工艺。

6.6 快速成形与相关学科之间的关系

图 6-10 给出了 RP 与相关学科之间的关系。

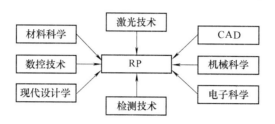

图 6-10 RP 与相关学科间的关系

6.7 采用逆向工程构造三维模型

采用逆向工程构造三维模型,是快速原型制造中常采用的一种方法。逆向工程(reverse engineering, RE)是对产品设计过程的一种描述。在工程技术人员的一般概念中,产品设计过程是一个从无到有的过程:设计人员首先在大脑中构思产品的外形、性能、大致的技术参数等,然后通过图纸或 CAD 技术的帮助建立产品的三维数字化模型,最终将这个模型转入到制造流程中去,完成产品的整个设计制造周期。这样的产品设计过程可以称为"正向设计"过程。

逆向工程产品设计可以认为是一个"从有到有"的过程。简单地说,逆向工程产品设计就是根据已经存在的产品模型,反向推出产品设计数据(包括设计图纸或数字模型)的过程。从这个意义上说,逆向工程这一概念在工业设计中使用已经很久了。早期的船舶工业中常用的船体放样设计就是逆向工程的很好实例。

随着计算机技术在制造领域的广泛应用,特别是数字化测量技术的迅猛发展,基于测量数据的产品造型技术成为逆向工程技术关注的主要对象。通过数字化测量设备(如坐标测量机、激光测量设备等)获取的物体表面的空间数据,需要利用逆向工程 CAD 技术获得产品的 CAD 数学模型,进而进行快速成形制造或利用 CAM 系统完成产品的制造。因此,逆向工程技术可以认为是将产品样件转化为 CAD 模型的相关数字化技术和几何模型重建技术的总称。逆向工程流程图如图 6-11 所示。

6.7.1 逆向工程系统

逆向工程首先必须使用精密的测量系统将样品轮廓三维尺寸快速测量出来,然后再以取得的各点数据做曲面处理及加工成形。故建立一套完整的逆向工程系统需要有以下基本设备:

(1)测量探头,有接触式(触发探头、扫描探头)和非接触式(激光位移探头、激光干涉仪探头、线结构光及 CCD 扫描探头,面结构光及 CCD 扫描探头)两种;

(2)测量机,有三坐标测量机、多轴专用机、多轴关节式机械臂及激光追踪站等;

(3)点数据处理软件,进行噪声滤除、细线化、曲线建构、曲面建构、曲面修改等;

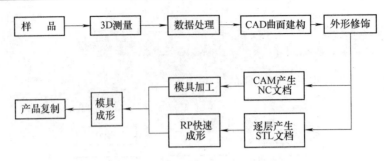

图 6-11 逆向工程流程图

（4）CAD/CAM 软件；

（5）CAE 软件，执行各种分析，增加设计成功率；

（6）CNC 工具机，执行原形制作或模具制作；

（7）快速成形机；

（8）批量生产设备，包括注塑机、压力机、钣金成形机等。

6.7.2　逆向工程应用与意义

随着计算机软硬件技术和计算机视觉技术的发展，逆向工程在越来越多的领域中得到应用。概括起来，逆向工程可以在以下诸多方面发挥重要作用。

（1）目前，许多外形设计师还难于直接用计算机进行某些物体的三维几何设计，而更倾向于用黏土或泡沫塑料进行初始外形设计，这就需要通过逆向工程将实物模型转化为三维 CAD 模型。

（2）由于工艺、美观、使用效果等方面的原因，人们经常要对已有的构件做局部修改。在原始设计没有三维 CAD 模型的情况下，若能对实物构件通过数据测量与处理产生与实际相符的 CAD 模型，对 CAD 模型进行修改以后再进行加工，将显著提高生产效率。因此，逆向工程在改型设计方面可以发挥不可替代的作用。

（3）以已有产品为基准点进行设计已经成为当今的一条设计理念。目前，我国在设计制造方面与发达国家还有一定的差距，利用逆向工程技术可以充分吸收国外先进的设计制造成果，使我国的产品设计立于更高的起点，同时加速某些产品的国产化速度。

（4）某些大型设备，如航空发动机、汽轮机组等常会因为某一零部件的损坏而停止运行，通过逆向工程手段，可以快速生产这些零部件的替代件，从而提高设备的利用率和使用寿命。

（5）借助于层析 X 射线摄影法（CT 技术），逆向工程不仅可以产生物体的外形形态，而且可以快速发现，度量，定位物体的内部缺陷，从而成为工业产品无损探伤的重要手段。

（6）利用逆向工程手段，可以方便地产生基于模型的计算机视觉。

（7）通过实物模型产生其 CAD 模型，可以使产品设计充分利用 CAD 技术的优势，并适应智能化、集成化的产品设计制造过程中的信息交换。

6.7.3　逆向工程测量系统

在产品开发过程中，以逆向工程方式处理的产品往往具有不易掌握的特征，这包括外观上曲面的造型与结构上各种机构的位置。也就是说,该产品数字数据不是以直接绘制的方式就可获得的。因此,逆向工程的第一任务就是如何取得工程人员所需的点数据,以用于后续的模型建构。点数据的测量技术包括以下几方面。

1. 测量方式

逆向工程所需的测量按其特征及应用,一般分为三大类:接触式测量、非接触式测量和逐层扫描测量。

1) 接触式测量方法

接触式测量包括三坐标测量机法和电磁数字法。

(1) 三坐标测量机(CMM)方法

三坐标测量机是目前实现自由曲面逆向工程的最常用工具,测头是其关键部件之一。接触式测头包括硬测头和软测头,而软测头又可分为开关发讯测头和扫描式测微测头。扫描测头无论从精度上还是速度上都优于发讯测头,使 CMM 技术提高到一个新的水平。

(2) 电磁数字化法

该方法是将被测物体置于由磁场包围的工作台上,手持触针在物体表面运动,通过触针上的传感器检测触针位置,属复杂曲面接触式数字化方法。其优点是比 CMM 造价低,但仅能测量非金属物体。

接触式测量有以下优点:① 有较高的准确性和可靠性;② 探头直接接触工件表面,故与工件表面的反射特征、颜色及曲率关系不大;③ 被测物体固定在三坐标测量机上,并配合测量软件,可快速准确地测量出物体的基本几何形状,如面、圆、圆柱、圆锥、圆球等。

接触式测量有以下缺点:① 为了确定测量基准点而使用特殊的夹具,会导致较高的测量费用;② 球形的探头易因接触力造成磨损,所以为了保持一定的精度,需要经常校正探头的直径;③ 不当的操作容易损害工件某些重要部位的表面精度,也会使探头损坏;④ 接触式触发探头是以逐点进出方式进行测量的,所以测量速度慢;⑤ 检测一些内部元件有先天的限制,如测量内圆直径,触发探头的直径必定要小于被测内圆直径;⑥ 对三维曲面的测量,因传统接触触发式探头是感应元件,测量到的点是探头的球心位置,故欲求得物体真实外形则需要对探头半径进行补偿,因此可能会导致修正误差的问题;⑦ 接触探头在测量时,接触探头的力将使探头尖端部分与被测件之间发生局部变形而影响测量值的实际读数;⑧ 由于探头触发机构的惯性及时间延迟而使探头产生超越现象,趋近速度会产生动态误差。

2) 非接触式测量方法

近年来,随着计算机机器视觉这一新兴学科的兴起和发展,用非接触的光电方法对曲面的三维形貌进行快速测量已成为大趋势。这种非接触式测量不仅避免了接触测量中需要对测头半径加以补偿所带来的麻烦,而且可以实现对各类表面进行高速三维扫描。

目前,非接触式三维测量方法很多,常用的有激光扫描测量、结构光扫描测量和工业 CT 等。大体上可以分为两大类:一类是二维分析法,包括遮挡阴影法、莫尔条纹法、聚焦法、光度法等;另一类是三维模型法,包括飞行时间距离探测法、被动三角法和主动三角法。

非接触式测量的主要优点是:不必做探头半径补偿,因此激光光点位置就是工件表面的位置;测量速度非常快,不必像接触触发探头那样逐点进出测量;软工件、薄工件、不可接触的高精密工件都可直接测量。

非接触式测量的主要缺点是:测量精度较差,因非接触式探头大多使用光敏位置探测器 PSD 来检测光点位置,目前的 PSD 的精度不够,约为 20 μm 以上;因非接触式探头大多是接收工件表面的反射光或散射光,易受工件表面的反射特征的影响,如颜色、斜率等;PSD 易受环境光线及杂散光影响,故噪声较高,噪声信号的处理比较困难;非接触式测量只做工件轮廓坐标点的大量取样,对边线处理、凹孔处理以及不连续形状的处理较困难;使用 CCD 作探测器时,成像镜头的焦距会影响测量精度,因工件几何外形变化大时成像会失焦,成像模糊;工件表面的粗糙度会影响测量结果。

3) 逐层扫描测量方法

以上介绍的两类测量方法有一个致命的缺陷,即无法测量物体的内部轮廓,因而就发展出了能够测量物体内部结构的测量方法。

(1) 工业 CT 和核磁共振扫描法

日本的 Nakai 和 Mulatani 提出用 CT 和核磁共振扫描数据重构三维数据的算法。逐层扫描的特点是可以对零件的表面和内部结构进行精确测量,不受被测物体复杂程度的限制,且测量数据密集、完整;测量结果包括了零件的拓扑结构。但是,利用 CT 扫描法获取数据的精度较低,目前的最小层厚达到 1 mm,而在这种精度下无法做出实用的机械零件。此外,CT 和核磁共振的成本高,对运行环境的要求也高,可测零件的尺寸和材料也受到限制。

(2) 自动断层扫描技术

美国 CGI 公司开发了自动断层扫描技术,它采用材料逐层去除与逐层激光扫描相结合的方法,快速、自动、准确地测量零件表面和内部尺寸。它的片层厚度最小可达 0.01 mm,测量精度为 0.02 mm,与工业 CT 相比,价格便宜 70%～80%,而测量精度却高得多,且实现了全自动操作。但是,它采用破坏性测量,对于贵重零件不宜采用,另外测量速度较慢。

可以说,到现在为止,还没有找到一种完全适用于各种型面的快速、精确的逆向测量方法。随着计算机及光电技术的发展,以计算机图像处理为主要手段的非接触式测量技术,将投影光栅法和激光三角形法用于逆向工程技术正在迅速发展。表 6-2 中比较了主要的三维扫描方法的特点。

表 6-2 主要三维扫描方法的特点

	精度	速度	可否测内轮廓	形状限制	材料限制	扫描效果	成本
三坐标测量仪法	高	慢	否	无	无	采集点较少	高
投影光栅法	较低	快	否	表面变化不能过陡	无	采集点较多	低
激光三角形法	较高	快	否	表面不能过于光滑	无	采集点最多	较高
ICT 法	低	较慢	能	无	有	采集点较少	很高

2. 非接触式测量原理及技术

非接触式测量一般是基于三角法测量原理,可分为点测量、线测量及面测量三种,如图6-12所示。非接触式探头一般用于不规则曲面的测量。

激光三角法面形测量的基本原理是利用激光在被测物表面投射一光条,由于被测表面起伏和曲率变化,投射的光条随此轮廓位置起伏而曲率变形,由 CCD 摄像机摄取光束影像,这样就可

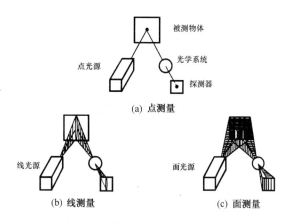

图 6-12 非接触式三角法测量原理

由激光束的发射角度和激光束在 CCD 内成像位置,通过三角几何关系获得被测点的距离或位置坐标等数据。其原理如图 6-13 所示,其中点 $P(x,y,z)$ 为被测物体表面上某一点,P' 为 P 在 CCD 摄像机中的成像点,其在以镜头中心为原点的坐标系中的坐标为 (u,v),f 为摄像机的焦距,b 为光源中心与摄像机中心的距离,θ 是被测点与光源中心形成的直线和 x 轴的夹角。

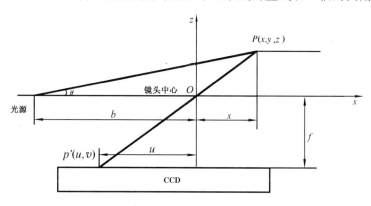

图 6-13 三角测量法

一般而言,b、f 与 θ 为系统的参数,必须经过认真标定来获得,u 与 v 为 CCD 摄像机敏感面上成像点的像素坐标值。

因三角测量法具有使用方便、运算速度快等优点,所以它是目前应用最广泛而且最为普遍的测量技术之一。但三角测量法在应用上有许多定位参数要求,在测量设备上标定非常繁琐而且费时,实测时若系统中某项参数无法正确得到,将使测量数据产生误差。另外,当测量设备有微小变动时,系统中每项参数必须重新标定,所以其弹性很差,这些是三角测量法的缺点。

德国 GOM 公司推出的以 CCD 摄像机为基础的光学三维测量系统 ATOS(图 6-14)。其扫描头中间采用普通白炽灯作为光源,两端是 CCD 摄像机。它结合了上述三角测量原理和编码扫描方式,采用的是另一种非接触式测量方法——投影光栅法。其扫描精度可达到 0.03 mm/帧,整体精度达到 0.1 mm/m。这也是非接触测量的典型代表,近年来得到了广泛的应用。

图 6-14   ATOS 扫描仪测量头

测量进行时,ATOS 将投影单元的编码光栅影像投影到物体表面,如图 6-15 所示,此时光栅影像受到被测样件表面高度的调制,光栅影线发生变形,同时从不同的角度被两个 CCD 数码相机摄取,基于三角测量原理,经过数字图形处理后,大约 400 000 个像素点的 3D 坐标值被独立而精确地计算出来。

视觉测量中使用的 CCD(charge coupled device)是一种数组式的光电耦合检像器,称为"电荷耦合器件",在摄取图像时,有类似传统相机底片的感光作用。图像摄取是利用摄像机(CCD camera)将任何视频信号转换成模拟的RS-170 信号,经过信号线的传输送到插在计算机的图像处理卡上,图像卡会把模拟信号转换成数字信号,并储存

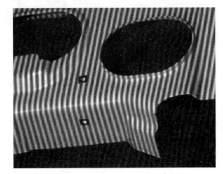

图 6-15   ATOS 投影光栅

在图像卡的内存中,同时图像卡也会再输出模拟的信号到监视器上(monitor)。将摄像机所摄取的图像按像素做图像处理,便可以转换成三维轮廓图像。图像数字化之后,从计算机上所得到的图像数据是由多个像素点组成的,每个像素点都有其特定的坐标且对应物体上的一个点。

6.7.4   逆向工程后处理

在逆向工程中,曲面模型重建是最重要最繁杂的一环,因为最后要完成模型的加工,需要的是平滑的曲面模型或是由良好的点云所产生的三角网络,所以点数据的处理、曲面的构建方式以及编辑与分析功能的健全,是逆向工程曲面模型重建相当重要的一部分。

1. 点云预处理

1)数据平滑

由于实际测量过程中受到各种人为或随机因素的影响,使测量结果包含噪声,为了降低或消除噪声对建模质量的影响,有必要对测量的点云进行平滑滤波。数据平滑通常采用标准高斯平均或中值滤波算法。在实际使用时,可根据点云质量和后序建模要求灵活选择滤波算法。

2)数据精简

对于高密度点云,由于存在大量的冗余数据,有时需要按一定要求减少测量点的数量。不同类型的点云可采用不同的精简方式,散乱点云可通过随机采样的方法精简,对于扫描线点云和多边形点云可采用等间距缩减、倍率缩减、等量缩减、弦偏差等方法,网格化点云可采用等分布密度法和最小包围区域法进行数据缩减。数据精减操作只是简单地对原始点云中的点进行删减,不产生新点。

3）数据分块和数据融合

分区域构造曲面片并将这些曲面片按一定的边界条件连接起来是利用测量建模的基本技术。因此，分块和融合是对点云进行的基本操作之一，可通过自动或人工干涉的可视化交互方式进行。人工干涉方式下，数据分块和融合取决于操作者对后续建模方法的理解和实际操作经验。

4）坐标变换

由测量系统获得测点坐标是在测量坐标系中的值，在曲线曲面建构中，为了直观方便，通常希望点云数据是物空间坐标系中的值，故涉及测量坐标系与物空间坐标系的坐标转换问题，其中关键是指定物空间坐标系。在指定了物空间坐标系后，通过一系列的坐标组合变换就能把被测物体上点的测量坐标转换为物空间坐标。

5）数据派生与重组

这种操作的目的是为了获得不同形态及密度的新点云，如按比例缩放点云，按要求的偏置量产生新的等距点云，将点云向某指定面投影产生二维投影点云，或进行网格化处理，将其他形式的原始点云转化为网格化点云等。

6）特征提取

可根据给定的曲率变化梯度门限，寻找点云中的边界、棱边、坑孔等突变特征，用于后续建模时的区域划分。

7）排序及矢量化

将原始测量点云按一定规则排序，使之在存储上具有方向性，这种排序规则被赋予了特定的几何或拓扑意义。例如多边形点云经排序和矢量化后，可根据排序方向来判断轮廓的内外关系。

2. 曲面建构与分析

在逆向工程软件中，曲面通常有两种建构方式：利用点数据建构和利用曲线建构。利用曲线建构曲面的方式与一般的 CAD 系统相似，如 loft, sweep, through curve, through curve mesh 等。在建构逆向工程曲面时，有下列几点需要注意的事项：

（1）在模型建立初期，应对模型整体的建构有一初步规划。如果允许的话，甚至可以用铅笔在模型上直接勾勒出曲面与曲面的间隔，如能用尺等简易测量工具，也可以将模型的一些简单几何要素找出来，作为后续曲面建构与模型基准的参考。

（2）必须了解客户对精度与平滑度之间取舍的允许度。一般来说，在可允许的精度误差上，客户会舍弃精度取平滑度。

（3）工程师必须对后处理的过程有全盘的了解。由于各种不同的曲面建构，不同的软件以及后续的加工等，都可能造成不同的结果，所以工程师必须了解后续的运作过程，以控制允许的误差。

（4）曲面的建构应尽可能简单。简单的曲面有利于后续的编辑，也较容易建构出高平滑度的模型。

（5）在曲面编辑之前，如能利用软件的分析功能，来充分掌握各建构曲面的精度与控制点，则建构出高质量曲面的可能性较大。

曲面建构除了需熟悉所使用的软件外，还需要时间来积累经验。

3. 曲面的阶数与连续性

曲面的连续性大致可分为位置连续、切线连续与曲率连续。一般来说，切线连续已能符合大多数工业上的要求。曲率连续则是属于较特殊的产品，如镜面、车灯等。

C^0 称为零阶或位置连续,表示曲面或曲线间仅有边界上相接的关系。这种相接的关系可能形成一个尖锐的边界。

C^1 称为一阶或切线连续,表示曲面或曲线间的连续处有相同的切线角度。切线连续已能符合大多数工业上的需求。

C^2 称为二阶或曲率连续,表示曲面或曲线的连续处有相同的曲率。曲率连续的曲面较不容易建构,一般用于镜面、车灯等特殊产品。

4. 基本几何曲面的建构

在逆向工程中,由于测出来的点数据坐标可能没有固定,所以用点数据建构基本几何要素(fit primitive)的功能就显得相当重要,利用这些基本几何要素,可以很方便地找到平面、模型的孔位、定位用的基准等。要注意的是,随点测量系统的不同,测出来的精度也有差异,fit primitive功能最好要配合软件的分析功能,有些软件在 fit primitive 功能执行后,会自动分析并显示基本几何信息,如尺寸、位置等,以供工程师作适度的调整,求得最佳的结果。

5. 利用点数据拟合出自由曲面

利用点数据拟合自由曲面是利用点群以类似投影的方式建构曲面,这个功能可用于建构区域性的大曲面,通常建构出来的曲面会大于点群,后续可利用曲面延伸与修剪等编辑工具。在使用此功能之前,应注意下列事项:

(1)在执行本功能之前,需先将点数据做区分。也就是说,工程师必须先对部分所要建构曲面的点数据独立切割出来,以便程序对独立点数据做运算。

(2)一般来说,此功能对变化较小或渐进变化的点群有较好的效果。也就是说,此功能适用于平滑的点云。如果有必要的话,在适用此功能之前应对点数据做噪声滤除与平滑化处理,并注意误差变化。

(3)遵循曲面简单化原则,尽可能以较小的控制点来建构曲面,其参数应从三阶 10 个控制点开始,视情况增加,在一般情况下三阶曲面已足够满足要求。部分软件会提供较细致的参数控制,如 tension、weigth、tolerance 等。

6. 利用点数据与边界曲线建构曲面

利用点数据与边界曲线建构的曲面是逆向工程特有的曲面,是建构方法中最快速的一种,与 fit primitive 功能的不同点是它有较精确的边界控制,利用这种拟合点数据建构前面的方式,可以很快地将自由造型的曲面建构出来,如玩具、面具以及曲面变化较不规则的模型等。

工程师在用此功能建构曲面时,应考虑以下几点:

(1)必须用 4 条连接的曲线来形成曲面建构的边界。

(2)需注意边界曲线的平滑度,否则有扭曲现象等。

(3)对于区域内的点数据应先做好噪声滤除与平滑化处理,并注意误差变化。

(4)遵循曲面简单化原则,尽可能用较少的控制点来建构曲面,其参数应从三阶 10 个控制点开始,视情况增加,在一般状况下三阶曲面已满足要求。

(5)建构了区块状的曲面后,需将曲面与曲面做边界连续性的编辑,此时相邻的曲面间有相同的曲面参数者连续性较好。

7. 其他曲面建构工具

除了上述以 fit 点数据为主的曲面建构方式外,逆向工程软件也有一般 CAD 软件的曲面建构工具,如 loft、sweep、through curve mesh 等,其前提是要有建构的曲线,因此要利用这些功能,必须要先将曲线做好规划与建构。

以 loft surface 来说,即使已使用面线功能切出多条截面线,还是应尽量用较少的曲线将曲面表达出来,并利用曲面分析工具控制与点数据的误差。

8. 曲面编辑

逆向工程软件中的曲面编辑工具与一般 CAD 软件相似,功能是否充足视各家产品不同而有所差异。主要有曲面延伸、曲面修剪、曲面参数重新定义等,较高级的则会提供拖动曲面控制点编辑曲面的工具,或曲面平滑化、曲面贴合点数据等。

6.7.5 快速原型数据后处理实例

本例介绍了一个快速原型如何进行点处理,曲线曲面重建编辑和分析获得三维数据的完整过程。本例中原型的点数据是通过德国 GOM 公司的 ATOS 扫描仪获得的。如图 6-16 所示,点数据中点的个数为 12 692,且点是根据点的曲率分布的,能清楚地表达出原型的特征。本原型的后处理的软件为 Surface,其后处理的过程为:

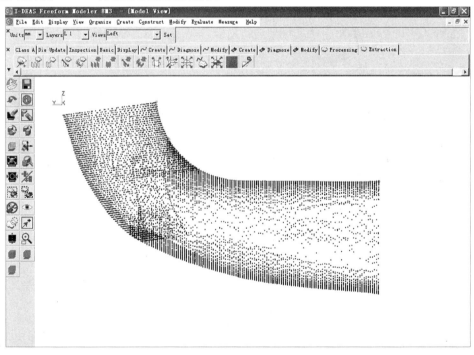

图 6-16 点数据

(1) 用 Curve Aligned Cross Sections 命令作点数据的截面线,所得截面线如图 6-17 所示。

(2) 根据所得的截面线使用 Uniform Curve 命令创建曲线,并用 Curve-Cloud Difference 命令检查和分析所得的曲线是否满足点数据的要求,若不满足,提高创建曲线的参数(控制点或阶数),直到达到要求。再使用 Modify/Direction/Change Curve Start Point 命令将所有曲线的方向改成一致,使用 Clean Curve 命令删除多余的控制点,最后使用 Reparametrize Curve 命令将曲线的控制点分布一致。结果如图 6-18 所示。

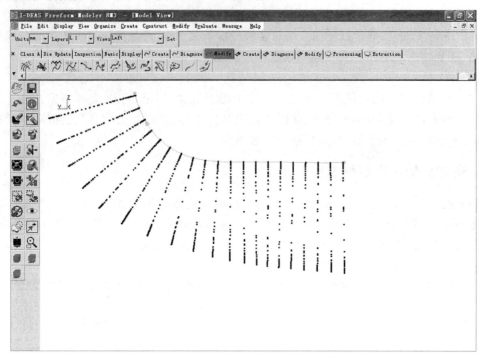

图 6-17　点数据的截面线

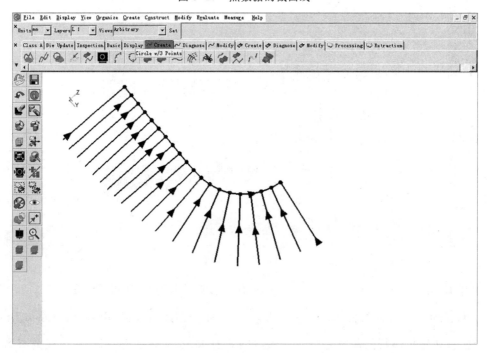

图 6-18　创建的曲线

（3）使用 Loft Curves 命令，通过所建的曲线创建曲面，如图 6-19 所示。

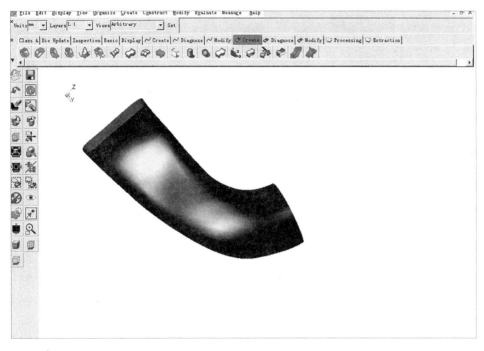

图 6-19 创建的曲面

（4）使用 Surface-Cloud Difference 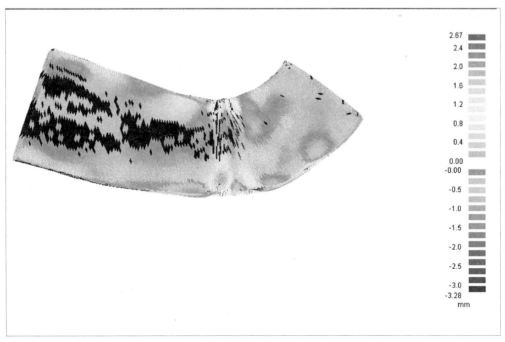命令检查创建的曲面，确保曲面达到所要求的精度和光顺，若不满足，则通过提高创建曲面的参数重新创建曲面，或者通过编辑此曲面使其达到精度要求，如图 6-20 所示。

图 6-20 曲面与点数据分析

思考题与习题

1. RP 技术的特点有哪些? 为什么说它有较强的适应性和柔性?

2. RP 技术与传统的受迫成形和去除成形有什么不同?

3. SLA 技术是基于什么原理工作的,其制造精度如何,制造时是否要支撑?

4. LOM 的工作原理是什么,是否属于先进的 RP 技术?

5. SLS 可利用什么材料成形,是否需要支撑?

6. FDM 是利用什么方法成形的,为何可直接用于熔模铸造?

7. 3D-P 与 SLS 技术的异同点是什么,为什么称其为三维印刷?

8. 为什么说 SDM 是去除加工与分层堆积加工相结合的新型 RP 工艺?

9. 为什么逆向工程能快速进行产品开发和设计?

10. 逆向工程和测绘制造有什么异同点?

11. 采用逆向工程进行产品设计和开发怎样来保护原型的知识产权?

12. 目前哪种数据采集方法质量最高,速度又最快?

13. 根据你学过的快速成形原理,阐述快速成形系统的发展方向。

第7章

零件的毛坯选择

材料的成形过程是机械制造的重要工艺过程。机器制造中,大部分零件是先通过铸造成形、锻压成形、焊接成形或非金属材料成形方法制得毛坯,再经过切削加工制成的。毛坯的选择对机械制造质量、成本、使用性能和产品形象有重要的影响,是机械设计和制造中的关键环节之一。

通常,零件的材料一旦确定,其毛坯成形方法也大致确定了。例如,零件采用 ZL202、HT200、QT600-2 等,显然其毛坯应选用铸造成形;齿轮零件采用 45 钢、LD7 等,常采用锻压成形;零件采用 Q235、08 钢等板、带材,则一般选用切割、冲压或焊接成形;零件采用塑料,则选用合适的塑料成形方法;零件采用陶瓷,则应选用陶瓷成形方法。反之,在选择毛坯成形方法时,除了考虑零件结构工艺性之外,还要考虑材料的工艺性能能否符合要求。

7.1 毛坯选择的原则

毛坯选择的原则,应在满足使用要求的前提下,尽可能地降低生产成本,使产品在市场上具有竞争能力。

1. 工艺性原则

零件的使用要求决定了毛坯形状特点,各种不同的使用要求和形状特点,形成了相应的毛坯成形工艺要求。零件的使用要求具体体现在对其形状、尺寸、加工精度、表面粗糙度等外部质量和对其化学成分、金属组织、力学性能、物理性能和化学性能等内部质量的要求上。对于不同零件的使用要求,必须考虑零件材料的工艺特性(如铸造性、锻造性、焊接性等)来确定采用何种毛坯成形方法。例如,不能采用锻压成形的方法和避免采用焊接成形的方法来制造灰铸铁零件;避免采用铸造成形方法制造流动性较差的薄壁毛坯;不能采用普通压力铸造的方法成形致密度要求较高或铸后需热处理的毛坯;不能采用锤上模锻的方法锻造铜合金等再结晶速度较低的材料;不能用埋弧自动焊焊接仰焊位置的焊缝;不能采用电阻焊方法焊接铜合金构件;不能采用电渣焊焊接薄壁构件,等等。选择毛坯成形方法的同时,也要兼顾后续机加工的可加工性。例如,对于切削加工余量较大的毛坯就不能采用普通压力铸造成形,否则将暴露铸件表皮下的孔洞;对于需要切削加工的毛坯尽量避免采用高牌号珠光体球墨铸铁和薄壁灰铸铁,否则难以切削加工。一些结构复杂,难以采用单种成形方法成形的毛坯,既要考虑各种成形方案结合的可能性,也需考虑这些结合是否会影响机械加工的可加工性。

2. 适应性原则

在毛坯成形方案的选择中,还要考虑适应性原则。即根据零件的结构形状、外形尺寸和工作条件要求,选择适应的毛坯方案。

例如,对于阶梯轴类零件,当各台阶直径相差不大时,可用棒料;若相差较大,则宜采用锻造毛坯。

形状复杂和薄壁的毛坯,一般不应采用金属型铸造;尺寸较大的毛坯,通常不采用模锻、压力铸造和熔模铸造,多数采用自由锻、砂型铸造和焊接等方法制坯。

零件的工作条件不同,选择的毛坯类型也不同。如机床主轴和手柄都是轴类零件,但主轴是机床的关键零件,尺寸形状和加工精度要求很高,受力复杂且在长期使用过程中只允许发生很微小的变形,因此要选用具有良好综合力学性能的 45 钢或 40Cr 钢,经锻造制坯及严格切削加工和热处理制成;而机床手柄则采用低碳钢圆棒料或普通灰铸铁件为毛坯,经简单的切削加工即可完成,不需要热处理。再如,内燃机曲轴在工作过程中承受很大的拉伸、弯曲和扭转应力,应具有良好的综合力学性能,故高速大功率内燃机曲轴一般采用强度和韧性较好的合金结构钢锻造成形,功率较小时可采用球墨铸铁铸造成形或用中碳钢锻造成形。对于受力不大且为圆形曲面的直轴,可采用圆钢下料直接切削加工成形。

3. 生产条件兼顾原则

毛坯的成形方案要根据现场生产条件选择。现场生产条件主要包括现场毛坯制造的实际工艺水平、设备状况以及外协的可能性和经济性,但同时也要考虑因生产发展而采用较先进的毛坯制造方法。

为此,毛坯选择时,应分析本企业现有的生产条件,如设备能力和员工技术水平,尽量利用现有生产条件完成毛坯制造任务。若现有生产条件难以满足要求时,则应考虑改变零件材料和(或)毛坯成形方法,也可通过外协加工或外购解决。

4. 经济性原则

经济性原则就是使零件的制造材料费、能耗费、工资费用等成本最低。在选择坯件的类型和具体的制造方法时,应在满足零件使用要求的前提下,把几个预选方案作经济性比较,从中选出整体生产成本低廉的方案。一般,选择毛坯的种类和制造方法时,应使毛坯尺寸、形状尽量与成品零件相近,从而减少加工余量,提高材料的利用率,减少机械加工工作量,但是毛坯越精确,制造就越困难,费用也越高。因此,生产批量大时,应采用精度高、生产率高的毛坯制造方法,这时虽然一次投资较大,但增大的毛坯制造费用可由减少的材料消耗及机械加工费用得到补偿。一般的规律是,单件小批生产时,可采用手工砂型铸造、自由锻造、手工电弧焊、钣金钳工等成形方法,在批量生产时可采用机器造型、模锻、埋弧自动焊或其他自动焊接方法和板料冲压等成形方法制造毛坯。

5. 可持续性发展原则

环境恶化和能源枯竭已是 21 世纪人类必须解决的重大问题,在发展工业生产的同时,必须考虑环保和节能问题,不能干圈一块厂房、毁一片山林的蠢事。在工艺流程设计中应考虑可持续发展的原则,应保护子孙后代的生存环境。必须做到:

(1)尽量减少能源消耗,在制定工艺流程中应考虑选择能耗小的成形方案,并尽量选用低能耗成形方法的材料,合理进行工艺设计,尽量采用近净成形、净终成形的新工艺。

（2）不使用对环境有害和会产生对环境有害物质的材料,采用加工废弃物少、容易再生处理、能够实现回收利用的材料。

（3）少用或不用煤、石油等直接作为加热燃料,避免排出大量 CO_2 气体,导致地球温度升高。

7.2 常用毛坯成形方法的比较

常用的毛坯成形方法有铸造、锻造、粉末冶金、冲压、焊接、非金属材料成形和快速成形等。

1. 铸造

铸造是液态金属充填型腔后凝固成形的成形方法,要求熔融金属流动性好、收缩性好,铸造材料利用率高,适用于制造各种尺寸和批量且形状复杂尤其具有复杂内腔的零件,如支座、壳体、箱体、机床床身等。手工砂型铸造是单件、小批生产铸件的常用方法;大批量生产常采用机器造型;特种铸造常用于生产特殊要求或有色金属铸件。

2. 锻造

锻造是固态金属在压力下塑性变形的成形方法,要求金属的塑性较好、变形抗力小。锻造方法适用于制造受力较大、组织致密、质量均匀的锻件,如转轴、齿轮、曲轴和叉杆等。自由锻锻造工装简单、准备周期短,但产品形状简单,是单件生产和大型锻件的唯一锻造方法;胎模锻是在自由锻设备上采用胎模进行锻造的方法,可锻造较为复杂、中小批量的中小型锻件;模锻的锻件可较复杂,材料利用率和生产率远高于自由锻,但只能锻造批量较大的中小型锻件。

3. 粉末冶金

粉末冶金是通过成形、烧结等工序,利用金属粉末和(或)非金属粉末间的原子扩散、机械契合、再结晶等获得零件或毛坯的。要求粉料的流动性好,压缩性大。粉末冶金材料利用率和生产率高,制品精度高,适合于制造有特殊性能要求的材料和形状较复杂的中、小型零件。如制造减摩材料、结构材料、摩擦材料、硬质合金、难熔金属材料、特殊电磁性材料、过滤材料等板、带、棒、管、丝各种型材,以及齿轮、链轮、棘轮、轴套类等各种零件;可以制造质量仅百分之几克的小制品,也可制造近 2 t 重的大型坯料。

4. 冲压

冲压是借助冲模使金属产生分离或变形的成形方法,要求金属塑性成形时塑性好、变形抗力小。冲压可获得各种尺寸且形状较为复杂的零件,材料利用率和生产率高。冲压广泛应用于汽车、仪表行业,是大批量制造质量轻、刚度好的零件和形状复杂的壳体的首选成形方法。

5. 焊接

焊接是通过加热和(或)加压使被焊材料产生共同熔池或塑性变形或原子扩散而实现连接的,要求材料在焊接时的淬硬倾向以及产生裂纹和气孔等缺陷的倾向较小。焊接可获得各种尺寸且形状较复杂的零件,材料利用率高,采用自动化焊接可达到很高的生产率,适用于形状复杂或大型构件的连接成形,也可用于异种材料的连接和零件的修补。

6. 塑料成形

塑料成形可在较低的温度下(一般在 400 ℃以下)采用注射、挤出、模压、浇注、烧结、真空成形、吹塑等方法制成制品。由于塑料的原料来源丰富易得,制取方便,成形加工简单,可以较方便地实现近净成形、净终成形,成本低廉,性能优良,所以塑料在国民经济中得到广泛的应用。

7. 陶瓷成形

陶瓷成形通常采用注浆成形法、可塑成形法、模压成形法等。陶瓷的密度低,比重只有钢的1/3,弹性模量高,缺口敏感性小,耐高温,膨胀系数低,硬度高,摩擦系数较低,热稳定性和化学稳定性好,电性能好,属耐高温耐腐蚀绝缘材料。陶瓷成形的特点是在制备过程中需经过高温处理,其制备工艺路线长,加工和质量控制难度大。因此,先进陶瓷制品的成本较高。

8. 复合材料成形

复合材料是由基体材料和增强材料复合而成的一类多相材料。复合材料保留了组成材料的各自的优点,获得单一材料无法具备的优良综合性能。它的成形特征是材料与结构一次成形,即在形成复合材料的同时也就得到了结构件。这一特点使构件的零件数目减少,整体化程度提高;同时由于减少甚至取消了接头,避免或减少了铆、焊等工艺从而减轻了构件质量,改善并提高了构件的耐疲劳性和稳定性。由于复合材料成形和结构成形是一次完成的,因此其成形的关键是在成形过程中既要保证零件的外部公差,又要保证零件的内部质量。

常用的材料成形方法比较见表7-1。

表7-1 常用的材料成形方法比较

成形方法	成形特点	对材料的工艺要求	制件特征		材料利用率	生产率	主要应用
			尺寸	结构			
铸造	液态金属填充型腔	流动性好,集中缩孔	各种	可复杂	较高	低~高	型腔较复杂,尤其是内腔复杂的制件,如箱体、壳体、床身、支座等
自由锻			各种	简单	较低	低	传动轴、齿轮坯、炮筒等
模锻	固态金属塑性变形	变形抗力较小,塑性较好	中小件	可较复杂	较高	较高或高	受力较大或较复杂且形状较复杂的制件,如齿轮、阀体、叉杆、曲轴等
冲压			各种	可较复杂	较高	较高或高	质量小且刚度好的零件以及形状较复杂的壳体,如箱体、罩壳、汽车覆盖件、仪表板、容器等
粉末冶金	粉末间原子扩散、再结晶,有时重结晶	粉末流动性较好,压缩性较大	中小件	可较复杂	高	较高	精密零件或特殊性能的制品,如轴承、金刚石工具、硬质合金、活塞环、齿轮等
焊接	通过金属熔池液态凝固,或塑性变形或原子扩散实现连接	淬硬、裂纹、气孔等倾向较小	各种	可复杂	较高	低~高	形状复杂或大型构件的连接成形、异种材料间的连接、零件的修补等
塑料成形	采用注射、挤出、模压、浇注、烧结、真空成形、吹塑等方法制成制品	流动性好,收缩性、吸水性、热敏性小	各种	可复杂	较高	较高或高	一般结构零件、一般耐磨传动零件、减摩自润滑零件、耐腐蚀零件等。如化工管道、仪表壳罩等
陶瓷成形	陶瓷材料通过制粉、配料、成形、高温烧结获得制品	坯体结构均匀并有一定的致密度	中小件	可较复杂	较高	低~较高	高硬度,耐高温、耐腐蚀绝缘零件,如刀具、高温轴承、泵、阀

续表

成形方法	成形特点	对材料的工艺要求	制件特征		材料利用率	生产率	主要应用
			尺寸	结构			
复合材料成形	基体材料和增强材料复合而成的一类多相材料,材料与结构一次成形	纤维有高强度和刚度,有合理的含量、尺寸和分布;基体有一定的塑性、韧性	各种	可复杂	较高	低~较高	高比强度、比模量,化学稳定性和电性能好,如船、艇、车身及配件、管道、阀门、储罐、高压气瓶等
快速成形	通过离散获得堆积的路径和方式,通过堆积材料叠加起来成形三维实体	有利于快速精确地加工原型零件;当原形直接用作制件、模具时,原型的力学性能和物理化学性能要满足使用要求;当原形间接使用时,其性能要有利于后续处理工艺	各种	可复杂	高	单件成形速度快	产品设计、方案论证、产品展示、工业造型、模具、家用电器、汽车、航空航天、军事装备、材料、工程、医疗器具、人体器官模型、生物材料组织等

7.3 常用零件的成形方法

常用零件的成形方法可根据零件形状进行分类选择。

7.3.1 轴杆类零件

轴杆类零件的轴向尺寸远大于径向尺寸,主要有各种实心轴、空心轴、曲轴、杆件等。轴杆类零件主要作为传动元件或受力元件,除光轴外,一般大多为锻件毛坯,断面直径相差越大的阶梯轴或有部分异型断面的轴,采用锻件毛坯越有利。如发动机曲轴、连杆、汽车前梁等都采用锻件毛坯。

对光轴、直径变化较小的轴和力学性能要求不高的轴,一般采用轧制圆钢作为毛坯进行机械加工制造。

对于锻造轴,受力较小时采用中碳钢(如 30~50 中碳钢)制造,承载较大时采用中碳合金钢(如 40Cr、40CrNi 等)制造并调质处理;受较大冲击且承受摩擦时采用渗氮钢(38CrMoAl 等)制造且渗氮处理,或采用渗碳钢(如 20Cr、20CrMnTi 等)制造并渗碳、淬火处理。

某些具有异形截面或弯曲轴线的轴,如凸轮轴、曲轴等,采用铸钢(如 ZG270-500 等),在满足使用要求的前提下,也可采用球墨铸铁毛坯(如 QT450-10 等),以铁代钢,降低制造成本。

对于一些大型构件、特殊性能要求的轴、杆类零件的毛坯等,还可采用锻造+焊接或铸造+焊接的工艺完成。如图 7-1 所示的汽车排气阀,将锻造的耐热合金钢阀帽与轧制的碳素结构钢阀杆焊成一体,节约了合金钢材料。图 7-2 所示的 120 000 kN 水压机立柱,长 18 m,净重 80 t,采用 ZG270-500 分 6 段铸造,粗加工后采用电渣焊焊成整体毛坯。

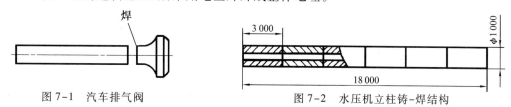

图 7-1　汽车排气阀　　　　　　图 7-2　水压机立柱铸-焊结构

7.3.2　盘套类零件

盘套类零件的轴向尺寸远小于径向尺寸,或者两个方向的尺寸相差不大,如图 7-3 所示。如各种齿轮、带轮、飞轮、套环、轴承环以及螺母、垫圈等。盘套类零件的用途和工作条件差异很大,故材料和成形方法也有很大的差别。

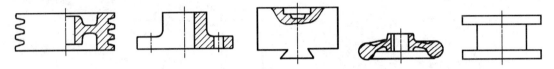

图 7-3　盘套类零件

1. 齿轮

齿轮作为重要的机械传动零件,工作时齿面承受接触压应力和摩擦力,齿根承受弯曲应力,有时还要承受冲击力,故轮齿须有较高的强度和韧性,齿面须有较高的硬度和耐磨性。受力小的仪表齿轮在大批生产时,可采用板料冲压和非铁合金(如 ZL202)压铸成形,也可用塑料(如尼龙)注射成形。在低速且受力不大或在多粉尘工作环境下的齿轮,可用灰铸铁(如 HT200)铸造成形。低速、轻载齿轮常用 45、50Mn2、40Cr 等中碳结构钢,经正火或调质提高综合力学性能。高速、重载齿轮常采用 20CrMnTi、20CrMo 等合金结构钢制造且齿部经渗碳、淬火处理,也可采用 38CrMoAl 等渗氮钢制造且齿部经渗氮处理,从而获得良好的内韧外硬的性能。大批量生产齿轮时可采用热轧或精密模锻的方法生产齿轮毛坯,以提高齿轮的力学性能。单件或小批量生产时,直径 100 mm 以下的形状简单的小齿轮可用圆钢为毛坯(图 7-4a)。直径大于 400～500 mm 的大型齿轮,锻造比较困难,可用铸钢或球墨铸铁件为毛坯,铸造齿轮一般以辐条结构(图 7-4c)代替模锻齿轮的辐板结构(图 7-4b),在单件生产下,也可采用焊接方式制造大型齿轮的毛坯(图 7-4d)。

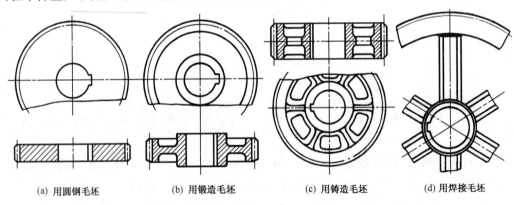

(a) 用圆钢毛坯　　　(b) 用锻造毛坯　　　(c) 用铸造毛坯　　　(d) 用焊接毛坯

图 7-4　不同类型的齿轮(毛坯)

2. 带轮、飞轮、手轮等

这类零件受力不大或仅承受压力,通常可采用灰铸铁、球墨铸铁等材料铸造成形;单件生产时,也可采用 Q215、Q235 等低碳钢型材焊接成形。

3. 法兰、垫圈等

可根据其受力情况及零件形状,分别采用铸铁件、锻件或冲压件为毛坯。

4. 模具

热锻模要求高强度、高韧性,常用 5CrMnMo、5CrNiMo 等合金工具钢制造并经淬火和高温回火处理。冲模要求高硬度、高耐磨性,常用 Cr12、Cr12MoV 等合金工具钢制造并经淬火和低温回火处理。模具的成形方法通常采用锻造。

7.3.3 机架、箱体类零件

机架、箱体类零件包括各种机械的床身、底座、支架、横梁、工作台、齿轮箱、轴承座、阀体等。该类零件的特点是形状不规则,结构较复杂,质量从几千克到数十吨,工作条件相差很大。而其工作台和导轨要求有一定的耐磨性。因此,其毛坯往往以铸铁件为主。

1. 一般基础件

如床身、底座、支架、工作台和箱体等,受力状况以承压为主,抗拉强度和塑性、韧性要求不高,但要求较好的刚度和减振性,有时还要求较好的耐磨性,故通常采用灰铸铁(如 HT150、HT200 等)铸造成形。

2. 受力复杂件

有些机械的机架、箱体等受力较大或较复杂,如轧钢机机架、模锻锤锤身等往往同时承受较大的拉、压和弯曲应力,有时还受冲击,要求有较高的综合力学性能,故常选用铸钢(如 ZG200-400 等)铸造成形。有些零件较大,为简化工艺,常采用铸-焊、铸-螺纹连接结构。单件、小批生产时,也可采用型钢焊接,以降低制造成本。

3. 要求比强度、比模量较高件

有些箱体结构如航空发动机的缸体、缸盖和曲轴,轿车发动机机壳等,要求比强度、比模量较高且有良好的导热性和耐蚀性,常采用铝合金或铝镁合金(如 ZL105、ZL105A 等)铸造成形。

7.4 毛坯成形方法选择实例

7.4.1 V 带轮零件的成形方法选择

V 带轮应满足以下要求:质量低,质量分布均匀,安装对中性好,消除制造中的内应力,在 $v >$ 5 m/s 时,应进行动平衡试验。外径、孔径、宽度和传动功率是 V 带轮的重要使用参数。成形方案及相应的结构选择就是建立在满足这些使用参数的要求上的。

1. 基准直径 $d_d <$ 100 mm 的小带轮成形方案

$d_d <$ 100 mm 的带轮属于小带轮,这类带轮一般传递功率不大,加工的工时量也不大,金属切除量相对较小,成形方法选择相对比较灵活,可以采用以下四种方法成形,并进行可靠性和经济性比较,择优选取。

1)金属切削直接成形

用 45 钢圆棒料直接车出,若无减轻质量要求时,可设计成实心圆柱形(图 7-5),其外圆、V 带槽和轴孔均可车出。

2)铸造成形

当 V 带轮最大圆周速度小于 25 m/s 时,采用灰铸铁(HT150、HT200)成形,当带轮最大圆周速度在 25 ～ 45 m/s 时应采用孕育铸铁(HT300)或铸钢(ZG340-640)成形,若要求带轮质量较小时可采用铸铝件(ZL102、ZL202)。图 7-6 为铸造成形的 V 带轮毛坯,两端面设计成环形凹腔,主要是为了减少热节,避免铸造时产生晶粒粗大和缩孔缺陷。带轮中心孔和两端面环形凹腔均可用型芯铸出,而 V 带槽影响起模,不铸出,留待车削加工。

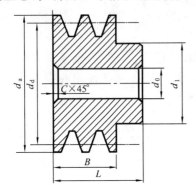

图 7-5　实心铸钢 V 带轮

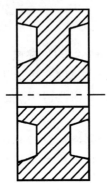

图 7-6　铸铁小 V 带轮

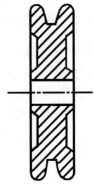

图 7-7　轻型 V 带轮

3）冲压-焊接成形

当 V 带轮最大圆周速度大于 25 m/s 时,还可采用碳素钢板(Q235)冲压后焊接成形。采用这种成形方法的前提是带轮的批量较大,以降低冲模的制造成本费用。

4）注塑成形

对于大批量生产的小型轻载带轮也可采用塑料(MC 尼龙)注塑成形。其前提是批量较大,足以冲抵塑料模具的制造成本。塑料带轮结构可设计得更为轻巧(图 7-7),V 带槽也可在注塑中一次成形。但因其摩擦系数较大,常用于机床或矿山机械中。

2. 基准直径 d_d 约 300 mm 的中型或大型带轮成形方案

当外径增大时,就不宜采用上述结构。直径增大,很难选择大尺寸的棒料,同时由于切削余量增加使材料的浪费也加大;再有,通用车床的加工直径会受到限制,而选择重型车床加工会大大增加加工成本,故大直径的 V 带轮一般采用铸造或焊接方法制造。

1）采用铸造结构

大直径 V 带轮若仍按图 7-6 所示形状制造则太笨重,可设计成图 7-8 的辐板式带轮,当辐板长度大于 100 mm 时,可在辐板上开孔,称为孔板式 V 带轮。若当 V 带轮直径 d_d 大于 300 mm 时,可将 V 带轮设计成图 7-9 所示轮辐式。

轮辐式 V 带轮若选用整模造型,则模样较易制造,即使是木模也较牢固。但当外径更大时,辐板质量则太大,建议选择轮辐式带轮,单件小批量时,可采用刮板造型。当 V 带轮直径小于和等于 500 mm 时,用 4 个轮辐;当直径大于 500 mm 至 1 600 mm 时,用 6 个轮辐。

孔板上孔的数目一般为偶数,如 4 ～ 6 个,以使质量减小时仍能对称分布。轮辐数目一般也设计成偶数,如 4、6、8 等。但也有设计成奇数的,其优点是当 V 带轮铸件冷却时,收缩受阻较小,不易开裂;其缺点是质量分布不对称,转动起来不平衡,只能在低转速时使用。若高转速时,最好将轮辐截面设计成椭圆形,轮辐的形状呈弯曲的 S 形,轮辐数目选为偶数,这样在 V 带轮冷却时,可借助轮辐本身的微量变形自减缓内应力,以防止轮辐断裂。其缺点是模样结构复杂,若是木模,则易损坏。故实际上 S 形轮辐使用不多,往往将轮辐轴线仍设计为直线形,采用偶数即可。

当 V 带轮宽度较小（$B<300$ mm）时，可将轮辐式 V 带轮设计成图 7-9 所示单层 4 个轮辐式。当 V 带轮宽度很大（$B>300$ mm）时，也可设计成双层辐板或双层轮辐结构，但这样在单件小批量生产时就不能采用刮板造型方法造型，必须采用增加环状外型芯来进行造型。

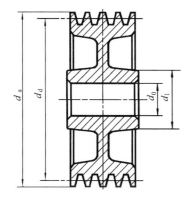

图 7-8　辐板式带轮

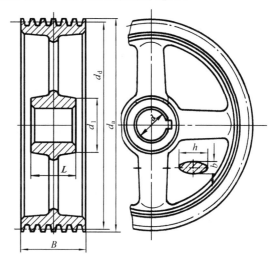

图 7-9　轮辐式带轮

2）采用焊接结构

在单件生产情况下，还可采用焊接结构的 V 带轮。但在设计时应考虑焊接结构的工艺特点与铸造结构的不同，如轮辐的截面不应设计为椭圆形，而应为圆形或环形，或是其他形状的截面，轮缘内壁和轮毂外壁不应有结构斜度等，焊缝位置要设计合理，焊缝要布置对称，焊脚要小，焊材塑性要好等。

以上焊接结构与铸造结构可作经济性分析对比后择优选用。

7.4.2　单级齿轮减速器组件的成形方法选择

图 7-10 所示为单级齿轮减速器，传递功率 5 kW，传动比 3.95。对该减速器的主要零件毛坯成形方法分析如下。

1）箱体和箱盖（零件 1、8）

传动零件的支撑件和包容件，结构复杂，箱体以承压为主，要求有良好的刚度、减振性和密封性，通常采用灰铸铁（HT150、HT200）铸造成形。单件小批量生产可采用手工造型或采用碳素结构钢（如 Q235A）型材和板料焊接成形；大批量生产采用机器砂型铸造成形。

2）齿轮、齿轮轴和轴（零件 2、9、10）

重要的传动零件，工作时承受弯矩和扭矩，要求较好的综合力学性能，轮齿部分承受较大的弯曲应力、接触应力和摩擦，要求较高的强度、韧性和耐磨性。根据齿轮直径的不同，成形方案有所不同：

（1）直径小于 100 mm 的小齿轮，其成形方案分别为：① 用钢棒料直接在铣床或车床上制出，但棒料加工的齿轮在受力时容易沿纤维方向断裂，强度较差，故只适用于形状简单、精度低和

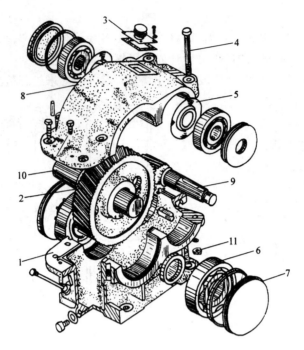

图7-10　单级齿轮减速器结构

1—箱体；2—齿轮；3—窥视孔盖；4—螺栓；5—挡油盘；
6—滚动轴承；7—端盖；8—箱盖；9—齿轮轴；10—轴；11—螺母

小负荷的小齿轮。② 用钢棒料锻造毛坯,可改变原纤维组织的方向,有利于提高齿轮的强度,增加承载能力,适用于精度要求高或负荷重的齿轮。③ 用铜、铝棒料或塑料在机械压力机上直接挤压成形。一般适用于表面尺寸精度高、表面粗糙度值小、成形后可达到少切削或无切削加工的低噪声、小负荷和高转速的齿轮。

（2）直径约 200 mm 的小型齿轮。这类齿轮在机械传动中,往往将其与轴制成一体,即齿轮轴,用钢棒料做毛坯,并制成实心结构,在空气锤上锻成毛坯后,再在车床和铣床上依次加工而成。

（3）直径为 400~1 000 mm 的齿轮。① 齿顶圆直径 $d_a \leqslant 500$ mm 且形状简单的中型齿轮,适用于锻造毛坯,用半成品钢坯料自由锻或模锻成形,再进行机械加工。② 齿顶圆直径等于 500~1 000 mm 且形状复杂的大型齿轮坯,用锻造方法制造比较困难,多采用铸造方法,常用的材料为铸钢（ZG200-400）或铸铁（HT200）。在生产中,常将灰铸铁齿轮用于开式低速传动,用球墨铸铁齿轮代替高速传动的铸钢齿轮。

（4）对于单件或小批量生产的大齿轮,为缩短生产周期和减小齿轮质量,有时也采用焊接齿轮结构,焊后再机械加工轮齿和轴孔等。

3）窥视孔盖（零件 3）

用于观察箱内情况及加油,力学性能要求不高。单件小批量生产时,采用 Q235A 钢板下料,或灰铸铁（HT150）手工造型生产。大批量生产时,采用优质碳素结构钢冲压而成,或采用机器造型的铸铁件毛坯。

4）螺栓和螺母（零件 4、11）

用于连接和紧固箱盖和箱体。工作时,栓杆承受轴向拉应力,螺纹牙承受弯曲应力和剪切应力。螺栓和螺母均为标准件,通常采用碳素结构钢(如 Q235)经冷镦加搓丝成形。

5)挡油盘(零件 5)

用途是防止箱内机油进入轴承。单件生产时用 Q235 圆棒下料切削而成,大批量生产时,采用 08 钢冲压件。

6)滚动轴承(零件 6)

重要的支撑件,承受较大的交变应力和压应力,并承受摩擦,要求有较高的强度、硬度和耐磨性。滚动轴承由内、外套圈,滚珠和保持架组成,系标准件。其内、外套圈通常采用滚动轴承钢(如 GCr15 钢)经扩孔或辗环轧制而成。滚珠也采用滚动轴承钢,经螺旋斜轧而成,保持架一般采用 08 钢薄板经冲压成形。

7)端盖(零件 7)

用于轴承定位。单件、小批量生产时,采用手工造型铸铁件(如 HT150)或 Q235 圆钢下料车削而成。大批生产时,采用机器造型铸铁件。

7.5 毛坯成形方法选择的经济性分析

7.5.1 毛坯材料的经济性选材原则

材料的经济性原则,不仅指优先考虑选用价格比较便宜的材料,而且要综合考虑材料对整个制造、运行使用和维修成本等的影响,以达到最佳技术经济效益,这对于材料的最终取舍同样有决定性的意义。

1. 材料的成本效益分析

产品或零件的总成本构成大致如下:

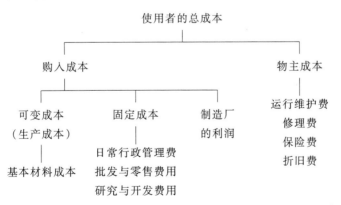

降低基本材料成本对机械制造者和使用者(物主)都是有利的。通常,以单位质量的工程材料价格(元/kg)来衡量材料的价值,从满足使用性能的若干材料中选择价格较低者。这样比较并不全面,如果正在设计一种大量生产的零件,可用聚合物、陶瓷或金属来制造,那么,考察一下每单位体积的价格(元/m³)对选择材料更为有益。因为塑料的密度平均是钢的四分之一左右,某些塑料其单位体积的价格低于钢铁材料,属于便宜的结构材料。还有不少以静强度为选材依据

的场合,可以比较不同材料的单位强度价格(元/MPa),如低合金高强度钢以单位强度价格与碳素钢相比,成本效益更佳。

从使用者的总成本分析看,降低物主成本与购入成本同等重要。能源费用和备件费用往往构成物主成本的主体,所以减轻自重、降低运行能耗乃是选择材料时应当考虑的经济性原则之一。有时,降低物主成本会增加基本材料成本。设计选材时,要根据市场需求寻找适当的平衡点。

2. 材料的单位成本分析

大批量生产采用先进手段,可降低单位成本,但要支付大量的投入(包括工艺装备、检测技术和质量控制等),为了获得综合效益,必须使由此而增加的成本低于大批量生产带来的盈余。

最简单的分析为

$$P = T + XN \qquad (7-1)$$

式中:P——总生产成本;

$\quad T$——工具和设备费用;

$\quad N$——生产件数量;

$\quad X$——代表与每件有关的成本。

参考总成本构成,式(7-1)可改写为

$$P = T + N\left(M + F + \frac{L}{R}\right) \qquad (7-2)$$

式中:M——材料的单位成本;

$\quad F$——后道精加工及装配调整的单位成本;

$\quad L$——每一件产品对劳务及固定成本所承担的份额(用单位时间的成本表示);

$\quad R$——这一批量的生产速率。

比较两种不同的工艺,可得到图 7-11 所示的两条曲线。由式(7-2)可得到一临界值 N_c(暂不涉及选择两种不同的材料)。

$$N_c = \frac{T_2 - T_1}{(F_1 - F_2) + L\left(\dfrac{1}{R_1} - \dfrac{1}{R_2}\right)} \qquad (7-3)$$

可见,只有当产量达到 N_c 时,采用先进工艺才有经济效益。

将式(7-2)改写成

$$\frac{P}{N} = \frac{T}{N} + \left(M + F + \frac{L}{R}\right) \qquad (7-4)$$

则当批量 N 很小时,以降低 T 为选材依据,即以毋须专门工具和设备而又容易加工的材料为宜;当 N 足够大时,对工具设备允许的支出宽裕,很大批量时甚至可不加限制,以提高生产速率 R 和合适的材料单位成本 M 为选材依据。当然如有特殊要求时例外。

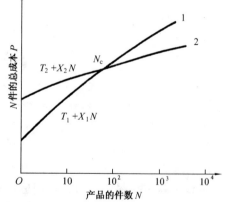

图 7-11 产量对制造成本的影响

3. 材料的价值分析

价值分析用数学形式表达为

$$V = \frac{F_u}{C} \qquad (7-5)$$

式中：V——价值；

F_u——功能；

C——成本。

对机械产品,无论是提高产品功能 F_u,还是降低成本 C,都与材料选用有直接的关系。

7.5.2 铸件的生产成本分析

1. 铸造合金和铸造方法的成本分析

在一般的机器中,铸件的质量占机器总重的 40% ~80%,但它只占总成本的 25% ~30%。与其他成形方法相比,铸造的成本是比较低的。铸件的成本结构主要包括各种炉料和动力的消耗、工艺装备及模具费用、工时费用、铸件废品率、管理费等。以普通手工砂型铸造为例,其材料费、人工费和经营管理费大致为 2/4、1/4、1/4。不同的合金种类,其铸件的成本是不同的,表7-2 为各类合金铸件成形的相对价格,表 7-3 为美国熔模铸造铸件售价。表中可见,不同的材料将采用不同的铸造方法,因此其价格也不同;即使是相同的铸造方法,不同的铸件要求,其价格相差较大。

表 7-2　各类合金铸件的相对价格

材料类别	灰铸铁	球墨铸铁	可锻铸铁	碳钢	低锰钢	合金钢	铝硅合金	黄铜	锡青铜
相对价格	1.00	1.33	1.67	1.67	2.00	2.33	10.00	8.33	13.33

表 7-3　美国的熔模铸件售价

价格　　　　铸件	大气熔炼的普通铸件	真空浇注的铸件和增压器叶轮	钛合金铸件	透平叶片	定向凝固叶片
美元/kg	12.115	24.229 ~ 26.432	48.458	66.079	660.793

2. 实现近净成形和净终成形的经济分析

随着铸造技术的不断提高,铸件的尺寸和形状日趋接近零件。目前,铸件的切削量较锻件和轧材低 25% ~50%。在各种毛坯中,铸件的金属利用率最高,达 90% ~92%,而模锻件只能达到 55% ~75%,自由锻件只有 33% ~47%,轧材制品的金属利用率也只有 40% ~45%。此外,铸件可利用废料(锻压的飞边、料头、机械加工的切屑、铸造的浇冒口和废铸件)生产。铸件实现近净成形和净终成形具有如下特点:

1) 可大幅度降低生产成本

在机械生产中,材料费占 60% ~65%,即只要节约材料 1.54% ~1.67%,可使产品成本下降 1%。

2) 提高劳动生产率和改善固定资产占用率

在机械产品中,由切削加工改为无切削加工后,每 100 万吨钢材中可节约 2.5 万吨,这相应于可少用 2 万名工人和 15 万台机床。如果我国每年用于机械制造的金属材料为 1 000 万吨,则其金属消耗率每年降低 1%,相当于增产 10 万吨钢材。

3) 可减少冶金部门的投资

工业产品产值同原材料开采和生产部门的投资比例约为 1:3,这就是说,如果减少材料消耗而使工业产品值下降 1 元,就可以减少原材料开采和生产部门的投资 3 元。

4) 可节约资源和能源

全球 2012 年钢的产量为 12.39 亿吨,全世界人均钢产量 176 kg,发达国家人均在 500 kg 以上,节省资源是我国经济建设持续发展的重要环节。节省金属就是节省能源,从矿石开采到生产出金属材料需消耗大量的能源。表 7-4 所示为生产不同产品消耗的能源比较。由表可知,生产 1 t 灰铸铁件所消耗的能源只有碳钢铸件的 80.95%。虽然碳钢板坯由于炉料质量的 62% 使用高炉铁水直接炼钢,减少了能源的消耗(1 t 钢减少 555.5 kg 标准煤),但从板坯变为成形零件还需消耗大量能源,这可以认为是金属材料变为切屑时消耗的能源。根据对车削的计算,每千克切屑需消耗能源 0.993 6 kW·h 或 0.404 4 kg 标准煤,切削铸铁的能耗只有钢件的 50%,若考虑到型材一般加工余量较铸铁件大,锻件的加工余量则更大,切削所消耗的能耗将超过铸铁件的 2 倍。因此钢件在多数情况下,总能耗会大于灰铸铁。

表 7-4 生产不同产品消耗的能源比较

产品	能耗/(10^6 Btu/t)[①]	折合电能/(kW·h/t)[②]	折合标准煤(kg/t)
灰铁铸件	34	3 238.095	1 317.9
碳钢铸件	42	4 000.000	1 628.0
碳钢板坯	24	2 285.714	930.29

注:① Btu 为英国热单位,1 Btu=1.055×10^3 J。

② 1 kW·h=0.010 5×10^6 Btu=0.407 kg 标准煤。

3. 以铁代钢的成本分析

铸铁件铸造性能好、成本低、价格便宜。特别是随铸造技术的发展,许多铸铁件的力学性能已接近或超过钢,以铁代钢已产生重大的经济价值。

1) 球墨铸铁取代部分锻件

当代的球墨铸铁生产技术已使许多铸件在性能上能够满足设计对铸钢件和锻件提出的相同要求,如各类发动机的曲轴、整体转向节和螺旋伞齿轮等已大部分采用球墨铸铁铸造。如德国生产出世界上最大的球墨铸铁件,4 000 t 压力机机架,重 165 t,抗拉强度大于 400 MPa,断后伸长率大于 17%。1991 年全世界球墨铸铁产量已达 1 500 万吨,与灰铸铁的产量比约为 1:4。根据统计(表7-5),球墨铸铁的价格为锻件和模锻件的 67%~71%,又减少很多切削余量。因此,以铁代钢将会节约大量资金。

2) 球墨铸铁取代钢焊接件

根据"美国铸铁学会第 28 届铸铁件设计比赛"的资料,球墨铸铁件代替钢(钢板和型钢等)焊接件,不仅成本下降,零件的性能也不受影响,有的还有所改善,如表 7-5 所示。

3) 球墨铸铁代替冲压件

冲压件是用薄钢板冲压而成的,生产率高,成本较低。但用球墨铸铁代替冲压件取得良好的经济效益也不乏先例。美国福特公司福特 4×4 轻型卡车的后轴和弹簧之间的定位架,采用重新设计的球墨铸铁件取代由焊接连接的两个冲压件,可减少大量的工具费用和坯料费用,每年可节省 4.6 万美元,同时增加了可靠性,改善了轴与弹簧的定位,改善了装配,而且使每个零件减少质量 3.628 kg。

表 7-5　球墨铸铁件代替钢焊接件的实例

零件名称	原设计	修改后降低成本/%	性能
主动轴	四块钢板焊接件	35	
钻床主轴箱外壳	钢焊接件	45	改善强度,消除了焊缝
螺旋式压砖机机壳	型钢焊接件	30	与板裂纹的应力破坏
货车车厢凸轮	钢板焊接件	70	

4）灰铸铁件代替钢件

在适当的条件下,灰铸铁件也能取代钢件。例如,德国型芯自动硬化设备运输车零件原为 St32-2(相当于我国钢号 Q195)钢焊接件,改为灰铁件后成本下降 67%(由 3 827 马克降到 1 650.5 马克);冲剪机机座,原为钢板焊接件,改为灰铸铁件,改善了减振性能,制造成本也大幅降低。

4. 铸造质量的经济性分析

根据我国当前的情况,影响铸造经济性的最重要的因素,莫过于铸造质量。

1）铸造质量的概念

铸造质量的概念应包括铸件合格率 H 和铸件质量(铸件性能和使用寿命)两个方面。但习惯上常使用铸件废品率 F,而较少用铸件合格率。两者之间有如下关系:

$$H = 1 - F \tag{7-6}$$

2）铸件废品率 F

铸件废品率 F 按下式计算:

$$F = \frac{\text{内废质量 + 外废质量}}{\text{铸出铸件质量}} \times 100\% \tag{7-7}$$

式中,内废质量是指铸造车间(单位)内部发现的废品质量,而外废质量是指铸造车间以外同期(机械加工、装配等过程)发现的因铸造产生的废品。由此可见,铸件废品率的大小与用户无关。用户所关心的是铸件品质,而不是废品的多少,但它却是表示一个铸造单位管理水平的一项指标。

3）铸件成品率

在铸造车间进行经济分析时,也采用成品率(有时也称为全回收率或收得率)概念。其计算式如下:

$$\text{成品率} = \frac{\text{合格铸件质量}}{\text{投入金属炉料质量}} \times 100\% \tag{7-8}$$

式中,合格铸件质量等于铸出铸件质量减去内废和同期外废铸件质量;投入金属炉料质量实际是合格铸件、内部废品、浇冒口、熔化时被烧损的金属和浇注溢溅成小铁豆不能回收的金属质量的总和。由此可见,铸件成品率较合格率(或废品率)更能反映铸造单位的技术水平和管理水平。但只有在铸件情况(如质量、材质、复杂程度)相近时,才有比较的价值。一般来说,小铸件的成品率较大铸件低,铸钢件比铸铁件低。

4）工艺出品率

为研究浇注系统,特别是冒口金属消耗情况,有时使用工艺出品率(亦称铸造回收率)概念,计算公式如下:

$$工艺出品率 = \frac{铸件毛重}{铸件毛重 + 浇口重 + 冒口重 + 补贴重} \times 100\% = \frac{铸件毛重}{金属液重} \times 100\%$$

$$(7-9)$$

工艺出品率与铸件成品率的区别在于工艺出品率不考虑金属熔化时的耗损和浇注时溢溅损失,以及铸件是否合格,但铸件应是完整的,即不是浇不足的。

5)金属利用率

金属利用率是反映金属发挥效能情况的一个指标,可用下式求得:

$$\eta_j = \frac{G_1}{G_2} \times 100\% \qquad (7-10)$$

式中:η_j——金属利用率;

G_1——完成全部切削加工的待装配零件质量;

G_2——除去浇冒口、披缝并经清理的铸件质量。

据此,金属利用率实质上是铸件的金属利用率。显然 G_2 与 G_1 之差就是切屑的质量 G_c。于是:

$$\eta_j = \frac{G_1}{G_1 + G_c} \times 100\% \qquad (7-11)$$

如果 G_c 等于零,即金属发挥全部效能,则是最经济的。G_c 的大小除与零件的设计有关外,还与铸造工艺和技术有关。

如图 7-12 所示,假定浇成铸件的铁水价值 6 000 元/t,浇成浇冒口的铁水价值 1 000 元/t。若其铸件成品率为 60%,则 1 t 铁水中有 60% 是铸件,价值 3 600 元,40% 是废品,价值 400 元,因而每吨铁水在铁水包中的价值为 4 000 元。其铁水价值与铸件成品率的关系如图 7-13 所示。成品率每增加 1%,每吨铁水增加价值 50 元。

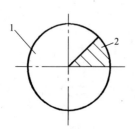

图 7-12 1 t 铁水能浇出的铸件

1—铸件部分(6 000 元/t);2—重熔部分(1 000 元/t)

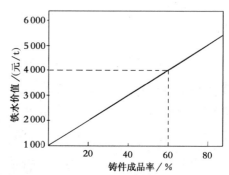

图 7-13 铸件成品率与铁水价值的关系

6)铸件内部质量

铸件内部质量的提高,使铸件的使用寿命延长,其经济效果是非常显著的,如用钒钛铸铁铸造机床导轨比用孕育铸铁的寿命高 3~4 倍,汽车活塞环国内先进水平是 10 万千米,如能达到国外 40 万千米的水平,即使不增加产品数量,经济效益也要提高 4 倍。

7.5.3 锻件的生产成本分析

1. 影响锻件成本的因素

锻件的单件成本通常是按定额资料计算出来的,包括材料费、燃料动力费、工时费、工装模具费、管理费等,一般工厂承接加工时可简化成材料费和加工费两项。表 7-6 是某厂生产伞齿轮轴(材料为 35CrMo)的模锻件单件成本,可作为分析锻件成本时参考。

表 7-6 伞齿轮轴的模锻件单件成本计算表(2004 年 3 月上海)

项目	材料单价	材料费	工时单价	加工费	总费用
单价/元	8.55 元/kg	230.00	5.2 元/kg	139.88	369.88
占成本比例/%		62.18		37.82	100

从表 7-5 可见,模锻件材料费占模锻件总成本的 62.18%,加工费占锻件总成本的 37.82%。若采用自由锻则模具费较低,材料费占总成本的比例达 75% ~ 85%。

表 7-7 为伞齿轮轴下料质量、锻件质量和零件质量对照表。

表 7-7 伞齿轮轴下料质量、锻件质量和零件质量 kg

分类	下料质量	锻件质量	零件质量
伞齿轮轴	26.9	23.8	16.3

由下料质量和锻件质量可以计算出锻件的材料利用率为

$$\text{锻件材料利用率} = \frac{\text{锻件质量}}{\text{下料质量}} = (23.8/26.9) \times 100\% = 88.48\% \tag{7-12}$$

同样方法可以计算出零件材料利用率和总材料利用率分别为

$$\text{零件材料利用率} = \frac{\text{零件质量}}{\text{锻件质量}} = (16.3/23.8) \times 100\% = 68.49\% \tag{7-13}$$

$$\text{总材料利用率} = \frac{\text{零件质量}}{\text{下料质量}} = (16.3/26.9) \times 100\% = 60.60\% \tag{7-14}$$

由此可见,锻造和切削过程材料的损耗是很大的,该项材料费的支出是影响锻件生产成本的重要因素。

2. 锻模价格估算

锻模种类很多,这里仅对单模腔锻模和一般复杂程度的多模腔锻模进行分析。锻模需要贵重的模具钢,加之模腔的加工比较困难,因此锻模的制造周期长,价格高。锻模的销售价格见表 7-8(1999 年价格)。

表 7-8 一般复杂程度的锻模价格(1999 年) 元

分类 价格 定价依据	I	II	III	IV
	2 400 ~ 5 200	6 000 ~ 9 000	10 000 ~ 18 000	>18 000
零件总数/个	<4	4 ~ 8	8 ~ 12	>12
抽芯总数/个	无	无	1	>2
镶块总数/个	无	无	<3	>3
复杂程度(几何形状)	以圆为主	以圆为主	非圆	复杂

续表

分类 价格 定价依据	I 2 400~5 200	II 6 000~9 000	III 10 000~18 000	IV >18 000
材料消耗总额/kg	60	120	120~300	>300
其中,合金工具钢总额/kg	60	120	80~200	>250
模具总质量/kg	<30	40~60	60~150	>150
模具成形件数/个	1	1	2	>2
型腔深度/mm	<10	15~20	20~30	>30
成套工时定额/h	<120	120~200	200~400	>400
其中电加工工时/h	<30	30~100	100~200	>200

3. 降低锻件成本的途径

降低锻件成本的途径主要有两条:

1)提高材料利用率

材料利用率低不但浪费了材料,还要浪费大量的切削加工量,如果将材料利用率提高10%,全国锻压行业可节省钢材数十万吨,如全部作为车削能耗节省量,可节省数亿千瓦时的电耗。因此,锻件精密化是近净成形、净终成形的重要方法。

2)合理选择锻压方法

在中小批量生产时,模具费、工装设备费和管理费摊派在单件上的成本大大增加,必然导致单件成本上升,产品的市场竞争力下降。因此,单件、小批量生产,建议采用自由锻;中小批量生产,建议采用胎模锻;大批量生产,最经济的锻压方案则应属模锻。

7.5.4　焊接件的生产成本分析

随着我国钢产量的增加,焊接产量也在逐年增加。我国2000年钢材消费量1.41亿吨,焊材消费量近120万吨,其中焊条约95万吨,气保护实芯焊丝约11万吨,药芯焊丝约1万吨,埋弧焊材(焊丝和焊剂)约12万吨,再计入约7万吨出口及库存量,2000年我国各类焊接材料的总产量已约130万吨。因此,进行焊接成本分析,尽可能采用先进技术获得优质焊缝和降低焊接成本,已成为一项紧迫的任务。

1. 影响焊接件成本的因素

焊接件的单件成本通常是按定额资料计算出来的,包括材料费、燃料动力费、工时费、工装费、焊接材料费、管理费等,一般工厂承接加工时可简化成材料费和加工费两项。表7-9是某厂生产台车架的焊接件单件成本,可作为分析焊接件成本时参考。该部件为16Mn板材和ZG200-400铸件铸焊结合而成,工件质量904 kg,分为下料、冷作、焊接、热处理、机加工5个工序。

表7-9　台车架加工单件成本计算(2004年3月上海)　　　　　元

下料	冷作	电弧焊	热处理	机加工	总价
2 152	2 170	2 278	2 212	2 036	10 848

从表7-9可见,一般焊接成形伴有下料、冷作、焊接、热处理等辅助工序,通常,下料占总加工费的18%~20%,冷作占15%~18%,焊接占18%~20%,热处理占20%,机加工占25%左右。

2. 焊接材料消耗定额

焊接材料消耗定额是保证均衡生产、计算产品成本的一个重要因素。它包括焊条消耗定额、焊丝消耗定额、焊剂消耗定额和保护气体消耗定额等几方面。

1) 平板对焊接材料的消耗量

(1) 手工焊(气焊、焊条电弧焊)焊接材料消耗量见表 7-10。

表 7-10 平板对接焊接材料消耗定额　　　　　　　　　　　　　　　　kg/m

焊缝	母材金属厚度/mm	焊接方法		焊缝	母材金属厚度/mm	焊接方法	
		气焊(焊丝)	焊条电弧焊(焊条)			气焊(焊丝)	焊条电弧焊(焊条)
单面焊V形坡口	3	0.11	0.19	单面焊单边V形坡口	6	0.30	0.41
	3.5	0.125	0.22		8	0.46	0.63
	4	0.14	0.24		10	0.68	0.93
	5	0.21	0.36		12	0.97	1.33
	6	0.26	0.44		14	1.20	1.64
	7	0.39	0.66		16	1.56	2.14
	8	0.49	0.83		18	1.96	2.68
双面焊I形坡口	3	0.24	0.33		20	2.41	3.30
	4	0.34	0.47		22	2.90	3.97
	5	0.40	0.55		24	3.46	3.46
	6	0.53	0.72		26	4.05	4.05
	8	0.57	0.78				

(2) 埋弧焊焊接材料消耗量见表 7-11。

表 7-11 埋弧焊焊接材料消耗定额　　　　　　　　　　　　　　　　kg/m

	母材金属厚度/mm	焊丝		焊剂	
开I形坡口双面焊	8	1	内 0.35	1	内 0.35
			外 0.65		外 0.65
	10	1.1	内 0.35	1.1	内 0.35
			外 0.75		外 0.75
	12	1.2	内 0.40	1.2	内 0.40
			外 0.80		外 0.80
	14	1.3	内 0.43	1.3	内 0.43
			外 0.86		外 0.86
	16	1.4	内 0.46	1.4	内 0.46
			外 0.94		外 0.94
开V形坡口单面焊	18	2.3	内 1.00	2.3	内 1.00
			外 1.30		外 1.30
	20	2.6	内 1.20	2.6	内 1.20
			外 1.40		外 1.40
	22	2.9	内 1.40	2.9	内 1.40
			外 1.50		外 1.50

续表

母材金属厚度/mm	焊丝	焊剂
24	2.8	2.8
26	3.1	3.1
28	3.4	3.4
30	3.7	3.7
32	4.1	4.1
34	4.4	4.4
36	4.8	4.8
46	7.4	7.4
60	10.8	10.8

开 X 形坡口(第一列合并单元格)

2) 保护气体消耗材料定额计算

保护气体的消耗量由式(7-15)计算

$$V = Q(1 + \eta)t_{\text{基}} n \tag{7-15}$$

式中:V——保护气体体积,L;

Q——保护气体流量,L/min;

$t_{\text{基}}$——单件焊接基本时间,min;

η——气体损耗系数,常取 0.03 ~ 0.05;

n——每年或每月焊接数量。

焊接用 CO_2 气体,是从瓶装的液态 CO_2 气化而成,容量为 40 L 的标准钢瓶,可灌入 250 kg 液态 CO_2。在 0 ℃ 和 0.1 MPa 气压下,10 kg 液态 CO_2 可气化成 509 L 的气态 CO_2。当瓶中气压降至 10 MPa 大气压时,不再使用。由此可知,每瓶可用气 12 324 L(标准状态)。因此,可折算成每月或每年需用的 CO_2 气瓶数

$$N = \frac{V}{12\ 324} \tag{7-16}$$

焊接用氩气(Ar),当温度在 20 ℃ 和 0.1 MPa 气压下为 6 000 L 氩气,即每年每月需用氩气瓶数

$$N = \frac{V}{6\ 000} \tag{7-17}$$

3) 电弧焊电力消耗定额计算

电弧焊时,电力消耗可按式(7-18)计算

$$W = W_1 + W_2 = \frac{UIt_{\text{j}}}{n \times 1\ 000} + P_0(t_\text{a} - t_\text{j}) \tag{7-18}$$

式中:W——电力消耗量,kW·h;

W_1——电弧电源工作状态电力消耗,kW·h;

W_2——电弧电源空载电力消耗,kW·h;

U——电弧电压,V;

I——焊接电流,A;

t_j——电弧燃烧时间,h;

n——电弧电源有效系数(由电弧电源技术数据查得);

P_0——电弧空载功率, kW;

t_a——电弧电源工作总时间, h。

用交流电焊接时, 空载的电力消耗甚微, 此时公式中 W_2 可忽略不计。用直流电源焊接时, 如果采用弧焊发电机式电弧焊机, 通常工作状态的电力消耗是空载的 60%, 甚至更小。

3. 焊接工时定额

焊接工时定额是表示在一定的生产条件下, 为完成一定生产工作而必须消耗的时间。

1) 工时定额的组成

电焊工的工时定额由作业时间、布置工作场地时间、休息和生理需要时间以及准备、结束时间四个部分组成。

2) 制定工时定额的方法

焊接工时定额可以从经验和计算两个方面来制定。

(1) 经验估算法

依靠经验, 对图样、工艺文件和其他生产条件进行分析, 用估计的方法确定定额。常用于多品种的单件生产以及新产品开发时的工时定额估算。

(2) 经验统计法

根据以往的生产实际工时统计资料进行分析, 并考虑提高生产率的因素, 确定定额的一种方法。

(3) 分析计算法

在充分挖掘生产潜力的基础上, 按工时定额的各个组成部分, 来制定工时定额的一种方法。

由于在不同生产条件下, 完成同一工作所需的时间不等, 所以制定工时定额时, 必须考虑生产类型和具体技术条件。生产类型不同, 对制定工时定额的准备程度要求也不同。虽然制定正确的工时定额要花费比较多的时间, 但由于准确的工时定额可以节省大量的工作时间, 因此在大批量生产的情况下, 采用分析计算法是比较合适的。

应该指出, 不能把工时定额看成是一成不变的时间极限。随着焊接技术的发展、焊工技术水平的提高, 组织焊接条件的改善, 焊工的劳动生产率会不断提高, 因此工时定额也应根据实际情况, 随时进行必要的修订。

对于其他成形方法的工时定额分析, 以上的原则也适用。

4. 采用先进焊接技术对经济性的影响

采用先进焊接技术, 往往不仅提高大批大量生产的产品的质量, 而且常常可显著降低生产成本。例如, 汽车散热器是汽车内的换热元件, 它包括水箱、冷凝器、蒸发器和暖风机等。汽车散热器是汽车内的重要部件, 在欧洲、北美和日本, 铝质散热器的普及率现已达 90% 以上。10 多年前我国也开始了铝质散热器的生产。据统计, 现在我国每年国产轿车、商用车和农用车等需要 1 000 万台这种散热器, 国内维修市场需要 200 万台, 出口 100 万台。对此类需求国内在相当长的时间里都很难满足。另外, 一些家用空调器、制氧机的散热器和柴油机的冷却器, 以及其他一些机械的散热器和冷却器也使用了这种铝合金复合带。

汽车散热器需用强度高、质量小、耐腐蚀、导热性能好和钎焊性能好的金属材料来制造。20世纪 50 年代以前全部用铜材, 60 年代后国外开始了铝材在此方面的应用。与铜质散热器相比, 铝质散热器有质量小、耐腐蚀、可靠性高、成本低和易回收等优点。因此, 铝合金复合钎料 (复合带) 作为车用换热材料已广泛应用在汽车工业中。

我国制造汽车散热器的铝合金复合带以前几乎全部靠进口。据统计,1993年我国用量为1 000 t,1994年为3 000 t,1995年为5 000 t,2000年为15 000 t,2003年为30 000 t。

几年前,为适应上述市场的需求,国内几个铝加工厂先后开发了这类材料,目前国内的年产量估计为5 000 t左右。由此可见,该类产品的需求缺口甚大。

目前,国内外在铝合金复合带的生产中都使用叠轧法。即将三层铝合金板坯用一定的方法固定叠合后,在铝的板、带、箔材的生产线上进行预定工艺下的轧制加工,最后获得预定尺寸和性能的三层铝合金的板、带、箔材(带材和箔材成卷)。

国内外先进的成形方法是采用爆炸焊接和随后的轧制加工,即先用爆炸焊接的方法将三层铝合金板坯焊接在一起,然后用传统的轧制工艺将其轧制成预定尺寸和性能的该三层铝合金的板、带和箔材。

爆炸焊接+轧制工艺比叠轧工艺有如下优点:

(1)叠轧工艺需先将三块板坯各自铣面,然后碱洗、酸洗和水洗。爆炸焊接+轧制工艺只需用钢丝刷刷去板坯待结合面上的污物后,水洗即可。后者没有环境污染问题。

(2)叠轧法时,三层板之间有时会偏离原来的叠合位置,从而造成整块板坯报废。爆炸焊接+轧制工艺则不会产生此类报废。

(3)叠轧法的第一、二道次的压下量必须很大,爆炸焊接+轧制法随意,这样可显著延长轧机的检修时间及其使用寿命,还可以节电。

(4)叠轧法的成品率≤50%,而爆炸焊接+轧制法则可提高到≥80%。

(5)爆炸焊接+轧制法将板坯的均匀化退火和热轧加热二道工序合二为一,从而省时、省工和省电。

(6)在大批量生产中,爆炸焊接+轧制工艺简单,就像轧制单块板坯一样。

(7)爆炸焊接+轧制法的每吨产品的成形成本仅增加1 000元左右,但其成品率提高近40%,质量比叠轧法高得多,综合每吨成本降低50%以上。

采用爆炸焊接+轧制法相当于建设一个相应规模的铝材(板、带、箔)加工厂。

爆炸焊接是一种生产任意金属复合材料的高新技术,汽车用爆炸焊接铝合金复合钎料(复合带)的开发是爆炸焊接技术在此产品生产中的一个卓有成效的应用。该铝合金复合带及其深加工产品——汽车散热器,都是具有高技术含量和高附加值的高新技术产品。它们将为充分利用我国丰富的铝资源,为产品的更新换代和上新台阶,为企业的生存和发展提供方向。可以预计,该项目的大力实施必将为我国汽车工业的发展和当地经济的腾飞做出重要的贡献。

5. 焊接成形与其他成形方法的比较

与铸造、锻压成形等相比,焊接成形主要具有如下优势:

1)设备投资少,成本相对较低

焊接工艺装备相对较铸造、锻压投资少,生产准备周期短,容易满足各种生产批量的要求。而且焊接结构加工工序少,加工简单,因此生产率高,生产成本相对较低。

2)节省材料和工时

采用焊接方法制造金属结构,可比铆接节省材料10%～20%,降低成本,且缩短生产周期。在同样使用条件下,将铸件改为焊接结构可减少金属重量30%～50%。采用异种金属焊接可节省贵重金属材料的消耗,如将硬质合金刀片和碳钢刀杆焊接在一起生产车刀;用不锈钢和碳钢复合板焊接成耐腐蚀容器等。

3）简化工艺

在制造大型、复杂的结构和零件时,可用型材和板材先制成部件,然后装焊成大构件,从而简化了制造工艺,如上述台车架铸-焊联合成形工艺、万吨水压机立柱的锻-焊联合成形工艺等。

对于给定的焊接结构,还应从合理利用焊接材料、减少焊接辅助时间、能否采用先进焊接技术等方面来考虑,必要时应详细进行焊接结构生产工艺和技术经济分析,确定出技术上先进、经济上合理的制造方案。

7.5.5 各种成形方案经济性综合比较

材料成形方案经济性综合比较牵涉材料的选择、热处理的安排、成形方案的考虑和后续机加工的质量和效益等诸多因素。不仅要优先考虑选用材料和成形方案的价格,而且要综合考虑方案选择对整个制造、运行使用和维修成本等的影响,同时还要结合本单位现有的生产能力进行取舍,需要外协的还得考虑外协加工的质量、价格、交货期、运输、检验和其他风险因素,力求达到最佳技术经济效益。表7-12给出上海地区2013年上半年毛坯成形加工的参考价格,表7-13给出2012年8月常用模具材料参考价格,表7-14给出2013年5月常用钢材上海市场参考价,表7-15为相关机加工设备参考价格。可供读者在经济性综合比较中作为参考。

表7-12 毛坯成形参考价格(上海地区2012年上半年)

名称	价格	备注
砂铸/水玻璃精铸碳钢铸钢件<10 kg/件	11 000 ~ 18 000 元/t	含材料费
砂铸/水玻璃精铸碳钢铸钢件>10 kg/件	10 000 ~ 17 000 元/t	含材料费
复合精铸碳钢铸钢件	22 000 ~ 30 000 元/t	含材料费
硅溶胶精铸碳钢铸钢件	40 000 ~ 55 000 元/t	含材料费
硅溶胶精铸(316)不锈钢铸钢件	70 000 ~ 110 000 元/t	含材料费
水玻璃精铸(316)不锈钢铸钢件	55 000 ~ 70 000 元/t	含材料费
灰口铸铁件(HT200 ~ HT300)	10 000 ~ 12 000 元/t	含材料费(不退火)
球墨铸铁(QT450-12)	13 000 元/t	含材料费
球墨铸铁(QT500 ~ QT700)	12 000 ~ 15 000 元/t	含材料费
铝合金压铸件	30 ~ 40 元/kg	含材料费
碳钢自由锻<30 kg/件	3 ~ 6 元/kg	不含材料费
合金钢自由锻<30 kg/件	6 ~ 12 元/kg	不含材料费
碳钢模锻<30 kg/件	7 ~ 15 元/kg	不含材料费
冲压件(一般简单件)<10 kg	5 ~ 20 元/件	不含材料费
焊接件(简单、热处理)	8 500 ~ 12 000 元/t	含材料费
焊接件(复杂、热处理)	10 000 ~ 18 000 元/t	含材料费
粉末冶金件	0.5 元/g	含材料费
塑料注塑件	0.05 ~ 0.15 元/g	含材料费
塑料压注件	22 ~ 30 元/kg	含材料费

表 7-13 常用模具材料参考价格（2012 年 8 月） 元/kg

类别	材料	锻件或气割件	退火处理	类别	材料	锻件或气割件	退火处理
碳钢合金结构钢与工具钢	Q195，Q215，Q235	4.80	6.00	冷作模具钢	Cr12	16.00	23.00
	Q255，Q275	5.00	6.20		Cr5MoV	15.00	18.30
	10，15，20，30，45	5.80	7.20		Cr12MoV	20.00	24.40
	65	6.20	7.70		D2（SKD11）（美）	68.00	85.00
	T7A，T8A，T10A，T12A	8.00	9.80		65Nb（65Cr4W3Mo2VNb）	77.00	96.00
	5CrW2Si	11.00	13.50		LD（7Cr7Mo3V2Si）	80.00	100.00
	6CrW2Si	11.80	14.70		GD	37.00	46.00
	9Mn2V	9.00	11.30		CrWMn	10.00	13.00
	9Cr2，9Cr2Mo，9Cr3Mo	9.60	12.00		W18Cr4V	40.00	49.30
	9CrSi	8.50	10.50		6CrNiSiMnMoV	63.00	78.00
	GCr15，GCr15SiMnA	9.60	12.00		02（SKS3）（美）	70.00	87.00
	40CrMnMo	9.60	12.00		GM（A2、SKD12）	60.00	75.00
	38CrMoAl	9.70	12.20		CH（D6、SKD2）	64.00	79.00
	40CrNiMo，20CrNiMo	11.00	13.30		01（SKS21）（美）	42.00	52.00
	20Cr2Ni4，20CrNi3	14.00	17.60		7Cr17-9Cr18	55.00	68.00
	18Cr2Ni4WA	14.70	18.30		N2（美）	190.00	250.00
	18NiCrMo5	12.50	17.60		T42（美）	360.00	480.00
	12CrMoV	9.70	13.50		M4（美）	320.00	420.00
	25Cr2MoV	13.00	17.80		M3：2（ASP-23）（美）	360.00	480.00
热作模具钢	5CrNiMo	23.00	30.00	不锈钢与塑料模具钢	SM1	33.00	43.00
	5CrMnMo	17.00	21.00		PSM	36.00	47.00
	5Cr2NiMoVSi	57.00	71.40		1Cr13-2Cr13	23.00	30.00
	GR（4Cr3Mo3W4VTiNb）	90.00	114.00		2Cr13-4Cr13	22.00	28.00
	3Cr2W8V	37.00	46.00		4Cr13V	28.00	32.00
	4Cr2WMoVSi	33.00	41.50		3Cr16	29.00	35.00
	8Cr3	16.00	20.50		M300	137.00	155.00
	HD	88.00	109.00		1Cr17	31.00	35.00
	HM3	77.00	96.00		5Cr3Mo	30.00	34.00
	H13（SKD61）（美）	64.00	80.00		1Cr18Ni9Ti	35.00	40.00
	Y10	70.00	87.00		1Cr18Ni12MoTi	40.00	46.00
	H12（美）	59.00	74.20		0Cr18Ni12Mo3Ti	46.00	52.00
	Y4	62.00	77.00		P20（SCM4）（美）	32.00	40.00
	H11（SKD6）（美）	60.00	75.00		420ESR（S-136）（美）	63.00	75.00
	HM1	70.00	88.00		6E7（美）	55.00	68.00
	4Cr2Mo2V	59.00	74.00		440C（SUS440C）（美）	100.00	125.00
硬质合金	YG8（板材）		560.00	其他材料	普通紫铜棒料		45.00
	YG15（板材）		560.00		聚氨酯橡胶		125.00
	YG20（板材）		560.00		石墨板材		125.00

表 7-14 常用钢材参考价格(2013 年 5 月 13 日上海地区价格) 元/t

品名	规格	牌号	产地	单价
圆钢	10－12	Q235	上海	3 100
圆钢	18－25	Q235	永钢	3 560
圆钢	110	Q235	永钢	3 590
优质碳结圆钢	$\phi100\sim200$	45#	上钢五厂	5 300
优质碳结圆钢	$\phi105\sim120$	45#	杭钢	3 600
不锈圆钢	100－120	2Cr13	上钢五厂	8 800
不锈圆钢	8－200	1Cr13－3Cr13	长特	10 000
弹簧钢	11－130	60Si2Mn	上钢五厂	6 330
弹簧钢	12－130	60Si2MnA	上钢五厂	7 000
高速工具钢	16－50	6542#	上海	29 000
模具钢	12－190	Cr12MoV 热退	上钢五厂	12 500
模具钢	12－190	3Cr2W8V	上钢五厂	19 000
模具钢	160－400×790×L	SW718H	宝钢	12 550
优质碳结方钢	10×10	Q235	上海	4 310
优质碳结方钢	50×50	Q235	吴江	4 020
槽钢	10#	Q235A	马钢	3 500
槽钢	10#	Q235B	莱钢	3 610
槽钢	10#	Q235 6M	鞍钢	3 500
等边角钢	100×100×7	Q235	马钢	3 080
等边角钢	100－125×10/12	Q235	唐钢	2 600

表 7-15 机械设备加工费参考价格(2013 年上半年上海地区) 元/h

设备名称	设备型号或范围	参考加工费
车床	大车 $\phi608$ mm×1 500 mm	65.00
	中车 $\phi350$ mm×1 000 mm	35.00
	小车 $\phi200$ mm×500 mm	25.00
钻床	立钻	20.00
	摇臂钻	25.00
刨床	牛头刨	20.00
	仿型刨	40.00

续表

设备名称	设备型号或范围	参考加工费
插床	插床	25.00
铣床	立铣	35.00
	万能工具铣	50.00
刻字机	刻字机	25.00
磨床	平面磨	28.00
	外圆磨	28.00
	工具磨	30.00
	镜面磨	56.00
	螺纹磨	62.00
	坐标磨	250.00
镗床	国产镗床	46.00
	进口镗床	68.00
	数控镗床	250.00
电火花线切割机床	国产快走丝小型机床	16.00
	国产快走丝大型机床	30.00
	进口慢走丝机床	130.00
电火花成形机床	国产机床	30.00
	进口机床	100.00
数控车床	简易式机床(步进电机)	25.00
	简易式机床(侍服电机)	35.00
	国产全机能机床	70.00
	进口车削中心(3个以上动力头)	110.00
数控铣床	国产机床	56.00
立式加工中心	国产3轴加工中心 (工作台面500 mm×1 000 mm)	150.00
	进口3轴加工中心 (工作台面500 mm×1 000 mm)	260.00
冲床	40 t曲柄压力机	28.00
箱式电炉	8 kW 950 ℃	25.00
	12 kW 960 ℃	28.00
	14 kW 950 ℃	26.00
	18 kW 950 ℃	36.00
	40 kW 1 200 ℃	48.00
	60 kW 950 ℃	60.00
	60 kW 井式渗碳炉	90.00
	软氮化炉	800.00

续表

设备名称	设备型号或范围	参考加工费
快速成形 （含材料）	LOM	80.00
	FDM	130.00
	SLA	160.00
	SLS	200.00

思考题与习题

1. 选择材料的一般原则有哪些？简述它们之间的关系。

2. 汽车、拖拉机的变速箱齿轮和后桥齿轮多半用渗碳钢制造，而机床变速箱齿轮又多半用中碳（合金）钢来制造，请分析原因。上述三种不同齿轮在选材、热处理工艺方面，可能采取哪些不同措施？

3. 某齿轮要求具有良好的综合力学性能，表面硬度50～55 HRC，用45钢制造。加工工艺路线为：下料→锻造→热处理→机械粗加工→热处理→机械精加工→热处理→精磨。试说明工艺路线中各个热处理工序的名称、目的。

4. 零件毛坯选择有哪些基本原则，应主要考虑哪几方面问题？

5. 请选择自行车链条片的材料、毛坯成形和热处理工艺。

6. 为什么齿轮多用锻件毛坯，而带轮、手轮多用铸造毛坯？

7. C6132车床主轴（图7-14），工作时承受交变弯曲应力与扭转应力，但承受的载荷与转速均不高，冲击作用也不大，要求材料具有一般的综合力学性能，整体要求硬度为220～250 HBS。主轴大端的内锥孔和外锥体因经常与卡盘、顶尖有相对摩擦，花键部位与齿轮有相对滑动，故这些部位要求有较高的硬度与耐磨性，要求硬度为45～50 HRC。该主轴在滚动轴承中运转，要求轴颈部位硬度为220～250 HBS。花键部位要求表面层硬度为48～53 HRC。请：

（1）为主轴选材；

（2）确定该主轴的热处理方法及热处理规范；

（3）确定该主轴成形加工方法。

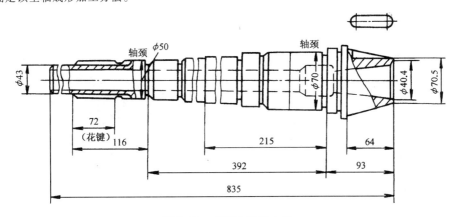

图7-14　C6132车床主轴

8. 图7-15为单级齿轮减速箱高速轴部件，请在表7-16内材料部分的三个备选答案中打钩选择一个正确的答案，并填出各零件的热处理方案。

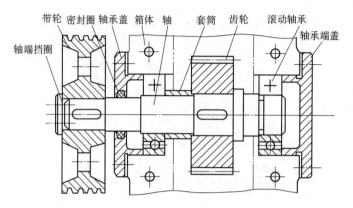

图 7-15　单级齿轮箱高速轴部件

上方标注（从左到右）：带轮　密封圈　轴承盖　箱体　轴　套筒　齿轮　滚动轴承　轴承端盖
左侧标注：轴端挡圈

表 7-16　单级齿轮箱高速轴部件工艺选择

零件名称	材料	热处理方案
轴承挡圈	30、40Cr、T10	
带轮	QT600-3、65、T8	
轴承盖	4Cr13、T8、30	
箱体	HT250、45、60	
轴	QT700-2、45、65	
套筒	20、T8、4Cr13	
齿轮	20、40Cr、Q390	
滚动轴承	GCr15、20、T8	
轴承端盖	2Cr13、T10、30	

9. 图 7-16 ~ 图 7-20 所示为汽车发动机曲轴连杆机构组件，请分别选择各图组件的毛坯成形方案。

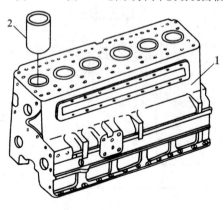

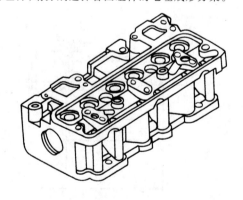

图 7-16　气缸体与气缸套

1—气缸体；2—气缸套

图 7-17　气缸盖

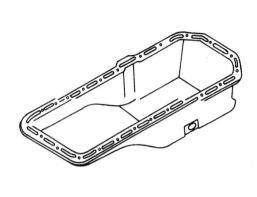

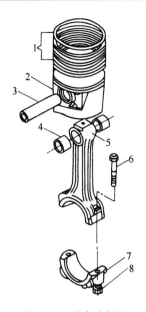

图 7-18　油底壳

图 7-19　活塞连杆组

1—活塞环；2—活塞；3—活塞销；4—衬套；

5—连杆；6—连杆螺栓；7—连杆轴瓦；8—连杆螺母

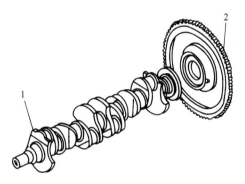

图 7-20　曲轴飞轮组图

1—曲轴；2—飞轮

参考文献

[1] 机械工程手册编辑委员会. 机械工程手册:第 3 册[M]. 北京:机械工业出版社,1996.

[2] 李恒德,师昌绪. 中国材料发展现状及迈入新世纪对策[M]. 济南:山东科学技术出版社,2003.

[3] 师昌绪. 高技术现状与发展趋势[M]. 北京:科学出版社,1993.

[4] 师昌绪. 材料大辞典[M]. 北京:化学工业出版社,1994.

[5] 胡德林. 金属学及热处理[M]. 西安:西北工业大学出版社,1994.

[6] 鞠鲁粤. 现代材料成形技术基础[M]. 上海:上海大学出版社,1999.

[7] 桑顿 P A,科兰吉洛 V J. 工程材料基础[M]. 王运炎,译. 银川:宁夏人民出版社,1990.

[8] 王昆林. 材料工程基础[M]. 北京:清华大学出版社,2003.

[9] 机械工程手册编辑委员会. 机械工程手册:第 7 册[M]. 北京:机械工业出版社,1996.

[10] 柳百成,沈厚发. 21 世纪的材料成形加工技术与科学[M]. 北京:机械工业出版社,2004.

[11] 林再学. 现代铸造方法[M]. 北京:航空工业出版社,1991.

[12] 鞠鲁粤. 机械制造基础[M]. 6 版. 上海:上海交通大学出版社,2014.

[13] Withey P. NiBased Superalloy Casting for Aerospace Application[C]. Technical Forum of the 65th World Foundry Conference. Korea,2002.

[14] Zhang J X,Kui Z. Semi-Solid Proceedings of AZ9ID alloy. Proceedings of the 7th International Conference Semi-Solid Processing of Alloys and Composi-tes. Tsukuba,Japan,2002:57～65.

[15] 王仲仁. 特种塑性成形[M]. 北京:机械工业出版社,1995.

[16] Engstroem H,Johansson B. Metal Powder Composition for Warm Compaction and Method for Products. US,No. 5744433[P],1998.

[17] Pater Z. Theoretical and Experimental Analysis of Cross Wedge Rolling Process[J]. Int J Mechanical Tools and Manufacture,1999.

[18] 中国机械工程学会焊接学会. 焊接手册,第 1 卷:焊接方法及设备[M]. 北京:机械工业出版社,1992.

[19] 邹茉莲. 焊接理论及工艺基础[M]. 北京:北京航空航天大学出版社,1994.

[20] 何得孚. 焊接与连接工程学导论[M]. 上海:上海交通大学出版社,1998.

[21] 田锡唐. 焊接结构[M]. 北京:机械工业出版社,1982.

[22] 周振丰,张文钺. 焊接冶金与金属焊接性[M]. 北京:机械工业出版社,1987.

[23] 陈祝年. 焊接工程师手册[M]. 北京:机械工业出版社,2002.

[24] 周飞达,等. 高分子材料成形加工[M]. 北京:中国轻工业出版社,2000.

［25］　陈光,等.新材料概论［M］.北京:科学出版社,2003.

［26］　吕百龄,等.实用橡胶手册［M］.北京:化学工业出版社,2001.

［27］　齐宝森.机械工程非金属材料［M］.上海:上海交通大学出版社,1996.

［28］　汤佩钊.复合材料及其应用技术［M］.重庆:重庆大学出版社,1998.

［29］　郭瑞松,等.工程结构陶瓷［M］.天津:天津大学出版社,2002.

［30］　马鸣图,沙维.材料科学和工程研究进展［M］.北京:机械工业出版社,2000.

［31］　陶冶.材料成形技术基础［M］.北京:机械工业出版社,2003.

［32］　王爱珍.工程材料及成形技术［M］.北京:机械工业出版社,2003.

［33］　约瑟夫·迪林格.机械制造工程基础［M］.杨祖群,译.长沙:湖南科学技术出版社,2013.